游戏美术设计宝典

游戏CG动画
制 作 宝 典

谌宝业　刘若海　编著

清华大学出版社
北京

内 容 简 介

本书结合动漫、游戏的动画创作原则、制作规律及表现技巧，全方位解析游戏动画制作的高级技巧，是业内顶尖动画师十余年制作经验和表现技巧的系统总结。本书概括地介绍动画的基本定义和类别、动画的发展和意义，全面讲述游戏动画设计师所要具备的基本素养和条件。并引用大量实例翔实讲解制作不同类型游戏角色的方法和技巧。

本书主要内容包括制作游戏动画的基础知识和常用技巧，动画设计流程与制作规范，使用 Bone 骨骼系统、Character Studio 系统制作游戏角色动画的基本方法和具体流程。通过学习本书的内容，读者将了解和掌握大量角色动画设计的基本理论和实践能力，能够胜任游戏动画设计和制作的各环节相关岗位。

本书可作为动画、游戏专业学生的教材，还可以作为数字娱乐、动漫游戏等专业人士的参考用书。

图书在版编目(CIP)数据

游戏 CG 动画制作宝典/谌宝业，刘若海编著. --北京：清华大学出版社，2015 (2019.1重印)
(游戏美术设计宝典)
ISBN 978-7-302-38753-4

Ⅰ. ①游… Ⅱ. ①谌… ②刘… Ⅲ. ①三维动画软件 Ⅳ. ①TP391.41

中国版本图书馆 CIP 数据核字(2014)第 286348 号

责任编辑：张彦青
封面设计：杨玉兰
责任校对：王　晖
责任印制：宋　林

出版发行：清华大学出版社
　　　　网　　　址：http://www.tup.com.cn, http://www.wqbook.com
　　　　地　　　址：北京清华大学学研大厦 A 座　　　邮　　编：100084
　　　　社 总 机：010-62770175　　　　　　　　　邮　　购：010-62786544
　　　　投稿与读者服务：010-62776969, c-service@tup.tsinghua.edu.cn
　　　　质量反馈：010-62772015, zhiliang@tup.tsinghua.edu.cn
　　　　课件下载：http://www.tup.com.cn, 010-62791865

印 装 者：北京亿浓世纪彩色印刷有限公司
经　　销：全国新华书店
开　　本：185mm×260mm　　印　张：31.5　　字　数：840 千字
　　　　　(附 DVD 1 张)
版　　次：2015 年 1 月第 1 版　　　　　　印　次：2019 年 1 月第 2 次印刷
定　　价：98.00 元

产品编号：050671-01

前　言

　　进入 21 世纪,在不断创造经济增长点和经济效益的同时,动漫游戏已成为人们娱乐生活的一部分,成为一种新兴产业,也带来了新的审美情趣和价值理念。游戏的核心价值是给人们带来欢乐和放松,游戏设计师在产品中呈现出来的天马行空般的想象力,构成了独具魅力的中国创意产业的文化内涵。

　　中华民族深厚的文化底蕴为中国数字娱乐及动漫游戏等创意产业的快速发展奠定了坚实的基础,近年来,中国游戏产业也涌现出大批优秀的研发机构,游戏研发实力也正在缩短与欧美、日韩等国之间的差距,无论在 MMO 网络游戏、网页游戏还是手机游戏领域,都不乏精品问世,呈现出前所未有的发展势头。越来越多的美术人才开始被游戏行业吸收,一些大学甚至开设了游戏动漫专业,教育机构也像雨后春笋般遍地开花,这些都从侧面反映了一点,那就是中国需要专业的游戏美术设计人员。

　　游戏动画设计作为游戏产品研发流程中的重要一环,也在制作流程上不断走向成熟,许多优秀的游戏动画师甚至还参与影视大片的制作。然而,从一名爱好者成长为一名优秀的游戏动画师,需要一个系统的训练和培养过程,需要大量的项目经验的积累。

　　本书作者在游戏 CG 行业具有十余年的从业经历,拥有丰富的游戏美术设计经验。从最早的 3D 模型设计,到中后期的动画设计,熟悉不同类型游戏的美术设计流程和技术标准,为了给希望从事游戏动画设计工作的朋友提供帮助,作者遂决定将多年游戏行业的开发经验进行一次梳理,并整合成系统的动漫游戏教学

前　言

丛书,希望能给读者带来帮助!

本书的特点如下:

(1)以图文教程方式详细讲解游戏动画设计的各个板块设计制作过程。

全书配有大量插图,对知识点进行文字阐述并利用插图进行深入说明。在对 3ds Max 动画制作软件的使用窍门、设计理念、技法使用等内容进行研究时,图文并茂的讲解方式将会更加有助于读者学习和理解。

(2)绘制过程与应用实践相结合。

在介绍绘制技法的同时,辅以在游戏里的实际用途,为读者提供更全面的设计应用参考,让读者更立体地了解原画设计过程,以达到最佳的学习效果。

(3)为授课老师设计并开发了内容丰富的教学配套资源,包括配套教材、视频课件、考试题库以及相关素材资料。

由于作者经验有限,书中的疏漏之处在所难免,恳请读者指正。

编　者

目 录
Contents

第 1 章
游戏动画概述

目　录

目 录

第 4 章

两足角色
动画制作

目 录

第 5 章

四足爬行动物
动画制作

目 录

目 录

第 8 章

四足人形怪
动画制作

第1章
游戏动画
概述

　　本章从动画的基本概念到动画在游戏中的应用，以及动画的最基本制作形式——关键帧动画开始，逐步展开3ds Max在动画制作中的应用，同时本章还介绍了3ds Max相关工具模块和功能模块，如动画控制器、动画约束、轨迹视图等，本章是后面各章学习的基础。

1

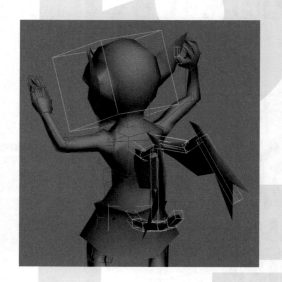

◆学习目标

·认识什么是动画

·掌握动画在游戏设计及制作中的应用

·掌握动画制作中的关键帧动画的制作

·了解动画控制器在动画制作中的作用

·掌握轨迹视图的基本操作

◆学习重点

·掌握动画制作中的关键帧动画的制作

·掌握轨迹视图的基本操作

1.1　游戏动画概述

随着科学技术的不断发展,动画的含义也在不断地衍变,动画的种类也越来越多。本节从动画发展的历史角度,介绍动画的概念、方式以及动画在不同艺术形式中的应用。

1.1.1　动画的概念

动画"Animation"一词,源自"Animate"一字,即"赋予生命"的意思。我们通常把一些原先不具备生命活动的东西,经影片的制作与放映,成为有生命活动的东西的影像,称为动画。

动画是一门艺术、一种科学,更是一种哲学。动画艺术是电影艺术中一个独立的部门,它可以使图画、雕塑、木刻、线条、立体、剪影以至木偶在银幕上活动起来。由于动画的出现,各种造型艺术自此以后才具有了运动的形态。

动画是指将一系列按照运动规律制作出来的画面,以一定的速率连续播放从而产生的一种动态视觉技术。动画信息存储在胶片、磁带、硬盘、光盘等记录媒介上,再通过投影仪、电视屏幕、显示器等放映工具进行放映。

1.1.2　传统动画方式

大约出现并开始流行于我国宋代时期的传统民俗玩具——走马灯(如图 1-1 所示),利用灯笼内部的蜡烛燃烧所产生的上升气流,推动灯笼内部叶片带动与之相连的轴承,使投射在灯笼四壁的剪纸影子不断转动,这时人们可以看到灯笼四壁低速旋转的剪纸图案构成的简单活动画面。从某种意义上讲,我们可以把走马灯的运动理解为原始动画。

图1-1　走马灯

　　到了20世纪初,随着电影工业的发展,用电影胶片作为载体,采用"逐格拍摄法"拍摄一张张静止画面构成的动画影片的诞生,代表着真正的动画电影产业的诞生。

　　到了20世纪20年代末,世人皆知的Walt Disney逐渐把动画影片推向了巅峰。他在完善了动画体系和制作工艺的同时,把动画片的制作与商业价值联系了起来,被人们誉为商业动画之父。

　　传统的动画是由画师在纸张上画好画面后,再通过电影胶片展现在银幕上,也就是纸质动画,如图1-2所示。随着电子工业的发展,计算机在动画中的运用彻底改变了动画的命运,传统的纸上作业成为历史。使用计算机全程制作的二维动画作品,其绘画方式与传统的纸上绘画十分相似,因此能够让纸质动画比较容易地过渡到无纸动画的创作领域。

　　无纸动画采用"数位板(压感笔)+电脑+绘图软件"的全电脑制作流程,如图1-3所示,省去了传统动画中例如扫描、逐格拍摄等步骤,而且简化了中期制作的工序,画面易于修改,上色方便,这样就大大提高了动画制作的效率。

图1-2　纸质手绘

图1-3　无纸手绘

1.1.3 三维动画的概念

三维动画系统的研究始于 20 世纪 70 年代,其发展与二维动画相似,都是由最初的动画程序语言描述进化而来的。与二维动画的制作工艺和流程相比,三维动画是更加依赖于计算机软硬件技术的制作手段,同时也具有更为复杂的制作工艺和流程。影视作品当中那些无比真实、令人震撼的动画特效,纷纷得益于三维动画制作水平的快速发展。所谓三维动画是指在计算机模拟的三维空间内制作三维模型,指定好它们的动作(模型的大小、位置、角度、材质、灯光环境的变化),最后生成动态的视觉效果。

在计算机软件构筑的虚拟三维世界里,设计者可以塑造出任何需要的场景。近年来,随着计算机图形学技术、三维几何造型技术,以及真实感图形生成技术的发展,动画控制技术也得到飞速的发展。很多影视剧作运用了大量的三维动画技术,如《指环王》系列、《哈利波特》系列等,还有三维动画影片如《神偷奶爸》、《冰河世纪》(见图 1-4)系列等都取得了不俗的票房纪录。

图 1-4 《冰河世纪 4》电影画面

1.1.4 3ds Max 的动画制作应用

Autodesk 公司出品的 3ds Max 是当今世界三维动画领域中最为优秀和强大的制作软件之一。传统动画和早期的三维动画,都是逐帧生成动画的模式,而 3ds Max 制作的动画是基于时间的动画,它能测量时间并将场景中对象的参数进行动画记录。在 3ds Max 中,大家只需要创建记录每个动画序列的起始、结束和关键帧,在 3ds Max 中这些关键帧被称作 Keys(关键点)。关键帧之间的插值则会由 3ds Max 自动计算完成。最后通过 3ds Max 的渲染器完成每一帧的渲染工作,生成高质量的动画。

3ds Max 的动画类型基本上可以分为基本动画、角色动画、动力学动画、粒子动画等几个类型。此外,动画还包括材质动画和摄像机动画。其中摄像机动画是指对象本身不发生变化,而是随摄像机的运动或焦距的调整使画面产生变化,许多建筑漫游和虚拟现实演示都使用了这项技术。

1.基础动画

基础动画是一类最简单的动画,通过自动关键点或设置关键点按钮,来记录对象的移动、旋转或缩放等过程,也可以将修改器对象的过程设置为动画,如弯曲修改、锥化修改等。

2.骨骼动画

骨骼动画是一套完整的动画制作流程,主要用于模拟人物或动物的动画效果,制作比较复杂,涉及正向运动、反向运动、骨骼系统、蒙皮、表情变形等各种操作。3ds Max集成的 Character Studio (CS)高级人物动作工具套件为角色动画提供了强大的便利条件,如图 1-5 所示。

图 1-5 CS 系统的 Biped

3.动力学动画

动力学动画是基于物理算法的特性,来模拟物体的受力、碰撞、变形等动画效果,多用于影视特效的制作,如图 1-6 所示。

图 1-6 物理特效

4.粒子动画

基于粒子系统生成的动画效果,主要用于模拟雪花、雨滴、烟雾、流水等,如图 1-7 所示。其中,粒子流是全新的事件驱动的粒子系统,允许自定义粒子的行为,能够制作出更为灵活的粒子特效,使 3ds Max 在粒子动画方面功能更加强大。

图 1-7 烟雾特效

1.1.5 动画在游戏中的应用

动画,其本质是将制作好的影片通过某种终端设备来进行传输的视觉技术,也就是现在大家比较熟悉的动漫动画。好的动画,可以同受众之间产生强烈的互动和联系,让人津津乐道和难以忘怀,进而受到教育和启迪。从这点来说,无论传统动画,还是计算机动画,包括游戏动画,都具备上述特点。

游戏动画属于计算机动画,但它与其他动画形式的不同之处在于,前者的制作原理是实时动画,是用计算机算法来实现物体的运动;而后者运用原理为逐帧动画技术,即通过关键帧显示动画的图像序列而实现运动的效果。

我们知道,游戏动画主要是战斗场景的动画,受到游戏引擎的限制,每个角色的动作时间不可能太长。而且帧速率(FPS)也受到很大的影响,一般对于电脑游戏来说,每秒 40 ~ 60 帧是比较理想的境界,手机游戏在 20 帧左右。如果 FPS 太低,游戏中的动画就容易产生跳跃或停顿的现象。因此在制作游戏动画时,不像其他动画形式那样,充满丰富的想象力,而是要严格按照程序设定的要求,在条件允许的范围内进行制作。因此游戏动画大多以简单的动作(攻击、走、跑、跳、死亡、被攻击等)为主,不过借助软件技术的帮助,游戏动画中的特效和环境氛围弥补了动作的单调,在整体观赏性上仍然比较出色,如图 1-8 所示。

图 1-8 游戏场景截图

同时,由于玩家常常在游戏中控制自己扮演的角色,因此能增加游戏代入感,让玩家置身游戏之中,带给玩家身临其境的奇妙体验,如图 1-9 所示。这是其他动漫形式难以具备的优势。

图 1-9 游戏截图

1.2 关键帧动画

关键帧动画是最基础的动画,是通过在不同的时间上记录对象的变化参数来实现的动画。关键帧动画是所有动画的基础,掌握了关键帧动画可为角色动画打下很好的基础。

1.2.1 动画的帧

从原理上来说,动画是基于人的视觉原理创建的运动图像,在一定时间内连续快速观看一系列相关联的静止画面时,会感觉成连续动作。每个单幅画面被称为帧(Frame),它也是动画时间的基本单位,如图 1-10 所示。

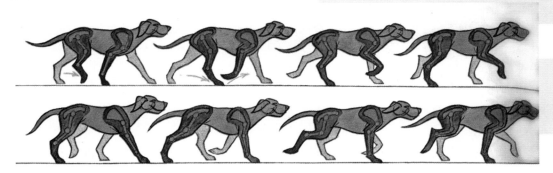

图 1-10 帧是构成动画的单幅画面

3ds Max 制作动画的过程是首先确定动画的时间范围是多少帧,然后在不同的时间点设置关键帧,接着由软件在每两个关键点之间自动进行插值计算,在关键点之间插补动画帧,从而使整个动画过程变得流畅、自然。

由于动画视频的播放标准是不同的,目前世界上有 3 种视频播放格式,分别是 NTSC(美国电视系统委员会)格式、PAL 格式和电影格式。NTSC 格式是美国、加拿大、日本以及大部分南美国家所使用的标准,帧速率为每秒 30 帧;PAL 格式是中国、欧洲以及澳大利亚等国家使用的标准,帧速率为每秒 25 帧;电影格式的帧速率为每秒 24 帧。这时,我们只要在 3ds Max 中单击 Time Configuration(时间配置)按钮,设置好动画播放标准,就可以解决播放标准和帧动画之间的对应问题。

1.2.2　帧的设置与编辑

关键帧动画是最基础的动画,它是通过动画记录器来记录动画的各个关键帧。在 3ds Max 中有两种创建关键帧的方法,分别是使用自动关键帧模式和使用设置关键帧模式。在介绍两种方法之前,先来介绍一下如何使用动画的时间控制器。

1.时间控制器

动画是指在一定时间段内连续快速播放一系列静止的图像,在 3ds Max 中,单击 Time Configuration(时间配置)按钮打开 Time Configuration(时间配置)对话框,如图 1-11 所示,从中可以为动画选择合适的帧速率、时间显示方式、设置时间段以及动画等。

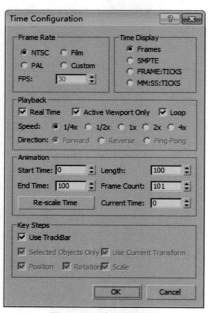

图 1-11　动画控制器

1)帧速率选项区域

提供了 NTSC、PAL、Film、Custom 4 种帧速率形式,可以根据实际情况为动画选择合适的帧速率。

2)播放选项区域

用于选择动画播放的形式。

●Real Time(实时):启用该选项,将会使视口播放跳过帧,以便于当前帧速率设置保持一致,共有 5 种播放速度,x 表示的是倍数关系,例如 2x 表示原有速率的 2 倍。如果禁用该选项,视口将会逐帧播放所有的帧。

●Active Viewport Only(仅活动视口):启用该选项,动画播放将只在活动视口中进行;禁用该选项,动画播放将在所有视口中进行。

●Loop(循环):禁用 Real Time 选项,同时启用该选项,动画将循环播放;两个同时禁用,动画将只播放一次。

●Direction(方向):用于设置动画播放方式,包括向前播放、回到播放还是往复播放。

3)时间显示选项区域

指定时间滑块及整个动画中显示时间的方法,有 Frames(帧)、SMPTE、FRAMES:TICKS 和 MM:SS:TICKS4 种格式。

4)动画选项区域

●Start Time(开始时间)/End Time(结束时间):设置在时间滑块中显示的活动时间段,例如可以将开始时间设置为 0,结束时间设置为 150,那么活动时间段就是从 0～150 帧。

●Length(长度):显示活动时间段的帧数。

●Frame Count(帧数):显示将要渲染的帧数,它的值始终是长度数值加 1。

●Current Time(当前时间):用于指定时间滑块的当前帧,如果重新输入值的话,会自动移动时间滑块,视口也将自动更新。

● Re-scale Time(重缩放时间):单击该按钮将会打开 Re-scale Time(重缩放时间)对话框,如图 1-12 所示,从中可进行相应的设置。

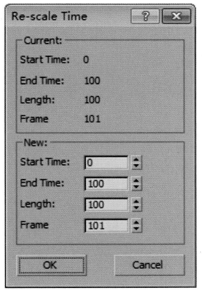

图 1-12 Re-scale Time 对话框

5)关键点步幅选项区域

主要在关键点模式下使用,通过该选项区域,可以实现在任意关键点之间跳动。

- Use TrackBar(使用轨迹栏):使用关键点模式能够遵循轨迹栏中的所有关键点,要使下面的复选项可用,必须禁用该选项。
- (Selected Objects Only)(仅选定对象):在关键点模式下,仅考虑选定对象的变换。
- Use Current Transform(使用当前变换):选中该复选框,将会禁用下面的 Position、Rotation、Scale 选项,时间滑块将会在所选对象的所有变换帧之间跳动,例如在主工具栏单击旋转按钮,则将在每个旋转关键点停止。
- Position(位置)/Rotation(旋转)/Scale(缩放):指定关键点模式下所使用的变换。

2.使用自动关键帧模式

利用自动关键点按钮设置关键帧动画是最基本、也是最常用的动画制作方法,通过启动自动关键点按钮开始创建动画,然后在不同的时间点上更改对象的位置、角度或大小,或者更改任何相关的设置参数,都会相应地自动创建关键帧并存储关键点值。在通过实例介绍其具体用法之前,先来学习一下相关按钮的用法,如图 1-13 所示。

图 1-13 时间标尺与相关按钮

- 时间滑块:最上面时间标尺上的长方体滑块,用于显示当前帧,或者通过移动它转到活动时间段的任何位置。
- Auto Key(自动关键点)/Set Key(设置关键点):用于创建关键点动画,选择相应的创建模式,相应按钮会变为红色显示。
- Set Key(设置关键点):配合在设置关键点模式下创建动画时使用,当按钮变为红色时,就在单击该按钮相应时间点上创建关键帧,如果不单击该按钮,对象在该时间点上的动作会丢失。
- Key Filters(关键点过滤器):用于对象的轨迹进行选择性的操作。

3.使用设置关键帧模式

设置关键点动画是相对于 3ds Max 原有的自动关键点动画模式而言的,是一种新的动画模式。原有的动画是按照时间关系从前至后制作动画的方法来创建,也就是在开始处设置帧然后连续地不断增加帧,时间上一直向前移动。这种方式的缺点在于如果改变想法,可能就要放弃整个已有的创建成果。

设置关键点动画模式可以实现 Pose-to-Pose(姿态到姿态)的动画,Pose 也就是角色在某个帧上的形态。可以先在一些关键帧上设置好角色的姿态,然后再在中间帧进行修改编辑,中间帧的修改不会破坏任何姿态。

设置关键点模式和自动关键点模式的区别在于:在自动关键点模式下,移动时间滑块,在任意时间点上所做出的任何修改变换都将被记录为关键帧,当关闭该按钮时,则不能再创建关键帧,此时对于对象的全部更改都将应用到动画中。在设置关键点模式下,使用轨迹视图和自动关键点按钮可以决定在哪些时间上设置关键帧,一旦知道要对什么对象在什么时间点上设置关键帧,就可以在视图中调整姿势,如变换对象、更改参数等。

4.编辑关键帧

在创建关键帧动画时,可以在轨迹栏上对关键帧进行选择、移动、复制、删除和选择运动类型等编辑操作。

在轨迹栏上可显示当前已选定的一个或几个对象的关键帧标记,每个标记可表示几个不同的关键帧,单击该标记可选择该关键帧,此时标记变为白色,左右拖动标记可移动所选定的关键帧的时间位置。按住 Ctrl 键,多次单击标记可选择多个关键帧。按住 Shift 键的同时左右拖动标记,可复制所选定的关键帧。按下 Delete 键,可删除所选定的关键帧。

在关键帧标记上单击鼠标右键,可弹出快捷菜单,如图 1-14 所示。菜单命令说明如下。

- Delete Key(删除关键点):用于删除所选定的关键帧。
- Filter(过滤器):过滤关键帧。
- Configure(配置):用于关键帧的相关配置。
- Go to Time(转至时间):将时间轴滑块移到所选定的关键帧位置。

图 1-14　关键帧编辑快捷菜单

1.2.3　关键帧动画制作实例

1.关键帧动画制作实例——"弹跳的小球"

(1)启动 3ds Max,在顶视图创建一个球体,半径为 10,然后再创建一个平面作为地面,接着使用 Select and Move(选择并移动)工具将球体移到半空,如图 1-15 所示。

(2)单击 Time Configuration(时间配置)按钮,并在弹出的时间配置对话框中设置播放速度为 1x,动画时间为 40 帧,如图 1-16 所示。

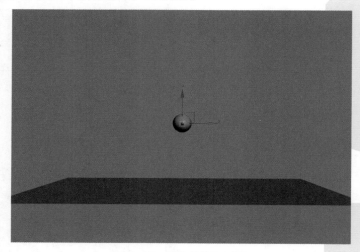

图 1-15　创建球体和平面

图 1-16　设置动画时间和播放速度

(3)拖动时间滑块到第 0 帧,再单击自动关键点按钮,打开动画模式,如图 1-17 所示。然后拖动时间滑块到第 10 帧,记录小球下落的动作,如图 1-18 所示。

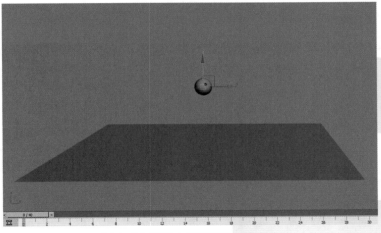

图 1-17　记录小球弹跳的初始状态

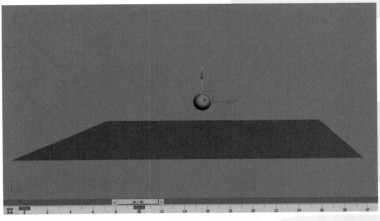

图 1-18　记录小球下落动作

（4）拖动时间滑块到第 20 帧，使用 Select and Move（选择并移动）和 Select and Scale（选择并缩放）工具调整小球着地并被压扁的动作，如图 1-19 所示，然后拖动时间滑块到第 30 帧，调整小球向上弹起，并恢复被压扁的造型，如图 1-20 所示。

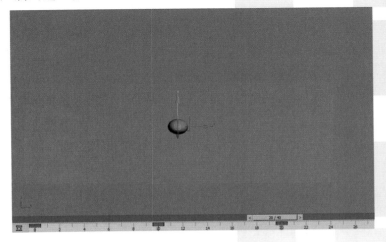

图 1-19　记录小球被压扁的动作

GAME ART DESIGN BIBLE | 游戏美术设计宝典

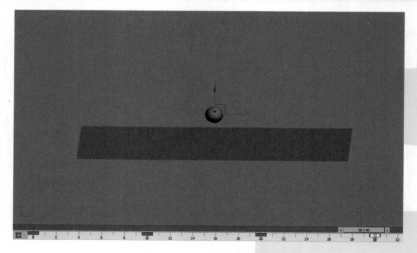

图 1-20 记录小球恢复原形的动作

（5）拖动时间滑块到第 40 帧,设置小球被弹起的动作,如图 1-21 所示。

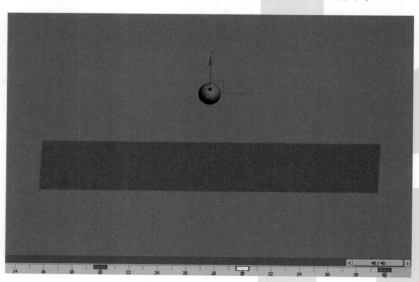

图 1-21 记录小球弹起的动作

（6）小球的弹跳动画的关键帧就设置完成了,单击 Playback（播放动画）按钮,预览动画。

2.关键帧动画制作实例——创建材质贴图渐变关键帧动画

（1）在顶视图创建 1 个半径为 30、高度为 100、段数为 6 的圆柱。然后确认时间滑块在第 0 帧,再单击动画控制区的自动关键帧按钮,开启动画模式,接着按下 M 键打开材质编辑器,选择 1 个样本球,将 Checker（棋盘）贴图赋予圆柱。

（2）拖动时间轴滑块至第 100 帧。在材质编辑器中选择另 1 个样本球,设置 Checker（棋盘）材质贴图,在坐标卷展栏的角度栏中,在 W 文本框中输入 90,将材质贴图赋予圆柱。

（3）单击材质编辑器的水平工具栏中的在透视图中显示贴图按钮。然后单击 Play Animation（播放动画）按钮,打开透视图观察圆柱材质贴图渐变生成的动画,效果如图 1-22 所示。图中分别显示第 0、25、50、75 和 100 帧材质贴图的变化情况。

（4）单击自动关键帧按钮,关闭动画模式。

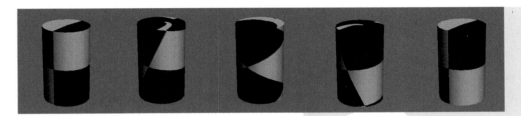

图 1-22　圆柱材质贴图的渐变动画

1.3　动画控制器

在设计物体的动画时,我们通过关键帧来记录物体的基本运动方式,关键帧之间的过渡动画则由系统通过自动的插值计算生成。但要精确控制物体的运动规律,比如变换运动速率,就需要借助动画控制器来处理。

1.3.1　控制器简介

动画控制器是处理所有动画值的存储和插值的插件,它的作用包括存储动画关键帧的值,存储程序动画设置,在动画关键帧之间进行插值等。在 3ds Max 中,默认控制器包括:位置控制器(Position)、旋转控制器(Euler)、缩放控制器(Bezier)。

1.动画控制器的分类
动画控制器分为以下类别。
● 浮点控制器:用于设置浮点值的动画。
● Point3 控制器:用于设置三组件值的动画,如颜色或三维点。
● 位置控制器:用于设置对象和选择集位置的动画。
● 旋转控制器:用于设置对象和选择集旋转的动画。
● 缩放控制器:用于设置对象和选择集缩放的动画。
● 变换控制器:用于设置对象和选择集常规变换(位置、旋转和缩放)的动画。
● 约束控制器:强行使对象与目标对象保持连接,强制动画对象沿某条路径、某个表面、某个方向或固定在某个物体上进行运动。

2.访问动画控制器
在 3ds Max 中,提供了三种访问动画控制器的方式:Motion(运动)面板、Track View(轨迹视图)和 Animation(动画)菜单。

Motion(运动)命令面板包括 Trajectories(轨迹)和 Parameters(参数)两个选项。其中 Trajectories(轨迹)用于编辑轨迹线和关键点;Parameters(参数)用于分配动画控制器、创建和删除关键点。

选择 Motion(运动)面板,单击 Parameters(参数)按钮,即可打开参数控制区界面,如图 1-23 所示。参数控制区包含若干个卷展栏,可用于动画的参数控制。

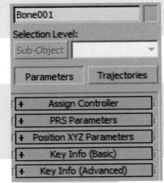

图 1-23　运动面板参数界面

3.查看控制器类型

可以在 Dope Sheet(摄影表)和 Motion(运动面板)中查看指定参数的控制器类型。在轨迹视图中查看控制器类型之前,首先要在 Dope Sheet(摄影表)工具栏上,单击 Filters(过滤器)按钮,然后在弹出的过滤器对话框的 Show(显示)选项组中,选中 Controller Types(控制器类型),如图 1-24 所示。接着在层次视图中就可以看到控制器类型名称了,如图 1-25 所示。另外,在运动面板的参数模式下总是显示选定对象的控制器类型,如图 1-26 所示。

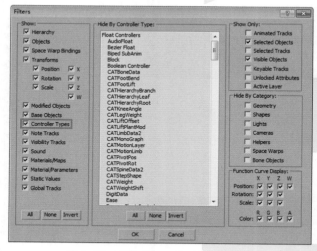

图 1-24 开启 Controller Types 选项

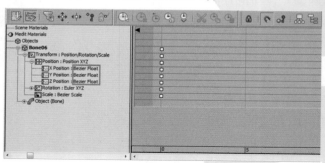

图 1-25 在层次视图中查看控制器

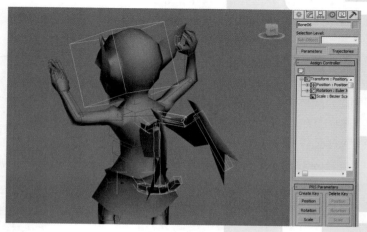

图 1-26 在运动面板中查看控制器

1.3.2 更改控制器属性

某些控制器，例如程序控制器，将不创建关键帧。对于这些类型的控制器，可以通过编辑控制器属性来分析和更改动画。可以更改动画值的位置，这些控制器会显示属性对话框。控制器类型确定控制器是否显示属性对话框，以及显示哪些类型的信息。

1.更改控制器属性

某些控制器不使用关键点，而是使用影响整个动画的属性对话框。此类控制器通常是参数控制器（如 Noise）或复合控制器（如 List）。要查看控制器属性，可以在 Curve Editor（曲线编辑器）中查看控制器属性，也可以在运动面板中查看某些变换控制器的全局属性。另外，还可以从轨迹栏中查看控制器属性。方法是右键单击任意关键点并选择 Controller Properties（控制器属性）命令。

2.更改控制器关键点信息

要查看和更改关键点信息，在曲线编辑器中右键单击所选关键点，可显示关键点信息对话框，如图 1-27 所示。

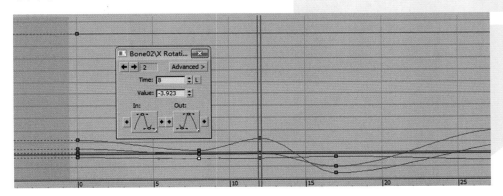

图 1-27　显示关键点信息

如果选择了多个关键点，"关键点信息"将显示所有所选关键点的公共信息。包含值的字段位置表示该值通用于所有被选择的关键点。空白位置表示关键点不同，值也不同，如图 1-28 所示。

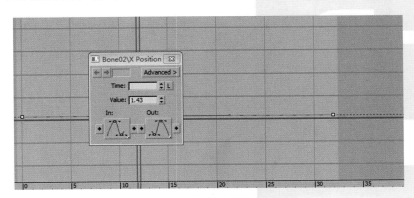

图 1-28　显示多个关键点信息

也可以在 Motion（运动）面板中查看变换控制器的关键点信息，首先选择一个对象，在运动面板中，单击参数，然后单击参数卷展栏中的位置、旋转或缩放，如果变换控制器使用关键点，关键点信息卷展栏将显示在参数卷展栏下方。

1.3.3 控制器指定

当创建对象后,打开运动面板,展开 Assign Controller(指定控制器)卷展栏,该卷展栏用于给对象的运动轨迹指定动画控制器。该卷展栏为一个列表框,以目录层级结构的形式显示当前加载在对象轨迹上的动画控制器,如图 1-29 所示。

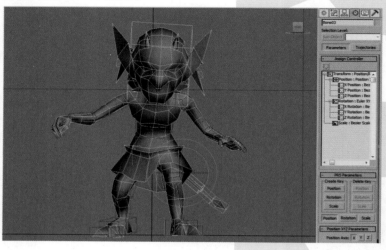

图 1-29 指定控制器

在列表框中列出了 Transform(变换),以及下一层级的 Position(位置)、Rotation(旋转)和 Scale(缩放)3 个项目。在每个项目的":"后面是系统指定的默认动画控制器。Position(位置)为 Position XYZ 控制器,Rotation(旋转)为 Euler XYZ 控制器,Scale(缩放)为 Bezier Scale 控制器。

当需要为对象指定其他控制器时,可激活其中一种变换类型,再单击列表上方的 Assign Controller(指定控制器)按钮,可弹出动画控制器选择对话框,如图 1-30 中 A 所示。在该对话框中列举出了与运动变换类型相匹配的所有可供选择的动画控制器类型选项。选择其中一个选项,单击确定按钮后,即可把该动画控制器指定给对象,此时,被指定的动画控制器出现在 Assign Controller 卷展栏的列表框中,如图 1-30 中 B 所示。

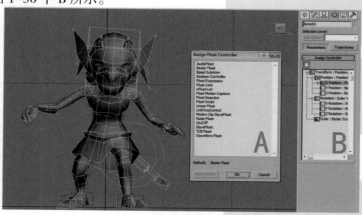

图 1-30 指定其他类型控制器

此外,在轨迹视图中也可以指定动画控制器。方法:在轨迹视图项目窗口中选择一种变换类型,然后单击鼠标右键,并在弹出的快捷菜单中执行 Assign Controller(指定控制器)命令,接着在打开的指定控制器对话框中选择要指定的动画控制器,如图 1-31 所示。

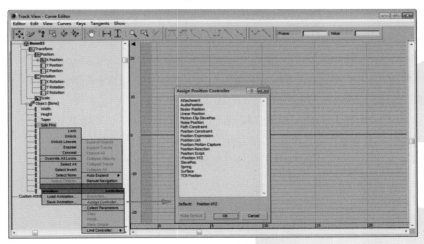

图 1-31　在轨迹视图中指定控制器

使用 Animation(动画)菜单也可以指定控制器。方法是:选择一个对象,然后执行 Animation(动画)→Position Controllers(位置控制器)菜单命令,接着在弹出的子菜单中选择一个控制器,如图 1-32 所示。

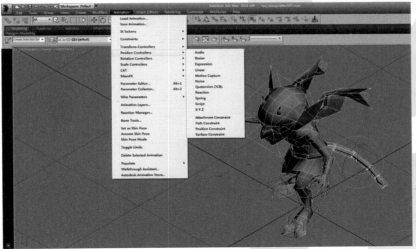

图 1-32　在动画菜单中指定控制器

1.3.4　常用动画控制器

在几大类动画控制器中,每一类又包括多种不同子类型的动画控制器。可以通过 Assign Controller(指定控制器)卷展栏中的动画控制器选择对话框来指定这些动画控制器。也可以通过 Animation(动画)子菜单命令来实现。常用类型的动画控制器及其功能如下。

●Path Constraint Controller(路径约束控制器):使运动对象沿样条曲线进行运动。通常在对象沿特定路径运动但不发生形变时使用。

●Euler XYZ Controller(欧拉 XYZ 控制器):将旋转控制分解为 X、Y、Z 三个子项目,对三个轴向的旋转分别进行控制,可对每个轴向指定其他动画控制器,以精确控制其旋转轨迹。

●Bezier Position Controller(贝塞尔位置控制器):系统默认的位置移动控制器,也是应用最为广泛的控制器。

- Noise Position Controller(噪声位置控制器)：对运动的位置产生一个随机值，可使物体以随机的形式进行抖动。
- Position/Rotation/Scale Controller(位置/旋转/缩放控制器)：系统默认的一种控制器。它将变换控制分为 Position(位置)、Rotation(旋转)、Scale(缩放)3 个子控制项目，可分别指定各自不同的动画控制器。
- TCB Position Controller(TCB 位置控制器)：通过结合 Tension(张力)、Continuity(连续性)和 Bias(偏移)控制器来对关键点之间的运动进行控制。
- Attachment Constraint Controller(附属物约束控制器)：将一个对象附属于另一个对象的表面。若目标对象表面发生变化，附属对象也将发生相应的变化。可用于制作一个物体在另一个物体表面移动的效果。
- Audio Position Controller(音频位置控制器)：通过声音的频率和振幅来控制运动对象的移动节奏。
- Block Controller(群组控制器)：将多个对象的轨迹组合成一个独立的群组，通过该群组可以重新制作动画并进行总体编辑。既可以制作相对动画，也可以制作绝对动画。
- Position Motion Capture Controller(位置运动捕捉控制器)：可使用鼠标或键盘等外部设备动态捕捉对象的运动轨迹，从而控制和记录对象的运动。
- Script Controller(脚本控制器)：使用 Max Scrip 编程语言对对象运动进行控制。
- Smooth Rotation Controller(平滑旋转控制器)：使对象产生平滑旋转的效果。
- Surface Controller(表面控制器)：使对象沿另一个对象的表面进行运动。
- Waveform Controller(波形控制器)：提供规则的周期性的波形来控制对象的运动。可用于时间段内波形效果的控制，常用来制作闪烁的发光物体。
- IK Controller(反向控制器)：主要用于反向运动的控制。在 Bones(骨骼)系统创建的同时，该控制器将被自动指定给每一根骨骼。用户可对每一根骨骼进行编辑。

1.4　动画约束

　　除了控制器之外，3ds Max 中还可以使用约束来设置动画。这些约束类型在动画→约束菜单中。约束类型包括：Attachment（附着）、Surface（表面）、Path（路径）、Link（链接）、Position（位置）、Orientation（方向）和 Look At（注视），如图 1-33 所示。打开运动面板或者轨迹视图指定控制器时，会看到这些约束出现在可用控制器的列表中，如图 1-34 所示。因此可以把约束视为控制器的一种。

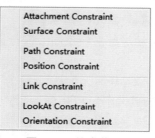

图 1-33　约束菜单

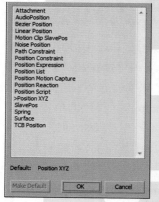

图 1-34　控制器列表中的约束

Constraint Controller(约束控制器)用于强制运动对象与其他目标对象保持连接,强制动画对象沿某一条路径、某一个对象表面、某一个方向或固定在某个运动对象上进行运动。这里所说的约束是指强制对象的某种运动。

Path Constraint Controller(路径约束控制器)是约束控制器中的一种,也是三维动画设计中常用的一种动画控制器之一。其功能是使动画对象沿给定的轨迹进行运动。例如,设置飞机沿着预定跑道起飞的动画,其运行轨迹就应该通过路径约束控制器进行约束。

除了 Path Constraint Controller(路径约束控制器)外,约束控制器还包括其他子类型。

● Attachment Constraint Controller(附加约束控制器):将一个对象连接到另一个目标对象的表面。通过在不同关键点指定不同的附属控制器,可制作出一个物体在另一个物体表面移动的效果。若目标物体表面发生变化,则该物体也随之发生相应的变化。

● Surface Constraint Controller(表面约束控制器):使一个动画对象随另一个动画对象的表面进行运动。

● Position Constraint Controller(位置约束控制器):将目标对象的位置强行绑定在运动对象上。

● Link Constraint Controller(链接约束控制器):将某个对象指定链接到另一个对象上,使运动中的两个对象成为一个整体,对象的运动将带动被链接对象的运动。从链接层次上看,被链接的对象成为该对象的子对象。在 3ds Max 中有多种方法可实现两个物体的链接。

● Look At Constraint Controller(注视约束控制器):强制对象朝向被注视对象,当被注视对象发生变化时,在注视约束控制器作用下的对象将不断地改变自身的位置或角度,以保持其注视状态。使用该控制器时需要先创建一个虚拟物体作为控制器的目标,使动画对象在运动中一直注视该虚拟物体。然后再设置虚拟物体的动画,以实现动画对象的复杂运动。

● Orientation Constraint Controller(方向约束控制器):使一个动画对象的运动方向强制锁定到另一个对象上。

1.5 轨迹视图

使用轨迹视图,可以对创建的所有关键点进行查看和编辑。另外,还可以指定动画控制器,方便插补或控制场景对象的所有关键点和参数。

1.5.1 认识轨迹视图

要打开轨迹视图,可以在菜单栏上打开 Graph Editors(图形编辑器)菜单,然后选择 Track View(轨迹视图)的两种不同模式——Curve Editor(曲线编辑器)和 Dope Sheet(摄影表)。曲线编辑器模式可以将动画显示为功能曲线,如图 1-35 所示。摄影表模式可以将动画显示为关键点和范围的电子表格。关键点是带颜色的代码,便于辨认,如图 1-36 所示。

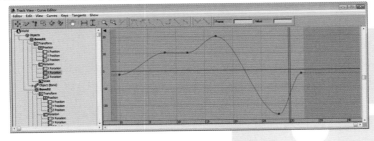

图 1-35 轨迹视图——曲线编辑器

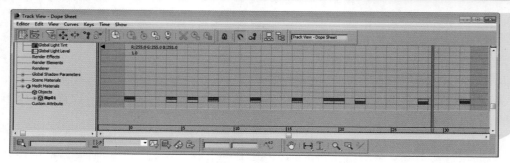

图 1-36 轨迹视图——摄影表(编辑关键点)

1.5.2 轨迹视图的功能与操作

从图 1-36 中可以看出,轨迹视图基本上分 4 个部分:菜单栏、工具栏、控制器窗口和关键点窗口,另外还有底部的时间标尺、导航工具和状态工具等。下面详细介绍它们的作用。

1.菜单栏

(1)Editor(编辑器)菜单主要用于在 Curve Editor(曲线编辑器)和 Drop Sheet(摄影表)之间进行选择和切换。

(2)Edit(编辑)菜单提供用于调整动画数据和使用控制器的工具。

● Copy (复制):将所选控制器轨迹的副本放到"轨迹视图"缓冲区中。

● Paste (粘贴):将"轨迹视图"缓冲区中的控制器轨迹复制到另外一个对象或多个对象的选定轨迹上。可选择粘贴为副本或实例。

● Transformation Tool(变换工具):此子菜单提供用于移动和缩放动画关键点的工具。

◆ Move Keys Tool(移动关键点工具):在曲线编辑器中,垂直(值)或水平(时间)移动关键点。在摄影表中,仅在时间方向上移动关键帧。

◆ Scale Keys Tool(缩放关键点工具):按比例增加或减小选定关键点的计时。

◆ Scale Time(缩放时间):(仅限于摄影表)缩放选定轨迹在特定时间段内的关键点。

◆ Scale Vaules(缩放值):(仅限于曲线编辑器)按比例增加或减少选定关键点的值。与缩放值原点滑块结合使用。

◆ Region Keys Tool(区域关键点工具):(仅限于曲线编辑器)在矩形区域内移动和缩放关键点。

◆ Retime Tool(重定时器工具):仅限于曲线编辑器。

◆ Retime All Tool(对全部对象重定时工具):仅限于曲线编辑器。

● Snap Keys(捕捉帧):启用后,关键点总是捕捉到帧。禁用后,可以将关键点移动到子帧位置。

● Controller(控制器):此子菜单提供用于使用动画控制器的工具。

◆ Assign(指定):用于为所有高亮显示的轨迹指定相同的控制器。

◆ Delete(删除):用于删除无法替换的特定控制器(可见性轨迹、图像运动模糊倍增、对象运动模糊、启用 / 禁用)。

◆ Collapse(塌陷):将程序动画轨迹(如噪波)转换为 Bezier、Euler、Linear 或 TCB 关键帧控制器轨迹。还可以使用它将任何控制器转化为以上类型的控制器。使用采样参数可减少关键点。

◆ Keyable(可设置关键点):切换高亮显示的控制器轨迹接收动画关键点的能力。若要查看轨迹是否为可设置关键点,请启用显示可设置关键点的图标。

◆Enable Anim Layer(启用动画层)：将层控制器指定给控制器窗口中每个高亮显示的轨迹。

◆Ignore Animation Range(忽略动画范围)：忽略选定控制器轨迹的动画范围。设置该选项后，轨迹的活动不受其范围的限制并且其背景颜色会变化。

◆Respect Animation Range(考虑动画范围)：考虑选定控制器轨迹的动画范围。设置该选项后，轨迹在其范围内活动。

◆Make Unique(使唯一)：用于将实例控制器转化为唯一控制器。如果一个控制器已实例化，则更改它会影响已复制它的所有位置。如果该控制器唯一，则对它的更改不会影响其他任何控制器。

◆Out Of Range Types(超出范围类型)：用于将动画扩展到现有关键帧范围以外。主要用于循环和其他周期动画，而无须复制关键点。

●Properties(属性)：显示属性对话框，从中可访问关键点插值类型。不同控制器类型在此处提供独特选项。例如，位置 XYZ 控制器提供快速、慢速、线性、平滑、阶跃、Bezier 和自动切线作为关键点选项，而 TCB 控制器不显示以上任何控件。对于部分控制器，这是访问动画参数的主要方法。

●Note Track(注释轨迹)：该子菜单用于向场景中添加或从场景中移除注释轨迹。可以使用注释轨迹将任何类型的信息添加到轨迹视图中的轨迹上。

●Visibility Track(可见性轨迹)：该子菜单用于向场景中的对象添加或从场景中的对象移除可见性轨迹。通过在启用自动关键点时在对象属性对话框中更改可见性参数，还可以设置可见性的关键帧。

●Track View Utilities(轨迹视图工具)：打开一个对话框，从中可以访问许多有用工具。

（3）View（视图）菜单将在摄影表和曲线编辑器模式下显示，但并不是所有命令在这两个模式下都可用。其控件用于调整和自定义轨迹视图中项目的显示方式。

●选定关键点统计信息：在功能曲线窗口中，切换选定关键点的统计信息的显示（仅限曲线编辑器）。关键点的统计信息通常包括帧数和值。此选项非常有用，因为仅显示所使用关键点的统计信息。

●全部切线：在曲线编辑器中，切换所有关键点的切线控制柄的显示。禁用后，仅显示选中关键点的控制柄。

●交互式更新：控制在轨迹视图中编辑关键点是否实时更新视口。在某些情况下禁用交换式更新可以快速播放动画。

●帧：此子菜单提供用于缩放到水平或垂直范围的工具。

◆Frame Horizontal Extents(框显水平范围)：缩放到活动时间段。

◆Frame Horizontal Extents Keys(框显水平范围关键点)：缩放以显示所有关键点。

◆Frame Vaule Extents(框显值范围)：(仅限曲线编辑器)在垂直方向调整关键点窗口的视图放大值，以便可以看到所有可见曲线的完全高度。此选项在导航工具栏上显示为框显值范围。

◆Frame Vaules(帧值)：(仅限曲线编辑器)启动一个模式，以手动调整关键点窗口的垂直放大值。向上拖动可进行放大，向下拖动可进行缩小。此选项在导航工具栏上显示为缩放值。

●Navigate(导航)：此子菜单提供用于平移和缩放关键点窗口的工具。

◆Pan(平移)：用于移动关键点窗口的内容。

◆Zoom(缩放)：用于更改关键点窗口的放大值。

◆Zoom Region(缩放区域)：用于缩放为矩形区域。

● Show Custom Icons(显示自定义图标):启用时,层次列表中的图标显示为经过明暗处理的 3D 样式,而非 2D。

● Keyable Icons(可设置关键点的图标):切换每个轨迹的关键点图标,该图标指示并用于定义轨迹是否可设置关键点,以及是否可以记录动画数据。红色关键点图标表示可设置关键点的轨迹,而黑色关键点图标则表示不可设置关键点的轨迹。

● Lock Toggle Icons(锁定切换图标):切换每个轨迹指示并允许定义轨迹是否锁定的锁定图标。启用锁定切换图标后,可以单击图标切换轨迹的锁定状态。锁定轨迹可防止操纵该轨迹控制的数据(如位置动画)。

● Filters(过滤器):提供用于过滤轨迹视图中显示内容的控件。提供大量用于显示、隐藏和显示数据的选项。

(4)Curves(曲线)菜单。

在曲线编辑器和摄影表模式下使用轨迹视图时,可以使用曲线菜单,但在摄影表模式下,并非该菜单中的所有命令都可用。此菜单上的工具可加快曲线调整。

● Isolate Curve(隔离曲线):仅切换含有选定关键点的曲线的显示。多条曲线显示在关键点窗口中时,使用此命令可以简化显示。此命令也可以在关键点窗口右键菜单上找到。

● Simplify Curve(简化曲线):减小曲线的关键点密度。

● Apply Multiplier Curve(应用增强曲线):对选定轨迹应用曲线,使您可以影响动画强度。

● Apply Easy Curve(应用减缓曲线):对选定轨迹应用曲线,使您可以影响动画计时。

● On/Off Easy Curve/Multiplier(启用 / 禁用减缓曲线 / 增强曲线):启用或禁用减缓曲线和增强曲线。

● Remove Easy Curve/Multiplier(移除减缓曲线 / 增强曲线):删除减缓曲线和增强曲线。

● Easy Curve Out Of Range Types(减缓曲线超出范围类型):将减缓曲线应用于"参数超出范围"关键点。

● Multiplier Curve Out Of Range Types(增强曲线超出范围类型):将增强曲线应用于"参数超出范围"关键点。

(5)Keys (关键点)菜单。

通过关键点菜单上的命令,可以添加动画关键点,然后将其对齐到光标并使用软选择变换关键点。

● Add Key Tools(添加关键点工具):在曲线编辑器或摄影表中添加关键点。激活添加关键点工具之后,单击曲线(在曲线编辑器中)或轨迹(在摄影表中),以在该位置添加关键点。在这两种模式中,可以通过在单击后进行水平拖动来更改计时。或者,在曲线编辑器中,可以单击曲线后进行垂直拖动来更改值。

● Use Soft Select(使用软选择):处于活动状态时,变换影响与关键点选择集相邻的关键点。在曲线和摄影表编辑关键点模式上可用。

● Soft Select Settings(软选择设置):作为工具栏打开软选择对话框时,默认情况下将其停靠在轨迹视图窗口的底部。使用控件切换软选择并调整软选择的范围和衰减。

● Align to Cursor(对齐到光标):按比例增加或减少关键点值(在空间中,而不是在时间中)。与缩放值原点滑块结合使用。

(6)Time(时间)菜单(仅限于摄影表)。

使用时间菜单上的工具可以编辑、调整或反转时间。只有在轨迹视图处于摄影表模式时才能使用时间菜单。这些工具也可以从时间工具栏中访问。

● Select(选择):选择一个时间范围。

- Insert(插入):将时间的空白周期添加到选定范围。
- Cut(剪切):移除时间选择。
- Copy(复制):复制时间选择。包括所选时间内的任何关键帧。
- Paste(粘贴):复制已复制的选择或剪切的选择。
- Reverse(反转):重新排列时间范围内关键点的顺序,将时间从后面翻转到开始。

(7)Tangents (切线)菜单。

只有在曲线编辑器模式下操作时,轨迹视图→切线菜单才可用。此菜单上的工具便于管理动画 – 关键帧切线。

- Break/Unify Tangents(断开 / 统一切线):启用关键帧 – 切线共线性的切换。
- Lock Tangents Toggle(锁定切线切换):启用后,可以同时操纵多个顶点的控制柄。

(8)Show (显示)菜单。

显示菜单包含如何显示项目以及如何在控制器窗口中处理项目的控件。

- Sync Cursor Time(同步光标时间):将时间滑块移动到光标位置。
- Hide/Show Non-selected Curves(隐藏 / 显示未选定曲线):这些互斥的命令用于隐藏或显示在控制器窗口没有高亮显示的轨迹功能曲线。
- Auto Expand(自动展开):您在自动展开子菜单中所做的选择将决定控制器窗口显示的行为。要通过一次单击禁用自动展开,请启用手动导航。然后将忽略自动展开设置。
- Auto Select(自动选择):提供一些切换,用于确定在打开轨迹视图窗口时高亮显示哪些轨迹类型或节点选择的变化。选项包括动画、位置、旋转和缩放。
- Track View-Auto Scroll(轨迹视图 – 自动滚动):此子菜单提供的选项可以控制摄影表和曲线编辑器中的控制器窗口的自动滚动。选中这些选项之后,选择将显示在控制器窗口的顶部。
  - ◆ Selected(选定):启用此选项之后,控制器窗口将自动滚动,将视口选择移到该窗口的顶部。
  - ◆ Objects(对象):启用此选项之后,控制器窗口将自动滚动,显示场景中的所有对象。
- Manual Navigation(手动导航):手动导航暂时禁用控制器窗口的自动功能并允许用户显式控制轨迹展开、塌陷、选择和滚动。

2.工具栏

工具栏中的按钮都是最常用的,可以方便地编辑轨迹曲线和关键点,曲线编辑器模式下和摄影表模式下的工具栏中的按钮有很大区别,先来介绍一下曲线编辑器模式下的工具栏,如图 1-37 所示,以下将依次介绍工具栏上按钮的用法与功能。

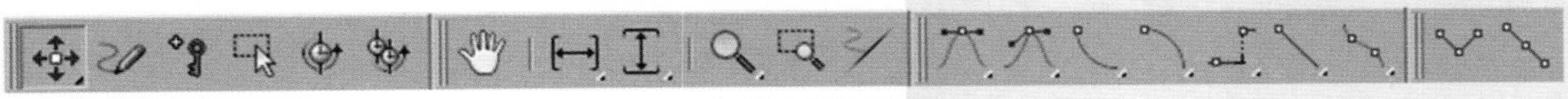

图 1-37　曲线编辑器的工具栏

- Move Keys(移动关键点):在关键点窗口中水平和垂直、仅水平或仅垂直移动关键点。
- Draw Curve(绘制曲线):绘制新运动曲线,或直接在功能曲线图上绘制草图来修改已有曲线。
- Add Keys(添加关键点):在现有曲线上创建关键点。
- Region Keys Tool (区域关键帧工具):在矩形区域内移动和缩放关键点。
- Retime Tool(重定时工具):通过在一个或多个帧范围内更改任意数量轨迹的动画速率来扭曲时间,可以提高或降低任何动画轨迹上任何时间段内的动画速度。
- Retime All Tool(对全部对象重定时工具):全局修改动画计时。
- Pan(平移):用于移动关键点窗口的内容。
- Frame Horizontal Extents(框显水平范围):缩放到活动时间段。

●Frame Horizontal Extents Keys(框显水平范围关键点):缩放以显示所有关键点。

●Frame Vaule Extents(框显值范围):(仅限曲线编辑器)在垂直方向调整关键点窗口的视图放大值,以便可以看到所有可见曲线的完全高度。

●Frame Vaules(帧值):(仅限曲线编辑器)启动一个模式,以手动调整"关键点"窗口的垂直放大值。向上拖动可进行放大,向下拖动可进行缩小。

●Zoom(缩放):用于更改关键点窗口的放大值。

●Zoom Region(缩放区域):用于缩放为矩形区域。

●Isolate Curve(隔离曲线):仅切换含有选定关键点的曲线的显示。

以下是关键点切线工具。

●Set Tangents to Auto(将切线设置为自动):按关键点附近的功能曲线形状进行计算,选择关键点,然后单击此按钮可自动将切线设置为自动切线。

●Set Tangents to Spline(将切线设置为样条线):将选择的关键点设置为样条线切线,使此关键点控制柄可以通过在曲线窗口中拖动进行编辑。用弹出按钮单独设置内切线和外切线。在使用控制柄时按下 Shift 键中断使用。

●Set Tangents to Fast(将切线设置为快速):将关键点切线设置为快速内切线、快速外切线或二者均有,这取决于在弹出按钮中的选择。

●Set Tangents to Slow(将切线设置为慢速):将关键点切线设置为慢速内切线、慢速外切线或二者均有,这取决于在弹出按钮中的选择。

●Set Tangents to Stepped(将切线设置为阶越):将关键点切线设置为慢速内切线、慢速外切线或二者均有,这取决于在弹出按钮中的选择。

●Set Tangents to Linear(将切线设置为线性):将关键点切线设置为线性内切线、线性外切线或这两者,具体取决于在弹出按钮中的选择。

●Set Tangents to Smooth(将切线设置为平滑):将关键点切线设置为平滑,用它来处理不能继续进行的移动。

以下为曲线工具栏。

●Break/Unify Tangents(断开/统一切线):启用关键帧–切线共线性的切换。

摄影表模式下的工具栏如图 1-38 所示,与曲线编辑器工具栏相比,切线工具部分变成了时间工具部分,曲线工具栏部分变成摄影表工具部分。

图 1-38 摄影表的工具栏

●Edit Keys(编辑关键点):此模式在图形上将关键点显示为长方体。使用编辑关键点模式可移动、添加、剪切、复制和粘贴关键点。

●Edit Ranges(编辑范围):显示摄影表编辑器模式,在图形上将关键点轨迹显示为范围栏。

●Filters(过滤器):可使用该选项确定在控制器窗口和摄影表–关键点窗口中显示的内容。

●Move Keys(移动关键点):在关键点窗口中水平和垂直、仅水平或仅垂直移动关键点。

●Slide Keys(滑动关键点):可在摄影表中使用滑动关键点来移动一组关键点,同时在移动时移开相邻的关键点。仅有活动关键点在同一控制器轨迹上。

●Add Keys(添加关键点):在摄影表栅格中的现有轨迹上创建关键点。

●Scale Keys(缩放关键点):可压缩或扩展两个关键帧之间的时间量。用户可以用在曲线编辑器和摄影表模式中,使用时间滑块作为缩放的起始或结束点。

● Select Time(选择时间)：可以选择时间范围，时间选择包含时间范围内的任意关键点。

● Delete Time(删除时间)：从选定轨迹上移除选定时间。不可以应用到对象整体来缩短时间段。此操作会删除关键点，但会留下一个空白帧。

● Reverse Time(反转时间)：重新排列时间范围内关键点的顺序，将时间从后面翻转到开始。

● Scale Time(缩放时间)：在选中的时间段内，缩放选中轨迹上的关键点。

● Insert Time(插入时间)：插入时间时插入一个范围的帧。滑动已存在的关键点来为插入的时间创造空间。

● Cut Time(剪切时间)：删除选定轨迹上的时间选择。

● Copy Time(复制时间)：复制选定的时间选择，以供粘贴用。

● Paste Time(粘贴时间)：将剪切或复制的时间选择添加到选定轨迹中。

● Lock Selection(锁定当前选择)：锁定关键点选择。一旦创建了一个选择，启用此选项就可以避免不小心选择其他对象。

● Snap Frames(捕捉帧)：限制关键点到帧的移动。打开此选项时，关键点移动总是捕捉到帧中。禁用此选项时，可以移动一个关键点到两个帧之间并成为一个子帧关键点。

● Show Keyable Icons(显示可设置关键点的图标)：显示可将轨迹定义为可设置关键点或不可设置关键点的图标。仅当轨迹在想要的关键帧之上时，使用它来设置关键点。在轨迹视图中禁用一个轨迹也就在视口中限制了此移动。红色关键点是可设为关键点的轨迹，黑色关键点是不可设为关键点的轨迹。

● Modify Subtree(修改子树)：启用该选项后，对父轨迹的关键点操纵可作用于该层次下的轨迹。它默认在摄影表模式下。

● Modify Child Keys(修改子对象关键点)：如果在没有启用修改子树的情况下修改父对象，请单击修改子对象关键点以将更改应用于子关键点。类似地，在启用修改子树时修改了父对象，修改子对象关键点禁用这些更改。

3.控制器窗口

在轨迹视图的左侧是控制器窗口，它可以显示 3ds Max 中包含的所有层级、对象以及控制器轨迹，还可以确定哪些曲线和轨迹可以用来进行显示和编辑。控制器窗口的层级是可以展开的，单击每个选项左侧的符号，就可以打开其内部层级，如图 1-39 所示。

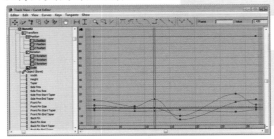

图 1-39 展开控制器窗口层级

4.关键点窗口

关键点窗口分为轨迹曲线形式和摄影表两种显示方式，分别对应于曲线编辑器模式和摄影表模式，曲线形式可以用来修改曲线形态，摄影表形式可以用来编辑关键帧的时间位置。

1.5.3 编辑关键点

编辑关键点模式是一种常用的轨迹编辑模式，该模式可将动画显示作为一系列关键点，这些关键点在关键点窗口的栅格上以方框的形式显示。默认情况下，我们在摄影表编辑器启用编辑关键点模式。

编辑关键点模式适用于获取动画的全局视图,因其可以显示所有轨迹的动画计时。如果要查看整个动画上下文中所做的更改,可以使用此模式进行关键点的添加、删除、移动、对齐及缩放等编辑操作,如图1-40所示。

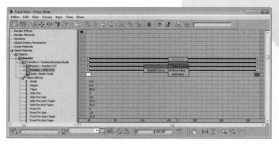

图1-40　编辑关键点的操作

1.5.4　调整功能曲线

功能曲线编辑模式是轨迹视图中使用频率最高、功能最强的编辑模式,在曲线编辑模式下,系统以红、绿、蓝分别表示物体在X、Y、Z轴的坐标位置。可通过复制、删除或调整曲线等操作来改变物体的运动轨迹和运动方式。

编辑球体运动轨迹的方法如下。

(1)在顶视图创建一个球体,半径为10,然后单击自动关键点按钮,打开动画模式。接着将时间滑块拨到第10帧,使用选择并移动工具将球向上移,再将时间滑块拨到第20帧,将球下移到原来的位置。

(2)单击Playback(播放动画)按钮,此时球体只在第0~20帧之间跳动1次。

(3)单击Curve Editor(曲线编辑器)按钮,打开曲线编辑器,这时运动轨迹为默认的曲线编辑模式,如图1-41所示。

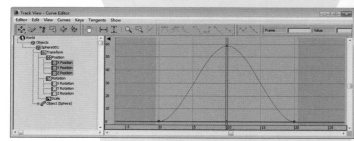

图1-41　查看球体运动轨迹曲线

1.6　自我训练

一、填空题

1.无纸动画采用"(　　　　)+(　　　　)+(　　　　)"的全电脑制作流程,省去了传统动画中例如扫描、逐格拍摄等步骤。

2.目前世界上有3种视频播放格式,分别是(　　　)格式、(　　　)格式和(　　　)格式。

3.在3ds Max中,默认动画控制器包括:(　　　)、(　　　)、(　　　)。

二、简答题

1.简述游戏动画与其他形式动画的区别。

2.简述3ds Max的动画制作应用。

三、操作题

利用本章讲解的关键帧动画知识,制作一个小球自由运动的关键帧动画。

第2章
骨骼与蒙皮

本章主要讲述骨骼动画的基础知识，以及相关的层次与链接、蒙皮、正/反向运动学等知识；通过学习，使读者能够深刻认识骨骼动画的本质，以及为后面角色动画的制作打好基础。

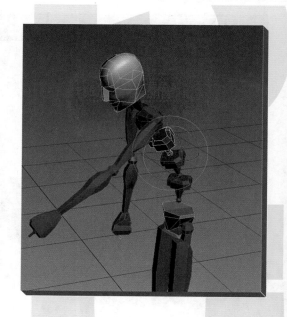

◆学习目标

· 了解骨骼动画的基本概念与分类

· 了解骨骼的基础知识和功能操作

· 掌握层的设定与链接的基础知识

· 掌握正向运动学(FK)在动画中的应用

· 掌握反向运动学(IK)在动画中的应用

· 了解蒙皮绑定

◆学习重点

· 掌握层的设定与链接的基础知识

· 掌握正向运动学(FK)在动画中的应用

· 掌握反向运动学(IK)在动画中的应用

2.1 骨骼动画的基本概念与分类

骨骼动画是 3D 动画中主要的动画方式,与其他 3D 动画方式比较,骨骼动画的优势明显,它制作简单而科学,特别是在制作游戏动画时,能使引擎得到平滑的动作效果。

2.1.1 骨骼动画概述

1.骨骼动画的概念

通常我们所说的 3D 动画主要指两种动画方式:顶点动画和骨骼动画。这两种动画方式都是针对模型的动画,在顶点动画中,每帧动画其实就是模型特定姿态的一个"快照"。通过在帧之间插值的方法,可以使引擎得到平滑的动画效果。而骨骼动画是使用"骨头"来带动模型,而不是通过手动编辑和移动每个模型顶点来实现的动画。骨骼动画中,每个模型的顶点会被附着到一根骨头(或多根骨头),当骨头运动时,每个附着在骨头的顶点也跟着运动,如图 2-1 所示,而且骨头自身的运动也会导致其他骨头的运动,这与真实生活中的身体运动原理相似,从而使模型运动起来比较适当合理。

2.骨骼动画的重要性

骨骼动画比传统的顶点动画有很多优点,它在游戏动画中作用重要而明显。

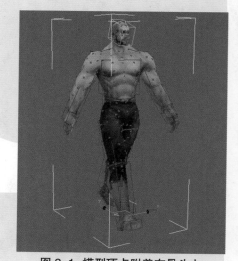

图 2-1 模型顶点附着在骨头上

首先,玩家对游戏的最基本要求是直观和真实。而基于骨骼运动的角色在这方面无疑更具优势,在传统的关键帧角色动画中,引擎会在两个位置中间进行线性插值来完成角色的动作。然而在这种情况下,关节实际上并没有旋转,这会使角色旋转运动看起来不太自然。同时对程序员来说,动画过程是否占用较少的存储空间是非常重要的。定点动画需要为每帧动画都存储一组新的顶点运动信息,而骨骼动画存储的只是骨头的旋转和平移信息,以及顶点附着在骨头的信息。这可以节省巨大的存储空间,用来改善游戏的其他地方,比如添加更多的游戏细节,改进游戏的 AI 来制作出一个更刺激的游戏。

其次,骨骼动画对于那些创建 3D 游戏动画的设计师来说,也更加轻松。一个好的骨骼动画系统将缩减动画设计师做模型动画的时间, 几乎每一个好的动画程序都已使用骨骼动画来确保模型运动的过程。同时,骨骼动画在模型被导入游戏编辑器的使用格式时,动画或特征的失真情况也发生得比较少。

最后,因为骨骼的自由性使得程序员可以随心所欲地实时定位它们,也可以实现在运行时创建动画。凭借这点,能够实现在游戏中控制当身体碰到一个物体时的动作,或从一个斜坡上滑下来。这使角色和模型在游戏环境里面真实交互,极大地提高了游戏的观赏性和趣味性。

2.1.2　骨骼动画的分类

随着游戏的流行和引擎的发展,三维游戏逐渐占据市场的主导地位。目前,三维游戏以 3ds Max 为主要的制作软件,在 3ds Max 中,骨骼动画主要依靠 Character Studio 和 Bone 骨骼为主要的制作工具,因此我们把骨骼动画也分成 Bone 骨骼动画和 Character Studio 骨骼动画两种方式。

1.Bone 方式

正向运动和反向运动是角色动画的设计基础。在没有设定该运动系统为反向运动(IK)时,3ds Max系统默认为正向运动。运用反向运动系统创建角色动画,可为动画造型设计带来方便。但在动画制作前期需要给该系统的每一个部件都进行参数设置,其过程的烦琐可想而知。于是,3ds Max提供了一种较为简便的 IK 控制系统,这就是 Bone(骨骼系统),如图 2-2 所示。该系统在一定程度上弥补了反向运动系统的不足,因此,有些游戏引擎还开发了独立使用 Bone 骨骼的骨骼系统。

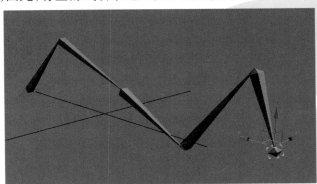

图 2-2　Bone 骨骼系统

Bone 骨骼适应性较广,主要应用于人物、异形生物等,其优点是任意设定骨骼形状,缺点是必须手动设置 IK 和 FK。某些特殊的角色(如蛇),一般会用 Bone 骨骼直接实现。

2.Character Studio 方式

Character Studio 是 3ds Max系统自带的制作三维角色动画的强大插件,如图 2-3 所示,它能够让设计者快速而轻松地建造骨骼然后使之具有动画效果,从而创建运动序列的一种开发环境。Character Studio 主要适用于人物和较简单的生物,其优点是 IK 和反 IK 由系统给出,调整方便,不易出错,还有比较完善的动画设定系统,通过 Character Studio 骨骼系统,可以使用具有动画效果的骨骼

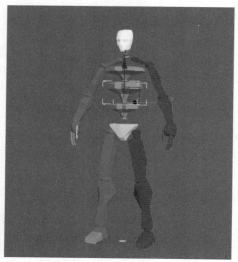

图 2-3 Character Studio 骨骼系统

来驱动模型的运动,以此创建出虚拟的动画角色。而且,还可以使用 Character Studio 生成这些角色的群组,制作出群组运动的动画效果。

它的缺点是骨节数目有限,对过于复杂的生物不易设定。目前很多的游戏中的动作,如两足生物、四足生物和飞行的生物,都可以用 Character Studio 骨骼再配合 Bone 骨骼很轻松地实现。

现今游戏制作中骨骼的使用取决于游戏所采用的引擎特点和游戏本身角色特点。根据对现今国内游戏公司特别是网游公司的调查,随着引擎的发展,两种骨骼类型各占一定比例,但采用 Character Studio 形式的居多,对动画人物的要求也以 Character Studio 为主,大多要求两种骨骼都会使用。所以使用什么骨骼系统并不重要,重要的是使用骨骼系统制作出适合模型形态和结构的骨骼设定。

2.2 Bone 骨骼系统

在 3ds Max 中,骨骼与场景中的其他对象一样,是作为一个对象来看待的。可为骨骼添加修改器,改变骨骼的形状,还可为骨骼指定材质。在创建了骨骼系统并施加反向运动之后,就可以对骨骼系统添加蒙皮并对蒙皮进行变形,从而得到逼真的角色动画效果。

2.2.1 Bone 骨骼的功能与参数

Bone 骨骼系统是一个具有链接关系的骨骼层级结构,主要用来制作一些角色动画。骨骼系统基于反向运动系统,可以随意对反向运动进行控制而不必事先设置参数。

Bone Parameters(骨骼参数)卷展栏主要用于设置骨骼的几何尺寸,其界面如图 2-4 所示。在该卷展栏中只有两个选项组。

Bone Object(骨骼对象)选项组用于设置骨骼系统的外观参数。其中,Width(宽度)文本框用于设定骨骼对象的宽度。Height(高度)文本框用于设定骨骼对象的高度,Taper(锥度)文本框用于设定骨骼对象的锥度,即倾斜角度。

Bone Fins(骨骼鳍)选项组用于设置骨骼侧鳍属性。

● Side Fins(侧鳍)复选框,可显示骨骼侧鳍的造型参数。

◆ Size(大小)文本框用于设定骨骼侧鳍的大小。

◆ Start Taper(始端锥化)文本框用于设置骨骼侧鳍锥度起始角度。

◆ End Taper(末端锥化)文本框用于设置骨骼锥度的末端角度。

● Front Fins(前鳍)复选框,可显示骨骼前鳍的造型参数。

◆ Size(大小)文本框用于设定骨骼前鳍的大小。

◆ Start Taper(始端锥化)用于设置骨骼前鳍锥度的起始角度。

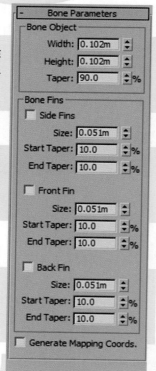

图 2-4 骨骼参数卷展栏

◆End Taper(末端锥化)文本框用于设置骨骼前鳍锥度的末端角度。

●Back Fins(后鳍)复选框,可显示骨骼后鳍的造型参数。

　◆Size(大小)文本框用于设定骨骼后鳍的大小。

　◆Start Taper(始端锥化)文本框用于设置骨骼后鳍锥度的起始角度。

　◆End Taper(末端锥化)文本框用于设置骨骼后鳍锥度的末端角度。

2.2.2　BONE 骨骼的创建与编辑

在 3ds Max 中,创建的骨骼系统的目的主要是用来支配各种模型的运动,以生成动画造型。运用骨骼支配模型既可运用刚性骨骼连接方式(即将模型直接链接到骨骼,使模型随骨骼同步运动),也可运用软性骨骼蒙皮方式(即骨骼蒙上皮肤后使皮肤骨骼运动并产生形变)。

此外,骨骼系统既可运用 FK(正向运动),也可运用 IK(反向运动)。在设计角色动画时,一般将反向运动用于人体的腿部,而将正向运动用于人体的躯干和手部。这是因为,反向运动在模拟与地面交互的脚步时可大幅加快设计速度,使效果更加逼真;而正向运动则使用各种控件用于人体上身的各种姿态。若该系统运用了 HI 解算器,就可以在 FK 和 IK 之间自如切换。

1.创建骨骼系统

在 3ds Max 中,创建骨骼系统有两种不同的方法:若要创建骨骼系统,可选择 Create(创建)面板下的 Systems(系统)子面板,在 Object Type(对象类型)卷展栏中单击 Bones(骨骼)按钮,打开创建骨骼系统界面,也可通过执行 Animation(动画)→Bones Tools(骨骼工具)菜单命令,在打开的 Bone Tools(骨骼工具)对话框中单击 Create Bones(创建骨骼)按钮,打开创建骨骼系统界面,如图 2-5(a)所示;第三种方法是打开 Bone Tools(骨骼工具)对话框,在 Object Properties(对象属性)卷展栏中选中 Bone On(启用骨骼)复选框,将创建并链接好的对象转换为骨骼系统,如图 2-5(b)所示。

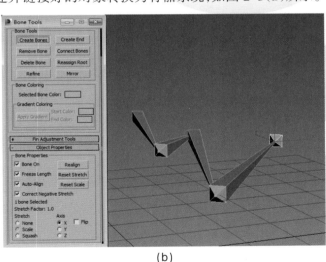

(a)　　　　　　　　　　　　　　　　　　(b)

图 2-5　创建骨骼

在视图中单击可以创建一个根骨骼,移动一段距离后再单击,可以创建另一个骨骼。以后每单击一次都会创建一个与前一个骨骼相链接的骨骼。单击鼠标右键可退出骨骼创建模式。使用这种方法,可以创建一串链接在一起的骨骼对象,如图 2-6 所示。

若需要添加骨骼分支,只要在骨骼创建模式中单击需要分支开始的骨骼位置,就可以创建新的分支骨骼。然后再继续移动、单击,将创建的骨骼添加到分支上,如图 2-7 所示。

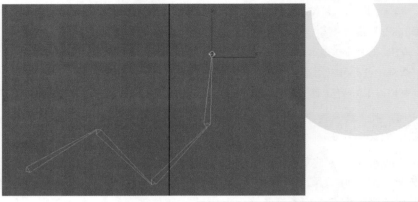

图 2-6　创建骨骼链

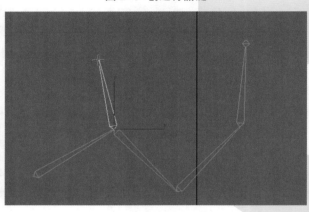

图 2-7　添加骨骼分肢

骨骼对象实际上是一系列链接的关节。移动一个骨骼将会拉动与之相链接的骨骼一起移动。和其他对象一样,可对每一节骨骼进行旋转、缩放和拉伸变换。

骨骼系统在默认情况下不被渲染。如果要使骨骼系统能够被渲染,可选中骨骼系统单击鼠标右键,在弹出的快捷菜单中选择 Object Properties(对象属性)命令,然后在打开的 Object Properties 对话框的 General 选项卡中选中 Render able 复选框,如图 2-8 所示,即可对骨骼系统进行渲染。

通过下面的创建骨骼系统的简单实例,我们可熟悉骨骼及骨骼分肢的创建方法。

【应用实例】创建骨骼系统

(1)选择 Create(创建)面板下的 Systems(系统)子面板,在 Object Type(对象类型)卷展栏中单击 Bones(骨骼)按钮,开始创建骨骼系统。

(2)创建骨骼。在前视图中,单击确定第一个骨骼的起始位置,然后向下移动一段距离再次单击,确定第一个骨骼长度及第二个骨骼的起始位置。然后向下移动一段距离后再次单击,这样创建了两个骨骼。单击鼠标右键结束骨骼的创建,并同时创建第三个骨骼。

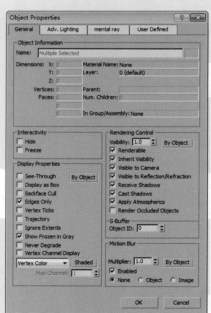

图 2-8　骨骼渲染设置

（3）创建分肢。将十字光标移到第 3 个骨骼处单击，继续进行移动→单击→移动→右击的操作，结束骨骼分肢的创建。这样，以第 3 个骨骼处为支点创建了 1 个骨骼分肢，如图 2-9 所示。

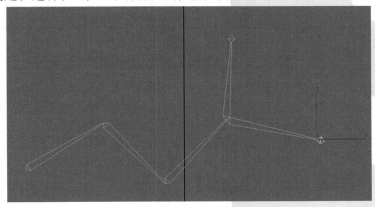

图 2-9　在第三根骨骼创建分肢骨骼

2.编辑骨骼系统

当创建骨骼系统后，可通过 Bone Editing Tools（骨骼编辑工具）卷展栏对骨骼长度、位置及颜色进行修改，还可以在该系统中添加骨骼、删除骨骼、连接骨骼，以及指定根骨骼等。

执行 Animation（动画）→Bones Tools（骨骼工具）菜单命令，打开对话框后可显示 Bone Editing Tools（骨骼编辑工具）卷展栏，该卷展栏包括 3 个参数栏，如图 2-10 所示。

在 Bone Pivot Position（骨骼轴心位置）选项组中单击 Bone Edit Mode（骨骼编辑模式）按钮，即相当于在 Hierarchy（层级）面板的 Adjust Transform 卷展栏中选中 Don't Affect Children（不影响子对象）复选框。这样，当改变每个骨骼的长度和位置时，对其他骨骼不会产生任何影响。

图 2-10　骨骼编辑工具界面

Bone Tools（骨骼工具）选项组中的按钮均用于骨骼编辑。其中，Create Bones（创建骨骼）按钮用于创建骨骼；Create End（创建末端）按钮用于创建骨骼末端；Remove Bone（移除骨骼）按钮用于删除选定的骨骼，而其下端骨骼与其上端的骨骼相连接；Connect Bones（链接骨骼）按钮用于在选定骨骼的末尾与其他骨骼之间连接一个骨骼；Delete Bone（删除骨骼）按钮用于删除骨骼，但其上、下端断开；Reassign Root（重排定根）按钮用于将选定骨骼定义为根骨骼；Refine（细化）按钮用于在系统中插入骨骼；Mirror（镜像）按钮用于产生镜像对称骨骼。

Bone Coloring（骨骼着色）选项组用于对骨骼进行着色处理。

【骨骼编辑应用实例】

（1）接上个实例，修改骨骼的位置和长度。在前视图中，移动骨骼时可移动相互链接的骨骼位置，但不能改变其自身的长度。执行 Animation（动画）→Bones Tools（骨骼工具）菜单命令打开对话框，在 Bone Editing Tools（骨骼编辑工具）卷展栏中单击 Bone Edit Mode（骨骼编辑模式）按钮。这样，使用 Select and Move（选择并移动）工具可以改变任意一个骨骼的自身长度和位置而不影响到其他骨骼，如图 2-11 所示。

（2）添加骨骼。在 Bone Editing Tools（骨骼编辑工具）卷展栏中单击 Refine（细化）按钮，在前视图中分别在两根骨骼上单击，在两根骨骼中各插入 1 个骨骼，如图 2-12 所示。

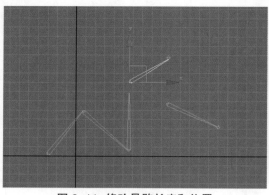

图 2-11　修改骨骼长度和位置

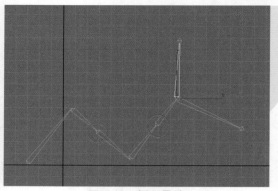

图 2-12　插入骨骼

（3）移除骨骼。在前视图中选中骨骼主干上的第 3 个骨骼，在 Bone Editing Tools（骨骼编辑工具）卷展栏中单击 Remove Bone（移除骨骼）按钮，将选中的骨骼删除，其两端的骨骼自动连接在一起，如图 2-13 所示。

图 2-13　移除骨骼

2.3　层的设定与链接

　　人在行走时，不仅人体的空间位置发生了变化，而且人体的各个部位（躯干、头、臂、手、腿、脚）也在不断地运动和变化。这些复杂角色动画的共同点在于各个组成部分的运动具有关联性。因此，要真实地表现各种角色动画，就必须掌握各个物体之间的运动关系。

2.3.1　层次的概念

　　在 3ds Max 中，生成比较复杂的计算机动画时，各个对象之间的运动关系一般需要进行链接，即将一个对象链接在另一个对象上建立一种层级关系，这种层级关系是将场景中的对象按链接关系逐级排列起来组合而成的一个完整的、有机的系统。在该系统中，主体在上，次体在下，父对象在上，子对象在下，按这种层次一直排到最底层。这样，应用于父对象的变换同时将传递给子对象。这种链也被称为层次，如图 2-14 所示。

2.3.2　层次的常见用法

　　层次的常用用法如下。

●将大量对象的集合链接到一个父对象，以便通过移动、旋转或缩放父对象可以容易变换和设置这些对象的动画。

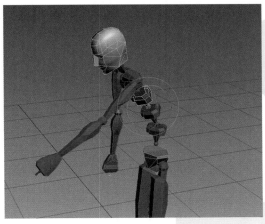

图 2-14　子对象(手臂骨骼)跟随父对象(身体骨骼)移动

● 将摄像机或灯光的目标链接到另一个对象,以便它可以通过场景跟踪对象。

● 将对象链接到某个虚拟对象,以通过合并多个简单运动来创建复杂运动。

● 链接对象以模拟关节结构,从而设置角色或机械装置的动画。

2.3.3　层次的组成

在运用层级关系创建动画时,通常使用类似于家族关系的形式来形象地描述它们之间的关系,包括父对象、子对象和祖先对象等。所谓父对象是指该对象能够控制所有与之链接的对象,而子对象是指链接到父对象并受其控制的对象。一个父对象可以有多个子对象,但一个子对象只能有一个父对象;祖先对象是指一个子对象的父对象及该父对象的所有父对象,如图 2-15 所示。

此外,在层次的组成成分中还包括派生对象、层次、根对象、子树、树叶对象、分支、链接、轴点等。

● 派生对象:一个父对象的子对象以及子对象的所有子对象。如图 2-15 所示,所有对象都是对象 1 的派生对象。

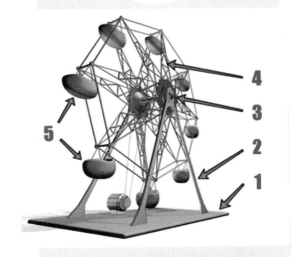

图 2-15　摩天轮的座位是轮盘的子对象,轮盘是基座和支柱的子对象

● 层次:在单个结构中相互连接在一起的所有父对象和子对象。

● 根对象:层次中唯一一比所有其他对象的层次都高的父对象。所有其他对象都是根对象的派生对象。在图 2-16 中,Bone06 是根对象。

● 子树:所选父对象的所有派生对象。如图 2-17 中 1 所示。

● 树叶对象:没有子对象的子对象。分支中最低层次的对象,如图 2-17 中 2 所示。

● 分支:在层次中从一个父对象到一个单独派生对象之间的路径。如图 2-17 中 3 所示。

● 链接:父对象及其子对象之间的连接。链接将位置、旋转和缩放信息从父对象传递给子对象。

● 轴点:为每一个对象定义局部中心和坐标系统。可以将链接视为子对象轴点同父对象轴点之间的连接。

GAME ART DESIGN BIBLE | 游戏美术设计宝典

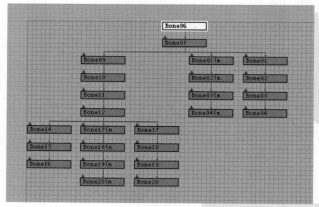

图 2-16 查看根对象

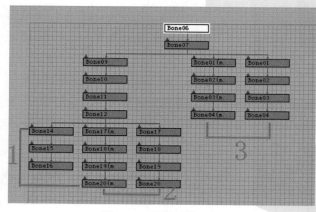

图 2-17 层次结构示例

2.3.4 层次的查看与选择

可以通过多种方法来查看层次的结构并在其中选择对象。

1.使用按名称选择

选择"编辑"→"选择方式"→"名称"命令,在主工具栏上单击"按名称选择"或者按 H 键,就会出现"选择对象"对话框。要按层次列出对象,在对话框中启用"显示子树"。这将在父对象下方缩进其子对象。

2.使用层次列表查看层次

层级的树形结构可通过 Track View(轨迹视图)的项目窗口来显示。该窗口就是以层级树形结构的形式列出了场景中所有可供动画设计所选择的项目,如图 2-18 所示。层次列表位于轨迹视图窗口的左侧,显示使用缩进表示层次的所有对象。子对象缩进显示在其父对象下方。轨迹视图的另一个优点是,可通过塌陷和展开层次分支来控制视图。

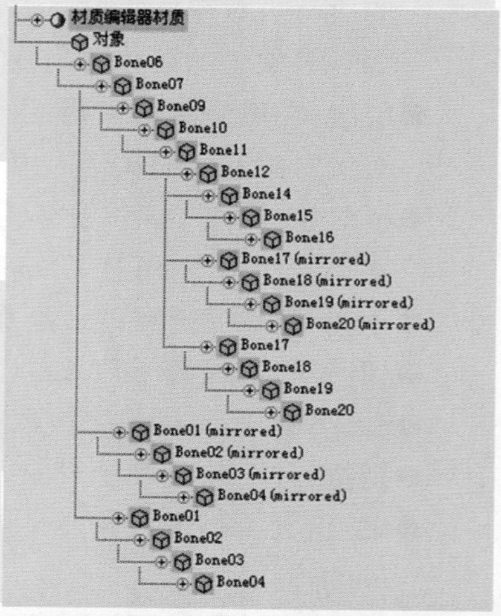

3.使用图解视图查看层次

若要更清楚地观察场景中各个物体之间的层级关系结构,可通过 Schematic View(图解视图)来显示。除了显示结

图 2-18 使用轨迹视图查看对象层次

构,"图解视图"还包含操纵层次的工具。

下面通过一个简单实例来了解 Schematic View(图表查看)的使用。

【应用实例】使用图解视图查看对象层级关系

(1)选择 Create(创建)面板下的 Geometry(几何体)子面板,在顶视图中分别创建 1 个球体、1 个圆柱体、1 个椎体和 1 个立方体,如图 2-19 所示。

(2)单击主工具栏上的 Select and Link(选择并链接)按钮,在视图中选择球体,将球体引出的虚线连接到圆柱体上,使球体成为圆柱体的子物体。

(3)采用同样的方法,将圆柱体连接到圆锥体上,再将锥体连接到立方体上。这样就将这几个物体建立了层级关系:球体为最低一级子物体,其上一级是圆柱体,再上一级是圆锥体,最高一级是立方体。

(4)单击主工具栏中的 Schematic View(Open)(打开图表查看)按钮,打开 Schematic View 窗口,如图 2-20 所示。

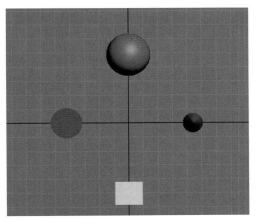

图 2-19　在场景中创建几何体

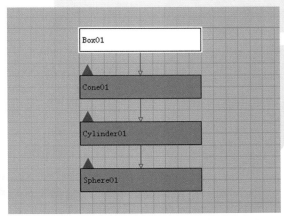

图 2-20　图解视图中的层级关系

在图 2-20 中可清晰看出球体、圆柱体、锥体和立方体之间的层级关系。该框是按照层级关系用方框的形式逐级存放着场景中所有的物体。其中,白色方框表示被选中的物体,绿色连线指向下一级的层次的物体。立方体处于最高层级,下面依次为圆锥体、圆柱体和球体。

2.3.5　链接的创建与编辑

图 2-21　显示卷展栏

在 3ds Max 中,对于链接的操作包括创建、解除、显示及控制等。

● 创建链接:单击主工具栏上的 Select and Link(选择并链接)按钮后,选中场景中的一个对象,从该对象上引出一条虚线拉到另一个对象上,就可以将这两个对象链接起来。其中,引出虚线的对象是子对象,被连上虚线的对象是父对象。以后,一旦父对象运动,子对象就会受到影响,而影响的方式可以自由指定,从而可以控制子对象的运动。

● 解除链接:单击主工具栏上的 Unlink Selection(解除链接)按钮后,即可解除在两个对象之间建立的链接关系。

● 显示链接:选择 Display(显示)命令面板,展形 Link Display(链接显示)卷展栏,如图 2-21 所示。当选中 Display Links(显示链接)复选框后,视图中除了显示对象外,还会显示对象间的相对关系,如图 2-22

所示。当选中 Link Replace Object(链接取代对象)复选框后,视图中被选择的对象将以骨骼形式显示,如图 2-23 所示。

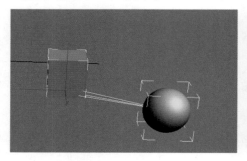

图 2-22 显示对象之间的链接关系

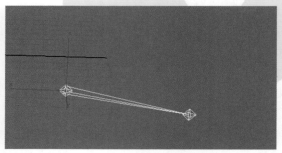

图 2-23 对象以骨骼形式显示

●控制链接:在 Hierarchy(层级)面板中,单击 Link Info(链接信息)按钮,通过 Locks(锁定)卷展栏和 Inherit(继承)卷展栏可以控制对象在移动、旋转及缩放时 3 个轴向上的锁定和继承状态,如图 2-24 所示。

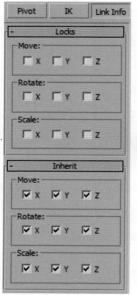

图 2-24 锁定和继承

若选中某个轴向的锁定开关,则该对象将不能在此轴向上运动。例如,当锁定 X 轴后,子对象将不能在 X 轴向上单独运动,而只能随父对象的运动而运动。

Inherit(继承)卷展栏用于控制当前对象对其父对象运动的继承情况。在该卷展栏中,所有选项框均用于设定物体受链接对象影响的运动方式和轴向,默认情况下为开启状态。

2.3.6 轴的调整

在场景中的物体按一定的层级关系链接起来成为一个有机整体之后,一般可通过 Hierarchy(层级)命令面板的卷展栏参数对层级关系进行设置和调整。Hierarchy(层级)面板包括 Pivot(轴心)、IK(反向运动)和 Link Info(链接信息)等选项。

3ds Max 中的默认变换中心就是该对象的几何中心。单击 Pivot(轴)按钮,在 Adjust Pivot(调整轴)卷展栏中可调整层系统的变换轴心,如图 2-25 所示。

图 2-25 调整轴

Move(移动)/Rotate(旋转)/Scale(缩放)选项组中有 3 个按钮。其中,Affect Pivot Only(仅影响轴)用于改变对象轴心的位置和方向,但不影响对象本身及子对象。Affect Object Only(仅影响物体)用于改变对象的位置和方向,但不影响对象的轴心及子对象。Affect Hierarchy Only(仅影响层次)用于改变对象及子对象的层次关系,但不影响对象的轴心、位置和方向。

Alignment(对齐)选项组的 3 个按钮只有在 Affect Object Only(仅影响物体)按钮被激活时才有效。

●Center To Object(居中到对象)按钮用于移动轴心点到对象的中心点处。

●Align To Object(对齐到物体)按钮用于物体轴心点自动对齐自身的

局部坐标。

●Align To World(对齐到世界)按钮用于物体的轴心点自动对齐场景的世界坐标。

Pivot(轴)选项组中的 Reset Pivot(重置轴)按钮用于将物体的轴心位置自动恢复到系统默认状态。

下面通过一个简单实例来理解和掌握运动轴心的调整。

【应用实例】运动轴心的调整

(1)在顶视图中创建两个球体,大球 Radius(半径)为 50,小球 Radius(半径)为 20。

(2)选中小球,打开 Hierarchy(层级)命令面板。单击 Affect Pivot Only(仅影响轴)按钮。

(3)在顶视图中将小球的轴心移动到大球的中心位置,如图 2-26 所示。再次单击 AffectPivotOnly(仅影响轴)按钮关闭该功能。

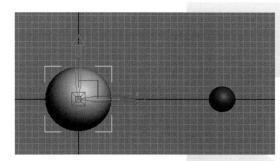

图 2-26 把小球的轴心点移到大球的中心

(4)单击 Auto Key(自动关键帧)按钮,开始制作两个球体的运动动画。拖动时间轴滑块到第 100 帧,将小球沿 Z 轴旋转 360°。

(5)单击 Auto Key Play Animation(播放动画)按钮。这时,小球以大球为中心进行圆周运动,如图 2-27 所示。最后单击 Auoto Key(自动关键帧)按钮,关闭关键帧动画模式。

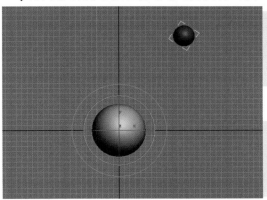

图 2-27 小球围绕大球运动

2.4 正向运动学(FK)

正向运动和反向运动是构成创建复杂角色动画的基础。在 3ds Max 中,实现正向运动和反向运动一般都是通过层级链接进行的。层级链接可将一个对象和另一个对象链接起来,当变换其中某个对象时,与之相链接的对象也会随之产生相应的运动。

GAME ART DESIGN BIBLE | 游戏美术设计宝典

正向运动是指父对象控制子对象的运动,但子对象的运动对父对象不产生影响。当父对象运动时,子对象跟随父对象运动,而子对象以自身方式运动时,父对象不受任何影响。例如,在田径比赛中的铁饼运动,如果将人的身体设定为父对象,手臂作为次一级子对象,手中的铁饼作为下一级子对象。那么,在铁饼抛出的一瞬间,身体的高速旋转带动了手臂的运动,而手臂的运动促使铁饼沿圆周旋转的切线方向抛出。这时,作为父对象的身体影响了作为子对象的手臂,而作为子对象的手臂又影响了作为下一级子对象的铁饼。而反过来,铁饼的运动不会影响手臂,手臂的运动也不会影响身体。这样就构成了一个正向运动系统。

在 3ds Max 中,正向运动是系统层级默认的管理方式。

当两个对象建立链接并构成正向运动系统后,子对象的位置、旋转和缩放等变换都将取决于其父对象的相关运动。同时,父子对象构成的正向运动系统的变换中心就是父对象的变换轴心。

在正向运动系统中,若移动、旋转或缩放父对象,子对象随之变换相等的量;若移动、旋转或缩放子对象,则父对象不会发生任何变化。例如,将边长为 40 的正方体定义为半径为 15 的球体的父对象,如图 2-28 所示。当正方体移动时,球体随之按等量参数移动;反之,当球体移动时,而正方体没有任何变化,如图 2-29 所示。当正方体以 150% 的比例放大时,球体也随之按等量的参数放大。当球体以 150% 的比例放大时,正方体却没有任何变化,如图 2-30 所示。

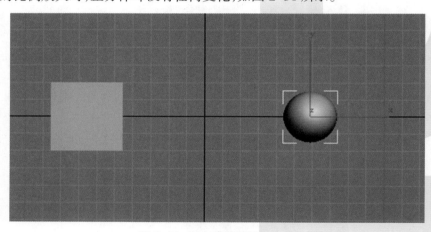

图 2-28 把小球链接到正方体

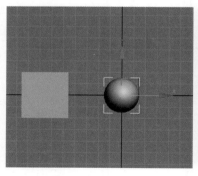

图 2-29 把小球链接到正方体

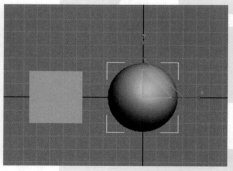

图 2-30 球体缩放不影响正方体

在运用正向运动进行动画设计时,一般遵循由上到下的顺序。其基本方法是:先根据系统的组成结构和部件之间的联动关系,确定组成部分的层级关系。接着完成各个组件的建模,并确定各组件的初始位置。使用链接工具设置各个部件的链接关系,并根据需要调整正向运动系统的轴心。

2.5 反向运动学(IK)

正向运动在处理主动与被动关系时比较灵活,可创建各种正向运动动画,如机械联动、行星运行等。但在创建复杂的高级角色动画时就会显得力不从心。因此,这就需要借助于反向运动系统。

2.5.1 认识反向运动学

反向运动学是通过子对象来控制父对象的运动,并且可以设置每个对象的运动范围,使得父对象在跟随子对象运动时不会超出设定的范围。例如,引体向上运动,如果将人的身体设定为父对象,手臂作为次一级子对象,单杠作为下一级子对象。此时,身体对于下一级子对象手臂不能产生任何影响,但反过来手臂的运动却对身体影响很大,如手臂的弯曲使身体向上移动。而手臂作为单杠的父对象却对单杠子对象没有任何影响。在整个运动过程中,父对象不能影响子对象,而子对象却能影响到父对象,这就构成了反向运动。

1.反向运动概述

3ds Max提供了一整套完善的反向运动系统。借助这个系统,只要移动对象层级结构中的一个对象就可以带动整个层级结构运动起来。

在创建角色动画时,运用反向运动系统(IK)可以方便地对关节进行控制,创建复杂的反向运动动画。此外,常常还可以将反向运动系统(IK)与骨骼系统联合起来,方便地创建灵活的复杂层级关系的人物、动物或机械结构。

反向运动的动画设计主要集中在链接参数的设置上,这也是反向运动的难点所在。要设置反向运动的链接参数,需要大量的物理、数学等方面的专业知识,对运动的受限条件(如阻尼、摩擦力对运动物体的影响形式和大小等)需要有着清晰的认识。但是,反向运动的参数一旦设置完毕,动画造型的设计就特别简单、方便。这时只需要指定运动的各个关节,将其放置在相应的位置上,然后前进到下一帧,确定各个关节在此时的位置即可。系统会在这几个关键帧之间插值计算出各级物体的位置,自动生成中间帧,从而完成一个连贯的动画过程。

2.设置反向运动参数

对于反向运动系统的复杂层级结构控制,一般是选择 Hierarchy(层级)面板后,单击 IK 按钮可以打开 IK 设置界面。

1)Inverse Kinematics 卷展栏

Inverse Kinematics(反向运动学)卷展栏如图 2-31 所示。该卷展栏用于设置反向运动的参数。

(1)Interactive IK(交互反向)按钮用于对场景中的物体进行反向运动的设定。

(2)Apply IK(应用 IK)按钮用于对帧图像的计算,包括 3 种计算方式:Apply Only To Keys(仅对关键点应用)、Update View Ports(更新视图)和 Clear Keys(清除关键点)。

(3)Start(起始时间)和 End(结束时间)微调框用于设定 IK 运动的时间。

2)Object Parameters 卷展栏

Object Parameters(对象参数)卷展栏如图 2-32 所示,其主要用于设置与反向运动相关的约束内容。

(1)Terminator(终结点)选项用于设置反向运动的终结。在一个有多重层级结构的反向运动链接中若对一个或多个对象使用了终结器,则IK 链接位于终结器以上的对象将不会受 IK 的影响;而只有终结器以下

图 2-31 反向运动学卷展栏

图 2-32 对象参数

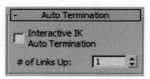

图 2-33 自动终结

的对象才会受 IK 的影响。

（2）Position（位置）选项组用于通过 IK 计算改变被选中对象的位置。

Bind Position（绑定位置）复选框启用后，所选择对象的空间位置将绑定在其位置上。其位置由 IK 计算决定。Axis（轴）后面的 X、Y、Z 坐标表示在 3 个轴向上绑定的位置。

Weight（权值）微调框内的数值是绑定位置的权值。权值越大，整个运动链中的位置改变就越大。

（3）Orientation（方向）选项组中的参数与上组中的意义相同，这里仅针对的是角度而不是位置。

（4）在 Bind To Follow Object（绑定到跟随对象）选项组中，Bind（绑定）按钮用于设定将对象与牵引对象的绑定，Unbind（解除绑定）按钮用于解除已绑定的对象。

（5）Precedence（优先级）微调框中的数值用于设定选中物体在整个动态链接中的优先程度，各个对象的优先顺序按顺序值的大小排列。

（6）Child（子）→Parent（父）按钮用于设定子对象在整个动态链接中的动作优先权大于父对象。Parent（父）→Child（子）按钮用于设定父对象在整个动态链接中的动作优先权大于子对象。

（7）Sliding Joints（滑动关节）选项组和 Rotational Joints（转动关节）选项组中的参数用于复制或粘贴。Mirror Paste（镜像粘贴）选项组中的 4 个选项分别表示沿 X、Y、Z 轴对所选对象进行镜像复制，其中 None 表示不复制。

3）Auto Termination 卷展栏

AutoTermination（自动终结）卷展栏如图2-33 所示，用来设置终止反向运动的有关选项。

（1）Interactive IK Auto Termination（交互式 IK 自动终结）选项用于系统的自动终止功能。

（2）of Lines Up（上行链接数）用于设置反向运动的数值范围。若该值为 3，则 3 个层次之后的链接物体的反向运动将会制止。

4）Position XYZ Parameters 卷展栏

Position XYZ Parameters（位置参数）卷展栏用于设定对象的位置。其中，Position Axis（位置轴）用于选择移动的轴向。

5）Rotational Joints 卷展栏

Rotational Joints（转动连接）卷展栏如图 2-34 所示。其用于设定滑动接头的关联属性。X Axis（X 轴）、Y Axis（Y 轴）和 Z Axis（Z 轴）3 个选项组的参数内容除了轴向之外基本相同。

Active（活动）选项用于启动该轴向的转动。

Limited（受限）选项用于将物体的滚动限制在所设定的范围之内。

Ease（减缓）选项用于设定物体在接近限制时间时转动逐渐松弛，速度放慢，直到其极限状态。

From（从）和 To（到）微调框用于设置物体在该轴向上转动的起点数值和终点数值。

图 2-34 转换关节参数卷展栏

Spring(弹回)选项用于启动反弹运动方式,后面文本框中的数值是作用的距离范围。

Spring Tension(弹簧张力)微调框用于设置弹性的张力程度。

Damping(阻尼)微调框用于模拟物体运动中的阻力,使运动呈现逐渐衰减的趋势,从而增加运动的真实性。该值在 0~1 之间。

2.5.2 使用 IK 解算器设置动画

为了简化设计,在角色动画设计中常常运用 IK 解算器(IK Solver)。IK 解算器是一种运用于反向运动方式的特殊控制器。该控制器用于管理链接中对子对象的变换(如旋转和定位),并可将其运用于对象的任何层次,还可以自动计算出 IK 的关键帧动画。

3ds Max 提供了 4 种类型的 IK 解算器插件,包括 HI Solver(历史独立型解算器)、HD Solver(历史依赖型解算器)、IK Limb Solver(IK 肢体解算器)及 Spline IK Solver(样条线 IK 解算器)。这些 IK 解算器可通过 IK Chain Assignment(IK 链分配)卷展栏的下拉列表框进行选择,也可以通过执行 Animation(动画)→ IK Solver (IK 解算器)菜单命令进行选择。当选择一种解算器类型后,系统将这些解算器应用到骨骼和根骨骼上。

运用 IK 解算器创建 IK 链的方法是:在层次中先选中对象,并选择一种 IK 解算器,然后单击该层级中的其他对象,以确定 IK 的末端。

1.HI(历史独立型)解算器

对角色动画和序列较长的 IK 动画而言,HI 解算器是首选的方法。使用 HI 解算器,可以在层次中设置多个链。例如:角色的腿部可能存在一个从臀部到脚踝的链,还存在另外一个从脚跟到脚趾的链。重要的一点是它不可以反转。

通过执行 Animation→ IK Solvers→HI Solver 菜单命令来为骨骼添加 HI 解算器。

该解算器的算法属于历史独立型,所以,无论涉及的动画帧有多少,都可以加快使用速度。它在第 2000 帧和第 10 帧上的使用速度相同,且在视图中处于稳定状态,而不发生抖动。该解算器可以创建目标和末端效应器,虽然在默认情况下末端效应的显示处于关闭状态。

IK 解决方案在解算器平面中发生。它使用旋转角度参数控制该解算器平面,以便定位肘部或膝盖。可以将旋转角度操纵显示为视图中的控制柄,然后对其进行调整。另外,HI Solver 还可以使用首选角度定义旋转方向,使肘部或膝盖正常弯曲,如图 2-35 所示。

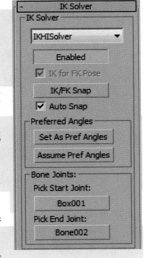

图 2-35 设置 IK 首选角度

2.HD(历史依赖型)解算器

HD 解算器是一种最适用于动画制作的解算器,尤其适用于那些包含需要 IK 动画的滑动部分的计算机。使用该解算器,可以设置关节的限制和优先级。它具有与长序列有关的性能问题,因此,最好在短动画序列中使用。该解算器适用于设置动画的计算机,尤其适用于那些包含滑动设计的计算机。

因为该解算器的算法属于历史依赖型,所以最适合在短动画序列中使用。在序列中求解的时间越迟,计算解决方案所需的时间就越长。该解算器可以将末端效应器绑定到后续对象,并使用优先级和阻尼系统定义关节参数。该解算器还允许将滑动关节限制与 IK 动画组合起来。与 HI(历史独立型)IK 解算器不同的是,该解算器允许在使用 FK 移动时限制滑动关节。

3. IK 肢体解算器

IK 肢体解算器专门用于设置人类角色肢体的动画：例如，从臀部到脚踝，或从肩膀到手腕。每个 IK 肢体解算器仅影响链中的两个骨骼，也不能反转，不可以调节两根骨骼之间的任何一根，运动只能靠 IK 的拖动。但可以将多个解算器应用于同一个链中的不同部分。它是一个分析性解算器，在视图中使用时速度非常快，而且十分精确。

要使用 IK 肢体解算器，骨骼系统的链中必须至少有 3 个骨骼。IK 肢体解算器属于历史独立型，与 HI 解算器使用相同的控件，因此可以在同一动画周期中混合正向运动学周期和反向运动学周期。它不使用阻尼、优先级和设置关节限制的 HD 解算器方法，而是具有首选的角度参数、旋转平面和 IK/FK 启用。IK 肢体解算器可直接导出游戏引擎。

4. 样条线 IK 解算器

样条线 IK 解算器使用样条线确定一组骨骼或其他链接对象的曲率。

可以通过移动和设置样条线顶点动画来更改样条线的曲率。通常，每个顶点都放置了一个辅助对象，用来辅助设置样条线动画。随后样条线曲率传递到整个链接结构中。骨骼自身并不改变形状。

样条线顶点的数量可以少于骨骼数量。与分别设置每个骨骼的动画相比，这样便于使用几个节点设置长型多骨骼结构的姿势或动画。样条线 IK 提供的动画系统比其他 IK 解算器的灵活性高。顶点、辅助对象可以移动到 3D 空间的任何地方，因此链接结构可以设置任何形状。指定样条线 IK 解算器后，每个顶点上均自动放置一个辅助对象。每个顶点都链接到其对应的辅助对象，因此可以通过移动辅助对象来移动顶点，如图 2-36 所示。

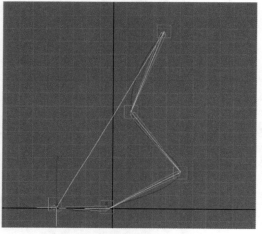

图 2-36 每个顶点都放置了辅助对象

在 3ds Max 骨骼动画中，可以通过为运动学链上的对象设置关节参数，来确定关节的行为方式或类型，从而使用关节控制父对象的旋转和位置。

任一对象最多具有两个关节类型的参数卷展栏：一个控制对象的位置，另一个控制对象的旋转，指定到对象的 IK 解算器决定哪个关节参数可用。例如，"HI 解算器"由位于"转动关节"参数的首选角度设置控制，"HD 解算器"为弹回、优先级和阻尼提供了附加参数。

2.5.3 关节控制件

任一对象层次或者骨骼系统都可以定义其关节限制。选定所有对象，然后启用骨骼或链接显示。选定骨骼或链接，并打开"层次"面板→IK 选项卡。向下滚动至 Sliding Joint（滑动关节）和 Rotational Joint（转动关节）。从中可激活轴，并设置单个限制，如图 2-37 和图 2-38 所示。

1. 常用关节类型

最常用的关节类型是"转动"关节和"滑动"关节。其他常用关节是"路径"关节和"曲面"关节。每种关节类型显示其自身的关节参数设置。

"转动"关节使用很多标准旋转控制器来控制对象的旋转。转动关节的参数设置对象围绕给定轴进行转动的能力。对于大多数 IK 结构，请考虑使用 Euler XYZ 控制器。假如在启用 IK 之前，在转动关节限制以外移动对象，基于四元数的控制器则会倾向于冻结。

"滑动"关节使用多数标准位置控制器来控制对象的位置。滑动关节的参数控制对象是否能沿着给定轴移动。

图 2-37　滑动关节参数　　　图 2-38　转动关节参数

"曲面"关节通过使用曲面约束来控制对象的位置。这些参数控制对象如何沿着其指定的曲面移动。

"路径"关节通过使用路径约束来控制位置运动。路径关节参数控制对象沿指定路径移动的远近。

2.设置关节参数

子对象相互之间的行为方式是由链下变换继承来控制的。在单个子对象上设置关节限制可以影响继承。假如使一排中的三个子对象的旋转轴处于非活动状态,它们将不能旋转,同时一条链将会因此僵硬。或者只要轴像滑动关节一样处于激活状态,组件便可以在空间中从链上分离。

当用 IK 链中的路径约束来使用对象时,可能需要路径像 IK 链的一部分那样出现。使用路径约束和路径将对象链接到同一个父对象上,以此方式可以获得这种效果。路径目标应该没有子对象,IK 链中的其他对象应该链接到使用路径约束的对象上。

3.复制并粘贴关节参数

可以在"层次"面板的"对象参数"卷展栏底部复制并粘贴从一个对象到另一个对象的整个关节参数组。滑动关节和转动关节具有单独的复制和粘贴功能。每种关节类型都在单独剪贴板中保存复制的参数。

提示:假如在粘贴时要镜像关节参数设置,当从对象一面到另一面粘贴时这很有用,可选择镜像粘贴选项。例如左臂关节到右臂关节。还可以将关节设置从非 IK 控制器复制到 IK 复制器,但是不能从 IK 复制器复制到非 IK 控制器。

2.6　Skin 蒙皮绑定

骨骼动画创建后一般需要蒙上表皮。如果表皮实体制作得真实,那么利用骨骼系统创建出来的角色动画,其表皮看上去就和真正的生物肢体一模一样。然而,要制作出真实的表皮效果,还需要借助于各种造型和变形技术。

2.6.1　Skin 修改器的使用

给骨骼系统蒙皮可使用 3ds Max 提供的 Skin（蒙皮）修改器。Skin 修改器是一种骨骼变形工具。它可以使一个对象变形为另一个对象。该修改器可将任何网格实体生成表皮。应用 Skin 修改器并分配骨骼后，每个骨骼都有一个胶囊形状的"封套"，这些封套中的顶点随骨骼移动。在封套重叠处，顶点运动是封套之间的混合运动，会带动网格实体的表面一起弯曲，如同骨骼关节处包着的表皮一样。Skin 修改器可应用于网格对象、多边形对象、NURBS 对象、面片对象以及样条曲线对象。

初始封套形状和位置取决于骨骼对象的类型。骨骼会创建一个沿骨骼造型的最长轴扩展的线性封套。样条线对象创建跟随样条线曲线的封套，基本几何体对象创建跟随对象的最长轴的封套。

给骨骼系统添加表皮的基本方法是：

（1）准备蒙皮（网格或面片）对象和骨骼（骨骼或其他对象）。仔细将骨架放在网格或面片对象内，匹配好位置，使其元素能够影响它们直接相邻的多边形或面片。

（2）选择网格或面片对象，然后应用 Skin（蒙皮）修改器。接着在"参数"卷展栏中，单击"添加"按钮，选择骨架对象。

（3）单击"编辑封套"按钮，然后选择一个封套，修改每个骨骼在其中可影响周围几何体的范围。

2.6.2　蒙皮绑定与编辑

对已生成的表皮可通过 3ds Max 提供的各种修改器进行变形处理。例如，Skin Morph（表皮变形）修改器可对骨骼系统各个部分的表皮对象进行变形，Morpher（变形器）修改器可创建各种随口形变化的面部表情，Flex（柔韧）修改器可为表皮添加外力作用下可自由移动的软体动力学特性，Surf Deform（表面变形）修改器可对 NURBS 表皮进行变形。

此外，还可应用 Skin Wrap（表皮包裹）修改器和 Skin Wrap Patch（表皮包裹面片）修改器，将高分辨率的表皮对象动画以低分辨率的方式显示。

2.6.3　应用实例分析——肌肉的制作

下面通过一个简单的骨骼蒙皮动画制作实例来介绍骨骼系统蒙皮的基本方法。在该实例中，先创建一个骨骼系统，运用关键帧动画模式创建骨骼动画；再运用建模生成骨骼的表皮实体；最后运用蒙皮修改器将骨骼蒙上表皮实体。

（1）执行 Animation（动画）→Bones Tools（骨骼工具）菜单命令打开对话框，在 Bone Tools（骨骼工具）卷展栏中单击 Create Bones（创建骨骼）按钮打开骨骼创建模式。在顶视图中创建一个骨骼系统，如图 2-39 所示。

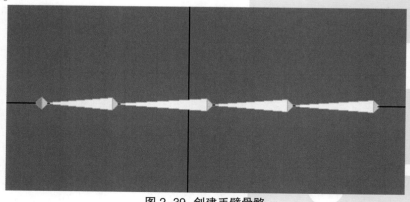

图 2-39　创建手臂骨骼

（2）打开已经制作好的手臂模型,并打开骨骼编辑工具,修改骨骼与手臂模型匹配,使模型包裹住全部骨骼,如图 2-40 所示。

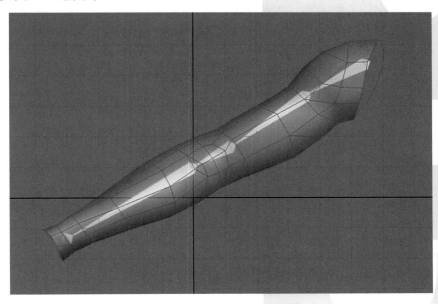

图 2-40 匹配手臂模型与骨骼

（3）单击 Auto Key（自动关键帧）按钮,为骨骼系统制作简单的关键帧动画。

（4）拖动时间轴滑块到第 30 帧。在左视图中选择 Bone03 骨骼使其沿 Z 轴转动一段距离,再将 Bone04 骨骼沿 Z 轴旋转一段距离,如图 2-41 中 1 所示。

（5）拖动时间轴滑块到第 60 帧。在左视图中选择 Bone03 骨骼使其沿 Z 轴转动一段距离,再将 Bone04 骨骼沿 Z 轴旋转一段距离,然后将根骨骼沿 Y 轴旋转一段距离,如图 2-41 中 2 所示。

（6）拖动时间轴滑块到第 100 帧。在左视图中选择 Bone03 骨骼使其沿 Z 轴转动一段距离,再将 Bone04 骨骼沿 Z 轴旋转一段距离,再将根骨骼沿 Y 轴旋转一段距离,如图 2-41 中 3 所示。

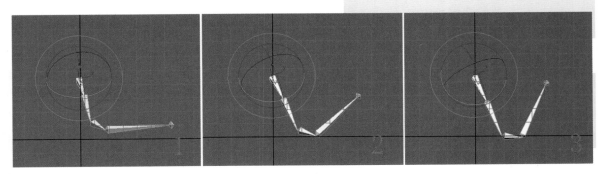

图 2-41 制作骨骼的关键帧动画

（7）单击 Play Animation（播放动画）按钮,观察该骨骼系统的动画效果。单击 Auto Key（自动关键帧）按钮,关闭关键帧动画创建模式。拖动时间轴滑块到第 0 帧。

（8）选中手臂模型,在 Modify（修改）面板下拉列表框中选择 Skin（蒙皮）修改器。单击面板上的 Add（添加）按钮,在弹出的对话框中选中所有的骨骼。

（9）单击 Play Animation（播放动画）按钮。这时,表皮实体随骨骼系统而产生运动,其动画效果（第 100 帧）如图 2-42 所示。

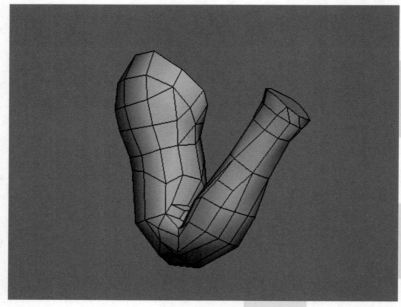

图 2-42 手臂在第 100 帧时的动画效果

2.7 自我训练

一、填空题

    1.在场景中的物体一般可通过 Hierarchy(层级)命令面板卷展栏中的参数对层级关系进行设置和调整。Hierarchy(层级)面板包括(　　　　)、(　　　　)和(　　　　)等选项。

    2.骨骼系统既可运用 FK(正向运动),也可运用 IK(反向运动)。在设计角色动画时,一般将反向运动用于人体的(　　　　),而将正向运动用于人体的(　　　　)和(　　　　)。

    3.Skin 修改器的蒙皮对象包括(　　　　)、(　　　　)、(　　　　)、(　　　　)以及(　　　　)。

二、简答题

    1.简述骨骼动画的基本概念和重要性。

    2.简述 3ds Max创建骨骼系统的方法。

    3.简述游戏动画采用什么样的骨骼形式。

三、操作题

    创建一个几何体,并为它设定基本骨骼,然后再添加 Skin 蒙皮。

第3章
Character Studio
系统概述

基于3ds Max的Character Studio系统在角色动画制作方面的快捷性和易用性，本章比较全面地介绍CS系统的基础知识，重点介绍其中Biped两足角色的骨骼创建、蒙皮设定以及动画制作。

◆学习目标

·了解 Character Studio 的基础制作及制作角色动画的一般流程

·掌握 Biped 两足角色的创建及编辑

·了解利用 Biped 进行 Freeform 动画的制作

·了解如何加载、保存和显示 Biped 两足角色运动

·了解 Biped 两足角色用户界面

·掌握 Skin 蒙皮修改器的使用

◆学习重点

·掌握 Biped 两足角色的创建及编辑

·掌握 Skin 蒙皮修改器的使用

3.1 Character Studio 系统

3ds Max 含有两套完整、独立的角色动画设置子系统：CAT 和 Character Studio。两套系统均提供可高度自定义的内置、现成角色绑定，可采用 Physique 或蒙皮修改器对角色绑定应用蒙皮，两套系统均与诸多运动捕捉文件格式兼容。每套系统都具有其独到之处，且功能强大，但两者之间也存在明显区别。

在这两套系统中，Character Studio 包括丰富的角色动画工具集，主要用于两足动物绑定，也可用于多足角色；因此其基本绑定对象的名称为 Biped 两足角色。同时，Character Studio 也包括用于为角色绑定应用蒙皮的 Physique 修改器部件。Physique 可用于除 Biped 以外的绑定对象，并提供用户可定义的刚性和变形蒙皮分段等功能。第三个 Character Studio 组件为群组，用于对具有回避行为、随机运动行为和曲面跟随行为的大型角色组设置程序动画。

到目前为止，Biped 是最先进、功能最强大的 Character Studio 组件。

3.1.1 Character Studio 的主要特色

使用 Character Studio 可以为两足角色（简称为 Biped）创建骨骼层次，并且允许使用者对骨骼高度、大小以及骨架关节数量进行调整，且任何的调整都不需要再重新设定正逆向的连接关系，调整完后新连接关系也会马上自动成型。针对这些角色可以通过各种方法制作动画效果。如果角色靠双足行走，Character Studio 将提供独一无二的足迹动画，根据重心、平衡性和其他因素自动创建移动过程。

要手动制作角色运动的动画，可以使用自由形式动画。这种动画制作方式同样适用于多足角色、飞行角色，或者游动角色。对于自由形式的动画，可以通过传统的反向运动（IK）技术制作骨架的动画效果。

Character Studio 可以使用运动捕捉文件制作 Biped 骨骼的动画。

Character Studio 还提供了多种工具,用于通过 Biped 骨骼或其他任何类型的链接层来为角色蒙皮。

Character Studio 可以将动画运动与角色结构分离开来。因此,可以制作大型动物行走的动画,然后将该运动应用到小动物身上。还可以设置胖角色的动画,然后将该运动重定位到瘦角色身上。使用运动库,可以为角色设置许许多多不同的动作,就像加载文件一样简单。

Character Studio 提供了一系列的运动编辑工具。您可以使用动作脚本对动画变换进行排序。可以通过层将不同的动画叠加在一起,或通过非线性运动混合器将它们混合在一起。通过轨迹栏、"轨迹视图"以及"动画工作台"上提供的功能曲线编辑可以改变动画。

Character Studio 还提供了专门用于分析和校正运动错误的工具。

Character Studio 还提供了用于通过程序动画系统创建 Biped 群组或其他对象的选项,该系统使用作用力和行为来推动角色运动。

3.1.2 Character Studio 制作角色动画的流程

使用 CS 创建角色动画的基本流程是:首先确定好一个结构造型比较完整的角色模型。再根据角色的体型创建一个 Biped,然后将 Biped 调整到合适大小,并放置在角色模型网格内,再运用 Physique 或 Skin(蒙皮)修改器将模型网格链接到骨骼上,接着根据模型结构进行权重值的细节调整,使之更好地依附于要制作动画的角色模型,最后运用动画工具,或运用关键帧制作出符合角色个性的动画效果。

1.创建角色模型

创建时确保角色保持手臂伸展和腿部略微分离的标准姿态。同时,要在模型关节等部位增加足够的细节,以利于角色在比较复杂的动作时出现的变形。

2.创建 Biped 骨骼

使用 Biped 自动创建两足角色骨骼。在动画制作的过程中,如果不影响角色的运动,可以随时修改 Biped 的骨架结构和大小。因此,设置角色动画时,无须知道角色模型的高矮胖瘦。这也意味着如果改变角色的比例,动画仍然会运行。

3.附加蒙皮

蒙皮(Physique 或 Skin)是三维动画的一种制作技术。在三维软件中创建的模型基础上,为模型添加骨骼。由于骨骼与模型是相互独立的,为了让骨骼驱动模型产生合理的运动,把模型绑定到骨骼上的技术叫作蒙皮。

- 为模型蒙皮匹配 Biped。使用体形模式在模型体积范围内正确调节骨骼长度和方向,使骨骼尽量和模型的结构保持一致。然后保存体形文件,这样可以很容易返回这种姿态。
- 使用 Physique 或 Skin 自动将模型蒙皮附加到 Biped 或者 3ds Max 骨骼层次。附加部分通常被制作成层次中的根节点:Biped 的骨盆或者骨骼层次上的根节点,并非重心。当 Biped 或者骨骼层次移动时,附上的模型蒙皮就跟着骨骼的移动/旋转/缩放产生形体结构的变化。
- 角色模型每个关节部位的骨骼在添加蒙皮之后都会在对应层次创建一个 3D 封套系统,实施蒙皮之后会将附近顶点自动匹配到邻近的封套。封套通常在父子对象连接的末端重叠。当角色做动作时,在重叠的封套内的顶点被混合在一起,以便在关节上创建平滑的变形。

4.调整蒙皮行为

通过调整蒙皮参数定义蒙皮变形时的行为模式。

- 对每一根骨骼,可以通过控制点来调整封套形状。也可以使用排除列表或者每一顶点权重,使骨骼能够最正确地影响模型蒙皮的顶点。

● 当 Biped 移动时,调整链接参数来改变模型蒙皮的扭曲、滑动、破损。当肘弯曲时,滑动允许蒙皮在二头肌和前臂压缩。扭曲通过关节交点控制蒙皮扭曲的数量。

● 使用 3ds Max 骨骼和虚拟对象创建额外的链接,以增加控制。例如,可以创建一个链接控制角色呼吸时胸部的提起和落下的动画效果。如果角色另有衣物、装备、武器等部分,则可以添加 Bone 骨骼来独立控制它们具有动画效果。

5.Biped 定位

将蒙皮附加到 Biped 后,可以基于当前的姿态轻松设置 Biped 的动画,也可以在一个完全单独的场景内制作 Biped 动画,当效果达到满意时,再将动画信息文件应用于最后已蒙皮的角色。

Biped 实质上是骨骼的集成层次,可以使用关键帧、IK 目标点和足迹自由定位这些骨骼,可以使用旋转和变换工具来调整 Biped 的位置、角度和大小。

3ds Max 坐标系统可以方便地确定 Biped 的位置。将肢体沿着它自身轴向移动时,可以使用局部坐标系(局部 X 轴总是沿着 Biped 肢体的轴向);当上移混乱时,可以使用世界坐标系,在 3ds Max 中,世界坐标系 Z 轴总是向上。

6.使用自由形式技术

在自由模式下,以完全传统的方法为不同的姿势手动创建关键帧,使系统在关节位置和 IK 目标之间插入值。

7.使用足迹驱动 Technique 技术

可以选择部分辅助性的方法来创建默认的行走、跑动、跳跃、循环,然后逐个调整 Biped 的关键帧和足迹。

8.用群组使角色群组动画化

群组是具有最丰富的处理行为动画的工具,一旦为角色或者其他模型创建了动画顺序(例如鸟轻拍其翼),那么使用群组系统就可以把动作运用到被复制的模型或角色。它可以控制成群的角色和动物(例如人群、兽群、鱼群、鸟群以及其他对象)。很多影视中气势恢宏的大场面都是用群组动画完成的。

3.2 Biped 用户界面

要想高效而准确地创建和编辑 Biped,并利用 Biped 制作出漂亮的动作,就需要熟悉并掌握 Biped 的用户界面的相关操作,这对我们后面学习创建和编辑的过程很有帮助。本节就针对此部分内容进行相关的讲解。

3.2.1 Biped 界面简介

Biped 是 Character Studio 系统的一个插件,单击 Create(创建)面板下 Systems(系统)中的 Biped 按钮,可以在视图中创建一个 Biped 骨架,Biped 骨架模仿人的关节,可以非常方便地产生动画,Biped 可以像人一样直立行走,也可以用它产生多足动物。

1. Biped 的特点

Biped 具有如下特点。

● 默认结构模拟人的结构。同时有人类男女基本形体的骨架模式。

● 自定义非人类结构。Biped 可以很容易变形为四足动物,如恐龙。

●自然旋转。当旋转 Biped 的脊椎时，手臂保持相对于地面的角度，而不是随肩一起运动。

●设置足迹。Biped 特别适合于角色的脚步动画。

2. 创建 Biped 卷展栏

Create Biped（创建两足角色）卷展栏显示创建 Biped 时的一些参数信息，如图 3-1 所示。

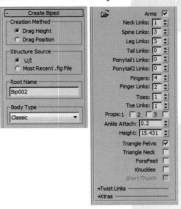

图 3-1　创建 Biped 参数卷展栏

创建 Biped 卷展栏内容说明如下。

1）Creation Method（创建方法）选项组

●Drag Height（拖拽高度）方式使用显示的参数创建两足角色，在任意视图中单击并拖动鼠标以确定高度的方式产生两足角色。

●Drag Position（确定位置）方式使用显示的参数创建两足角色，在任意一个视图中以单击的方式确定位置并产生两足角色。

2）Structure Source（结构源）选项组

●U/I：使用显示的参数作为创建两足角色的身体结构。

●Most Recent .fig File（最近的.fig 文件）：使用最近的一次加载的两足角色的比例、结构和高度建立新的两足角色，然后在任意视图中单击并移动鼠标来产生两足角色。如果运行 3ds Max 后，还没有加载 figure（人物）文件，程序会到 biped.in 文件中查。文件路径为"Figure File=X:\3dsmax\CSTUDIO\default.fig"。

3）Root Name（根名称）选项组

Root Name（根名称）选项组显示两足角色重心对象的名称，重心是 Biped 层级的根对象或父对象，在骨盆区域显示为一个六面体，根对象的名称会被添加到所有两足角色层级的链接中。

当合并角色或使用 3ds Max 工具栏中的 Select by Name（按名称选择）按钮打开对话框来选择两足角色链接时，如果把默认的重心名称 Bip01 改成 John，就被加入到所有的链接中，如 John Pelvis（John 骨盆）、John L Thigh（John 左腿）等。也可以在 Motion（运动）面板下的 Structure（结构）卷展栏中对角色的名称进行修改。输入一个描述性的名称对于区分场景中的多个两足角色很有帮助。

当创建第一个两足角色时，它的重心默认名称为 Bip01，如果创建了多个角色，重心的名称也跟着增加，如 Bip03、Bip04，依次类推。

4）Body Type（躯干类型）选项组

在创建两足角色时，可以在 Body Type（躯干类型）下拉菜单中选择两足角色的类型，包括 Skeleton（骨骼）、Male（男性）、Female（女性）和 Classic（标准），如图 3-2 所示。同时，可以修改角色的体形参数，其功能参数的详细说明如下。

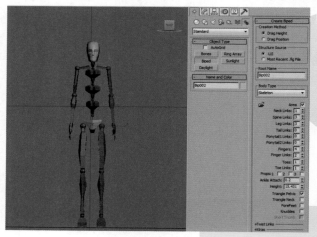

图3-2 身体类型

Arms(手臂)：定义是否生成手臂，如果不选中该项，建立的两足角色将没有手臂。

Neck Links(颈部骨骼)：定义颈部的链接数1~5。

Spine Links(脊柱骨骼)：定义脊柱的链接数1~5。

Leg Links(腿部骨骼)：定义腿的链接数3~4。

Tail Links(尾巴骨骼)：定义尾巴的链接数0~5，0表示没有尾巴。

Ponytail1/1 Links(马尾辫骨骼)：定义马尾辫的链接数0~5。

Ponytail1/2 Links(马尾辫骨骼)：定义马尾辫的链接数0~5。

Fingers(手指关节骨骼)：定义两足角色的手指数0~5。

Fingers Links(手指关节数骨骼)：设置每个手指关节的链接数1~3。

Toes(脚趾数量骨骼)：定义每个脚趾的链接数1~3。

Toes Links(脚趾关节数骨骼)：设置每个脚趾关节的链接数1~3。

Props1/2/3(小道具)：设置两足角色所附带的道具。

Ankle Attach(脚踝附着)：定义脚踝相对于脚掌的附着点，脚踝可以放在从脚后跟到脚趾的中心线上的任何位置。值0表示将踝部粘贴点放置在脚后跟上，值1表示将踝部粘贴点放置在脚趾上。

Height(高度)：设置两足角色的高度，当高度变化时，脚的位置不发生变化。

Triangle Pelvis(三角形骨盆)：当应用Skin修改器的时候，Triangle可以建立从大腿到最低脊椎对象的链接，通常大腿被链接到两足角色的骨盆对象。

Triangle Neck(三角形颈部)：启用此选项后，将锁骨链接到顶部脊椎链接，而不链接到颈部。默认设置为禁用。

ForceFeet(前脚)：启用此选项后，可以将Biped的手和手指作为脚和脚趾：为手设置踩踏关键点后，旋转手不会影响手指的位置。默认设置为禁用。使用此选项，可将Biped转换成四足动物。也可以将此选项的名称看作"四足"。如果启用了"指节"，则此选项被禁用。

Knuckles(指节)：启用该选项，使用符合解剖学特征的手部结构，每个手指均有指骨。默认设置为禁用。

5)Twist Links(扭曲链接)选项组

Twist Link(扭曲链接)：用来设置关节扭曲的骨骼数量，比如手的转动，当手转动时小臂也会跟着一起转动，如图3-3所示。这样动画就会更接近真实，但游戏中很少采用，因为这需要角色有足够多的面数保证蒙皮圆滑，一般在CG片头的高面角色时设置关节扭曲链接，扭曲的骨骼数量越多，蒙皮变形的时候就会越圆滑。骨骼扭曲选项允许动画肢体发生扭曲时，能在蒙皮的模型上优化网格变形。扭曲链接面板如图 3-4 所示。

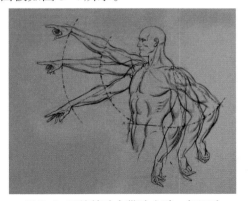

图 3-3　手的转动会带动小臂一起运动

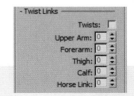

图 3-4　扭曲链接选项组

Twists(开关扭曲)：打开和关闭扭曲链接功能。

UpperArm(上臂)：设置上臂中扭曲链接的数量。默认设置位为 0。范围为 0~10。

Forearm(前臂)：设置前臂中扭曲链接的数量。默认设置位为 0。范围为 0~11。

Thigh(大腿)：设置大腿中扭曲链接的数量。默认设置位为 0。范围为 0~12。

Calf(小腿)：设置小腿中扭曲链接的数量。默认设置位为 0。范围为 0~13。

Horse Link(脚架链接)：设置脚架链接的数量。默认设置位为 0。范围为 0~14。

3.2.2　Biped 卷展栏

创建 Biped 后，可以进入 Motion(运动)面板找到 Biped 卷展栏，不过 Biped 的运动面板的功能参数过于庞大和复杂，我们在这里介绍一下主要控制参数的功能。

Biped 卷展栏提供 4 种模式，分别是体形模式、足迹模式、运动流模式、混合器模式。

Figure Mode(体形模式)：打开该模式可以对 Biped 进行整体编辑。当"体形"模式处于活动状态时，将会显示"结构"卷展栏。

Footstep Mode(足迹模式)：可以创建和编辑足迹；生成行走、跑动或跳跃足迹；编辑空间内选定的足迹；以及使用足迹模式中提供的参数附加足迹。

Motion Flow Mode(运动流模式)：创建脚本并可将 BIP 文件组合到一起，以便采用"运动流"模式创建角色动画。

Mixer Mode(混合器模式)：激活 Biped 上当前任意混合器动画，并显示混合器卷展栏。

Biped Playback(两足角色播放)按钮：仅在显示首选项对话框中删除所有 Biped 后，才播放它们的动画。通常，在这种重放模式下，可以实现实时重放。如果使用 3ds Max 工具栏中的播放按钮，可能不会实现实时重放。

Load File(加载文件)按钮用于加载 .bip、.fig 或 .stp 等运动文件。

Save File(保存文件)按钮用于保存 Biped 文件(.bip)、体形文件(.fig)以及步幅文件(.stp)。

Convert(转换)按钮用于足迹动画与自由形式的动画之间的转换。

Move All Mode(移动所有模式)按钮可以一起移动和旋转 Biped 及其相关动画。可以在视图中交互式变换 Biped，或使用按钮处于活动状态时打开的对话框。如果此按钮处于活动状态，则 Biped 的重心会放大，使平移时更加容易选择。使用移动所有对话框上的塌陷按钮可将该对话框上的位置和旋转值重置为零，但是不更改 Biped 的位置。

Modes(模式)选项组用于打开缓冲区、弯曲链接、橡皮圈、缩放步幅和原地模式。注意,默认情况下,模式选项组处于隐藏状态。要显示该组,请单击 Biped 卷展栏中的模式和显示扩展参数组。

Buffer Mode(缓冲区模式)按钮用于编辑缓冲区模式中的动画分段。首先,使用足迹操作卷展栏中的复制足迹将足迹和相关的 Biped 关键点复制到缓冲区中,然后打开缓冲区模式,以便查看和编辑复制的动画段落。

Rubber Band Mode(橡皮圈模式)按钮:使用此选项可重定位 Biped 的肘部和膝盖,而无须在体形模式下移动 Biped 的手或脚。重新定位 Biped 的重心,以便模拟施向 Biped 的自然风或重量。要启用橡皮圈模式,就必须打开体形模式。

Scale Stride Mode(缩放步幅模式)按钮可以调整足迹步幅的长度和宽度,使其与 Biped 体形的步幅长度和宽度相匹配。默认情况下,缩放步幅模式处于打开状态。默认情况下启用缩放步幅模式,因此加载下列文件时会自动进行缩放:.bip、.stp 或 .fig 文件。如果粘贴足迹和缩放 Biped 的腿部或骨盆,也会出现缩放现象。

In Place Mode(原地模式)按钮:使用原地模式可在播放动画时确保 Biped 显示在视口中。使用此按钮,可以编辑 Biped 的关键点,或使用 Skin 调整封套。为此,可以防止 XY 在播放动画时移动 Biped 的重心。但是,将保留沿着 Z 轴的运动。"原地"模式下,不会显示轨迹。

Display(显示)选项组可以调整 Biped 的显示方式,从而提供用来显示或隐藏对象、骨骼、足迹和轨迹的控制参数。默认情况下,显示选项组处于隐藏状态。要显示该组,需要单击 Biped 卷展栏中的模式和显示扩展参数组。

Objects(对象):使用此按钮菜单,可以同时或单独显示骨骼和 Biped 形体对象;如果在渲染之前没有将这些对象关闭,则会对其进行渲染。所以,先隐藏 Biped 对象,然后渲染场景。

Show Footsteps And Numbers(显示足迹和数量):显示 Biped 的足迹和足迹数量。可以按照 Biped 要沿着足迹创建的路径移动的方向指定顺序。足迹数量显示为白色,未加以渲染,但不会显示在预览渲染中。

Twists Links(扭曲链接):切换 Biped 中使用的扭曲链接的显示。默认设置为启用。

Leg States(腿部状态):启用该按钮后,视图会在相应帧的每个脚上显示移动、滑动和踩踏。

Trajectories(轨迹):显示选定的 Biped 肢体的轨迹。

Preferences(显示首选项):显示显示首选项对话框,该对话框用于更改足迹的颜色和轨迹参数,以及设置使用 Biped 卷展栏中的 Biped 播放时要播放的 Biped 数。足迹颜色首选项是一种区别某个场景中两个或多个 Biped 足迹的理想方法。

使用 Name(名称)框可以更改 Biped 的名称。更改名称时,可以重新命名重心,而整个 Biped 层次会继承新的名称。

3.3 Biped 骨骼的创建及编辑

Biped 骨架具有特殊的属性,骨架模仿人的关节,可以非常方便地产生动画,尤其适合 Character Studio 中的足迹动画,可以省去将脚锁定在地面上的麻烦。本节主要介绍 Biped 的创建及编辑的基本操作。

3.3.1 创建 Biped

Biped 两足角色模型主要是指以人型为标准的人物、人形生物及动物,是具有两条腿的体格形态,如图 3-5 所示。使用 Biped 可以制作人类、动物,也可以是人形怪物的骨骼系统。Biped 骨骼具有即时动画的特性,就像人类一样,Biped 被特意设计成直立行走的形式,也可以使用 Biped 来创建多条腿的生物,如四足动物。

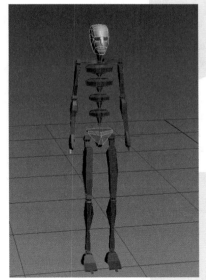

图 3-5　Biped 骨架

Biped 层次的父对象是 Biped 的重心对象,它被命名为默认的 Bip01。

要创建 Biped 骨骼系统,可以单击 Create(创建)面板下 Systems(系统)中的 Biped 按钮,打开 Biped 创建界面。也可以通过执行 Create(创建)→Systems(系统)→Biped(两足)菜单命令,打开 Biped 创建界面。

所有 Biped 在默认情况下都是以颜色来编码的。形体右侧骨骼为绿色,左侧骨骼为蓝色,头部为浅蓝色,而骨盆为黄色(根骨骼)。这些颜色可用于区分不同的骨骼,也可用来定义 Biped 运动的足迹。

3.3.2　设置 Biped 的姿态

创建完默认的 Biped 之后,通常需要更改骨骼的比例,以便适合模型。可通过 Motion(运动)命令面板上的 Biped role(两足角色)、Biped Links(两足链接)及 Track Selection(轨迹选择)卷展栏中的参数来进行设置。

1.更改 Biped 的姿态

激活 Figure Mode(体形模式)时,可以将 Biped 恢复为原始的位置和方向。如果 Biped 处于体形模式,可以使用变形工具更改身体部位的比例和位置。如图 3-6 所示,可以应用非统一缩放,以缩短腿部或增长手臂。打开 Figure Mode(体形模式),Biped 的姿态和位置将会恢复为上次指定的姿态和位置。关闭体形模式时,Biped 会返回到场景中的动画姿态和位置。

可以旋转脊骨对象,以便为驼背或恐龙等创建特殊体型。使用 Select and Move(选择并移动)工具可以更改拇指或手臂的位置。还可以对 Biped 骨骼应用修改器,如在 Biped 头部使用 FFD 修改器调整其形状,如图 3-7 所示。

创建默认的 Biped 之后,通常要调整骨骼结构比例与模型相匹配。基本工作流程是:首先冻结角色,然后在 Figure Mode(体形模式)下重新定位 Biped,使其重心置于模型躯体重心。接着可以缩放和旋转脊骨、腿部和双脚,使其落在模型的边界内,如图 3-8 所示。然后再缩放和旋转双手、颈部和头部。如果模型有翅膀、鳍、颚、耳朵、触角或头发,也可以使用尾部和马尾辫对象。

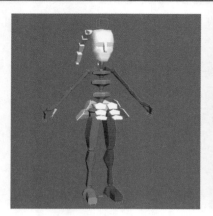

图 3-6 调整 Biped 的比例

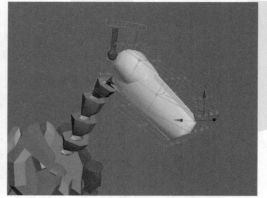

图 3-7 FFD 修改器可以设置骨骼的形状

Biped 的比例一旦正确无误，便可将其保存在 FIG 文件中。因为 Biped 将角色信息保存在 FIG 文件中，而将动画保存在 BIP 文件中，所以，无须影响动画，即可更改角色的比例。

1）更改 Biped 的结构

Biped 不一定是人类。可以在创建面板中更改 Biped 结构的某些初始纵横比，也可以在创建后打开体形模式来更改 Biped 结构的所有纵横比。

体形模式下，可以指定 Biped 每个部位中的链接数；定义手指、脚趾、触角、脊骨、尾部和马尾辫相对于身体的基本位置和比例；定义足部相对于脚踝的位置；在对其应用动画之前定义 Biped 的默认姿态，例如定义驼背；缩放 Biped 及其各个部位；与此同时，使用橡皮圈模式缩放和定位 Biped 的部位；使用三角形骨盆创建蒙皮的自然链接；使用前臂链接将扭曲动画转移到与 Biped 关联的模型。

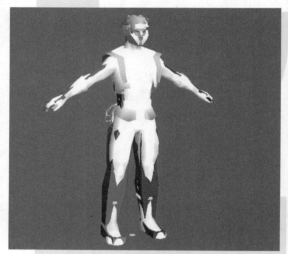

图 3-8 匹配骨骼和模型

2）设置双臂或双腿

设置 Biped 的姿态时，可以使用两种不同的方法对称设置双臂或双腿的姿态。

第一种方法是，使用轨迹选择卷展栏中的 Symmetrical（对称）工具可以同时选择肢体。此时，这些肢体保持镜像关系，可以移动、旋转、缩放肢体对象。

第二种方法是，只设置 Biped 的一侧的姿势，然后将姿势复制到对称一侧的相应肢体。

2.适配骨骼与蒙皮对象

1）适配腿部蒙皮的方法

（1）单击 Figure Mode（体形模式）按钮打开体形模式，再使用 Select and Scale（选择并缩放）工具缩放 Biped 骨盆的 Z 轴，使 Biped 的腿部链接位于每个角色腿部的中心，如图 3-9 所示。然后选择 Biped 的两个大腿链接（LLeg 和 RLeg），再缩放大腿链接的 X 轴，使其在角色模型的膝盖处结束，如图 3-10 所示。

（2）选择 Biped 的两个小腿链接（LLeg1 和 RLeg1），然后使用 Select and Rotate（选择并旋转）工具沿 X 轴旋转小腿链接，使 Biped 与角色的脚踝对齐，如图 3-11 所示。然后在左视图中，缩放 Biped 的双脚，使其大致与角色双脚的模型网格相符，如图 3-12 所示。

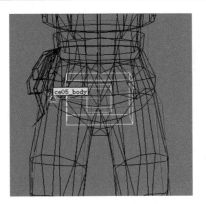

图 3-9　缩放骨盆的 Z 轴

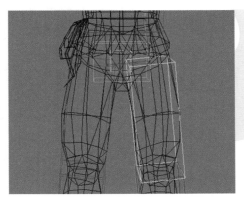

图 3-10　缩放大腿链接的 X 轴

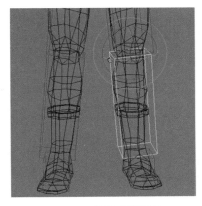

图 3-11　旋转小腿链接

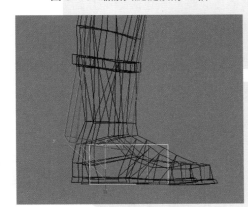

图 3-12　缩放双脚

（3）缩放脚趾或沿着局部的 X 轴缩放脚趾，使每个脚趾与角色中相应的脚趾对齐，最后使脚趾链接的末端延伸到角色之外。

2）适配脊骨蒙皮的方法

（1）单击 Biped 卷展栏中的 Figure Mode（体形模式）按钮，打开体形模式。然后选择脊骨的最低链接 Bip01（质心）。再选择 Select and Move（选择并移动）工具，沿着 Y 轴移动脊骨链接，将其垂直移动到肚脐正下方的腰部，如图 3-13 所示。

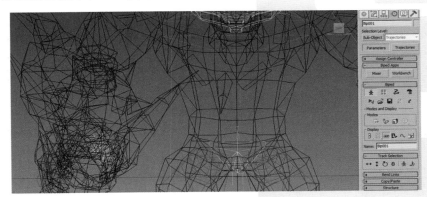

图 3-13　移动脊骨

（2）选择局部坐标系，再使用 Select and Scale（选择并缩放）工具沿 X 轴缩放其他脊骨链接，使其适合角色躯体的上半身，如图 3-14 所示。

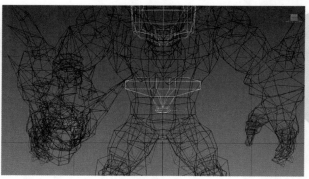

图 3-14 缩放脊骨

（3）颈部链接应该从角色的颈部开始处开始。如果角色的躯体弯曲,还应该旋转与局部 Z 轴有关的脊骨链接,以便将脊骨与躯体的纵向中心对齐。

（4）在局部坐标系模式下,沿 X 轴缩放 Biped 的颈部,使其与角色颈部的长度匹配。

（5）最后一个颈部链接的顶部(也是头部链接的衔接)应该在头部要转动的位置。通常,它正好在耳朵的下方,与脊骨一样位于中心处。

（6）使头部位于相对于脊骨和颈部链接的默认处。

最终效果如图 3-15 所示。

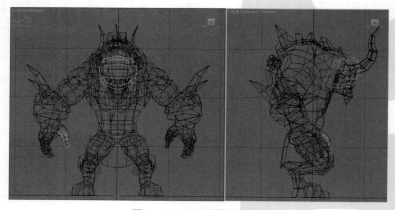

图 3-15 适配脊骨的效果

3.复制和粘贴姿态

1）使用 Copy(复制)→Paste(粘贴)命令适配双臂姿态的方法

（1）在 Biped 卷展栏中,单击 Figure Mode(体形模式)按钮,然后沿着局部 Y 轴选择一个上臂(R Arm1 或 L Arm1),以便将其置于上臂模型的中心处。接着旋转上臂,使其链接匹配到角色蒙皮的肘部。

（2）旋转下臂骨骼(R Arm2 或 L Arm2),使其匹配到角色模型的腕部,将其置于中心处。然后缩放手指或沿着局部的 X 轴缩放手指,使每个手指与角色蒙皮中相应的手指对齐。最后使手指链接的末端穿过手指模型的顶端。

（3）手臂完全适配了模型后,可选择整条手臂骨骼,然后在复制／粘贴卷展栏中单击 Create Collection(创建集合)按钮,再单击 Copy Posture(复制姿态)按钮,接着单击 Paste Posture Opposite(向对面粘贴姿态),这样可以把姿态复制到另外一条手臂。

2）同时设置两个手臂姿态的方法

（1）在 Motion(运动)面板中打开 Biped 卷展栏,单击 Figure Mode(体形模式)按钮,然后选择

Biped 的左手或右手。接着在轨迹选择卷展栏中，单击 Symmetry（对称）按钮，同时选定相反的手部。

（2）移动、旋转和缩放双手，直到位置和大小满足需要为止，如图 3-16 所示。但如果稍后移动肢体，这些肢体将会以相同的方向移动，且不再与身体成对称关系。

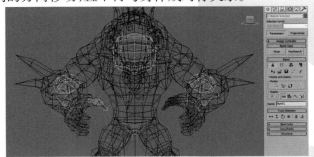

图 3-16　同时旋转两侧的手臂

3）将 Biped 的一侧复制到另一侧来创建对称姿态

要将 Biped 的一侧复制到另一侧来创建对称姿态，执行下列操作：

（1）在 Motion（运动）面板中打开 Biped 卷展栏，单击 Figure Mode（体形模式）按钮，然后使用移动、旋转和缩放工具调整 Biped 的左臂和左腿，直到位置和大小满足需要为止。

（2）接着选择左臂和左腿中的所有骨骼。在 Copy（复制）/Paste（粘贴）卷展栏中，单击 Create Collection（创建集合）按钮，再单击 Copy Posture（复制姿态）按钮，接着单击 Paste Posture Opposite（向对面粘贴姿态），此时，右臂和右腿将会采用左侧相应骨骼的位置和比例。

3.3.3　缩放链接

使用标准的 3ds Max 缩放工具，可以缩放 Biped 链接（形体部位）的大小来调整它的姿态。缩放链接必须在体形模式中进行，当缩放 Biped 的链接时，其他 Biped 链接的位置进行更改，以使它们保持依附在调整后的链接上。比如缩短了大腿，小腿和脚踝会保持它们的大小，但却更改了位置。

要缩放链接，可以单击 Select and Scale（选择并缩放）按钮，再选择要缩放的形体部位，然后沿着固定轴向进行缩放，如图 3-17 所示。

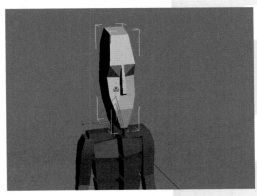

图 3-17　缩放头部骨骼链接

如果角色是对称的，可以选择一个形体部位，然后在轨迹选择卷展栏中单击 Symmetrical（对称）按钮，这样就选择了一组对称的形体部位，接着就可以成对地选择形体部位并同时对它们进行缩放。

3.4 Freeform 动画的制作

3ds Max 的 Biped 动画支持一套全面的自由形式动画——Freeform 模式，这种模式允许设计师充分发挥创造性，完全控制角色的姿态、移动和计时，也是游戏动画所采用的主要制作模式，如图 3-18 所示。

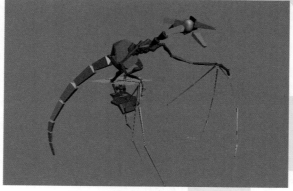

图 3-18 制作飞翔的魔幻角色

3.4.1 认识自由形式动画

Freeform 自由形式模式是 3ds Max 的一种默认动画模式，也是我们常用的动画制作方法，它可为任何 Biped 两足角色设置关键点，可通过 Layer(层)工具将几个动作混合为一个动画。还可以导入 Motion Capture(运动捕捉)数据，并定义 Dynamic(动态)属性。

在自由形式模式下，使用传统的关键帧动画设置，可以精确地设计角色每个关节的姿势。通过设置踩踏关键点，可以将角色的手和脚锁定在固定位置。还可以为手和脚的轴点制作动画，以模拟滚动运动。可以将正向运动和反向运动动态混合，从而进行高水平的动作控制。

要启动自由形式的动画，首先要激活自动关键点按钮，然后开始对 Biped 进行定位。也可以关闭自动关键点按钮，而使用 Key Info(关键点信息)卷展栏上的红色按钮创建关键帧，如图 3-19 所示。

图 3-19 创建关键帧

3.4.2 创建自由形式动画

我们通过为一个 Biped 创建自由形式动画来了解其创建方法。

(1)首先将时间滑块移动到任意一帧，再单击自动关键点按钮，然后使用 Select and Move(选择并移动)、Select and Rotate(选择并旋转)工具来移动或旋转任何 Biped 的组件，系统自动记录下移动或旋转操作的关键帧。

(2)摆好 Biped 任一部位的姿势，再打开关键点信息卷展栏，单击设置关键点按钮。然后摆好手和脚的姿势，再打开关键点信息卷展栏，单击设置踩踏关键点按钮，创建使手和脚置入空间的关键点。

Character Studio 在后面的帧上创建关键点时，第 0 帧处不会自动创建关键点。因此需要在第 0 帧处选择 Biped 的所有部位，然后单击"设置关键点"为所有部位手动创建关键点。

如果要从足迹动画创建自由形式动画，需要选择 Biped。然后打开 Motion(运动)面板的 Biped 卷展栏,单击转换按钮,在弹出转换为自由形式对话框后,单击"确定"按钮。

创建自由形式动画的流程如下。

1.选择轨迹

要使用自由形式方式来制作角色动画,需要了解如何选择要制作动画的形体部位,还需要了解影响形体部位的移动类型。3ds Max 和 Character Studio 骨骼系统提供了许多选择并移动动画轨迹的不同方法。每个 Biped 的形体部位、运动数据都可以在"轨迹视图"或轨迹栏上查看。

要快速选择轨迹,也可以使用 Track Selection(轨迹选择)卷展栏,如图 3-20 所示。利用这些按钮可以快速选择 Biped 的重心水平和垂直移动的运动轨迹,也可以选择相反或对称的肢体。Biped 是唯一可以使用这种方法的对象,可以将其重心轨迹分为三种:水平、垂直和旋转。

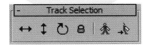

图 3-20　轨迹选择卷展栏

2.移动链接生成动画

通过使用 Select and Move(选择并移动)工具移动 Biped 的链接(骨骼)来生成动画。骨盆、头、颈、脊骨和尾巴都不能移动,只能以旋转的方式移动。当选定整个 Biped 时,只有它的重心部分被移动。

3.旋转链接生成动画

使用 Select and Rotate(选择并移动)工具旋转变换以调整 Biped 的链接姿态来生成动画。要使 Biped 的移动自然,某个关节在旋转时是被限制的,如肘部和膝部。当一个关节可以围绕 X、Y 和 Z 所有三个轴旋转时,那么该关节具有三个自由度(DOF)。通过选择它并设置"层次"面板的锁定卷展栏上的选项可以修改关节 DOF,如图 3-21 所示。

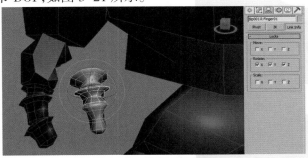

图 3-21　锁定手的旋转

4.旋转多个 Biped 链接

旋转多个 Biped 链接时,会生成卷曲效果,如制作手指绕着玻璃杯卷曲或尾部上下卷曲的动画效果。通常,选择对象及其所有子对象进行旋转,例如,手部及其所有手指。

可以使用弯曲链接模式和扭曲链接模式来自然地将一个链接的旋转转移到其他链接,如图 3-22 所示。

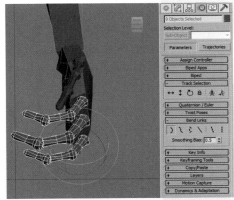

图 3-22　使用弯曲链接模式自然地旋转链接

使用弯曲链接模式旋转 Biped 脊骨、颈部或尾部的多个链接。对脊骨应用旋转之后，这种方法对于定位 Biped 的臀部尤其有用。

使用扭曲链接模式，在保存与其他两个轴的关系时沿着 X 轴扭曲多个链接。将这两个模式组合在一起可以对脊骨、颈部或尾部的链接旋转更好地控制。

3.4.3 自由形式与反向运动的结合应用

反向运动学（IK）是在层次链接概念基础上创建的定位和动画方法，它可以快速创建复杂的运动。足迹和自由形式的动画使用相同的反向运动约束和扩展。这意味着在足迹动画中，可以编辑关键点，以改变足迹持续时间。通过定义足迹为世界空间中 IK 约束的起始和结束序列，采用的 IK 混合值大于 0。删除和插入关键点或更改 IK 空间或 IK 混合可改变足迹的持续时间。

当 Biped 两足悬空时，反向动力学可以在离地和触地的帧上创建一个垂直关键点。其计算正确的运动方式，从而在没有关键点时，自动插入垂直关键点。

可以打开 Key Info（关键点信息）卷展栏创建三种类型的 IK 关键点：踩踏、滑动和自由关键点。

Set Planted Key（设置踩踏关键点）：在足迹或自由形式动画中，踩踏关键点可以把手或脚锁定在地面或任何对象上。要设置踩踏关键点，也可以先创建一个 Biped 的关键点，使其 IK Blend 混合值为 1，启用 Join to Prev IK Key（连接到上一个 IK 关键点），并在 IK 组中选定 Object（对象）。

Set Sliding Key（设置滑动关键点）：在足迹动画或自由形式动画中，如果脚是滑动的，而非踩踏，则使用设置滑动关键点。这意味着在足迹动画中，脚可以放置在任何位置，即使创建了足迹图标。滑动关键点的 IK 混合值为 1，并没有连接到上一 IK 关键点。

Set Free Key（设置自由关键点）：在足迹或自由形式动画中，处于移动状态的 Biped 的腿部应该有一个"自由"关键点。自由关键点的 IK 混合值为 0，并未连接到上一 IK 关键点。

关键点信息卷展栏的 IK 选项组用于设置 IK 关键点，并调整 IK 关键点的参数，如图 3-23 所示。

IK Blend（混合）确定如何混合正向动力学和反向动力学来插值中间位置。移动手臂来控制手是正向运动，移动手来控制手臂就是反向运动。当两足形体的手臂或腿（手和脚）关键点为当前关键点时，将它激活。

- 选定形体部位上的 0 为正常的两足形体空间（正向动力学）。
- 选定形体部位上的 1 为反向动力学，它在两足形体关键点间创建了更多的直线形运动。
- 选定对象上具有 1，但没有指定 IK 对象，则将肢体完全放入世界空间中去。
- 选定对象具有 1 并且指定 IK 对象，则将两足形体的肢体放到选定对象的坐标系空间中；两足形体的肢体追随指定的对象。

图 3-23 IK 选项组

Ankle Tension（脚踝张力）调整膝关节和踝关节的优先级顺序。值为 0 时，膝关节先动。值为 1 时，踝关节先动。该效果只有在关键帧中才可见。

Select Pivot（选择轴）按钮被激活时可指定两足形体的手脚旋转所围绕的轴。单击视图中的某个轴后，将关闭"选择坐标轴"，然后旋转手或脚。

单击 Select Pivot 后的按钮，打开一个小对话框，如图 3-24 所示。在肢体相应的手或脚上显示选定肢体的当前轴，可以更改该轴。如果图表为蓝色和红色，表示 Biped 位于 IK 关键点，红点表示轴当前的位置。要指定不同的轴，请单击轴

图 3-24 轴选择

上的另一个点。从而可以提供使用"选择坐标轴"的替代方法。

Join to Prev IK Key(连接到上一个 IK 关键点):此选项打开时,将两足形体的脚放到上一个关键点的坐标系空间。此选项关闭时,将两足形体的脚放到新参考位置。例如,关闭并移动 Biped 两足角色的脚来创建滑动足迹。

Body(躯干):两足形体的肢体放置到 Biped 两足角色的坐标系空间。

Object(对象):两足形体的肢体要么在"世界"坐标系空间,要么在选定的 IK 对象坐标系空间。在关键点之间可以混合坐标系。

Select IK Object(选择 IK 对象):选择 IK 混合值为 1 且选中对象时,Biped 的手或脚要跟随的对象。选定对象的名称显示在按钮旁边。不能为此选择制作动画,对于动画中的每个手和脚来说,只有一个 IK 对象处于活动状态。

3.4.4 编辑自由形式动画

编辑自由形式动画的操作主要包括编辑关键点、复制和粘贴姿势、镜像和使用层动画几部分内容。

1.编辑两足形体的关键点

单击关键点信息卷展栏中的上一个关键点和下一个关键点按钮来前后移动关键点。按钮右边的字段标明了关键点号码和帧数。

对于其他 3ds Max 对象,打开 3ds Max 中关键点模式切换按钮,再选择与指定动画轨迹相关的元素,然后使用 3ds Max 中时间控制模块中下一帧和前一帧按钮移动关键点。例如,可以在关键点之间移动来查看关键点,如果选定了右手臂的某个对象(锁骨、上臂、前臂、手、手指),可以为右手臂轨迹设置关键点。或是在关键点模式中使用键盘上的 < 和 > 键在关键点间前后移动。

在"关键点信息"卷展栏中单击删除关键点按钮可以删除一个关键点。此时必须选定具有此关键点的 Biped 部位,并且当前帧必须是要删除的关键帧。不能删除锁定的关键点(在轨迹视图中显示为红色)。

2.复制和粘贴姿势和姿态

Motion(运动)面板上的复制 / 粘贴卷展栏,如图 3–25 所示。此卷展栏提供复制和粘贴 Biped 的 Posture 姿态、Pose 姿势与 Track 轨迹的控件。在 3ds Max 中,姿态是任何选定 Biped 对象的旋转和位置,姿势是某特定 Biped 中所有对象的旋转和位置,轨迹是任何选定 Biped 部位的动画。

可以通过访问下拉列表来创建和保存姿态、姿势和轨迹。可从此列表中选择一个对象并可看到与之相关的缩略图,然后将此选择对象粘贴到同一 Biped 或场景中的其他 Biped 上。

可以创建多个姿态和姿势并将它们保存在列表中,然后在模式中将它们复制到任意帧中的任意 Biped 上来创建动画。

使用 Copy Tracks(复制轨迹)功能可以将 Biped 某部位的动画复制到 Biped 的其他部位或其他 Biped 中。使用这里的所有标准工具,可以使用 Curve Editor(曲线编辑器)和 Drop Sheet(摄影表编辑器)进一步操纵这些轨迹。复制轨迹可以用于足迹动画和自由形式动画。

在复制 Biped 姿态、姿势或轨迹之前必须先单击 Create Collection

图 3–25 复制/粘贴卷展栏

（创建集合）按钮创建一个复制集合。

1）使用（粘贴姿态

Paste Posture（粘贴姿态）命令用来将动画中某帧上的姿态复制到动画的其他帧中。可以单击（CopyPosture 复制姿态）按钮复制一个姿态，单击 Auto Key（自动关键点）按钮，再移动时间滑块到另一帧，然后单击 Paste Posture（粘贴姿态）按钮，如图 3-26 所示。

粘贴姿势和粘贴姿态命令也用来将一个 Biped 中的姿态复制到另一个 Biped 中。复制姿态或姿势，只需要选择其他 Biped 并粘贴。

将 Biped 的手臂或腿部的姿态复制到同一 Biped 的相反手臂或腿部时，可以复制姿态然后使用向对面粘贴姿态按钮可完成姿态的镜像复制操作。

粘贴姿态和向对面粘贴姿态的效果受到体形模式的影响，关闭体形模式时，仅粘贴原始复制链接的方向。激活体形模式时，粘贴复制链接的方向和比例。在体形模式中粘贴手指基准、脚趾基准、脊骨基准、尾部基准或锁骨时，将粘贴相对于 Biped 形体的链接位置。

图 3-26 粘贴姿态

2）复制整个 Biped 姿势

Copy Pose（复制姿势）功能允许同时复制整个 Biped 所有部位的旋转和位置信息，如图 3-27 所示。它不包含动画轨迹数据，仅包含在此帧上的单独关键点，并且复制姿势正在使用时，复制轨迹的按钮不可用。

使用 Copy Pose（复制姿势）可以将不同姿势复制到同一 Biped 的不同帧中，以此来创建动画并为这些姿态设置关键点。

3）键盘快捷方式

Biped 键盘快捷方式用来执行复制和粘贴姿势命令。快捷键含义：Alt+C （复制姿势）、Alt+V（粘贴姿势）、Alt+B（向对面粘贴姿态）。

可以通过 Biped 的保存、加载等操作命令将制作好的动作保存到其他位

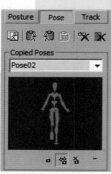

图 3-27 复制姿势

3.5 加载、保存和显示 Biped 运动

置，同时可以通过加载命令将这些动作文件加载到新建的 Biped。而且可以通过显示轨迹来直观地查看骨骼的编辑过程。

3.5.1 使用 Biped 运动文件

Character Studio 使用多种文件格式保存、加载和编辑运动。主要有以下几种类型。

- BIP 文件（.bip）：用来保存 Biped 运动的文件格式。包括所有有关 Biped 运动的信息：足迹、关键帧设置（包括肢体旋转）、Biped 的缩放、活动重力（重力加速度）值和道具动画。同时还将保存关键点的 IK 混合值和对象空间设置。
- BVH 文件（.bvh）：Biovision 运动捕获格式。是从记录人类行为运动的运动捕获硬件获得的动作数据。BVH 文件中保存的数据包括骨骼数据及有关肢体和关节旋转的信息。
- CSM 文件（.csm）：Character Studio 标记格式。是记录动态捕获数据的可选格式。其存储 Biped 体形上各种标记的位置数据。
- MIX 文件（.mix）：包含运动混合器中的数据，如轨迹组、轨迹和变换。

● MFE 文件(.mfe)：运动流编辑器格式。保存在运动流编辑器中创建的脚本，包括剪辑参考和变换。

● MNM 文件(.mnm)：标记名称文件格式，与 CSM 或 BVH 文件(具有由 Biped 使用的标准、预设标记名称)中的自定义标记名称相匹配。

● STP 文件(.stp)：步长文件格式，用来保存足迹数据。但不保存脚部和上半身的关键点。STP 文件是 ASCII 文件。此格式支持开发者编写生成步长文件的程序，并将 Biped 用来创建软件生成足迹的关键点。

Biped 运动文件对话框中包含历史记录列表，可以快速选择最新保存和打开文件的目录。3ds Max 分别为每种类型的运动文件保留历史记录列表。

3.5.2 加载和保存 Biped 动画

Biped 运动(BIP)文件的文件扩展名为.bip。这些文件保存了 Biped 运动的所有信息：足迹、关键帧设置，如肢体旋转、Biped 缩放和活动重力(重力加速)值。同时还将保存关键点的 IK 混合值和对象空间设置。IK 对象、属性和场景中的其他对象也可以保存为 BIP 文件。

1.创建.bip 文件

● 用足迹和自由形式方法创建自己的动画，并用 Biped 卷展栏中的保存文件按钮保存为.bip 动画文件。

● 加载并过滤运动捕获文件，然后用 Biped 卷展栏中的保存文件按钮保存动画文件。

2.加载 BIP 文件

首先选择要制作动画的 Biped，然后打开 Motion(运动)面板中的 Biped 卷展栏，关闭体形模式，再单击 Load File(文件加载)按钮。接着在文件对话框中，选择要加载的 BIP 运动文件，再单击确定按钮。

> 提示 1：由于装入 BIP 文件后动画长度可能改变，因此使用键盘快捷键 Alt+R 可以将动画范围设置到当前选定的 Biped 范围。
>
> 提示 2：当体形模式处于活动状态时，文件加载选项会加载体形 (FIG) 文件。体形模式下所做的任何事情都会改变 Biped 的基本形状和结构。关闭体形模式后，执行加载 BIP 文件以制作体形动画。

3.5.3 复制与粘贴轨迹

Motion(运动)面板上，Biped 复制 / 粘贴卷展栏中提供的控制参数可以将某个 Biped 部位的轨迹复制并粘贴到同一 Biped 的其他部位中，或复制粘贴到另一 Biped 中。要复制和粘贴 Biped 轨迹，首先要选中 Biped 的任意部位，再打开 Motion(运动)面板，打开复制 / 粘贴卷展栏，然后单击 Create Collection(创建集合)按钮，并重命名新的集合。接着单击 Track(轨迹)按钮启用轨迹模式，再选择要复制 Biped 部位的轨迹，单击 Copy Track(复制轨迹)按钮。这时 Biped 创建一个新轨迹缓冲区，并添加到活动缓冲区列表中。

选中其他 Biped 的任意部位。在粘贴选项选项组中，启用所有三个粘贴按钮。单击 Paste Track (粘贴轨迹)按钮或 Paste Track Opposite(向对面粘贴轨迹)按钮。这样便将缓冲区中所有 Biped 部位的轨迹粘贴到其他 Biped 中。

3.5.4 轨迹显示

制作 Biped 的动画效果时，还可以查看 Biped（或选定 Biped 链接）运动的路径和轨迹。要显示 Biped 的轨迹，可以打开运动面板，打开 Biped 卷展栏，再打开 Modes and Display（模式和显示）扩展参数组，然后单击 Display（显示）组中的 Trajectories（轨迹）按钮，画面效果如图 3-28 所示。

图 3-28 显示 Biped 脚掌的轨迹

轨迹编辑关键点时提供了视觉上的直观反映，显示出正在调整的参数对运动路径的作用效果。

3.6 Skin 蒙皮修改器

当我们在 3ds Max 中创建好一个游戏角色的模型后，就要考虑如何真实地表现角色的动画效果。因为无论模型制作得多么精美或神气，都需要通过生动的肢体动作来赋予它生命，才能给玩家带来互动的体验和乐趣。游戏动画主要使用 Skin 蒙皮修改器来实现角色模型（网格对象）与 Biped 之间的结合，这一过程，也就是我们通常所说的蒙皮。

3.6.1 Skin 的功能简介与使用

Biped 蒙皮的基本流程是：首先使用 3ds Max 制作一个可编辑网格对象（角色蒙皮），再创建一个与角色蒙皮同高的 Biped，并与蒙皮对象中心对齐。然后分别选定 Biped 的两臂、两腿、颈部和头部与角色蒙皮对齐，再为选定的蒙皮对象应用 Skin 修改器并初始化，接着打开 Skin 子对象，再将各部件与各控制点进行链接。

在完成 Biped 的蒙皮后，可以进一步为角色加入相应的动作。

蒙皮是一个 3ds Max 对象，它可以是任何可变形的、基于顶点的对象，如网格、面片或图形。当以附加蒙皮制作骨骼动画时，Skin 会使蒙皮发生变形以与骨骼移动相匹配。

Parameters（参数）卷展栏

使用 Parameters（参数）卷展栏中的命令按钮，如图 3-29 所示，可以完成对蒙皮对象的基本操作：蒙皮顶点的选择条件，添加和移除骨骼，设置封套属性、编辑封套，设置权重属性、调整权重等。

图3-29 蒙皮参数

Edit Envelopes(编辑封套)按钮:访问封套子对象层级,可修改封套和顶点权重。

1)Select(选择)组

以下选项组合在一起可以防止在视图中意外地选择错误项目。

Vertices(顶点)选项:启用它以选择顶点。

●Shrink(收缩):从选定对象中逐渐减去最外部的顶点,以修改当前的顶点选择。如果选择了一个对象中的所有顶点,则没有任何效果。

●Grow(扩充):逐渐添加所选定对象的相临顶点,以修改当前的顶点选择。必须从至少一个顶点开始,以扩充选择。

●Ring(环形):扩展当前的顶点选择,以包括平行边中的所有部分。

●Loop(循环):扩展当前的顶点选择,以包括连续边中的所有顶点部分。

Select Elements(选择元素)选项:启用后,只要选择所选元素的一个顶点,就会选择它的所有顶点。

Backface Cull Vertices(背面消隐顶点)选项:启用后,不能选择远离当前视图的顶点(位于几何体的另一侧,视图中不能直接看到)。

Envelopes(封套)选项:启用它以选择封套。

Cross Sections(横截面)选项:启用它以选择横截面。

Add(添加)按钮:单击可从选择骨骼对话框中添加一个或多个骨骼。

Remove(移除)按钮:在列表中选择骨骼,然后单击移除以移除它。

列表窗口:列出系统中的所有骨骼。在列表中高亮显示一个骨骼表示该骨骼的封套以及该封套影响的所有顶点。如果骨骼的名称长度超过窗口的宽度,则会出现水平滚动条。

骨骼名称键入字段:输入骨骼名称以使其在上面的骨骼列表中高亮显示。第一个匹配骨骼将高亮显示。在此输入想要查找的骨骼名称的前几个字符,可以快速查找到骨骼。

2)Cross Sections(横截面)组

在默认情况下,每个封套具有两个圆形的横截面,分别位于封套两端。下列选项可从封套添加和移除横截面。必须启用选择组中的横截面选项,然后才能选择横截面。

Add(添加)按钮:在列表中选择骨骼,单击添加,然后在视图中骨骼的某个位置单击可以添加横截面。

Remove(移除)按钮:选择封套横截面并单击移除可以删除它。但只能删除添加的额外横截面,不能删除默认的横截面。

3)Envelopes Properties(封套属性)组

Radios(半径):选择封套横截面,然后使用半径调整其大小。必须选中选择组中的横截面选项,然后才能选择横截面。也可以在视口中单击并拖动横截面控制点调整其大小。

Squash(挤压):所拉伸骨骼的挤压倍增器。设定一个单个值,在禁用冻结长度并启用挤压时,用于减少或增加拉伸骨骼时对骨骼应用的拉伸量。也可在Bone Tools(骨骼工具)对话框中设置冻结长度和挤压。

Absolute(绝对)/Relative(相对)按钮:切换确定如何为内外封套之间的顶点计算顶点权重。

Absolute(绝对)按钮:绝对顶点必须恰好落到棕色的外部封套中,才能相对于该特定骨骼具有

100%的指定权重。对于下落深度超过一个外部封套的顶点，将根据其下落到每个封套的渐变中的位置，为其指定总和为 100%的多个权重。

Relative(相对)按钮：相对顶点对于恰好落在外部封套内的顶点，不为其指定 100%的权重。顶点必须在渐变总和为 100%或更大的两个或多个外部封套内下落，或者顶点必须在红色的内部封套内下落，才能具有 100%的权重。红色内部封套中的任何点将对该骨骼 100%锁定。在多个内部封套中下落的顶点将具有对应骨骼上所分布的权重。

Envelope Visibility(封套可见性)按钮：确定未选定封套的可见性。在列表中选择骨骼并单击"封套可见性"，然后选择列表中的另一个骨骼。选择的第一个骨骼将保持可见。

Falloff Slow Out(衰减弹出)按钮：为选定封套选择衰减曲线。

如果封套重叠并启用了绝对按钮，则权重在内部和外部封套边界之间的区域中下落。此设置允许指定如何处理衰减。

● 快速衰减权重迅速衰减。

● 缓慢衰减权重缓慢衰减。

● 线性衰减权重以线性方式衰减。

● 波形衰减权重以波形方式衰减。

Copy(复制)按钮：将当前选定封套的大小和图形复制到内存。启用子对象封套，在列表中选择一个骨骼，单击"复制"，然后在列表中选择另一个骨骼并单击"粘贴"，将封套从一个骨骼复制到另一个骨骼。

粘贴命令包含下列方式。

Paste(粘贴)按钮：将复制缓冲区粘贴到当前的选定骨骼。

Paste to All Bones(粘贴到所有骨骼)按钮：将复制缓冲区复制到修改器中的所有骨骼。

Paste to Multiple Bones(粘贴到多个骨骼)按钮：将复制缓冲区粘贴到选定骨骼。使用对话框选择要粘贴到其中的骨骼。

4)Weight Properties(权重属性)组

Abs.Effect(绝对效果)微调器：输入选定骨骼对于选定顶点的绝对权重。

选择"封套"子对象层级，在 Select(选择)组中启用 Vertices(顶点)，然后选择一个或多个顶点，再使用 Abs.Effect(绝对效果)微调器指定权重。

Rigid(刚性)选项：使选定顶点仅受一个最具影响力的骨骼影响。

Rigid handles(刚性控制柄)选项：使选定面片顶点的控制柄仅受一个最具影响力的骨骼影响。

Normalize(规格化)选项：强制每个选定顶点的总权重合计为 1.0。

Exclude Selected Verts(排除选定的顶点)按钮：将当前选定的顶点添加到当前骨骼的排除列表中。此排除列表中的任何顶点都不受此骨骼影响。

Include Selected Verts(包含选定顶点)按钮：从排除列表中为选定骨骼获取选定顶点。然后，该骨骼将影响这些顶点。

Select Exclude Verts(选定排除的顶点)按钮：选择所有从当前骨骼排除的顶点。

Bake Selected Verts(烘焙选定顶点)按钮：单击以烘焙当前的顶点权重。所烘焙权重不受封套更改的影响，仅受绝对效果的影响，或者受权重表中权重的影响。

Weight Tool(权重工具)按钮：显示权重工具对话框，该对话框提供了一些控制工具，用于在选定顶点上指定和混合权重。

Weight Table(权重表)：用于查看和更改骨架结构中所有骨骼的权重。

Paint Weight(绘制权重)：在视口中的顶点上单击并拖动光标，以便刷过选定骨骼的权重。

Painter Options(绘制选项):打开绘制选项对话框,可从中设置权重绘制的参数。

绘制混合权重选项:启用后,通过将相邻顶点的权重均分,然后基于笔刷强度应用平均权重,可以缓和绘制的值。默认设置为启用。

3.6.2　创建蒙皮

用骨骼结构变形的模型网格叫作蒙皮。在 Character Studio 中,Skin 是应用到蒙皮上的修改器,以使蒙皮能够由 Biped 或其他的骨骼结构驱动变形,如图 3-30 所示。

1.Skin 的网格对象

与 Skin 一起使用的蒙皮可以是任何有顶点或控制点的 3ds Max 对象,包括以下几类。

（1）可编辑的网格或可编辑的多边形对象。这是最常用的 Skin 对象类型。通常,它是从带修改器的对象上或是复合对象上塌陷的。

（2）带修改器的未塌陷对象或复合对象。

（3）基本几何体参数,诸如圆柱体。

（4）基本几何体主要用于 Skin 的简单应用。

（5）面片对象。

（6）样条线。

（7）NURBS 对象。

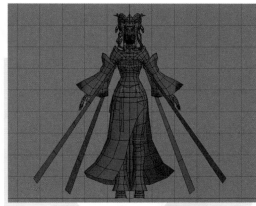

图 3-30　蒙皮对象

（8）从其他应用程序中导入的网格对象,诸如 AutoCAD。

还可以创建几个对象之外的体形蒙皮。例如,您可能有躯干、腿部和手臂等分离的对象,在这种情况下,选择所有的对象并可将 Skin 应用到所有选中的对象。

2.调整蒙皮姿态

当用 Biped 两足角色的体形创建要使用的蒙皮时,应当把手臂和腿部的姿态调整成标准的参考姿态,如图 3-31 所示。

在创建参考姿态时,可以进行如下定位。

（1）保证模型位于场景中心,双脚站立在地面上,腿部稍微分开。

（2）伸展开手臂使其与肩部同高。手应当与手臂同高,不要悬垂:手掌朝下,手指伸直并稍微分离。

图 3-31　用于 Biped 的蒙皮参考姿态

（3）定位头部,以在加载 Biped 休息站立姿态时使头部朝向正确的方向。如果模型和 Biped 是用于笔直站立的体形的话,采用正常的定位头部。

3.蒙皮简化

模型的复杂程度决定蒙皮化程度的差异。一方面,模型(网格)必须要有足够的顶点数以使 Skin 能够平滑地变形。另一方面,模型(网格)的顶点数越少,对 Skin 的调整就越容易。另外,高度复杂的模型(网格)会在使用 Skin 时降低系统的性能。

如果要使用可编辑多边形的方式创建模型（网格）,可以创建大小均匀的长方形网格,如图 3-32 所示。应避免出现较长的长方形,因为它不能使 Skin 平滑地进行变形。这在臀部和肩部区域周围特别重要。

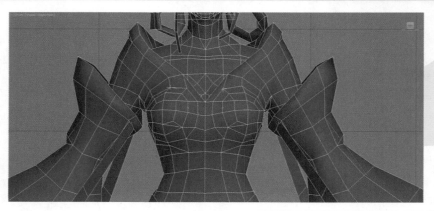

图 3-32 大小均匀的长方形网格

在有些 2D 游戏的制作流程中，可首先创建尽可能简单的网格物体，然后将 Skin 应用于此网格，接着在堆栈上 Skin 之上应用网格平滑修改器。这样就能够比较简单地使用 Skin，同时还保留了渲染的网格平滑度，如图 3-33 所示。

图 3-33 应用了网格平滑的相同模型

如果要使用特别的网格，但它的多边形违反了这些规则，没有考虑 Skin 最佳的多边形分布，如图 3-34 所示臀部的模型网格，导致模型在应用 Skin 之后难以使用。这时可以在将 Skin 应用到网格之前，使用 3ds Max 来添加或删除多边形的边，调整为合适的多边形，如图 3-35 所示。

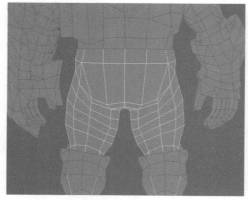

图 3-34 存在不规则网格的多边形

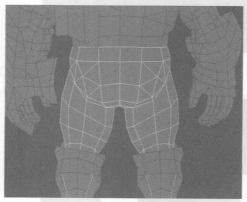

图 3-35 调整不规则的多边形

3.6.3　将 Skin 与 Biped 一起使用

　　Skin 是修改骨骼的相对位置使蒙皮变形从而完成动画制作。在 3ds Max 中，Skin 添加蒙皮的骨骼可以是层次、层次中的骨骼以及样条线。

　　以下三种对象对 Skin 特别有用：

●Bipeds，由 Character Studio 提供，如图 3-36 所示。

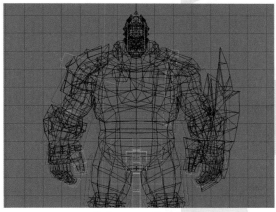

图 3-36　带有 Biped 骨骼的蒙皮网格

●骨骼，3ds Max 提供的标准系统对象，如图 3-37 所示。

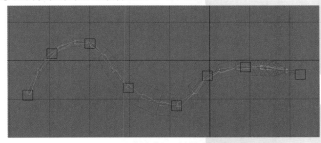

图 3-37　Skin 层次由相互链接的骨骼创建而成

●样条线，如图 3-38 所示。

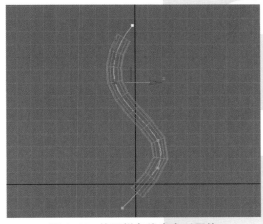

图 3-38　使用样条线来变形网格

　　通常是在创建骨骼之前创建模型，因为我们必须使骨骼纬度与蒙皮的纬度相适应，以便优化层次中链接的顶点指定。

3.6.4 将 Biped 与骨骼一起使用

3ds Max制作游戏动画时,常常用 Bone 骨骼与 Biped 结合制作出各种各样的效果,如多足多手角色、机械组件,以及为角色添加额外的物体动画效果,如头发、装备等,如图 3-39 所示。

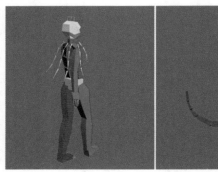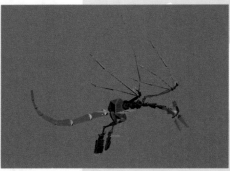

图 3-39 Bone 与 Biped 结合的例子

在图 3-39 的左图中,Bone(骨骼)用于使链接着的披风具有动画效果。上图右中的图像 Bone 骨骼用于飞行、嘴巴张开、尾巴甩动的额外控制。

有很多种方法与 Biped 一起使用骨骼。比如说,当 Biped 行走时,可以使用 Bone 的摇摆弯曲产生动画效果,而次级 Bone 附属于某一对象的髋部,那么,角色行走时,次级 Bone 也随之发生运动。当 Skin 被使用时,附属于 Biped 的骨骼创建了链接和封套,便可生成装备或衣服的摆动动画。

【动画实例】——Bone 骨骼与 Biped 结合制作装备摆动

(1)首先创建 Biped,如图 3-40 所示。

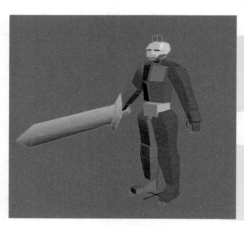

图 3-40 创建 Biped

(2)创建 Bone 骨骼作为围裙,再使用 Select and Link(选择并链接)工具将根骨骼链接到 Biped 的盆骨,使骨骼层次成为盆骨的子对象,如图 3-41 所示。

(3)分别在第 0 帧、第 10 帧、第 20 帧、第 30 帧制作 Biped 的行走动画,可以看到 Bone 骨骼随着盆骨的运动而运动,过程如图 3-42 所示。

如果在应用了 Skin 修改器后需要增加一块骨骼,可以在需要的地方添加骨骼,然后单击 Parameters(参数)卷展栏的 Add(添加)按钮,并在弹出的 Select Bones(选择骨骼)对话框中选择新添加的骨骼,接着将骨骼根节点链接到 Biped 上去,再调整好封套。

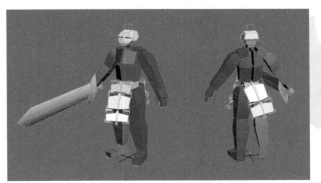

图 3-41　将 Bone 骨骼连接到盆骨

图 3-42　行走时装备的骨骼随着盆骨移动

3.6.5　封套和顶点指定

　　Skin(蒙皮)修改器使用封套作为其控制蒙皮变形的主要工具。应用 Skin(蒙皮)修改器并分配骨骼后，会通过为各个骨骼创建一个封套来确定骨骼对顶点的影响范围，每个封套由两个同轴的胶囊形空间组成，如图 3-43 所示。内部空间中的顶点完全受该骨骼的影响，而在内部空间之外，包含在外部空间之内的顶点权重会逐渐减小。

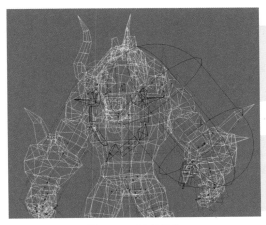

图 3-43　封套结构

　　封套定义了层次中单个骨骼链接的影响区域，并可以在相邻的骨骼链接间进行交互式编辑，调整个别顶点或顶点组的权重值，这是游戏开发中常见的做法，可以比较快地得到最佳的结果，有利于在关节交叉部分产生平滑的弯曲。

　　提示：蒙皮修改器有好几个参数，它们分布在几个卷展栏上。如果需要同时排列更多的设置，可以展开命令面板，再将鼠标光标悬停在它的左边缘上，等光标变为水平的双向箭头时向左拖动，直到拖出两列面板。

1.调整封套的工作流程

调整封套的工作目的是修改封套,使网格中的每个顶点都至少被一个链接的封套所包围。调整封套的工作流程如下。

(1)创建蒙皮(网格或面片对象)和骨骼(骨骼或其他对象)。Select and Move(选择并移动)和 Select and Rotate(选择并旋转)工具将骨骼放在网格或面片对象内,使其能够影响它们相邻的多边形或面片。

(2)选择网格或面片对象,然后应用 Skin(蒙皮)修改器。并在 Parameters(参数)卷展栏中,单击 Add(添加),然后选择骨架,将骨架与蒙皮建立连接。

(3)单击 Edit Envelopes(编辑封套)按钮并选择一个骨骼链接,再修改每个骨骼对周围顶点的影响范围,如图 3-44 所示。

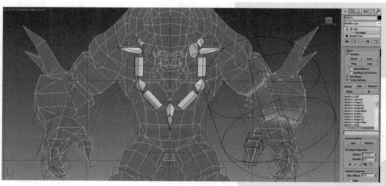

图 3-44 调整封套范围

> 提示 1:默认情况下,Pelvis(盆骨)是参数卷展栏上骨骼列表中的第一项,因此在启用编辑封套时会首先显示它的值。
>
> 提示 2:在 Edit Envelope(编辑封套)模式下,每个骨骼显示为两端有顶点的一条直线。

2.蒙皮修改器的工作原理

向蒙皮添加骨骼时,修改器会根据距离远近将各个顶点自动分配到一个或多个骨骼,同时为分配到顶点的各个骨骼计算一个权重值,来决定骨骼对顶点的影响程度。如果一个顶点靠近某个骨骼,但与其他骨骼的距离相对较远,那么分配到该骨骼的权重值为 1.0(表示 100%),在这种情况下,顶点仅受到该骨骼驱动。

如果一个顶点与两个骨骼的距离相同,但与其他骨骼的距离较远,蒙皮会将这两个骨骼同时分配给该顶点,并且每个骨骼的权重值为 0.5,在这种情形中,两个骨骼的运动对该顶点的影响是一样的。如果只有其中一个骨骼运动,那么顶点会在该方向上移动一半的距离。这就是蒙皮修改器调整弯曲关节(如膝部和肩部)附近角色网格的平滑运动的原理。

权重是一个相对的值,如果一个顶点对骨骼 A 的权重值为 0.6,并且对骨骼 B 的权重值为 0.4,则骨骼 A 的运动对顶点运动的影响要比骨骼 B 多一半。每个顶点的权重值的总量始终为 1.0。

3.封套的显示设置

关于封套在场景中显示效果,可以通过打开 Skin(蒙皮)修改器的显示卷展栏进行设置。

色彩显示顶点权重启用时,根据顶点权重设置视图中的顶点颜色,如图 3-45 所示。

显示有色面为启用状态时,骨骼的权重值会以渐变的形式显示在模型网格上,红色代表高的值,逐渐降低为橙色、黄色、绿色,而蓝色则为最低的值,如图 3-46 所示。顶点使用相同的色彩方案时,由于要在顶点级别上调整权重,通常最好将视窗设置为"平滑＋高光＋边面"显示模式(F4键)或线框模式(F3键)。

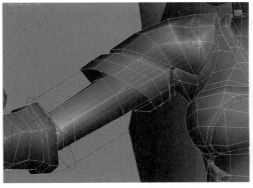 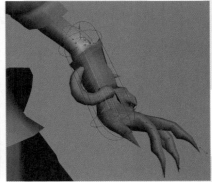

图 3-45 显示顶点的颜色　　　　　　　　图 3-46 以渐变形式表现权重值

明暗处理所有权重启用时,整个模型网格的权重都可见,而不仅限于选定的骨骼,如图 3-47 所示。

不显示封套启用时,只显示骨骼链接,不显示封套和横截面,效果如图 3-48 所示。

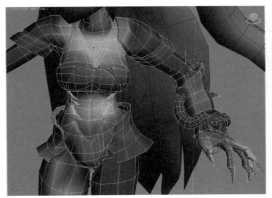 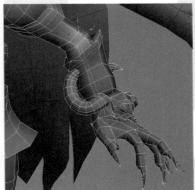

图 3-47 明暗处理所有权重　　　　　　　图 3-48 不显示封套的效果

> 提示:要将顶点添加到选择中,请在按住 Ctrl 键的同时进行加选;要从选择中去掉顶点,请在按住 Alt 键的同时进行减选。

4.权重工具

在选中具有相同骨骼和权重分配的顶点时,可以单击 Parameters (参数)卷展栏底部的 Weight Tool(权重工具)按钮,打开 Weight Tool(权重工具)对话框进行设置,如图 3-49 所示。

权重工具可列出所有影响这些顶点的骨骼,以及对应的权重值。也可用它来编辑当前顶点选择和骨骼分配的权重值,可以设置一个绝对权重值,或调整顶点相对于其当前值的权重。此外,权重工具还提供了用于复制和粘贴权重值的控件,以及"环形"和"循环"等用于修改顶点选择的控件。

如果选择了具有不同权重值和骨骼分配的多个顶点,权重工具对话框会显示子对象 ID 最小的顶点的设置。权重值之和始终为 1.0。比如要更改一个受三个骨骼影响的顶点的权重值,3ds Max 会按照其当前值的

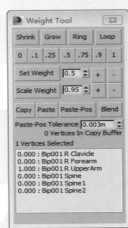

图 3-49 权重工具对话框

GAME ART DESIGN BIBLE │ 游戏美术设计宝典

比例以相反的方向更改另外两个骨骼的值。

选择要调整的骨骼，然后单击权重工具对话框上的 0、.1、.25、.5、.75、.9、1 等按钮可以为顶点指定权重，而且，通过不断地重复单击"设置权重"按钮右侧的"+"和"−"按钮进行权重值的微调，每一次单击，权重值会以 0.05 的幅度上下增减。

5.镜像权重

完成顶点的权重设置后，在 Mirror Parameters（镜像参数）卷展栏上，打开 Mirror Mode（镜像模式）。此时，骨骼和顶点使用颜色表现：左侧使用蓝色，右侧使用绿色。不能镜像的中心则使用红色，如图 3-50 所示。单击将绿色粘贴到蓝色顶点按钮使角色左侧顶点的所有权重设置都复制到右侧对应的顶点上，即时校正了整个右侧的蒙皮问题。之前为绿色的左侧顶点现在显示为黄色，表示它们已被镜像，如图 3-51 所示。

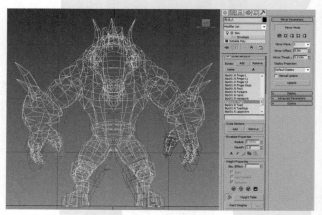

图 3-50　镜像模式

有关镜像模式设置的一些说明：

镜像平面用于镜像顶点权重的坐标垂直平面。默认设置为 X，即 YZ 平面。该平面在视图中显示为一个橙色线框。

镜像偏移沿 X 轴移动镜像平面的距离。默认值 0 会使平面以角色为中心。

镜像阈值对称检测的偏差量。如果该值太高，镜像的顶点可能会转到错误的顶点上；但如果太低，蒙皮修改器就无法检测到对称的骨骼和顶点。默认值为 0.05，但在具体制作中可以根据实际情况自行调整，以保证镜像权重的准确性。

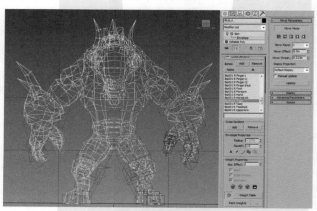

图 3-51　镜像权重

3.7　自我训练

一、填空题

1.Character Studio 包含三个基本组件，分别是：(　　　　　)、(　　　　　)、(　　　　　)。

2.Biped 两足角色是 Character Studio 系统的一个组件，它的特点是(　　　　　)、(　　　　　)、(　　　　　)、(　　　　　)。

3.Skin 是修改骨骼的相对位置使蒙皮变形从而完成动画制作。在 3ds Max 中，Skin 添加蒙皮的骨骼可以是(　　　　　)、(　　　　　)以及(　　　　　)。

二、简答题

1.简述 Character Studio 制作角色动画的一般制作流程。

2.简述 Character Studio 使用的保存、加载和编辑的运动文件格式。

三、操作题

利用本章讲解 CS 骨骼知识，创建一个 Biped 两足角色，并熟悉它的各个参数。

第4章
两足角色
动画制作

本节通过一个网络游戏 NPC——牛头人的动画设计，讲解两足角色动画的创作流程和思路。

◆学习目标
·了解多边形模型的基本编辑方法
·掌握两足角色的骨骼创建方法
·掌握两足角色的蒙皮设定
·了解两足角色的运动规律
·掌握两足角色的动画制作方法
·掌握飘带插件制作围裙动画的方法

◆学习重点
·掌握两足角色的骨骼创建方法
·掌握两足角色的蒙皮设定
·掌握两足角色的动画制作方法

本章将讲解网络游戏 NPC 牛头人的行走、奔跑、普通攻击、三连击和死亡动画的制作方法。动画效果如图 4-1(a)~(e)所示。通过本例的学习,读者可掌握使用 Biped 结合 bone(骨骼)、Skin(蒙皮)以及战士动画制作动画的基本制作方法。

(a) 行走动画

(b) 奔跑动画

(c) 普通攻击动画

(d) 三连击动画

图 4-1 牛头人动画

(e) 死亡动画

图 4-1 牛头人动画(续)

4.1 牛头人的骨骼创建

在创建牛头人骨骼时,我们使用 CS 系统的 Biped 骨骼和 Bone 骨骼相结合的方法。牛头人身体骨骼创建分为牛头人匹配骨骼前的准备、创建 CS 骨骼、匹配骨骼到模型三部分内容。

4.1.1 创建前的准备

(1)模型归零。方法:选中牛头人的模型,如图 4-2 中 A 所示,再设置场景中牛头人的模型坐标,调整到原点(X:0,Y:0,Z:0),如图 4-2 中 B 所示。

图 4-2 模型坐标归零

(2)处理牛头人的模型。方法:选择牛头人模型,再打开 Modify(修改)面板,进入 Editable Poly(可编辑多边形)的 Element(元素)层级,如图 4-3 中 A 所示,然后选中武器的整个模型,如图 4-3 中 B 所示,再单击 Detach(分离)按钮,接着在弹出的 Detach(分离)对话框中单击 OK 按钮,如图 4-3 中 C 所示,完成武器和身体模型的分离。同理,把脖子上的项链模型也从身体分离出来,如图 4-4 所示。

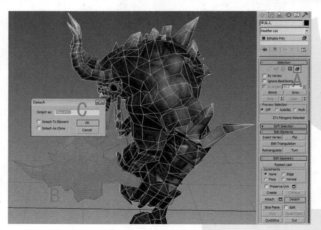

图 4-3 分离武器模型

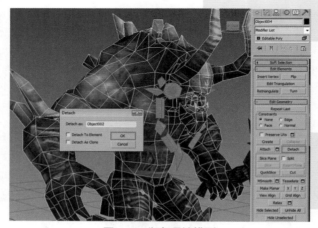

图 4-4 分离项链模型

提示：在 Detach 的界面中可以为分离出来的模型重新命名，在 Detach as 栏中可以输入新的模型名称。

（3）隐藏被分离的模型。方法：取消 Element（元素）层级的选择，再选中武器和项链的模型，然后单击鼠标右键，并从弹出的快捷菜单中选择 Hide Selection（隐藏选定对象）命令，如图 4-5 所示，完成牛头人的武器和项链的隐藏，隐藏的效果如图 4-6 所示。

图 4-5 隐藏武器和项链的模型

GAME ART DESIGN BIBLE ｜游戏美术设计宝典

图 4-6　隐藏模型的效果

4.1.2　创建 Biped

（1）进入前视图，单击 Create（创建）面板下 Systems（系统）中的 Biped 按钮，在视图中的坐标中心拖出一个两足角色（Biped），如图 4-7 所示。

（2）修改 Biped 结构参数。方法：选择两足角色（Biped）的任何一个部分，再打开 Motion（运动）面板下的 Biped 卷展栏，然后单击 Figure Mode（体形模式）按钮，如图中 4-8 中 A 所示，再打开 Structure（结构）卷展栏，接着修改 Leg Links 的结构参数为 4，Fingers 的结构参数为 2，如图 4-8 中 B 所示。

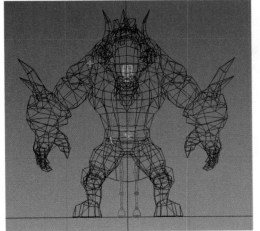

图 4-7　创建 Biped 两足角色

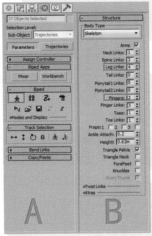

图 4-8　Biped 结构参数

提示： 由于游戏中的牛头人角色只有简单的手部握拳动作，因此在调整牛头人手指骨骼的结构参数时，只需为除拇指外的其他手指模型创建一根骨骼即可，这样不但节省制作时间，也能减少引擎对模型骨骼信息的计算量。

（3）设置骨骼以方框显示。方法：双击质心，从而选择整个 Biped 骨骼，如图 4-9 中 A 所示，再单击鼠标右键，并从弹出的菜单中选择 Object Properties（对象属性）命令，如图 4-9 中 B 所示，然后在弹出的 Object Properties（对象属性）对话框中选中 Display as Box（显示为外框）选项，如图 4-9 中 C 所示，再单击 OK 按钮，从而把选中的骨骼以方框显示，效果如图 4-10 所示。

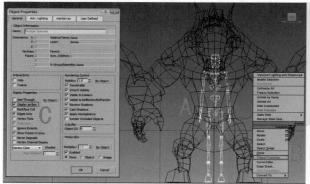

图 4-9　设置骨骼的显示模式

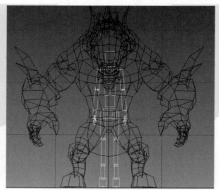

图 4-10　骨骼显示为方框

（4）对齐骨骼和模型。方法：选中质心，设置 X 坐标为 0，如图 4-11 中 A 所示，从而把骨骼和模型居中对齐，然后使用 Select and Move（选择并移动）工具沿 X 轴调整质心的位置，使质心和臀部模型匹配对齐，如图 4-11 中 B 所示。

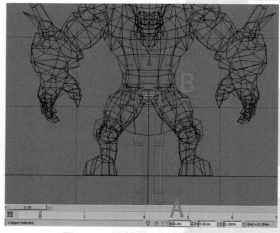

图 4-11　调整质心到模型中心

4.1.3　匹配骨骼到模型

（1）匹配盆骨到模型。方法：选中盆骨，再单击工具栏上 Select and Uniform Scale（选择并均匀缩放）按钮，并选择 Local（局部）坐标系，然后在前视图和左视图调整臀部骨骼的大小与模型相匹配，如图 4-12 所示。

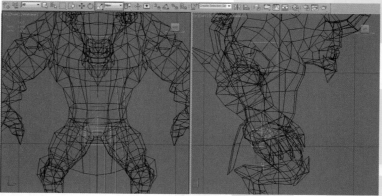

图 4-12　匹配盆骨和模型

（2）将腿部骨骼与模型匹配。方法：分别进入前视图和左视图，选中绿色大腿部骨骼，再使用 Select and Rotate（选择并旋转）和 Select and Uniform Scale（选择并均匀缩放）工具调整骨骼的角度和大小，使之与腿部模型大致匹配，如图 4-13 所示，然后分别在前视图和左视图中使用 Select and Move（选择并移动）、Select and Rotate（选择并旋转）和 Select and Uniform Scale（选择并均匀缩放）工具把腿部骨骼和模型匹配对齐，如图 4-14 所示。

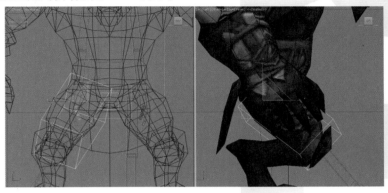

图 4-13 匹配绿色大腿部骨骼

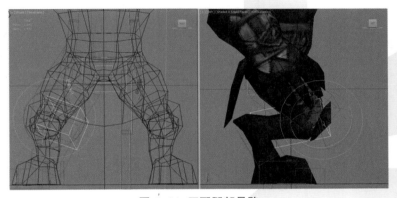

图 4-14 匹配腿部骨骼

提示：牛头人的腿部是三节腿的模型，在匹配三节腿时要巧妙调整第二节腿骨和脚掌骨骼的位置和角度。

（3）复制腿部骨骼的姿态。腿部模型左右对称，因此可以先调节一边腿部姿态，再复制到另一边，以提高制作效率。方法：双击绿色大腿骨骼选择整根腿骨，如图 4-15 中 A 所示，再单击 Create Collection（创建集合）按钮，然后激活 Posture（姿态）按钮，再单击 Copy Posture（复制姿态）按钮复制绿色腿骨姿态，接着单击 Paste Posture Opposite（向对面粘贴姿态）按钮，从而把绿色腿骨姿态复制到蓝色腿骨，效果如图 4-15 中 B 所示。

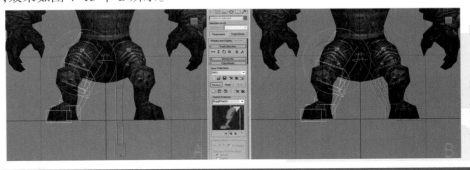

图 4-15 复制腿部骨骼

GAME ART DESIGN BIBLE | 游戏美术设计宝典

（4）匹配脊椎骨骼。方法：使用 Select and Move（选择并移动）、Select and Rotate（选择并旋转）和 Select and Uniform Scale（选择并均匀缩放）工具在前视图和左视图匹配末端脊椎骨骼和模型对齐，如图 4-16 所示。同理，匹配第二节脊椎、第一节脊椎和模型对齐，如图 4-17 和图 4-18 所示。

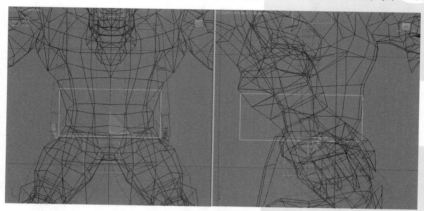

图 4-16　匹配末端脊椎骨骼到模型

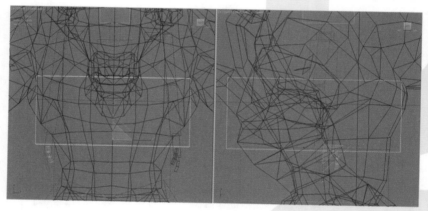

图 4-17　匹配第二节脊椎骨骼到模型

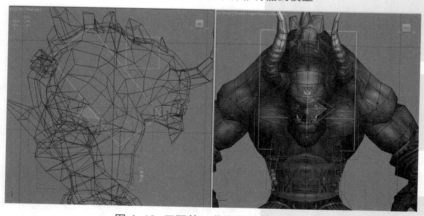

图 4-18　匹配第一节脊椎骨骼到模型

　　（5）头、颈部的骨骼匹配。方法：选中颈部骨骼，再使用 Select and Move（选择并移动）工具在左视图调整骨骼，把颈部骨骼跟模型匹配对齐，如图 4-19 所示。然后选中头骨，再使用 Select and Rotate（选择并旋转）和 Select and Uniform Scale（选择并均匀缩放）工具在前视图和左视图中把头部骨骼与模型匹配，效果如图 4-20 所示。

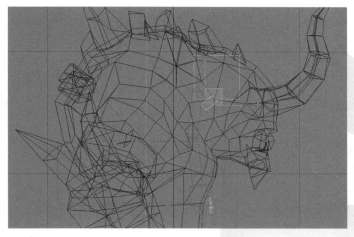

图 4-19　颈部骨骼的匹配

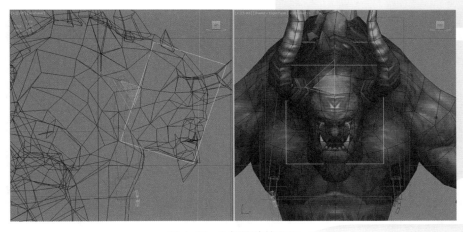

图 4-20　头部骨骼的匹配

（6）匹配右臂骨骼到模型。选中绿色肩膀的骨骼，再使用 Select and Move（选择并移动）、Select and Rotate（选择并旋转）和 Select and Uniform Scale（选择并均匀缩放）工具调整肩膀骨骼与模型相匹配，如图 4-21 所示，然后使用 Select and Rotate（选择并旋转）和 Select and Uniform Scale（选择并均匀缩放）工具分别匹配上臂和前臂的骨骼和模型，如图 4-22 和图 4-23 所示。

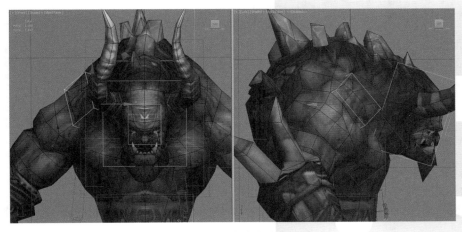

图 4-21　匹配肩膀骨骼到模型

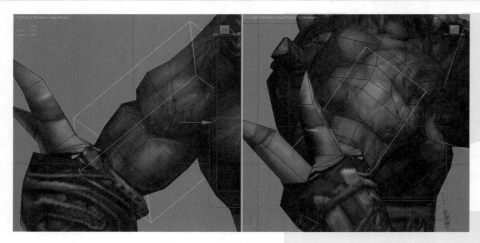

图 4-22 匹配上臂骨骼到模型

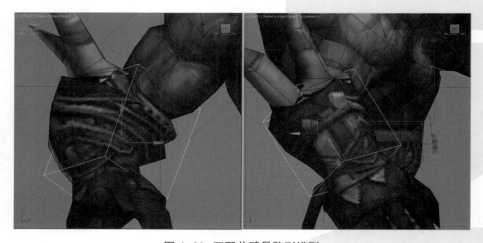

图 4-23 匹配前臂骨骼到模型

（7）匹配手掌的骨骼。方法：选中绿色的手掌骨骼，再根据手掌和手指的模型结构，使用 Select and Move（选择并移动）、Select and Rotate（选择并旋转）和 Select and Uniform Scale（选择并均匀缩放）工具分别调整手掌和手指骨骼的位置、角度和大小，如图 4-24~ 图 4-26 所示。

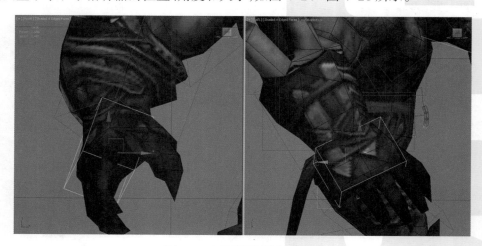

图 4-24 匹配手掌骨骼到模型

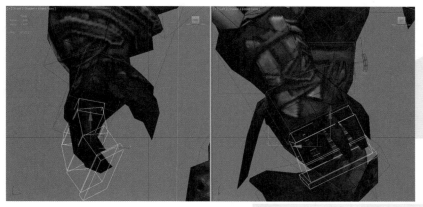

图 4-25 匹配手指骨骼到模型

图 4-26 匹配大拇指骨骼到模型

（8）复制手臂骨骼姿态。方法：牛头人手臂模型是左右对称的，因此我们可以把匹配好模型的绿色手臂骨骼的姿态复制到蓝色的手臂骨骼，从而提高制作效率和准确度，复制后的效果如图 4-27 所示。

图 4-27 复制手臂骨骼的信息

（9）匹配臀部后面围裙的骨骼。方法：进入左视图，再单击 Create（创建）面板下 Systems（系统）中的 Bones 按钮，然后在 Bone Parameter（骨骼参数）卷展栏的 Bone Object（骨骼对象）组中设置骨骼的 Width（宽）和 Height（高度）值，如图 4-28 中 A 所示，接着单击鼠标在臀部围裙位置创建三节骨骼，再单击鼠标右键结束创建，如图 4-28 中 B 所示。

GAME ART DESIGN BIBLE｜游戏美术设计宝典

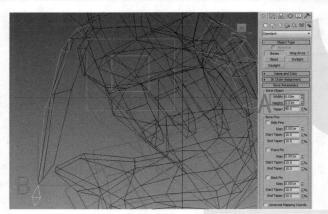

图 4-28 创建臀部围裙的骨骼

提示：在创建 Bone 骨骼结束时，系统会在骨骼下端自动生成一节新的末端骨骼，即上图中出现在三节围裙骨骼之后的骨骼。

（10）调整 Bone 骨骼显示模式。方法：选中末端骨骼，再按下 Delete 键删除，然后双击 Bone 骨骼的根骨骼，从而选中整根骨骼，再单击鼠标右键，并从弹出的菜单中选择 Object Properties（对象属性）命令，接着在弹出的 Object Properties（对象属性）对话框中选中 Display as Box（显示为外框）选项，使 Bone 骨骼以方框显示，效果如图 4-29 所示。

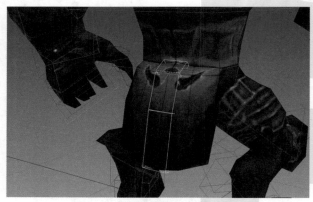

图 4-29 以方框显示Bone(骨骼)

（11）臀部围裙骨骼链接。方法：选中围裙的根骨骼，再单击工具栏中的 Select and Link（选择并链接）按钮，然后按住鼠标左键拖动至质心，再松开鼠标左键完成链接，如图 4-30 所示，接着选中质心，再使用 Select and Move（选择并移动）工具调整质心的位置，并观察围裙骨骼是否跟随运动，如跟随运动，表示链接成功。

图 4-30 臀部围裙骨骼链接

提示：检查围裙是否链接成功之后，需按 Ctrl+Z 键撤销之前骨骼的移动。

4.2 牛头人的蒙皮设定

Skin（蒙皮）的优点是可以自由选择骨骼，而且可以快速方便地调节权重。本节内容分为给牛头人模型添加 Skin（蒙皮）修改器、调节 Bone 骨骼的封套权重、调节 Biped 骨骼的封套权重、调节项链的权重和武器的处理五个部分。

4.2.1 添加蒙皮修改器

（1）添加 Skin 修改器。方法：选中牛头人模型，再打开 Modify（修改）面板中的 Modifier List（修改器列表）下拉菜单，并选择 Skin（蒙皮）修改器，如图 4-31 所示。然后单击 Add（添加）按钮，如图 4-32 中 A 所示，并在弹出的 Select Bones（选择骨骼）对话框中选择全部骨骼，接着单击 Select（选择）按钮，将骨骼添加到蒙皮，如图 4-32 中 B 所示。

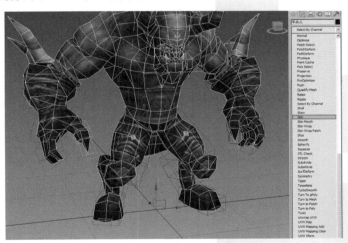

图 4-31 为模型添加 Skin（蒙皮）修改器

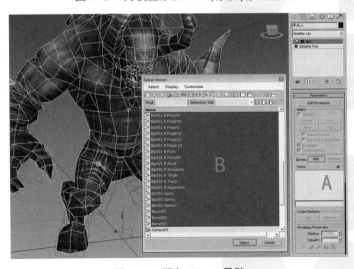

图 4-32 添加 Biped 骨骼

（2）设置蒙皮时模型的显示模式。方法：选中模型，再单击 Edit Envelopes（编辑封套）按钮，然后在视图中单击鼠标右键，并从弹出的快捷菜单中选择 Object Properties（对象属性）命令，接着在弹出的 Object Properties（对象属性）对话框中选中 Vertex Channel Display（顶点通道显示）选项，如图 4-33 所示，再单击 OK 按钮，此时模型变成光滑的灰色模型，如图 4-34 所示。

图 4-33　设置蒙皮时显示的模式

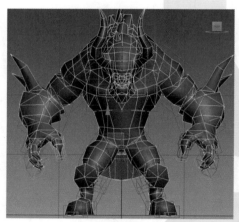

图 4-34　设置蒙皮时模型以灰色显示

4.2.2　调节 Bone 骨骼的封套权重

（1）单击激活 Edit Envelopes（编辑封套）按钮，再选中 Vertices（顶点）选项，如图 4-35 中 A 所示，此时可以在视图中编辑顶点，如图 4-35 中 B 所示。

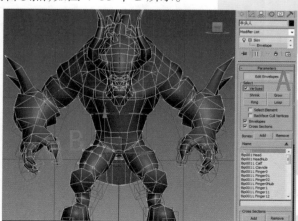

图 4-35　设置顶点模式

（2）调整臀部围裙骨骼上的顶点权重。方法：选中围裙第三节骨骼的封套链接，再选中围裙末端的顶点，如图4-36中A所示，然后设置Abs.Effect的值为1.0，从而将围裙末端顶点受骨骼影响的权重值设为1，如图4-36中B所示。通过观察可以发现，第三节骨骼的封套链接对牛头人的手和腹部顶点也产生了影响。因此，选中手和腹部的顶点，再设置Abs.Effect的值为0.0，从而使身体的顶点不受围裙骨骼影响，如图4-37中A所示。接着选中第二、三节围裙骨骼连接处的顶点，再设置Abs.Effect的值为1.0，从而将选中的模型顶点受第三节骨骼影响的权重值设为1，如图4-37中B所示。

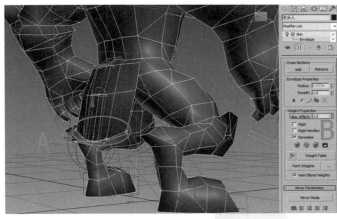

图4-36　调整围裙末端顶点的权重

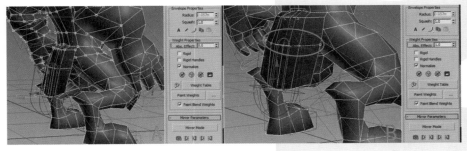

图4-37　设置连接点的权重值为1.0

（3）同上，选中第二节围裙骨骼的封套链接，再选中受第二节骨骼影响的身体和手臂的顶点，并设置Abs.Effect的值为0.0，如图4-38中A所示，然后选中连接第二、三节骨骼连接处的顶点，再设置Abs.Effect的值为0.5，使选中的模型顶点受第二节围裙骨骼影响的权重值设为0.5，如图4-38中B所示。接着选中第一节围裙骨骼的封套链接，再选中第一、二节骨骼连接处的顶点，再设置Abs.Effect的值为0.5，如图4-39所示。

图4-38　设置连接点权重为0.5

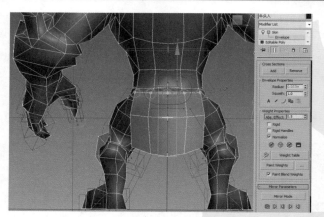

图 4-39 调整连接第一、二节骨骼的点的权重

4.2.3 调节 Biped 骨骼的封套权重

（1）围裙模型遮挡了腿部模型，这样会造成腿部权重调整的不便，因此我们通过设置 Bone 骨骼的角度来调整围裙的位置。方法：单击 Edit Envelopes（编辑封套）按钮，再选中围裙的根骨骼，然后右击工具栏中的 Select and Rotate（选择并旋转）按钮，并在弹出的 Rotate Transform Type-In（旋转变化输入）面板中设置 Offset:World（偏移：世界）Z 轴坐标值为 -90，如图 4-40 中 A 所示，再按 Enter 键确定，效果如图 4-40 中 B 所示。

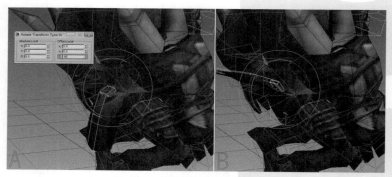

图 4-40 调整 Bone 骨骼的角度

（2）调整脚趾权重值。方法：选中牛头人模型，再单击 Modify（修改）面板的 Edit Envelopes（编辑封套）按钮，然后选中绿色脚趾骨骼链接，再选中受到脚趾骨骼错误影响的顶点，并设置 Abs.Effect 的值为 0.0，如图 4-41 中 A 所示，将权重值设为 0，然后选中脚趾模型的顶点，再设置 Abs.Effect 的值为 1.0，如图 4-41 中 B 所示，接着选中绿色脚掌骨骼链接，再选中脚掌和脚趾连接处的顶点，并设置 Abs.Effect 的值为 0.5，将选中的模型顶点的权重值设为 0.5，如图 4-42 所示。

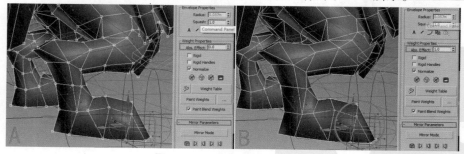

图 4-41 调整脚趾的顶点权重

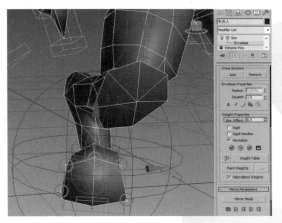

图 4-42　脚掌和脚趾连接处的顶点权重

（3）同上，保持绿色脚掌骨骼链接被选择的前提下，选中脚掌模型的顶点，再设置 Abs.Effect 的值为 1.0，如图 4-43 所示，从而将选中的模型顶点受脚掌骨骼影响的权重值设为 1。

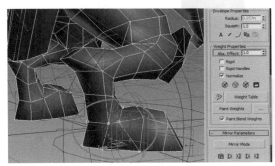

图 4-43　调整脚掌骨骼的顶点权重

（4）选择第三节腿骨的封套链接，再选中脚踝处的顶点，然后设置 Abs.Effect 的值为 0.5，如图 4-44 所示，从而将脚踝顶点受第三节腿部骨骼影响的权重值设为 0.5。接着选中第三节绿色腿骨部分的顶点，再设置 Abs.Effect 的值为 1.0，如图 4-45 所示，从而将选中的模型顶点受第三节腿部骨骼影响的权重值设为 1。

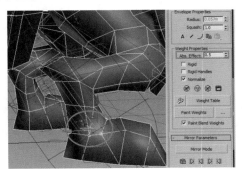

图 4-44　调整脚踝的顶点权重

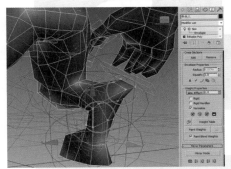

图 4-45　调整第三节腿骨的顶点权重

（5）选择第二节腿骨的封套链接，再选中第二、三节腿部骨骼连接处的顶点，并设置 Abs.Effect 的值为 0.5，如图 4-46 所示，从而将选中的模型顶点受第二节腿部骨骼影响的权重值设为 0.5。然后选中第二节腿部骨骼的顶点，设置 Abs.Effect 的值为 1.0，如图 4-47 所示，从而将选中的模型顶点受第二节腿部骨骼影响的权重值设置为 1。

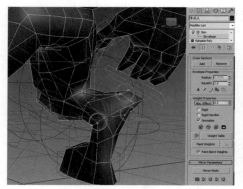

图 4-46 调整腿部连接处的顶点权重

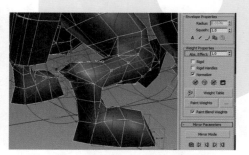

图 4-47 调整第二节腿骨的顶点权重

（6）同上，选中膝盖护甲的顶点，再设置 Abs.Effect 的值为 1.0，如图 4-48 所示，从而将护甲的模型顶点受第二节腿部骨骼影响的权重值设为 1。

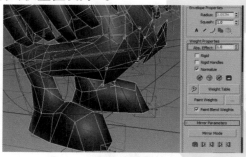

图 4-48 调整护甲的顶点权重

（7）选中绿色大腿骨的封套链接，再选中大腿和第二节腿部骨骼连接处的点，并设置 Abs.Effect 的值为 0.5，如图 4-49 所示，从而将选中的模型顶点受绿色大腿骨影响的权重值设为 0.5。然后选中绿色大腿骨的顶点，再设置 Abs.Effect 的值为 1.0，从而将选中的模型顶点受绿色大腿部骨骼影响的权重值设为 1，如图 4-50 所示。接着选中腹部和蓝色腿的点，再设置 Abs.Effect 的值为 0.0，从而排除选中的点受绿色大腿骨骼的影响。

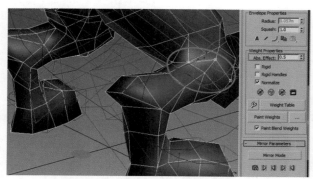

图 4-49 调整第一、二节腿骨连接处的顶点权重

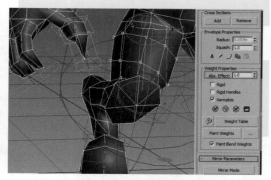

图 4-50 调整第一节腿骨的顶点权重

（8）调整拇指的顶点权重，选中拇指第三关节的封套链接，并选择拇指指尖的顶点，再设置 Abs.Effect 的值为 1.0，如图 4-51 中 A 所示，从而将指尖的顶点受拇指第三关节影响的权重值设为 1。然后选中拇指第二关节的封套链接，再选中手掌和指尖部分的顶点，并设置 Abs.Effect 的值为 0.0，如图 4-51 中 B 所示，接着选中手指第二、三关节连接处的顶点，设置 Abs.Effect 的值为 0.5，如图 4-52 所示，从而将选中的模型顶点受拇指第二节骨骼影响的权重值设为 0.5。

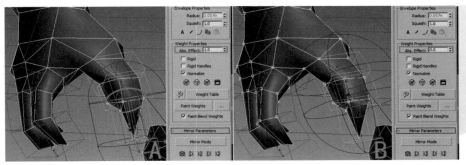

图 4-51　调整拇指第二、三关节的顶点权重

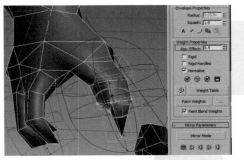

图 4-52　调整拇指第二、三关节连接处的顶点权重

（9）同上，选中拇指第一关节的封套链接，再选中拇指第一、二关节连接处的顶点，然后设置 Abs.Effect 的值为 0.5，从而将选中的模型顶点受拇指第一关节影响的权重值设为 0.5，如图 4-53 所示。

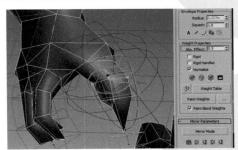

图 4-53　调整拇指第一、二节骨骼的顶点权重

（10）选择第二根手指第三关节的封套链接，再选中第二根手指第三关节的顶点，然后设置 Abs.Effect 的值为 1.0，如图 4-54 所示，从而将选中的模型顶点受第三节骨骼影响的权重值设为 1，然后选择第二根手指第二关节的封套链接，再选中第二、三关节连接处的顶点，并设置 Abs.Effect 的值为 0.5，如图 4-55 所示，从而将选中的模型顶点受第二关节影响的权重值设为 0.5。

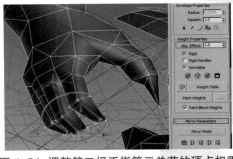

图 4-54　调整第二根手指第三关节的顶点权重

（11）同上，选择第二根手指第一关节的封套链接，再选中第一、二关节连接处的顶点，然后设置 Abs.Effect 的值为 0.5，从而将选中的模型顶点受第一关节影响的权重值设为 0.5，如图 4-56 所示。

图 4-55 调整连接第二、三关节的顶点权重　　　　　图 4-56 调整第一、二关节连接处的顶点权重

（12）调整绿色手掌骨骼的顶点权重。方法：选中绿色手掌的顶点，并选中手掌骨骼的封套连接，再设置 Abs.Effect 的值为 1.0，从而将手掌模型的顶点受骨骼影响的权重值设为 1，如图 4-57 所示，然后选中拇指第一关节的封套链接，再选中手掌和拇指连接处的顶点，并设置 Abs.Effect 的值为 0.5，从而将选中的模型顶点受拇指第一关节影响的权重值设为 0.5，如图 4-58 中 A 所示，接着选中手掌和第二根手指骨骼连接处的点，再选中第二根手指第一节骨骼的封套链接，并设置 Abs.Effect 的值为 0.5，从而将选中的模型顶点受手指骨骼影响的权重值设为 0.5，如图 4-58 中 B 所示。

图 4-57 调整手掌骨骼上的顶点权重

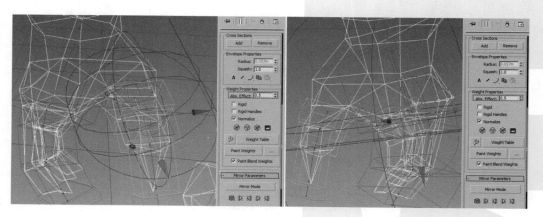

图 4-58 调整手掌和手指骨骼连接处的顶点权重

（13）调整前臂骨骼的顶点权重。方法：选中绿色前臂骨骼的封套链接，再选中手腕的顶点，并设置 Abs.Effect 的值为 0.5，从而将选中的模型顶点受前臂骨骼影响的权重值设为 0.5，如图 4-59 所示。然后选中前臂骨骼的顶点，再设置 Abs.Effect 的值为 1.0，从而将选中的模型顶点受前臂骨骼影响的权重值设为 1，如图 4-60 所示。

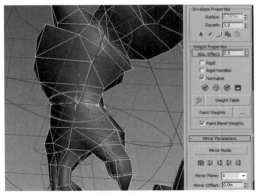

图 4-59　调整手腕上的顶点权重

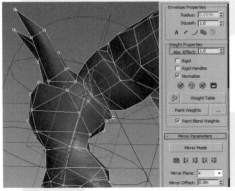

图 4-60　调整前臂骨骼的顶点权重

（14）调整上臂骨骼的顶点权重。方法：选中绿色上臂骨骼的封套链接，并选中肘部的顶点，再设置 Abs.Effect 的值为 0.5，从而将肘部顶点受上臂骨骼影响的权重值设为 0.5，如图 4-61 所示。然后选中上臂骨骼的顶点，再设置 Abs.Effect 的值为 1.0，从而将上臂顶点受骨骼影响的权重值设为 1，如图 4-62 所示。

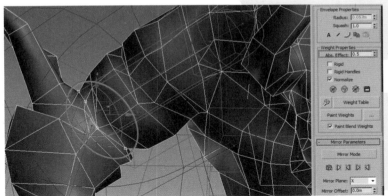

图 4-61　调整肘部的顶点权重

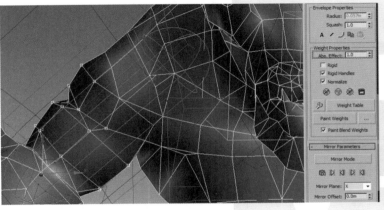

图 4-62　调整上臂的顶点权重

　　（15）调整好绿色手臂、腿部骨骼影响的顶点权重之后，把绿色肢体的权重值镜像复制到蓝色一侧，这样可以极大地提高制作效率。方法：选中任一绿色骨骼的封套链接，再单击 Modify（修改）面板下的 Mirror Mode（镜像模式）按钮，然后单击 Mirror Paste（镜像粘贴）按钮，再先后单击 Paste Green to Blue Bones（将绿色粘贴到蓝色骨骼）按钮和 Paste Green to Blue Verts（将绿色粘贴到蓝色顶点）按钮，如图 4-63 中 A 所示，从而将绿色顶点权重值复制到左侧蓝色的顶点，如图 4-63 中 B 所示。

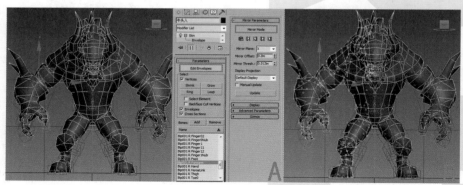

图 4-63　镜像复制权重

　　（16）调整腹部的顶点权重。方法：选择第三节脊椎的封套链接，再选中胸部和手臂的顶点，并设置 Abs.Effect 的值为 0.0，从而将选中顶点从第三节脊椎的影响范围中排除，如图 4-64 所示。然后选中第二节脊椎的封套链接，再选中腿部的顶点，并设置 Abs.Effect 的值为 0.0，从而将选中顶点从第二节脊椎的影响范围中排除，如图 4-65 中 A 所示，接着选中头和肩膀的顶点，并设置 Abs.Effect 的值为 0.0，从而将选中顶点从第二节脊椎的影响范围中排除，如图 4-65 中 B 所示。

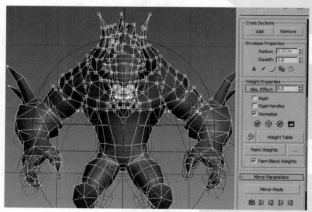

图 4-64　调整第三节脊椎的顶点权重

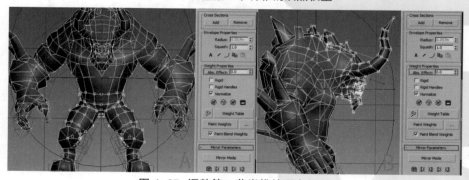

图 4-65　调整第二节脊椎的顶点权重

（17）调整头部的顶点权重。方法：选中头骨的封套链接，再选中模型上除头部之外的顶点，然后设置 Abs.Effect 的值为 0.0，从而把头部之外的模型顶点从头骨影响范围中排除，如图 4-66 中 A 所示，接着选中头部的顶点，再设置 Abs.Effect 的值为 1.0，从而将头部模型顶点受头骨影响的权重值设为 1，如图 4-66 中 B 所示。

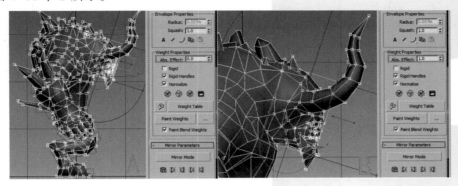

图 4-66 调整头部的顶点权重

（18）调整颈部的顶点权重。方法：选中第一节脊椎的封套链接，再选中颈部顶点，然后设置 Abs.Effect 的值为 0.5，从而将颈部顶点受第一节脊椎影响的权重值设为 0.5，如图 4-67 中 A 所示，接着选中颈部上方顶点，再选中头骨的封套链接，并设置 Abs.Effect 的值为 0.5，从而将选中的模型顶点受头骨影响的权重值设为 0.5，如图 4-67 中 B 所示。

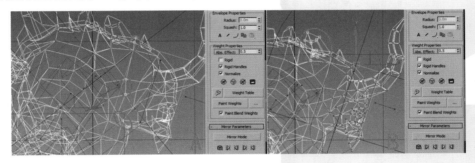

图 4-67 调整颈部顶点权重

（19）完成整个模型的蒙皮调整后，退出 Edit Envelopes（编辑封套）模式，再使用 Select and Move（选择并移动）工具和 Select and Rotate（选择并旋转）工具调整腿部或脊椎等骨骼的位置和角度，并观察模型顶点的移动是否合理。如果顶点出现拉伸，说明该顶点的权重值不合理，需通过设置 Abs.Effect 的值使模型顶点移动到合适位置。

4.2.4 调节项链的权重

（1）调整完腿部权重之后，需要还原围裙的位置。方法：选中围裙的根骨骼，再右键单击工具栏上的 Select and Rotate（选择并旋转）按钮弹出 Rotate Transform Type-In（旋转变化输入）面板，然后设置 Offset:World 组下的 Z 轴坐标为 90，如图 4-68 所示，再按 Enter 键确定。从而使围裙还原到最初位置。接着单击鼠标右键，并从弹出的快捷菜单中选择 Unhide All（全部取消隐藏）命令，显示之前隐藏的武器和项链模型，最后执行右键快捷菜单中的 Hide Selection（隐藏选定对象）命令再次隐藏武器，只保留项链模型，效果如图 4-69 所示。

图 4-68 还原围裙的位置

图 4-69 显示项链模型

（2）创建项链的骨骼。方法：进入左视图，再单击 Create（创建）面板下 Systems（系统）中的 Bones 按钮，然后在 Bone Parameter（骨骼参数）卷展栏下设置 Bone Object（骨骼对象）的 Width（宽度）值为 0.15m，Height（高度）值为 0.05m，如图 4-70 中 A 所示，接着在项链位置创建三节骨骼，并单击鼠标右键结束创建，如图 4-70 中 B 所示。

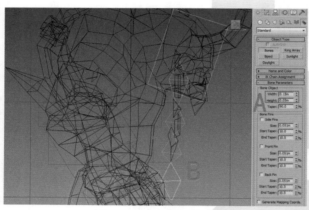

图 4-70 创建项链骨骼

（3）调整项链骨骼。方法：选中项链的末端骨骼，再按下 Delete 键删除。然后双击项链骨骼的根骨骼，从而选中整条项链骨骼，再单击鼠标右键，并从弹出的快捷菜单中选择 Object Properties（对象属性）命令，接着在弹出的 Object Properties（对象属性）对话框中选中 Display as Box（显示为外框）选项，完成项链骨骼以方框显示，最后使用 Select and Move（选择并移动）和 Select and Rotate（选择并旋转）工具调整骨骼的位置和角度，效果如图 4-71 所示。

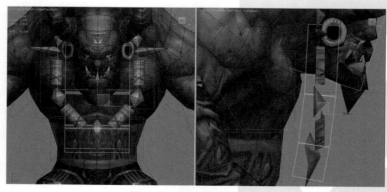

图 4-71 匹配项链的骨骼

（4）添加骨骼到模型。方法：选中项链的模型，再打开 Modify（修改）面板的 Modifier List（修改器列表）下拉菜单，选择 Skin（蒙皮）修改器，然后单击 Modify（修改）面板下的 Add（添加）按钮，如图 4-72 中 A 所示，在弹出的 Select Bones（选择骨骼）对话框下找到并选择项链骨骼的名称（Bone004、Bone005 和 Bone006），如图 4-72 中 B 所示，再单击 Select（选择）按钮，将项链骨骼添加到蒙皮修改器。

图 4-72　添加项链骨骼到蒙皮修改器

（5）检查项链的蒙皮。分别选中项链骨骼的第二、三节骨骼，然后使用 Select and Rotate（选择并旋转）工具调整骨骼的角度，如图 4-73 所示，并观察模型顶点的变化，顶点没有出现异常的拉伸，说明顶点的权重值是合理的。检查后，再按下 Ctrl+Z 键撤销之前对骨骼的调整。

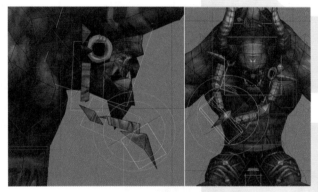

图 4-73　检查项链蒙皮是否合理

（6）项链骨骼链接。方法：选中项链的根骨骼，再单击工具栏中的 Select and Link（选择并链接）按钮，然后按住鼠标左键拖动至头骨上，再松开鼠标左键完成链接，如图 4-74 所示，接着选中头骨骼，再使用 Select and Rotate（选择并旋转）工具调整头的角度，并观察项链骨骼是否跟随运动，如跟随运动，表示链接成功。最后按 Ctrl+Z 键撤销之前骨骼的移动。

图 4-74　链接项链骨骼到头部骨骼

4.2.5　武器的处理

（1）镜像武器模型。方法：选中武器的模型，再单击工具栏下的 Mirror（镜像）按钮，并在弹出的对话框中设置 Mirror Axis（镜像轴）为 X，设置 Clone Selection（克隆当前选择）模式中选择 No Clone（不克隆），如图 4-75 所示，然后单击 OK 按钮，这时的武器模型以 X 轴为中心镜像到另一侧。

（2）调整手持武器的姿势。方法：选中手指骨骼，并进入 Motion（运动）面板，打开 Biped 卷展栏，再取消 Figure Mode（体形模式）按钮，然后打开 AutoKey（自动关键点）按钮，再使用 Select and Rotate（选择并旋转）工具调整绿色手指骨骼的角度，制作出绿色手掌握拳的姿势，如图 4-76 所示。

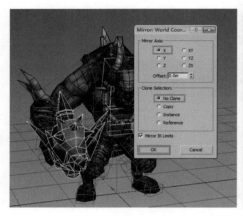

图 4-75　镜像武器模型　　　　　　　　　　　图 4-76　调整右手握拳的姿态

（3）选中武器，再进入 Hierarchy（层次）面板，单击 Adjust Pivot（调整轴）→Affect Pivot Only（仅影响轴）命令按钮，这时坐标的造型发生变化，如图 4-77 中 A 所示，然后单击 Center to Object（居中到对象）按钮，使武器的坐标轴移动到武器模型的中心，如图 4-77 中 B 所示，接着在左视图中使用 Select and Move（选择并移动）工具移动坐标轴到武器手柄的位置，如图 4-77 中 C 所示，最后退出 Hierarchy（层次）面板。

图 4-77　调整武器的坐标轴

（4）链接武器到绿色手掌骨骼。方法：选中武器，再使用 Select and Move（选择并移动）和 Select and Rotate（选择并旋转）工具调整武器的位置和角度，使手掌握住武器的手柄，如图 4-78 所示，然后单击工具栏中的 Select and Link（选择并链接）按钮，再按住鼠标左键拖动至绿色手掌骨骼上，松开鼠标左键完成链接，如图 4-79 所示。接着选中绿色手掌骨骼，再使用 Select and Rotate（选择并旋转）工具调整手掌的角度，观察武器是否跟随运动，如跟随运动，表示链接成功。最后按 Ctrl+Z 键撤销之前的骨骼移动。

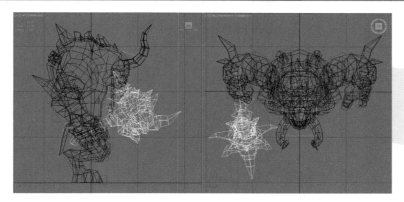

图 4-78　调整武器的手柄到合适位置

图 4-79　武器链接

4.3　牛头人的动画制作

本节主要讲解网络游戏中的 NPC——牛头人的动画制作,内容包括牛头人的行走、奔跑、死亡、普通攻击和三连击的动画制作。

4.3.1　制作牛头人的行走动画

普通行走动作是游戏角色的基本动作之一,必须了解和掌握。首先我们来看一下牛头人行走动作图片序列和关联帧的安排,如图 4-80 所示。

图 4-80　牛头人行走序列图

(1)启动 3ds Max,打开配套光盘中的"牛头人蒙皮.max"文件,再打开 AutoKey(自动关键点)按钮,并单击动画控制区中的 Time Configuration(时间配置)按钮,然后在弹出的 Time Configuration(时间配置)对话框中设置 End Time(结束时间)为 8,再选中 Speed(速度)模式为 1/4x,接着单击 OK 按钮,如图 4-81 所示,从而将时间滑块长度设为 8 帧。

图 4-81 设置时间配置

（2）创建腿部的初始姿势。方法：拖动时间滑块到第 0 帧，再使用 Select and Move（选择并移动）和 Select and Rotate（选择并旋转）工具在前视图和左视图中调整牛头人腿部的骨骼，使两腿前后分开，做出牛头人跨步的姿势，如图 4-82 所示。接着选中两腿的脚掌骨骼，再进入 Motion（运动）面板，并单击 Key Info（关键信息点）卷展栏下的 Set Sliding Key（设置滑动关键点）按钮为脚掌骨骼设置滑动关键帧。

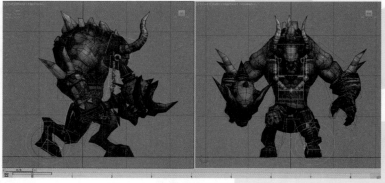

图 4-82 调整第 0 帧的腿部姿势

（3）选中质心，再进入 Motion（运动）面板，然后依次单击 Track Selection（轨迹选择）卷展栏下的 Lock COM Keying（锁定 COM 关键帧）、Body Horizontal（躯干水平）、Body Vertical（躯干垂直）和 Body Rotation（躯干旋转）按钮锁定质心三个轨迹方向，如图 4-83 所示。接着选中所有的 Biped 骨骼，再单击 Key Info（关键信息点）卷展栏下的 Set Key（设置关键点）按钮，创建 Biped 骨骼的初始姿势，如图 4-84 所示。

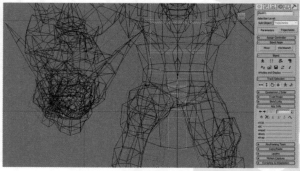

图 4-83 锁定质心轨迹方向

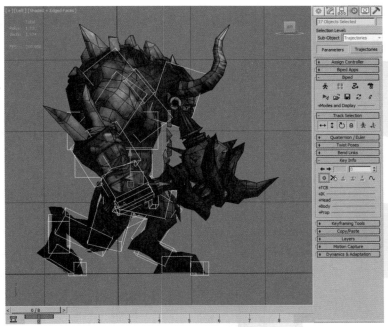

图 4-84　锁定质心的三个轨迹方向

（4）拖动时间滑块到第 4 帧，选中绿色腿部的骨骼，如图 4-85 中 A 所示，再进入 Motion（运动）面板的 Copy/Paste（复制 / 粘贴）卷展栏下的 Posture（姿态）按钮，单击 Copy Posture（复制姿态）按钮，然后单击 Paste Posture Opposite（向对面粘贴姿态）按钮，从而把第 0 帧的绿色腿部骨骼姿态复制到第 4 帧的蓝色腿部骨骼，如图 4-85 中 B 所示。接着把时间滑块拖动到第 0 帧，复制蓝色腿骨的姿态，再粘贴到第 4 帧的绿色腿部骨骼，如图 4-86 所示，最后选中质心，并在按住 Shift 键的同时，把第 0 帧的关键帧拖动到第 4 帧。

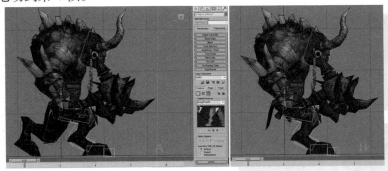

图 4-85　复制绿色腿骨的姿态到第 4 帧

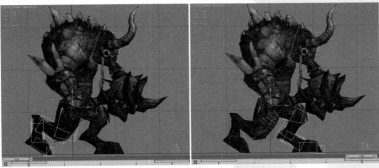

图 4-86　复制蓝色腿骨的姿态到第 4 帧

提示：牛头人角色的身体在第 4 帧的运动方向与第 0 帧是相反的。因为行走动作是一个不断重复的循环动作，因此只需调整好一侧的动作，即可通过姿态复制来完成另外一侧的动作。

（5）调整第 2 帧姿势。方法：拖动时间滑块到第 2 帧，再使用 Select and Move（选择并移动）工具向上移动质心的位置，制作行走时身体重心抬起的姿态，如图 4-87 所示。然后分别选中两腿的骨骼，再使用 Select and Move（选择并移动）和 Select and Rotate（选择并旋转）工具调整腿部骨骼的位置和角度，制作出牛头人行走时绿色脚掌着地，蓝色脚掌抬起的姿态，如图 4-88 所示。

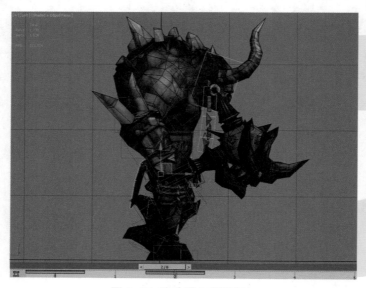

图 4-87 移动质心到最高点

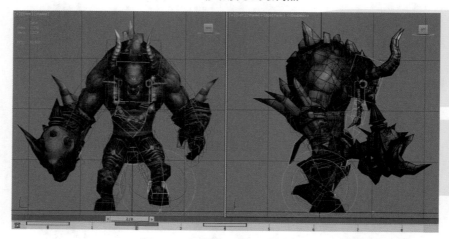

图 4-88 调整第 2 帧的腿部姿态

（6）同上，将第 2 帧的腿部姿态对称复制到第 6 帧，再把第 2 帧的质心也复制到第 6 帧。然后调整两腿的脚掌骨骼位置和角度，制作出蓝色脚掌着地，绿色脚掌抬起的姿态，再单击 Set Sliding Key（设置滑动关键点）按钮为蓝色脚掌骨骼设置滑动关键帧，效果如图 4-89 所示。接着拖动时间滑块到第 0 帧，并框选全部模型和骨骼，最后按下 Shift 键的同时，框选时间滑块上的关键点，拖动到第 8 帧，这样保证行走动画能够流畅地衔接起来。

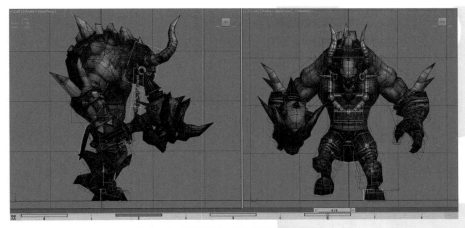

图 4-89　复制绿色腿部的姿态到第 6 帧

（7）创建绿色腿部的过渡帧。方法：选中绿色腿部的脚掌骨骼，再分别拖动时间滑块到第 0 帧和第 3 帧，然后单击 Motion（运动）面板下的 Set Sliding Key（设置滑动关键点）按钮为脚掌骨骼设置滑动关键帧，接着拖动时间滑块到第 1 帧，再使用 Select and Rotate（选择并旋转）工具调整绿色脚掌骨骼的角度，制作出绿色脚掌着地的姿态，同理，调整好绿色腿部在第 5 帧和第 7 帧的过渡帧的姿态，如图 4-90 和图 4-91 所示。

图 4-90　调整绿色腿部的过渡帧

图 4-91　调整绿色腿部的过渡帧

（8）创建蓝色腿部的过渡帧。方法：选中蓝色腿部的脚掌骨骼，再分别拖动时间滑块到第 1 帧，然后使用 Select and Move（选择并移动）和 Select and Rotate（选择并旋转）工具调整骨骼的位置，做出牛头人的迈步姿态，同理，调整好蓝色腿部在第 3 帧和第 5 帧的姿态，效果如图 4-92 和图 4-93 所示。

图 4-92　调整蓝色腿部的过渡帧(a)

图 4-93　调整蓝色腿部的过渡帧(b)

（9）拖动时间滑块，发现有些腿部动作不够协调，需要进行微调。方法：拖动时间滑块到第 4 帧，再选中绿色腿部的第二节骨骼，然后使用 Select and Rotate（选择并旋转）工具调整腿部骨骼的角度，制作出腿向内侧靠拢的姿态，如图 4-94 所示，接着拖动时间滑块到第 0 帧，并选中蓝色腿部的第二节骨骼，再使用 Select and Rotate（选择并旋转）工具调整出腿部在行走时向内侧靠拢的姿态，如图 4-95 所示。最后按住 Shift 键的同时，框选第 0 帧的关键点，拖动到第 8 帧，从而将蓝色腿部姿态复制到第 8 帧，保证动画能够流畅地衔接起来。

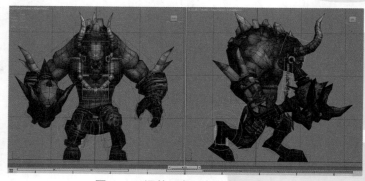

图 4-94　调整绿色腿部的骨骼角度

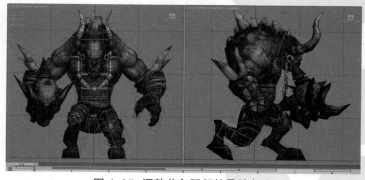

图 4-95　调整蓝色腿部的骨骼角度

（10）创建身体的姿态。方法：拖动时间滑块到第0帧，并选中第二节脊椎，再使用 Select and Rotate（选择并旋转）工具调整身体的运动角度，制作出身体在行走时的摆动姿态，如图4-96 所示。然后按住 Shift 键的同时，框选第0帧的关键点并拖动到第8帧，从而将第0帧的姿态复制到第8帧，保证动画能够流畅地衔接起来。接着单击 Motion（运动）面板下 Copy/Paste（复制/粘贴）卷展栏中的 Copy Posture（复制姿态）按钮复制第二节脊椎的姿态，再拖动时间滑块到第4帧，并单击 Paste Posture Opposite（向对面粘贴姿态）按钮，把第0帧的身体姿态对称复制到第4帧，效果如图4-97 所示。

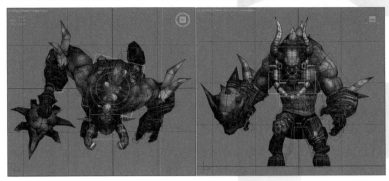

图4-96 调整脊椎在第0帧的姿态

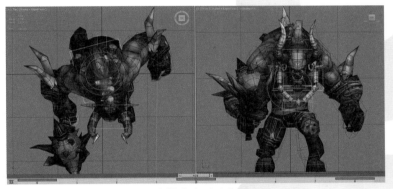

图4-97 把脊椎姿态对称复制到第4帧

（11）创建手臂的姿态。方法：拖动时间滑块到第0帧，选中蓝色手臂的骨骼，再使用 Select and Move（选择并移动）和 Select and Rotate（选择并旋转）工具调整手臂骨骼的位置和角度，制作牛头人蓝色手臂向前摆动、手掌张开的姿态，如图4-98 所示。然后拖动时间滑块到第4帧，再制作牛头人蓝色手臂向后摆动、手掌合拢的姿态，如图4-99 所示。接着选中整个手臂骨骼，并在按住 Shift 键的同时，拖动第0帧的关键点到第8帧，从而将第0帧手臂的姿态复制到第8帧，保证动画能够流畅地衔接起来。

图4-98 制作蓝色手臂在第0帧的姿态

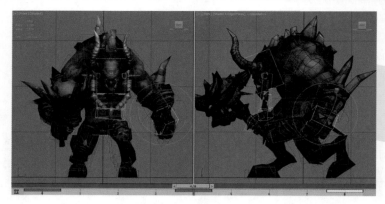

图 4-99 制作蓝色手臂在第 4 帧的姿态

（12）创建手臂的过渡帧。方法：拖动时间滑块到第 2 帧，选中蓝色前臂和手掌的骨骼，再使用 Select and Rotate（选择并旋转）工具调整骨骼的角度，制作牛头人蓝色手臂的过渡姿态，效果如图 4-100 所示。然后拖动时间滑块到第 6 帧，再使用 Select and Rotate（选择并旋转）工具调整蓝色前臂和手掌骨骼的角度，制作牛头人蓝色手臂的过渡姿态，效果如图 4-101 所示。接着选中质心，并在按住 Shift 键的同时，拖动第 0 帧的关键点到第 8 帧。

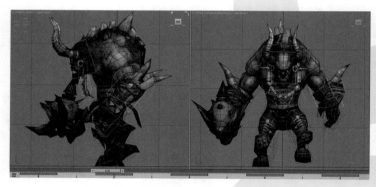

图 4-100 调整蓝色手臂在第 2 帧的姿态

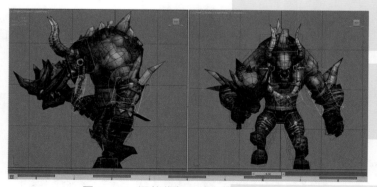

图 4-101 调整蓝色手臂在第 6 帧的姿态

（13）复制蓝色手臂的姿态到绿色手臂。方法：拖动时间滑块到第 4 帧，选中蓝色上臂骨骼，如图 4-102 中 A 所示，再进入 Motion（运动）面板，单击 Copy/Paste（复制 / 粘贴）卷展栏下的 Copy Posture（复制姿态）按钮，然后拖动时间滑块到第 0 帧，再单击 Paste Posture Opposite（向对面粘贴姿态）按钮，从而把第 4 帧的蓝色上臂姿态复制到第 0 帧的绿色上臂，如图 4-102 中 B 所示。同理，把第 0 帧的蓝色上臂姿态复制到第 4 帧的绿色上臂，如图 4-103 中 B 所示。

GAME ART DESIGN BIBLE | 游戏美术设计宝典

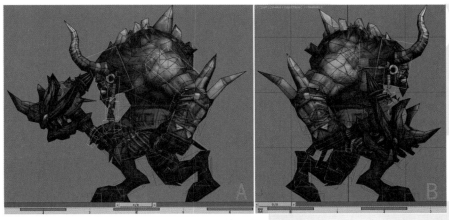

图 4-102 复制第 4 帧蓝色手臂骨骼姿态

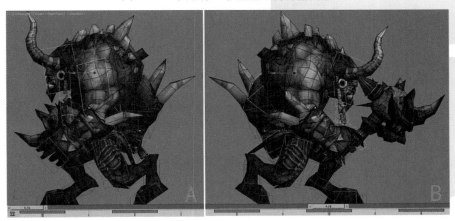

图 4-103 复制第 0 帧蓝色手臂骨骼姿态

（14）拖动时间滑块到第 2 帧，选中绿色前臂骨骼，再使用 Select and Rotate（选择并旋转）工具调整绿色前臂骨骼的角度，制作牛头人绿色手臂的过渡姿态，如图 4-104 所示。然后拖动时间滑块到第 6 帧，再使用 Select and Rotate（选择并旋转）工具调整绿色前臂的过渡姿态，如图 4-105 所示。接着拖动时间滑块到第 0 帧，按下 Ctrl+A 键全选模型和骨骼，在按下 Shift 键的同时，拖动时间滑块到第 8 帧，如图 4-106 所示，从而把第 0 帧的牛头人姿势复制到第 8 帧，保证动画能够顺利地衔接起来。

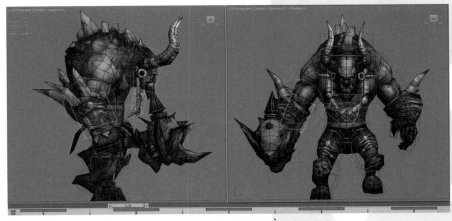

图 4-104 调整绿色前臂在第 2 帧的姿态

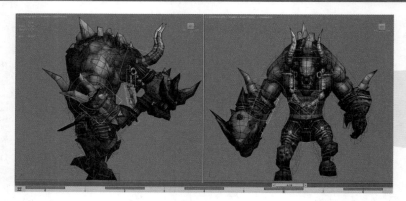

图 4-105 调整绿色前臂在第 6 帧的姿态

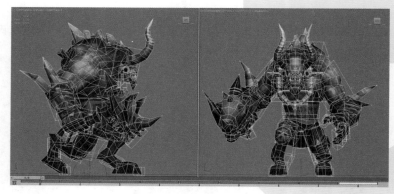

图 4-106 复制第 0~8 帧

（15）调整第一节脊椎的姿态。方法：拖动时间滑块到第 4 帧，选中第一节脊椎，再使用 Select and Rotate（选择并旋转）工具向前方调整脊椎的角度，制作牛头人身体微微前倾的姿势，如图 4-107 所示。

图 4-107 调整第一节脊椎的姿态

（16）调整项链的姿势。方法：拖动时间滑块到第 0 帧，选中项链的第三节骨骼，再使用 Select and Move（选择并移动）工具，微微移动，为骨骼创建初始帧，如图 4-108 中 A 所示。然后在按下 Shift 键的同时，拖动时间滑块到第 8 帧，如图 4-108 中 B 所示。接着拖动时间滑块到第 2 帧，再使用 Select and Rotate（选择并旋转）工具分别调整第二节、第三节项链的骨骼姿态，如图 4-108 中 C 所示。最后拖动时间滑块到第 6 帧，再使用 Select and Rotate（选择并旋转）工具调整项链骨骼的角度，制作出项链移动的姿态，如图 4-108 中 D 所示。

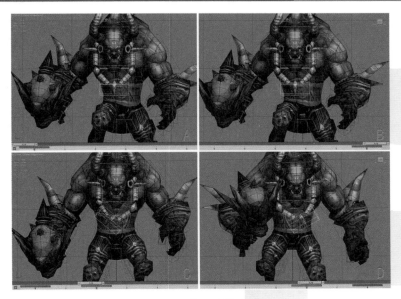

图 4-108 调整项链骨骼的姿态

(17)进入左视图,再拖动时间滑块到第 0 帧,然后选中项链的第一节骨骼,使用 Select and Rotate(选择并旋转)工具向后方旋转骨骼的角度,效果如图 4-109 中 A 所示。然后按住 Shift 键,并框选第 0 帧的关键点,再拖动到第 8 帧。接着拖动时间滑块到第 4 帧,再使用 Select and Rotate(选择并旋转)工具向前方调整第一节项链骨骼的角度,效果如图 4-109 中 B 所示。接着拖动时间滑块到第 2 帧,再使用 Select and Rotate(选择并旋转)工具向后方调整第二节、第三节项链骨骼的角度,效果如图 4-110 中 A 所示。最后拖动时间滑块到第 6 帧,再使用 Select and Rotate(选择并旋转)工具向前方调整第二节、第三节项链骨骼的角度,效果如图 4-110 中 B 所示。

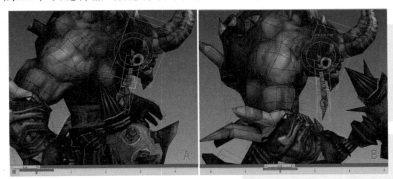

图 4-109 调整项链骨骼在前后方向的姿态

图 4-110 调整项链骨骼在前后方向的姿态

（18）调整围裙骨骼的姿态。方法：选中围裙的根骨骼，拖动时间滑块到第 0 帧，使用 Select and Rotate（选择并旋转）工具向上旋转骨骼，制作出围裙飘起的姿态，如图 4-111 中 A 所示。然后按住 Shift 键，框选第 0 帧的关键点，再拖动到第 8 帧，以保证动画能够流畅地衔接起来。接着拖动时间滑块到第 4 帧，使用 Select and Rotate（选择并旋转）工具向上旋转围裙根骨骼的角度，制作围裙跟随身体飘起的姿态，如图 4-111 中 B 所示。最后拖动时间滑块到第 2 帧，选中第三节围裙骨骼，再使用 Select and Rotate（选择并旋转）工具向下旋转骨骼的角度，制作身体上移时，围裙末端下坠的姿态，如图 4-111 中 C 所示。同理，拖动时间滑块到第 6 帧，制作围裙末端上飘的姿态，如图 4-111 中 D 所示。

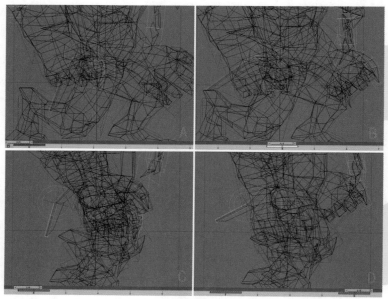

图 4-111　调整围裙骨骼的姿态

（19）调整头部的姿态。方法：选中头部骨骼，拖动时间滑块到第 0 帧，再使用 Select and Rotate（选择并旋转）工具向上旋转头部骨骼，制作抬头的姿态，如图 4-112 中 A 所示。然后将第 0 帧的头部姿态复制到第 8 帧，保证动画能够流畅地衔接起来。接着拖动时间滑块到第 4 帧，并再使用 Select and Rotate（选择并旋转）工具向下旋转头部骨骼，制作低头的姿态，如图 4-112 中 B 所示。最后拖动时间滑块到第 2 帧，再使用 Select and Rotate（选择并旋转）工具旋转头部骨骼的角度，制作出头部偏移的姿态，如图 4-113 中 A 所示。同理，拖动时间滑块到第 6 帧，制作出头部向另一侧偏移的姿态，如图 4-113 中 B 所示。

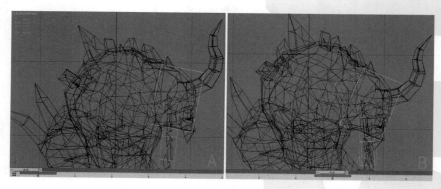

图 4-112　调整头部抬起和低下的姿态

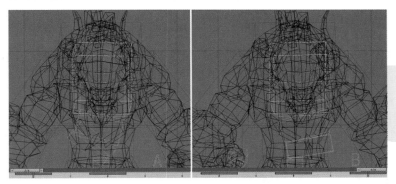

图 4-113　调整头部左右摇摆的姿态

（20）单击 Playback（播放动画）按钮播放动画，此时可以看到牛头人身体的行走动作，在播放动画的时候如发现幅度过大或不协调的地方，可以适当调整。最后将文件保存为配套光盘中的"多媒体视频文件 \max\ 牛头人文件 \ 牛头人 - 行走.max"。

4.3.2　制作牛头人的奔跑动画

普通奔跑动作是游戏角色的基本动作之一，必须了解和掌握。首先我们来看一下牛头人奔跑动作图片序列和关联帧的安排，如图 4-114 所示。

图 4-114　牛头人奔跑序列图

（1）打开配套光盘中的"牛头人蒙皮.max"文件，再单击 AutoKey（自动关键点）按钮，并单击动画控制区中的 Time Configuration（时间配置）按钮，然后在弹出的 Time Configuration（时间配置）对话框中设置 End Time（结束时间）为 8，如图 4-115 所示。

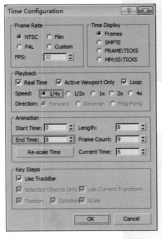

图 4-115　设置时间配置

（2）拖动时间滑块到第 0 帧，并选中质心，使用 Select and Move（选择并移动）和 Select and Rotate（选择并旋转）工具调整质心的高度和角度，制作出牛头人整体向前倾的姿态，如图 4-116 中 A 所示。然后选中头部骨骼，再使用 Select and Rotate（选择并旋转）工具调整头部骨骼的角度，制作出牛头人抬头的姿态，如图 4-116 中 B 所示。接着使用 Select and Move（选择并移动）和 Select and Rotate（选择并旋转）工具调整牛头人腿部骨骼的角度和位置，使蓝色腿部向后，绿色腿部向前迈出，然后选中质心，再使用 Select and Move（选择并移动）工具向上调整质心，制作出牛头人奔跑时双脚腾空的初始姿态，如图 4-117 所示。

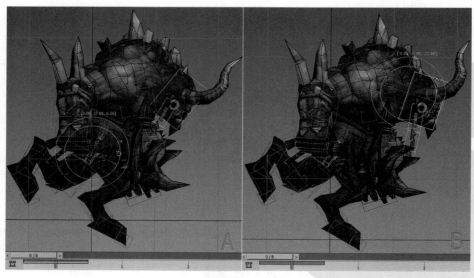

图 4-116　调整质心和头部骨骼的姿态

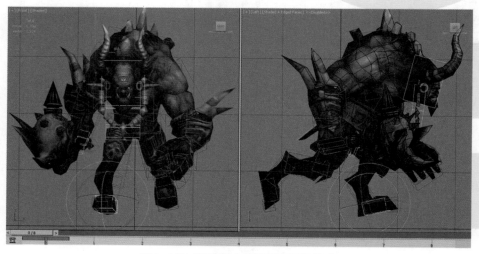

图 4-117　调整第 0 帧的腿部骨骼姿态

（3）调整第 4 帧的腿部姿态。方法：选中绿色腿部的骨骼，再拖动时间滑块到第 4 帧，并单击 Motion（运动）面板中 Copy/Paste（复制 / 粘贴）卷展栏下的 Posture（姿态复制）按钮，然后单击 Copy Posture（复制姿态）按钮，如图 4-118 中 A 所示，再单击 Paste Posture Opposite（向对面粘贴姿态）按钮，从而把第 0 帧的绿色腿部骨骼的姿态复制到第 4 帧的蓝色腿部骨骼，效果如图 4-118 中 B 所示。同理，拖动时间滑块到第 0 帧，再选中蓝色腿部骨骼，复制第 0 帧的蓝色腿部骨骼的姿态，粘贴到第 4 帧的绿色腿部骨骼，如图 4-119 所示。

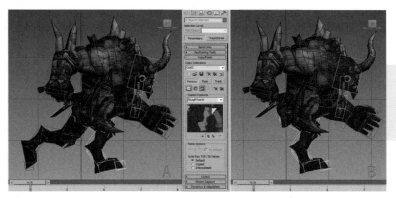

图 4-118　复制第 0 帧绿色腿部姿态到第 4 帧蓝色腿部

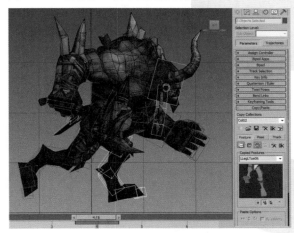

图 4-119　复制第 0 帧蓝色腿部姿态到第 4 帧的绿色腿部

（4）调整第 2 帧的腿部姿势。方法：拖动时间滑块到第 2 帧，再使用 Select and Move（选择并移动）和 Select and Rotate（选择并旋转）工具调整两条腿部骨骼的位置和角度，然后使用 Select and Move（选择并移动）工具向下移动质心，使绿色腿部踩地，蓝色腿部高抬，制作出牛头人奔跑过程中第 2 帧的腿部姿态，如图 4-120 所示。接着单击 Copy Posture（复制姿态）按钮复制第 2 帧的绿色腿部姿态，再单击 Paste Posture Opposite（向对面粘贴姿态）按钮粘贴到第 6 帧的蓝色腿部，如图 4-121 中 A 所示。同理，复制第 2 帧的蓝色腿部姿态，再粘贴到第 6 帧的绿色腿部，如图 4-121 中 B 所示。

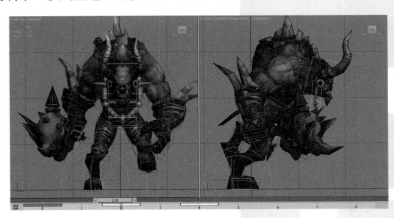

图 4-120　调整第 2 帧的腿部姿态

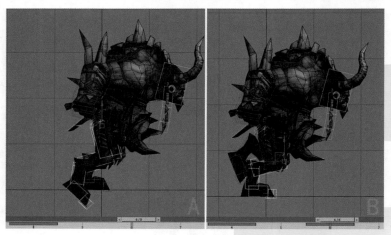

图 4-121 复制第 2 帧的腿部姿态到第 6 帧

(5)选中质心,并在按住 Shift 键的同时,框选第 0 帧关键点拖动到第 4 帧。同理,把第 2 帧的关键点拖动到第 6 帧,然后按下 Ctrl+A 键全选模型和骨骼,再按住 Shift 键,并拖动第 0 帧关键点到第 8 帧,如图 4-122 所示。

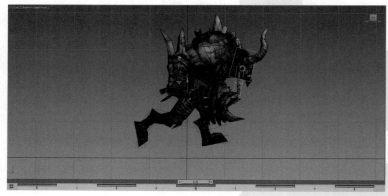

图 4-122 复制质心

(6)调整绿色腿部的过渡帧。方法:拖动时间滑块到第 1 帧,选中绿色脚掌骨骼,再使用 Select and Move(选择并移动)和 Select and Rotate(选择并旋转)工具调整角度和位置,从而制作出牛头人绿色脚跟碰地的姿态,如图 4-123 中 A 所示。然后拖动时间滑块到第 5 帧,再使用 Select and Move(选择并移动)和 Select and Rotate(选择并旋转)工具调整牛头人绿色脚掌骨骼的角度和位置,制作出绿色腿部在后方抬起的姿态,如图 4-123 中 B 所示。

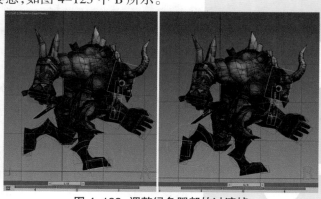

图 4-123 调整绿色腿部的过渡帧

（7）同上，拖动时间滑块到第 1 帧，选中蓝色脚掌骨骼，再使用 Select and Move（选择并移动）和 Select and Rotate（选择并旋转）工具调整角度和位置，制作出牛头人蓝色腿部的姿态，如图 4-124 中 A 所示，然后拖动时间滑块到第 1 帧，选中绿色腿部的脚掌骨骼，再单击 Copy Posture（复制姿态）按钮复制腿部骨骼的姿态，接着拖动时间滑块到第 5 帧，单击 Paste Posture Opposite（向对面粘贴姿态）按钮粘贴到蓝色腿部骨骼，效果如图 4-124 中 B 所示。

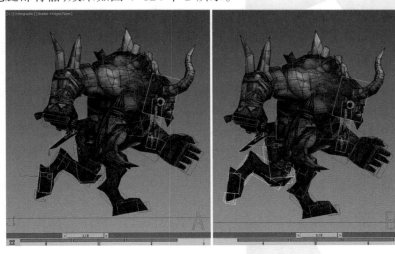

图 4-124 制作蓝色腿部姿态

（8）调整腿部正面的姿态。方法：进入前视图，拖动时间滑块到第 1 帧，再使用 Select and Move（选择并移动）工具调整蓝色脚掌骨骼的位置，制作出蓝色腿部在奔跑时向内侧靠拢的姿态，如图 4-125 中 A 所示。然后拖动时间滑块到第 5 帧，再使用 Select and Move（选择并移动）工具调整绿色腿部的脚掌骨骼的位置，制作出绿色腿部在奔跑中向内侧靠拢的姿态，如图 4-125 中 B 所示。

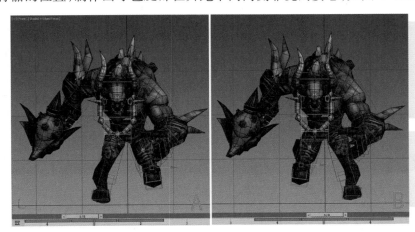

图 4-125 调整腿部向内侧靠拢的姿态

（9）调整身体的姿态。方法：拖动时间滑块到第 0 帧，再使用 Select and Rotate（选择并旋转）工具调整第二节脊椎的角度，制作出奔跑时身体摆动的姿态，如图 4-126 中 A 所示。然后按住 Shift 键，拖动时间滑块到第 8 帧，并在弹出对话框中单击 OK 按钮，如图 4-126 中 B 所示，从而将第 0 帧脊椎的姿态复制到第 8 帧，保证动画能够顺畅地衔接。接着单击 Copy Posture（复制姿态）按钮复制第 8 帧的脊椎姿态，再拖动时间滑块到第 4 帧，并单击 Paste Posture Opposite（向对面粘贴姿态）按钮，从而把第 8 帧的脊椎姿态粘贴到第 4 帧，效果如图 4-127 所示。

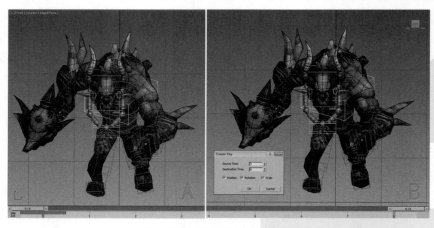

图 4-126　调整脊椎骨骼的位置

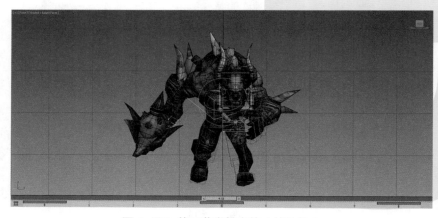

图 4-127　第二节脊椎在第 4 帧的姿态

（10）调整手臂的姿态。方法：拖动时间滑块到第 0 帧，使用 Select and Move（选择并移动）和 Se-lect and Rotate（选择并旋转）工具调整绿色手臂骨骼的位置和角度，制作出奔跑时手臂向后摆动的姿态，如图 4-128 所示。然后在按下 Shift 键的同时，框选第 0 帧的关键点，再拖动到第 8 帧，从而将绿色手臂在第 0 帧的姿态复制到第 8 帧，保证动画能够流畅地衔接起来。接着拖动时间滑块到第 4 帧，再使用 Select and Rotate（选择并旋转）工具调整绿色手臂骨骼的角度，制作牛头人在奔跑时手臂向前摆动的姿态，如图 4-129 所示。

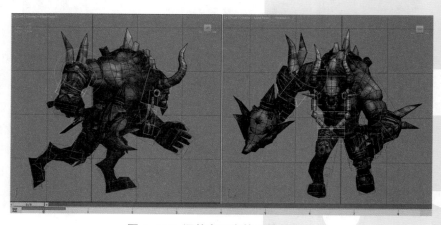

图 4-128　调整右手在第 0 帧的姿态

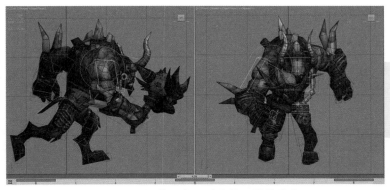

图 4-129　调整绿色手臂在第 4 帧的姿态

（11）复制手臂骨骼的姿态。方法：拖动时间滑块到第 0 帧，选中绿色上臂骨骼，再单击 Copy Posture（复制姿态）按钮，然后拖动时间滑块到第 4 帧，再单击 Paste Posture Opposite（向对面粘贴姿态）按钮，从而把第 0 帧的绿色手臂骨骼的姿态粘贴到第 4 帧的蓝色手臂骨骼上。同理，将第 4 帧的绿色上臂姿态粘贴到第 8 帧和第 0 帧的蓝色手臂骨骼上，效果如图 4-130 所示。接着拖动时间滑块到第 4 帧，再使用 Select and Rotate（选择并旋转）工具调整蓝色手指骨骼的角度，制作出牛头人奔跑时握拳的姿态，如图 4-131 所示。

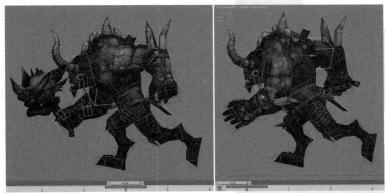

图 4-130　复制绿色手臂骨骼的姿态到蓝色手臂骨骼

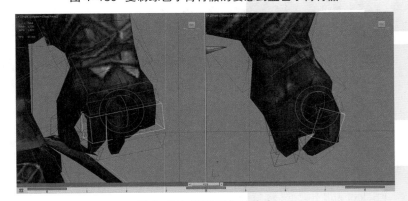

图 4-131　调整手指的姿态

提示：牛头人的绿色手掌握有兵器，所以双手姿态不同。因此在对称复制手臂骨骼姿态时需要注意，不能将手掌部分的姿态也粘贴过去。

（12）调整第 2 帧的手臂姿态。方法：拖动时间滑块到第 2 帧，再使用 Select and Rotate（选择并旋转）工具调整蓝色前臂骨骼的角度，制作牛头人奔跑时的摆臂动作，如图 4-132 中 A 所示。然后拖动时间滑块到第 6 帧，再使用 Select and Rotate（选择并旋转）工具调整蓝色前臂骨骼的角度，制作牛头人奔跑时向后摆臂的动作，如图 4-132 中 B 所示。同理，拖动时间滑块到第 2 帧和第 6 帧，再使用 Select and Rotate（选择并旋转）工具调整绿色前臂骨骼的角度，制作牛头人奔跑时绿色手臂摆动的姿态，如图 4-133 中 A 和 B 所示。

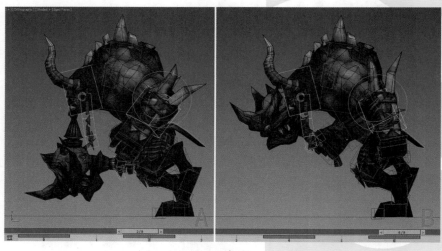

图 4-132　调整蓝色前臂骨骼的过渡姿态

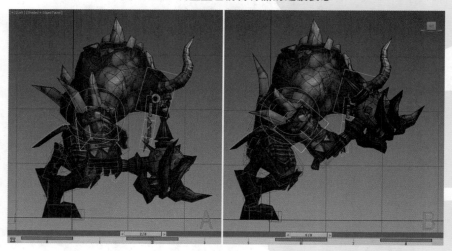

图 4-133　调整绿色前臂骨骼的过渡姿态

（13）调整围裙骨骼的姿态。方法：拖动时间滑块到第 0 帧，再使用 Select and Rotate（选择并旋转）工具向下调整围裙根骨骼的角度，制作围裙落下的姿态，如图 4-134 中 A 所示。然后在按住 Shift 键的同时，拖动第 0 帧的关键点到第 8 帧，将第 0 帧的根骨骼姿态复制到第 8 帧。同理，拖动时间滑块到第 4 帧，再使用 Select and Rotate（选择并旋转）工具向上调整根骨骼的角度，制作出围裙飘起的姿态，如图 4-134 中 B 所示。接着拖动时间滑块到第 2 帧，再使用 Select and Rotate（选择并旋转）工具向下调整围裙末端骨骼的角度，制作围裙尾端向下的姿态，如图 4-135 中 A 所示。最后拖动时间滑块到第 6 帧，再使用 Select and Rotate（选择并旋转）工具向上调整末端骨骼的角度，制作围裙尾端向上的姿态，如图 4-135 中 B 所示。

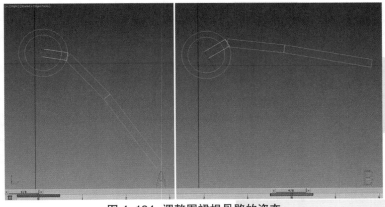

图 4-134　调整围裙根骨骼的姿态

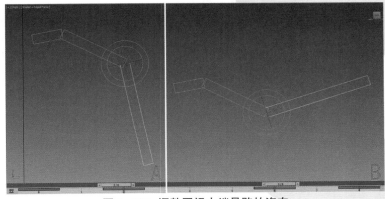

图 4-135　调整围裙末端骨骼的姿态

（14）调整质心的水平位置。方法：拖动时间滑块到第 2 帧，再使用 Select and Move（选择并移动）工具调整质心向右手方向稍稍移动，从而制作出牛头人向右边偏移的姿态，如图 4-136 中 A 所示，然后拖动时间滑块到第 6 帧，再使用 Select and Move（选择并移动）工具调整质心向左手方向稍稍移动，从而制作出牛头人向左边偏移的姿态，如图 4-136 中 B 所示。

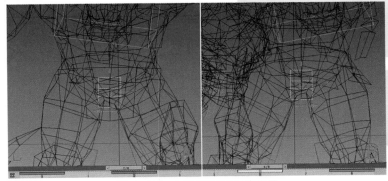

图 4-136　水平调整质心的位置

（15）调整奔跑中的盆骨姿态。方法：拖动时间滑块到第 0 帧，再使用 Select and Rotate（选择并旋转）工具沿 X 轴按顺时针方向调整盆骨的角度，效果如图 4-137 中 A 所示。然后按住 Shift 键，拖动时间滑块到第 8 帧，并在弹出对话框中单击 OK 按钮，如图 4-137 中 B 所示，从而将第 0 帧盆骨的姿态复制到第 8 帧，保证动画能够顺畅衔接。接着单击 Copy Posture（复制姿态）按钮复制第 8 帧的盆骨姿态，再拖动时间滑块到第 4 帧，并单击 Paste Posture Opposite（向对面粘贴姿态）按钮，从而把第 8 帧的盆骨姿态对称粘贴到第 4 帧，效果如图 4-137 中 C 所示。

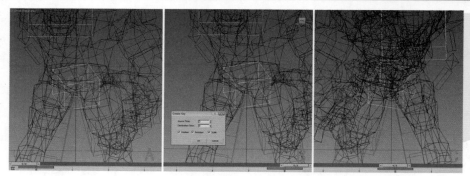

图 4-137　沿 X 轴调整盆骨的姿态

（16）拖动时间滑块到第 2 帧，再使用 Select and Rotate（选择并旋转）工具沿 Y 轴按顺时针方向调整盆骨的角度，效果如图 4-138 中 A 所示。然后拖动时间滑块到第 6 帧，再使用 Select and Rotate（选择并旋转）工具沿 Y 轴按逆时针方向调整盆骨的角度，效果如图 4-138 中 B 所示。由于盆骨的旋转会影响腿部姿态，使牛头人的脚掌踩入地面以下，因此需使用 Select and Move（选择并移动）工具适当调整腿部的姿态。

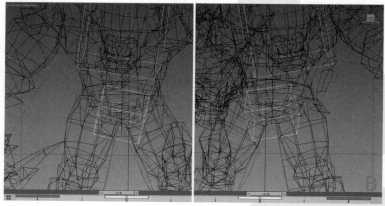

图 4-138　沿 Y 轴调整盆骨的姿态

（17）调整第一节脊椎的姿态。方法：进入左视图，拖动时间滑块到第 0 帧，再使用 Select and Rotate（选择并旋转）工具沿 Z 轴按逆时针方向调整第一节脊椎的角度，制作牛头人挺胸的姿态，如图 4-139 中 A 所示。然后按住 Shift 键，拖动时间滑块到第 8 帧，并在弹出对话框中单击 OK 按钮，从而把第 0 帧的脊椎姿态复制到第 8 帧。接着拖动时间滑块到第 4 帧，再使用 Select and Rotate（选择并旋转）工具沿 Z 轴按顺时针方向调整第一节脊椎的角度，制作牛头人俯身低头的姿态，如图 4-139 中 B 所示。

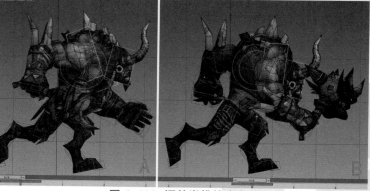

图 4-139　调整脊椎的姿态

（18）调整头部骨骼的姿态。方法：进入前视图，拖动时间滑块到第2帧，再使用 Select and Rotate（选择并旋转）工具调整头部骨骼的角度，使头部朝向绿色腿部方向，如图4-140中A所示。然后拖动时间滑块到第6帧，再使用 Select and Rotate（选择并旋转）工具调整头部骨骼的角度，使头部朝向蓝色腿部的方向，如图4-140中B所示。

图4-140　调整头部骨骼的姿态

（19）调整项链在水平方向的姿态。方法：拖动时间滑块到第0帧，再使用 Select and Rotate（选择并旋转）工具调整项链根骨骼的角度，使项链向绿色腿部方向摆动，如图4-141中A所示。然后在按住 Shift 键的同时，拖动时间滑块到第8帧，并在弹出对话框中单击 OK 按钮，从而将第0帧的骨骼姿态复制到第8帧。接着拖动时间滑块到第4帧，再制作出项链向蓝色腿部方向摆动的姿态，如图4-141中B所示。最后拖动时间滑块到第2帧，调整项链第二、三节骨骼的角度，如图4-142中A所示。同理，拖动时间滑块到第6帧，再调整项链第二、三节骨骼的角度，如图4-142中B所示。

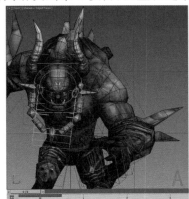

图4-141　调整项链根骨骼的左右摆动

图4-142　调整项链第二、三节骨骼的左右摆动

（20）拖动时间滑块到第 0 帧，并使用 Select and Rotate（选择并旋转）工具向后方旋转项链根骨骼的角度，效果如图 4-143 中 A 所示。再按住 Shift 键，复制第 0 帧的关键点到第 8 帧。然后拖动时间滑块到第 4 帧，再使用 Select and Rotate（选择并旋转）工具向前方调整项链根骨骼的角度，效果如图 4-143 中 B 所示。接着拖动时间滑块到第 2 帧，再使用 Select and Rotate（选择并旋转）工具向后方调整第二、三节项链骨骼的角度，效果如图 4-144 中 A 所示。最后拖动时间滑块到第 6 帧，再使用 Select and Rotate（选择并旋转）工具向前方调整第二、三节项链骨骼的角度，效果如图 4-144 中 B 所示。

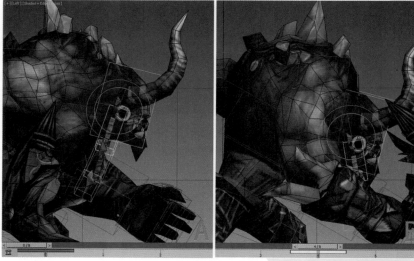

图 4-143　调整项链根骨骼在前后方向的姿态

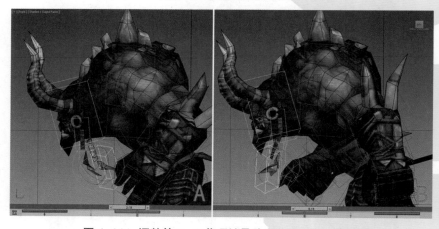

图 4-144　调整第二、三节项链骨骼在前后方向的姿态

　　至此，牛头人的奔跑动画制作完成，单击 Playback（播放动画）按钮播放动画，如发现幅度过大或不协调的地方，可以适当调整。完成文件可参考配套光盘中的"多媒体视频文件 \max\ 牛头人文件 \ 牛头人 - 奔跑.max"。

4.3.3　制作牛头人的死亡动画

　　死亡动作是游戏角色的基本动作之一，必须了解和掌握。首先我们来看一下牛头人死亡动作图片序列和关联帧的安排，如图 4-145 所示。

图4-145　牛头人死亡序列图

（1）调整死亡的初始关键帧。方法：打开"牛头人蒙皮.max"文件，然后打开AutoKey（自动关键点）按钮，再使用Select and Move（选择并移动）和Select and Rotate（选择并旋转）工具调整牛头人质心和全身骨骼的位置和角度，使两腿前后岔开，蓝色腿前移，身体向右扭动并前倾，蓝色手臂向后摆，头注视前方，制作出牛头人死亡的初始关键帧，如图4-146所示。

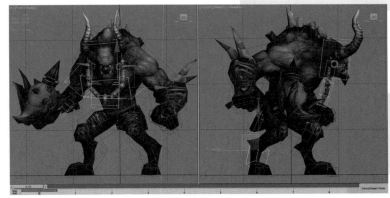

图4-146　调整牛头人死亡的初始关键帧

（2）拖动时间滑块到第2帧，再使用Select and Move（选择并移动）和Select and Rotate（选择并旋转）工具调整牛头人质心和第三节腿骨的位置和角度，使质心向后、下移并向前倾，腿后压，制作出牛头人被打的姿态，如图4-147所示。然后拖动时间滑块到第5帧，再使用Select and Move（选择并移动）和Select and Rotate（选择并旋转）工具调整牛头人质心和第三节腿骨的位置和方向，使质心向上、前移，并上仰，第三节腿骨前移，制作出牛头人被攻击之后本能反应使身体仰起的姿态，如图4-148所示。

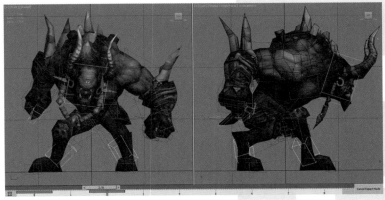

图4-147　调整质心和腿在第2帧的姿态

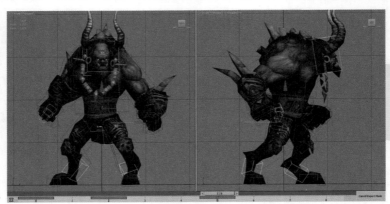

图 4-148 调整质心和腿骨在第 5 帧的姿态

（3）调整质心的过渡帧。方法：按下 Ctrl+A 键选中牛头人所有的骨骼，再选中第 5 帧关键帧，并拖动到第 6 帧，然后拖动时间滑块到第 4 帧，再使用 Select and Move（选择并移动）工具调整牛头人质心后移，如图 4-149 所示。接着按下 Ctrl+A 键选中牛头人所有的骨骼，再框选第 2~6 帧关键帧整体向前拖动 1 帧，接着播放动画，观察动作的节奏，再选中第 5 帧，拖动到第 6 帧。

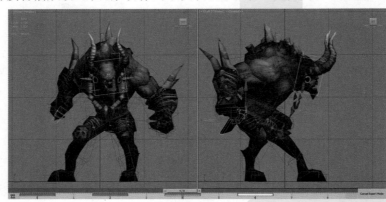

图 4-149 调整质心和腿骨在第 4 帧的姿态

（4）观察动作的节奏，发现仅有的 8 个关键帧不能完整表现死亡动作，需要增加时间范围。方法：按下 Ctrl+Alt 键的同时，使用鼠标右键在时间范围区域单击并向左侧拖动，使时间范围长度变为 13 帧，然后拖动时间滑块到第 9 帧，再使用 Select and Move（选择并移动）和 Select and Rotate（选择并旋转）工具调整牛头人质心的位置和角度，制作出牛头人倒下的姿态，如图 4-150 所示。然后拖动时间滑块到第 11 帧，调整牛头人质心的位置和角度，制作出牛头人触地的姿态，如图 4-151 所示。

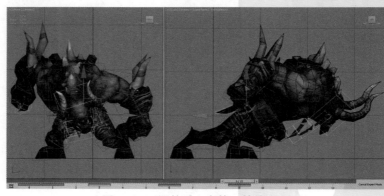

图 4-150 调整质心在第 9 帧的姿态

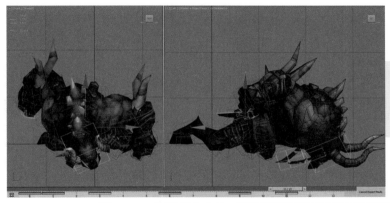

图 4-151 调整质心在第 11 帧的姿态

（5）调整腿在倒地过程中的姿态。方法:选中绿色脚掌骨骼,再拖动时间滑块到第 8 帧,并单击 Motion（运动）面板中 Key Info（关键点信息）卷展栏下的 Set Sliding Key（设置滑动关键点）按钮设置滑动关键帧,使绿色腿在第 0~8 帧保持不动的姿态,如图 4-152 中 A 所示。然后拖动时间滑块到第 11 帧,再单击 Key Info（关键点信息）卷展栏下的 Set Free Key（设置自由关键点）按钮取消滑动关键帧,接着使用 Select and Move（选择并移动）和 Select and Rotate（选择并旋转）工具调整牛头人绿色脚掌骨骼的位置和角度,制作出牛头人倒地时的腿部姿态,如图 4-152 中 B 所示。同理,调整蓝色脚掌骨骼在第 8 帧和第 11 帧的姿态,如图 4-153 所示。

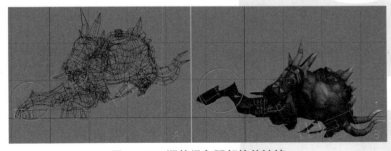

图 4-152 调整绿色腿部的关键帧

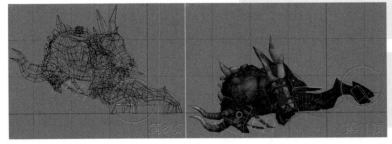

图 4-153 调整蓝色腿部的关键帧

（6）拖动时间滑块,观察动作的节奏,并加以调节,再按下 Ctrl+Alt 键选中所有骨骼,把第 9 帧的关键帧拖动到 8 帧,把第 11 帧拖动到第 9 帧。然后拖动时间滑块到第 1 帧,并选中头部骨骼,再使用 Select and Rotate（选择并旋转）工具调整牛头人头骨的角度,接着选中脊椎骨骼,再单击 Key Info（关键信息点）卷展栏下的 Set Key（设置关键点）按钮,为脊椎骨骼创建关键帧,从而制作出牛头人头部抬起、身体向前面倾斜的姿态,如图 4-154 所示。最后拖动时间滑块到第 3 帧,并分别选中脊椎、头部骨骼,再使用 Select and Rotate（选择并旋转）工具向下调整牛头人的脊椎和头部骨骼的角度,制作出牛头人身体向下收缩、头部低下的姿态,如图 4-155 所示。

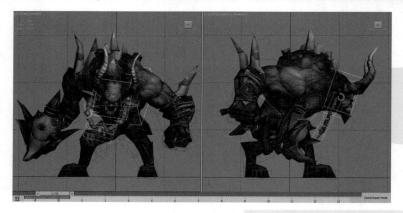

图 4-154 调整脊椎和头部骨骼在第 1 帧的姿态

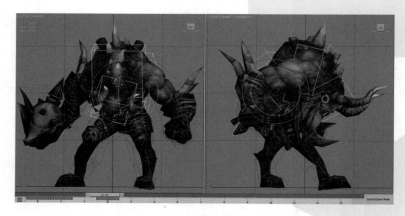

图 4-155 调整脊椎和头部骨骼在第 3 帧的姿态

（7）拖动时间滑块到第 7 帧，再使用 Select and Rotate（选择并旋转）工具调整牛头人脊椎和头部骨骼的角度，制作出牛头人身体挺起、头抬起的姿态。然后选中脊椎骨骼，再选中第 7 帧的关键帧，拖动到第 8 帧。接着继续使用 Select and Rotate（选择并旋转）工具调整质心和脊椎骨骼到合适的角度，再选中头骨，把第 7 帧拖动到第 8 帧，如图 4-156 所示。

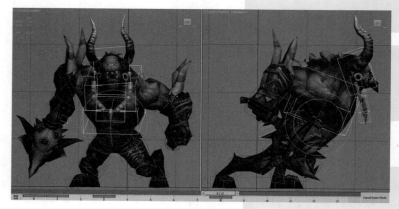

图 4-156 调整脊椎和头部骨骼在第 8 帧的姿态

（8）拖动时间滑块到第 10 帧，使用 Select and Move（选择并移动）和 Select and Rotate（选择并旋转）工具调整牛头人质心、脊椎和头部骨骼的位置和角度，使质心向前、下移并调正，身体腹部触地、胸部稍稍挺起，头抬起右偏，从而制作出牛头人倒下碰地的姿势，如图 4-157 所示。

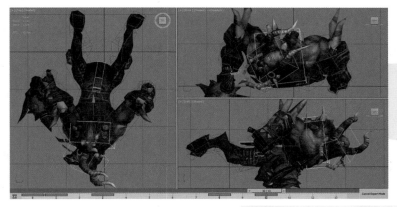

图 4-157 调整牛头人在第 10 帧的姿势

（9）制作牛头人倒地弹起的运动变化。方法：分别拖动时间滑块到第 11 帧和第 12 帧，使用 Select and Move（选择并移动）工具调整质心的位置，制作出牛头人在第 11 帧弹起、在第 12 帧倒下的运动变化，如图 4-158 所示。然后分别拖动时间滑块到第 11 帧和第 12 帧，再使用 Select and Rotate（选择并旋转）工具调整牛头人脊椎和头部骨骼的角度，制作出牛头人在第 11 帧身体弹起、在第 12 帧身体落下的运动变化。拖动时间滑块，观察动作的节奏，选中脊椎和头骨骼，再选中第 11 帧的关键帧，按下 Delete 键删除关键帧，调整出牛头人弹起的节奏感，如图 4-159 所示。

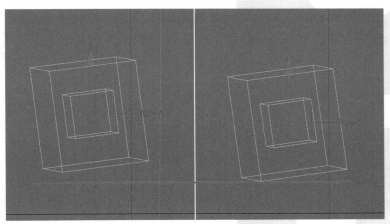

图 4-158 调整质心弹起的姿态

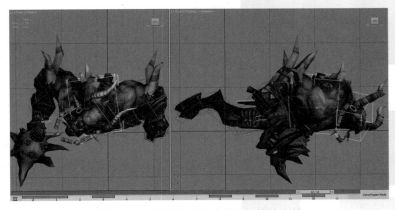

图 4-159 调整牛头人在第 12 帧的姿势

（10）不断播放动画，观察动画的协调性，再按下 Ctrl+A 键选中所有骨骼，框选第 3 帧的关键帧拖动到第 2 帧，然后框选第 8~12 帧关键帧整体向前拖动 1 帧，在按下 Ctrl+Alt 键的同时，使用鼠标右键在时间范围区域单击并左侧拖动，使时间范围长度变为 12 帧，如图 4-160 所示。接着选中第 7 帧的关键帧，按下 Delete 键删除关键帧，再选中绿色脚掌骨骼，选中第 6 帧的关键帧拖动到第 7 帧，如图 4-161 中 A 所示。最后选中绿色脚掌骨骼，在按住 Shift 键的同时，选中第 1 帧的关键帧拖动到第 7 帧，如图 4-161 中 B 所示，制作出牛头人脚掌在第 1~7 帧不动的姿势。

图 4-160　设置时间长度为 12 帧

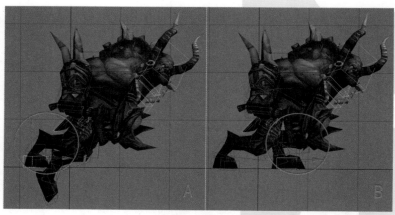

图 4-161　调整牛头人脚掌保持不动姿势

（11）播放动画，观察牛头人倒地弹起的动作，再分别拖动时间滑块到第 8、9 和 10 帧，然后使用 Select and Rotate（选择并旋转）工具调整牛头人脊椎和头部骨骼的角度，制作出牛头人在第 8 帧时身体、头抬起，在第 9 帧时身体、头倒下触地，在第 10 帧时身体拱起、头触地的姿势，如图 4-162 所示。接着分别拖动时间滑块到第 11 帧和第 12 帧，再使用 Select and Rotate（选择并旋转）工具调整牛头人脊椎和头部骨骼的角度，制作出牛头人在第 11 帧时身体触地、头抬起，在第 12 帧时身体、头倒下触地的姿势，如图 4-163 所示。

（12）调整牛头人触地弹起过程中两腿的姿态。方法：拖动时间滑块到第 9 帧，使用 Select and Move（选择并移动）工具调整牛头人腿部骨骼的位置，制作出牛头人触地时腿部抬起的姿势，如图 4-164 所示。然后拖动时间滑块到第 10 帧，使用 Select and Move（选择并移动）和 Select and Rotate（选择并旋转）工具调整牛头人腿部骨骼的位置，制作出牛头人弹起时两腿稍稍岔开，蓝色腿稍稍上移的姿势，如图 4-165 所示。接着拖动时间滑块到第 12 帧，使用 Select and Move（选择并移动）工具调整牛头人腿部骨骼的位置，制作出牛头人死亡时腿部触地的姿势，如图 4-166 所示。

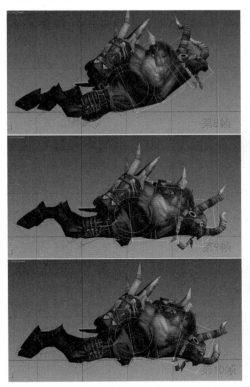

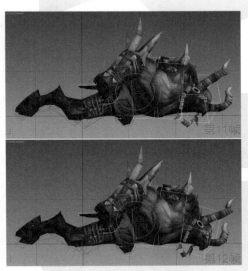

图 4-162 调整脊椎和头部骨骼的姿势　　　　图 4-163 调整脊椎和头部的姿势

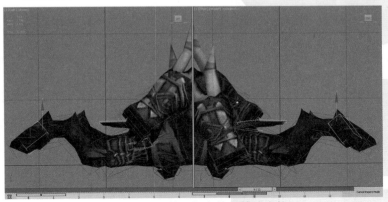

图 4-164 调整腿部在第 9 帧的姿势

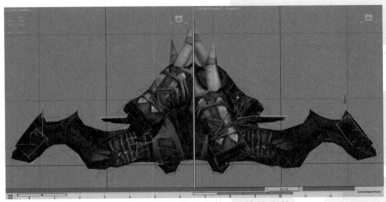

图 4-165 调整腿部在第 10 帧的姿势

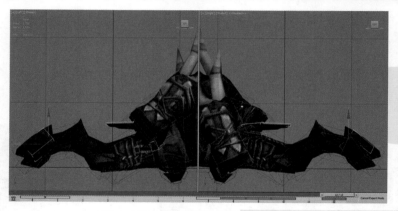

图 4-166　调整腿部在第 12 帧的姿势

（13）设置单循环播放。方法：单击动画控制区中的 Time Configuration（时间配置）按钮，在弹出的 Time Configuration（时间配置）对话框中取消选中 Loop（循环）选项，如图 4-167 所示，然后单击 Playback（播放动画）按钮播放动画，最后进行身体细微动作调节。

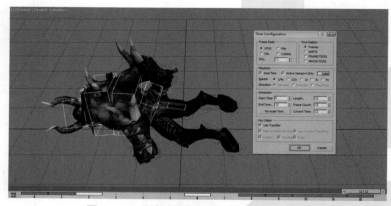

图 4-167　调整时间循环和关键帧细微动作

（14）调整牛头人被打到向前倒下过程中手臂的姿态。拖动时间滑块到第 2 帧，使用 Select and Rotate（选择并旋转）工具调整牛头人手臂骨骼的角度，制作出牛头人被打时手臂后摆、抬起的姿态，如图 4-168 所示。然后拖动时间滑块到第 8 帧，再使用 Select and Rotate（选择并旋转）工具调整牛头人手臂骨骼的角度，制作出牛头人倒下时双臂后摆到最大、面部朝下的姿态，如图 4-169 所示。

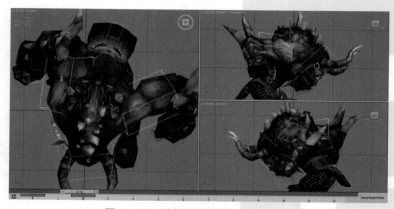

图 4-168　调整手臂在第 2 帧的姿态

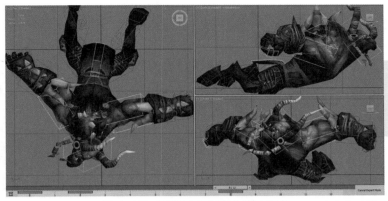

图 4-169 调整手臂在第 8 帧的姿态

　　(15)拖动时间滑块到第 5 帧,使用 Select and Rotate(选择并旋转)工具调整牛头人手臂骨骼的角度,制作出牛头人向前倒下时手臂稍稍打开的姿态,如图 4-170 所示。然后拖动时间滑块到第 9帧,使用 Select and Rotate(选择并旋转)工具调整牛头人手臂骨骼的角度,制作出牛头人身体触地时手跟随摆动的姿态,如图 4-171 所示。

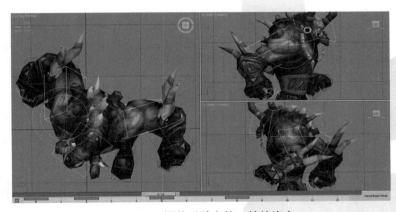

图 4-170 调整手臂在第 5 帧的姿态

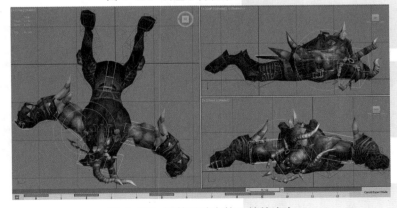

图 4-171 调整手臂在第 9 帧的姿态

　　(16)分别拖动时间滑块到第 10、11 和 12 帧,使用 Select and Rotate(选择并旋转)工具调整牛头人手臂骨骼的角度,制作出牛头人在第 10 帧身体弹起时手臂下移,在第 11 帧身体倒下触地时手臂稍稍抬起,在第 12 帧身体死亡时手臂跟随下移的姿态,如图 4-172~ 图 4-174 所示。

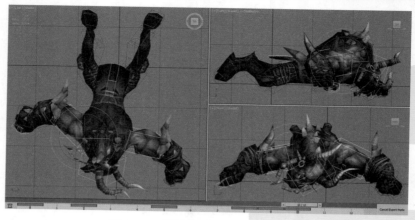

图 4-172　调整手臂在第 10 帧的姿态

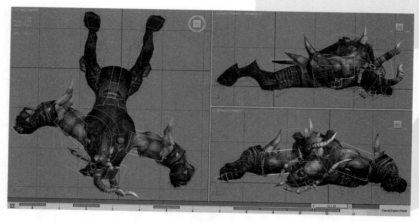

图 4-173　调整手臂在第 11 帧的姿态

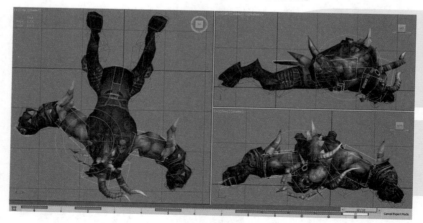

图 4-174　调整手臂在第 12 帧的姿态

（17）调整牛头人被攻击和向前倾时项链的姿态。方法：拖动时间滑块到第 2 帧，使用 Select and Rotate（选择并旋转）工具调整牛头人项链骨骼的角度，使项链的根骨骼调正，第二、三节骨骼向前弯曲，制作出牛头人项链向上飘起的姿态，如图 4-175 所示。然后拖动时间滑块到第 6 帧，使用 Select and Rotate（选择并旋转）工具调整牛头人项链骨骼的角度，使项链的根骨骼上移，第二、三节骨骼下移，制作出牛头人项链向下飘动的姿态，如图 4-176 所示。

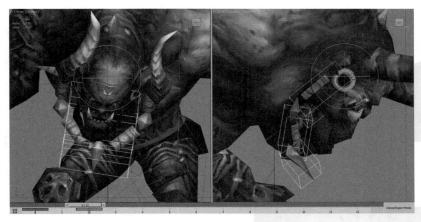

图 4-175 调整项链在第 2 帧的姿态

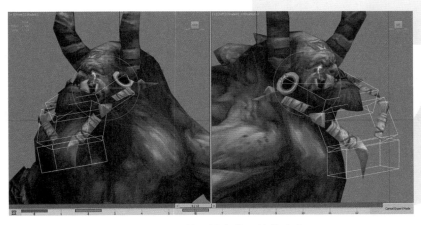

图 4-176 调整项链在第 6 帧的姿态

（18）调整牛头人在触地和弹起过程中项链的姿态。方法：拖动时间滑块到第 8 帧，使用 Select and Rotate（选择并旋转）工具调整牛头人项链骨骼的角度，使项链的根骨骼下移并右偏，第二、三节骨骼上移，制作出牛头人项链向上飘动并右摆的姿态，如图 4-177 所示。然后拖动时间滑块到第 11 帧，使用 Select and Rotate（选择并旋转）工具调整牛头人项链骨骼的角度，使项链的根骨骼上移并右偏，第二、三节骨骼下移并右摆，制作出牛头人项链右偏并触地的姿态，如图 4-178 所示。

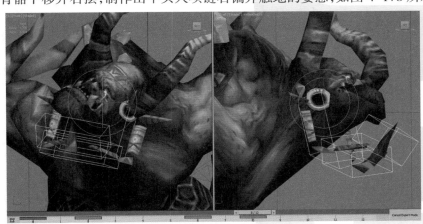

图 4-177 调整项链在第 8 帧的姿态

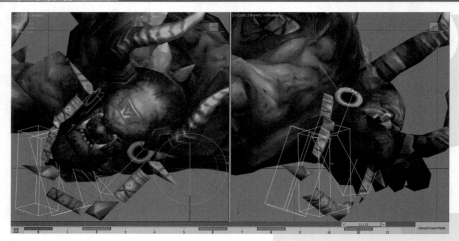

图 4-178　调整项链在第 11 帧的姿态

（19）调整牛头人臀部围裙骨骼的姿态。方法：分别把时间滑块拖动到第 2、6 和 12 帧，使用 Select and Rotate（选择并旋转）工具制作出牛头人死亡过程中的围裙变化，如图 4-179~图 4-181 所示。

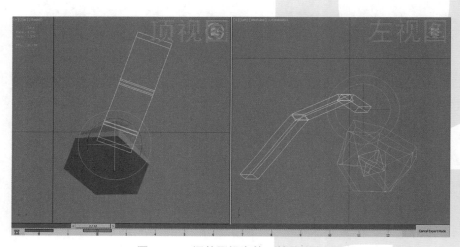

图 4-179　调整围裙在第 2 帧的姿态

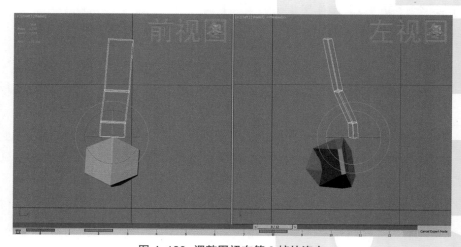

图 4-180　调整围裙在第 8 帧的姿态

GAME ART DESIGN BIBLE | 游戏美术设计宝典

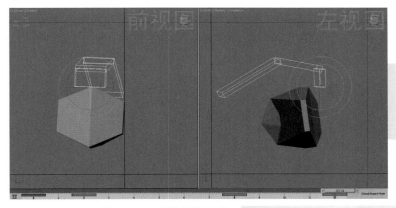

图 4-181　调整围裙在第 12 帧的姿态

（20）单击 Playback（播放动画）按钮播放动画，这时可以看到牛头人死亡的动作，同时配合有身体下落、弹起等细节动画。在播放动画的时候如发现幅度过大或不协调的地方，可以适当调整，最后将文件保存，完成文件可参考"多媒体视频文件 \max\ 牛头人文件 \ 牛头人 – 死亡.max"。

4.3.4　制作牛头人普通攻击动画

普通攻击动作是游戏角色的基本动作之一，必须了解和掌握。首先我们来看一下牛头人普通攻击动作图片序列和关联帧的安排，如图 4-182 所示。

图 4-182　牛头人普通攻击的序列图

（1）打开牛头人 – 攻击 1.max 文件，再单击 AutoKey（自动关键点）按钮，并单击动画控制区中的 Time Configuration（时间配置）按钮，然后在弹出的对话框中设置 End Time（结束时间）为 8，Speed（速度）模式为 1/4x，接着单击 OK 按钮，如图 4-183 所示。

（2）拖动时间滑块到第 0 帧，使用 Select and Move（选择并移动）和 Select and Rotate（选择并旋转）工具调整质心、全身骨骼的位置和角度，制作出牛头人普通攻击的初始姿态，如图 4-184 所示。

图 4-183　时间配置

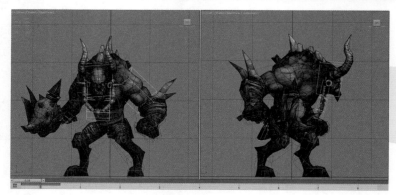

图 4-184　调整牛头人普通攻击的初始姿势

（3）调整第 2 帧的蓄力姿势。方法：拖动时间滑块到第 2 帧，使用 Select and Move（选择并移动）和 Select and Rotate（选择并旋转）工具分别调整牛头人骨骼的位置和角度，使质心向斜后方扭动，身体和头部也跟随倾斜，同时，绿色手臂向后挥动武器，蓝色手臂跟随身体摆动，从而制作出牛头人攻击之前身体做出的蓄力姿势，如图 4-185 所示。

图 4-185　调整蓄力的姿势

（4）调整第 4 帧的姿势。方法：拖动时间滑块到第 4 帧，使用 Select and Rotate（选择并旋转）和 Select and Move（选择并移动）工具调整质心的角度和位置，使牛头人做出身体下蹲和收缩的姿势，如图 4-186 所示。然后分别调整牛头人脊椎、头颈和手臂等骨骼的位置和角度，使身体向右后方回收，双臂配合身体的姿势做出合理的摆动，制作出牛头人向下挥动武器进行攻击的姿势。接着选中所有的骨骼，框选第 0 帧的姿势，在按住 Shift 键的同时，拖动到第 8 帧，保证动画能够顺利地衔接起来，如图 4-187 所示。

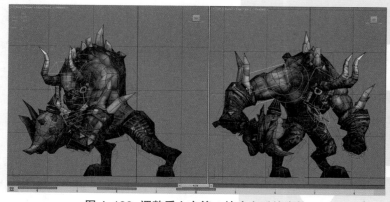

图 4-186　调整质心在第 4 帧攻击后的姿势

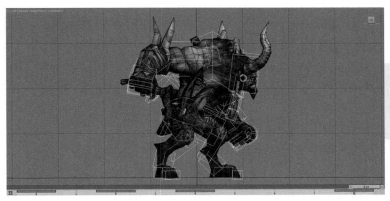

图 4-187　复制第 0 帧关键帧

（5）拖动时间滑块到第 3 帧,使用 Select and Rotate（选择并旋转）工具调整牛头人的上半身骨骼对象的位置和角度,制作出牛头人蓄力和攻击之间的过渡动作,如图 4-188 所示。然后拖动时间滑块到第 6 帧,使用 Select and Rotate（选择并旋转）工具向后调整手臂骨骼的角度,制作出牛头人攻击之后绿色手臂缓冲以及蓝色手臂跟随身体摆动的姿态,如图 4-189 所示。

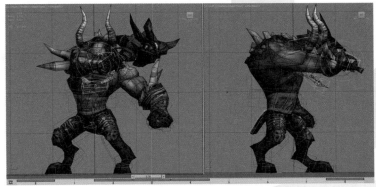

图 4-188　调整牛头人攻击的过渡姿势

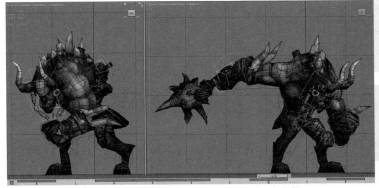

图 4-189　调整牛头人攻击之后的缓冲姿势

（6）牛头人在挥动武器攻击的过程中,“提起”与“挥出”这两个动作之间的节奏过于一致,缺少变化,导致整个动作缺少攻击的力量,需要做出调整。方法:拖动时间滑块到第 1 帧,使用 Select and Rotate（选择并旋转）工具调整绿色手臂骨骼和质心的角度,制作出牛头人在提起武器过程中,腰、腿、手臂发力的过渡姿态,如图 4-190 所示。接着拖动时间滑块到第 3 帧,使用 Select and Move（选择并移动）和 Select and Rotate（选择并旋转）工具调整质心对象的位置和角度,体现在蓄力向攻击姿势转换时身体重心的变化,如图 4-191 所示。

GAME ART DESIGN BIBLE | 游戏美术设计宝典

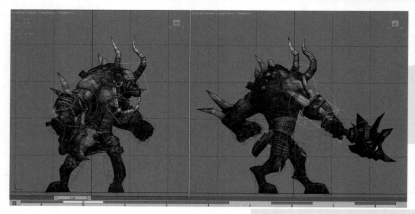

图 4-190 调整第 1 帧的姿势

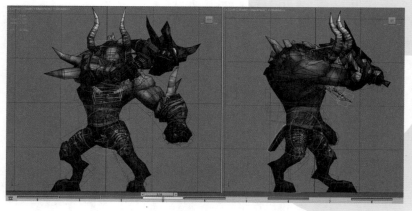

图 4-191 调整身体在第 3 帧的姿势

（7）调整围裙骨骼的姿态。方法：拖动时间滑块到第 2 帧，使用 Select and Rotate（选择并旋转）工具调整围裙根骨骼的角度，使围裙做出跟随身体运动微微上飘的效果，如图 4-192 所示。然后拖动时间滑块到第 1 帧，使用 Select and Rotate（选择并旋转）工具分别调整围裙的第二、三节骨骼的角度，制作出提起武器的过程中，围裙因反作用力做出的摆动姿态，如图 4-193 中 A 所示。接着拖动时间滑块到第 4 帧，使用 Select and Rotate（选择并旋转）工具分别调整围裙的第二、三节骨骼，制作出挥出武器时，围裙做出与第 1 帧相反的摆动姿态，如图 4-193 中 B 所示。

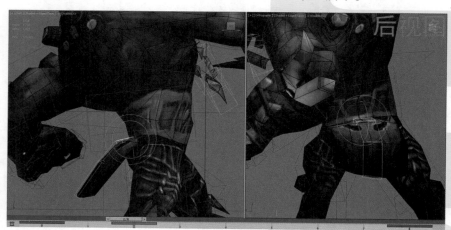

图 4-192 调整围裙根骨骼的姿态

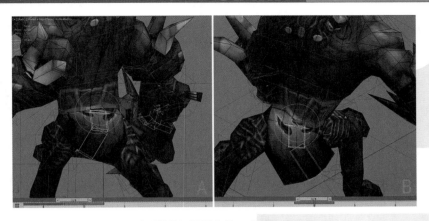

图 4-193　调整臀部围裙在第 1 帧和第 4 帧的姿态

（8）拖动时间滑块到第 7 帧，再使用 Select and Rotate（选择并旋转）工具调整围裙的第二、三节骨骼的角度，制作出攻击结束后，围裙配合身体恢复初始位置的过渡姿态，如图 4-194 所示。

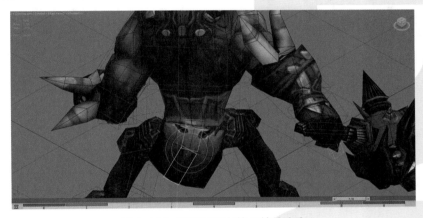

图 4-194　调整围裙在第 7 帧的姿态

（9）调整项链的姿态。方法：拖动时间滑块到第 1 帧，使用 Select and Rotate（选择并旋转）工具调整项链骨骼的角度，制作出牛头人身体发力、头部昂起时，项链做出的反向移动，如图 4-195 所示。然后拖动时间滑块到第 4 帧，再使用 Select and Rotate（选择并旋转）工具调整项链骨骼的角度，制作出牛头人身体快速向后方移动时，项链因反作用力导致前飘的姿态，如图 4-196 所示。

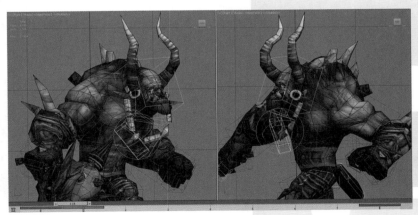

图 4-195　调整项链在第 1 帧的姿态

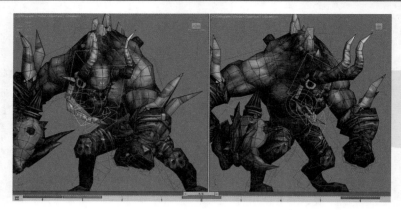

图 4-196 调整项链在第 4 帧的姿态

（10）拖动时间滑块到第 7 帧，再使用 Select and Rotate（选择并旋转）工具调整项链骨骼的角度，使根骨骼向前旋转，第二节和第三节骨骼向后面弯曲，从而制作出项链向后飘的姿态，如图 4-197 所示。

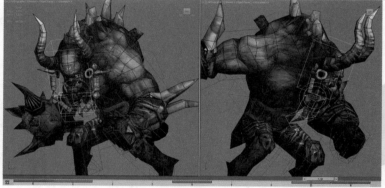

图 4-197 调整项链在第 7 帧的姿态

（11）单击 Playback（播放动画）按钮播放动画，这时可以看到牛头人攻击的动作。如发现有幅度过大或者不正确的地方，可以适当进行调整。最后，将文件保存，完成文件可参考"多媒体视频文件 \max\ 牛头人文件 \ 牛头人 – 攻击.max"。

4.3.5 制作牛头人三连击动画

连击动作也是游戏角色的基本动作之一，必须了解和掌握。首先我们来看一下牛头人的三连击动作图片序列和关联帧的安排，如图 4-198 所示。

图 4-198 牛头人连击的序列图

（1）打开"牛头人 – 攻击 1.max"文件，单击 AutoKey（自动关键点）按钮，然后框选除第 0 帧之外的所有关键帧，再按下 Delete 键进行删除，从而保留第 0 帧的姿势作为牛头人连击前的初始关键帧，如图 4-199 所示。

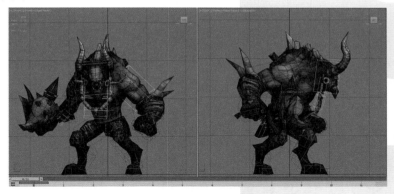

图 4-199　制作牛头人连击动作的初始关键帧

（2）拖动时间滑块到第 2 帧，使用 Select and Move（选择并移动）和 Select and Rotate（选择并旋转）工具分别调整牛头人头部、身体和手臂骨骼的位置和角度，使牛头人身体后仰，头部跟随身体摆动稍稍偏移，绿色手臂挥动武器，从而制作出牛头人第一次攻击的挥臂姿势，如图 4-200 所示。

图 4-200　牛头人第一击的挥臂姿势

（3）拖动时间滑块到第 4 帧，使用 Select and Move（选择并移动）和 Select and Rotate（选择并旋转）工具向前调整骨骼对象的位置和角度，使绿色腿部向前跨一步，身体旋转发力，带动绿色手臂向前挥出武器，蓝色手臂合理摆动，从而制作出牛头人挥出武器攻击的姿势，如图 4-201 所示。

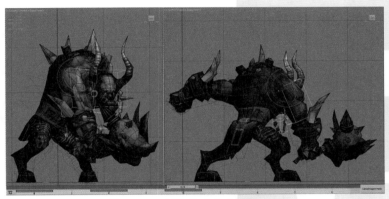

图 4-201　制作牛头人攻击的姿势

GAME ART DESIGN BIBLE | 游戏美术设计宝典

（4）拖动时间滑块到第 6 帧，使用 Select and Move（选择并移动）和 Select and Rotate（选择并旋转）工具分别调整牛头人腿部、身体和手臂骨骼对象的位置和角度，使牛头人身体后撤，脚掌骨骼稍稍扭动，双臂配合身体的姿势做出合理的摆动，制作出牛头人身体在第一次攻击后进入二连击前的转换姿势，前视图和右视图效果如图 4-202 所示。

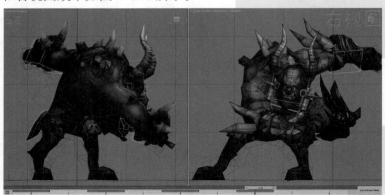

图 4-202　制作牛头人二连击前的转换姿势

（5）观察动作，发现仅有的 8 个关键帧不能完整表现连击动作，需要增加时间范围。方法：按下 Ctrl+Alt 键的同时，使用鼠标右键在时间范围区域单击并向左侧拖动，使时间长度变为 11 帧，然后拖动时间滑块到第 8 帧，再使用 Select and Move（选择并移动）和 Select and Rotate（选择并旋转）工具向前调整质心、脊椎、头颈和手臂等骨骼的位置和角度，如图 4-203 所示。同理，把时间范围调整为 14 帧，再继续调整牛头人在第 8 帧从左边向右边挥动武器的姿势，如图 4-204 所示。

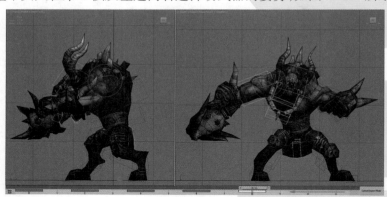

图 4-203　牛头人从左边攻击到右边时的姿势

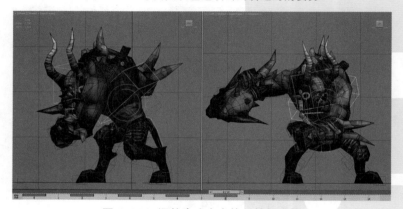

图 4-204　调整牛头人在第 8 帧的姿势

提示：单击动画控制区中的时间配置按钮，并在弹出的时间配置对话框中设置 End Time(结束时间)为11的操作，与时间范围的操作结果相同。

（6）拖动时间滑块到第10帧，并选中质心，再进入 Motion(运动)面板下，依次单击 Track Selection(轨迹选择)卷展栏下的 Lock COM Keying(锁定 COM 关键帧)、Body Horizontal(躯干水平)、Body Vertical(躯干垂直)和 Body Rotation(躯干旋转)按钮，如图4-205中标红处所示，然后使用 Select and Move(选择并移动)和 Select and Rotate(选择并旋转)工具调整质心、脊椎、头颈和手臂等骨骼的位置和角度，使身体处于正中间并向后仰，头往上抬起，调整第三节腿部骨骼到合适姿态，双手合拢，高举过头，制作出牛头人双手高举武器准备接下来的三连击姿势，如图4-205所示。

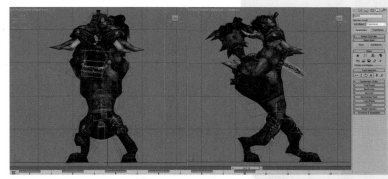

图4-205　调整第10帧的姿势

（7）拖动时间滑块到第12帧，再使用 Select and Rotate(选择并旋转)和 Select and Move(选择并移动)工具调整质心的角度和位置，使牛头人做出稍稍向后蹲下并身体向前倾的姿势，然后分别调整牛头人腿、脊椎、头颈和手臂等骨骼的位置和角度，制作出身体稍稍挺起、头看前方、双手紧握武器砸向地面的攻击姿势，效果如图4-206所示。

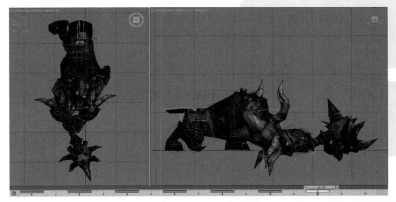

图4-206　调整第12帧的攻击姿势

（8）把时间范围调整为18帧，再按下 Ctrl+A 键选中所有的骨骼，然后框选第12帧的关键帧，并在按住 Shift 键的同时，拖动到第15帧，接着拖动时间滑块到第15帧，使用 Select and Move(选择并移动)和 Select and Rotate(选择并旋转)工具分别调整牛头人质心、脊椎、头颈和手臂等骨骼的位置和角度，使身体重心稍稍向后、向上移动，同时手持武器下压，制作出武器砸地后的发力姿势，如图4-207所示。

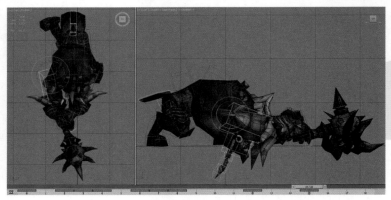

图 4-207 调整砸地后的发力姿势

> **提示**：复制第15帧的目的在于保证砸地的动作持续4帧，不会很快结束，这样能够更好地表现攻击特点。

（9）拖动时间滑块到第18帧，再使用Select and Move（选择并移动）和Select and Rotate（选择并旋转）工具分别调整牛头人质心、脊椎、头颈和手臂等骨骼的位置和角度，制作出牛头人攻击结束后身体恢复直立的姿势，如图4-208所示。

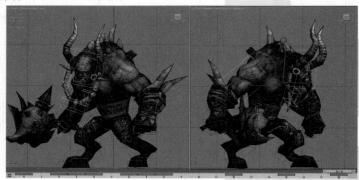

图 4-208 牛头人在第18帧的恢复姿势

（10）调整姿势间的衔接，以保证姿势更加合理和流畅。方法：拖动时间滑块到第1帧，使用Select and Rotate（选择并旋转）工具调整质心的角度，制作出牛头人开始挥动武器的过渡姿态，如图4-209所示。然后拖动时间滑块到第3帧，再使用Select and Move（选择并移动）和Select and Rotate（选择并旋转）工具分别调整质心、脊椎、头颈和手臂等骨骼的位置和角度，从而制作出牛头人高举起武器准备攻击的过渡姿势，如图4-210所示。

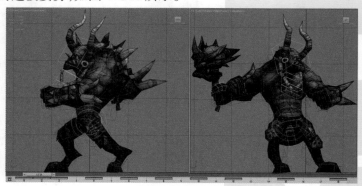

图 4-209 调整质心在第1帧的过渡姿态

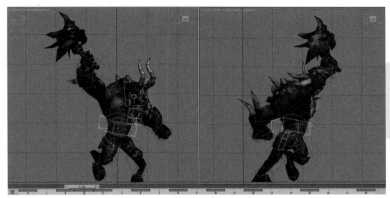

图 4-210 调整第 3 帧的过渡姿势

（11）拖动时间滑块到第 7 帧，再使用 Select and Move（选择并移动）和 Select and Rotate（选择并旋转）工具分别调整牛头人的质心、脊椎和手臂等骨骼的位置和角度，制作出牛头人二次攻击的过渡姿势，如图 4-211 所示。然后拖动时间滑块到第 11 帧，再分别调整牛头人的质心和脊椎等骨骼的位置和角度，使身体大幅度后仰，双手高举武器，从而制作出牛头人三次攻击的蓄力姿势，如图 4-212 所示。

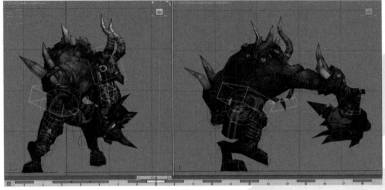

图 4-211 调整二连击的过渡帧

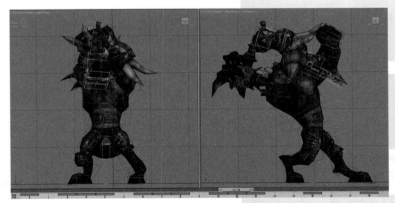

图 4-212 调整三连击的蓄力姿势

（12）调整腿部的过渡姿势。选中绿色脚掌骨骼，再拖动时间滑块到第 3 帧，然后单击 Motion（运动）面板中 Key Info（关键点信息）卷展栏下的 Set Free Key（设置自由关键点）按钮取消滑动关键帧，再使用 Select and Move（选择并移动）和 Select and Rotate（选择并旋转）工具调整骨骼的位置和角度，如图 4-213 所示。同理，拖动时间滑块到第 7 帧，选中蓝色脚掌骨骼，并取消滑动关键帧，再调整脚掌骨骼的位置和角度，制作出向前迈腿时蓝色脚掌离地的效果，如图 4-214 所示。

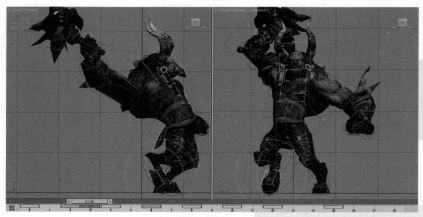

图 4-213　调整绿色脚掌在第 3 帧的姿态

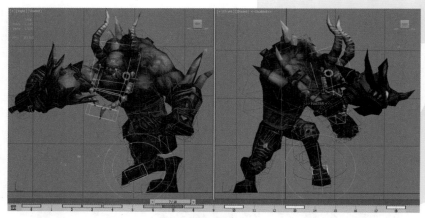

图 4-214　调整蓝色脚掌在第 7 帧的姿态

（13）牛头人的三连击动作过程中，腿部是不断向前迈出的。因此当脚掌离地时，需要取消脚掌骨骼的滑动关键帧。同时还要配合腿部动作不断调整身体在前后和上下方向的位移大小，如图 4-215 所示。然后按下 Ctrl+A 快捷键选中所有的骨骼，再把第 15 帧关键帧拖到第 14 帧，把第 18 帧关键帧拖到第 16 帧，接着把时间范围调整为 16 帧，再单击 Playback（播放动画）按钮播放动画，如图 4-216 所示，最后进行细微动作调整。

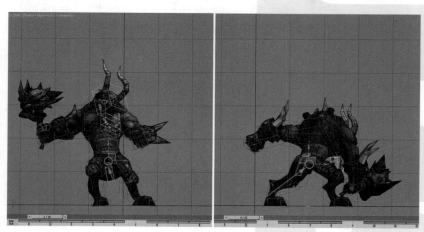

图 4-215　质心在第 1 帧和第 4 帧的位移对比

图 4-216 调整时间范围和关键帧的位置

提示：在制作游戏动画的过程中，要不断观察动画的运动节奏，如果出现节奏不合理的地方，可以通过调整关键帧的位置来进行适当的调整。

（14）按下 Ctrl+A 键选中所有的骨骼，再框选第 9~15 帧关键帧整体向后拖动 1 帧，并把时间范围调整为 18 帧，然后把第 16 帧关键帧拖到第 18 帧，再单击 Playback（播放动画）按钮播放动画，观察三连击的动作效果，如图 4-217 所示。接着按下 Ctrl+A 键选中所有的骨骼，把第 15 帧关键帧拖到第 16 帧，把时间范围调整为 19 帧，再微调牛头人的动作细节，最后单击 Playback（播放动画）按钮播放动画，观察三连击的动作效果，如图 4-218 所示。

图 4-217 调整时间范围和关键帧的位置

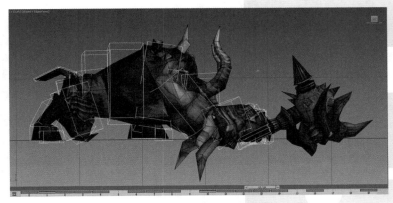

图 4-218 调整时间范围和关键帧的位置

（15）分别把时间滑块拖动到第 1、3、7、8、11、13 和 17 帧，再使用 Select and Rotate（选择并旋转）工具制作出牛头人攻击过程中围裙的动作变化，在顶视图和左视图中观察效果如图 4-219~图 4-225 所示。然后选中臀部围裙的所有骨骼，再把第 0 帧的关键帧复制到第 19 帧。

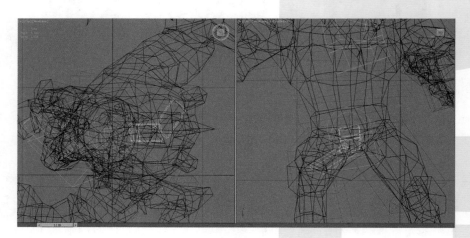

图 4-219 调整第 1 帧的围裙姿势

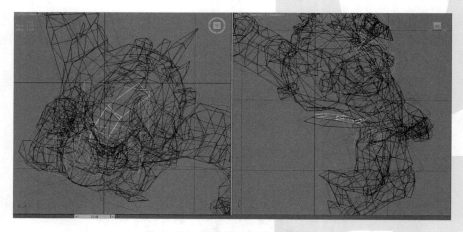

图 4-220 调整第 3 帧的围裙姿势

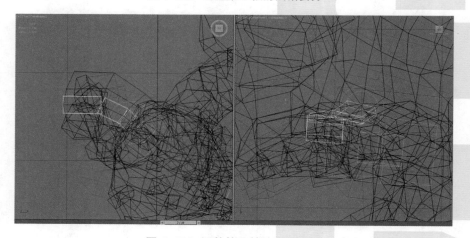

图 4-221 调整第 7 帧的围裙姿势

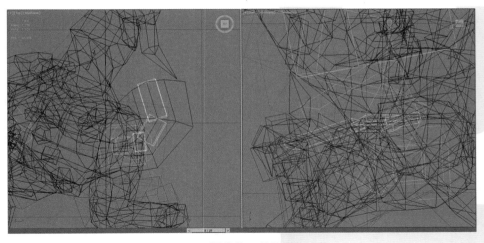

图 4-222 调整第 8 帧的围裙姿势

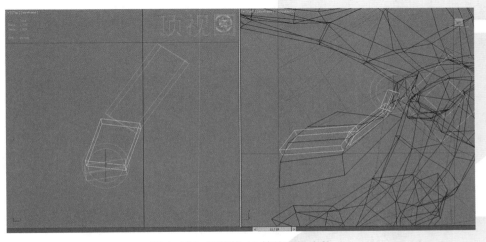

图 4-223 调整第 11 帧的围裙姿势

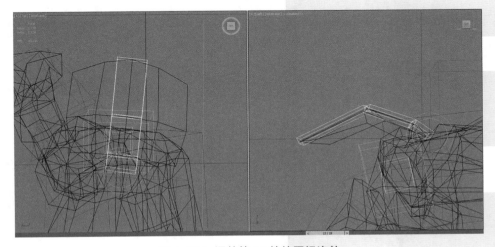

图 4-224 调整第 13 帧的围裙姿势

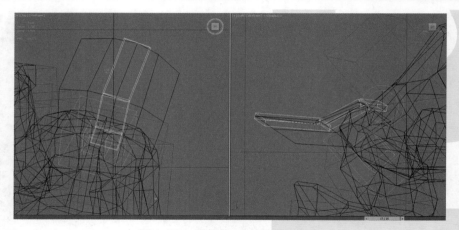

图 4-225　调整第 17 帧的围裙姿势

（16）分别把时间滑块拖动到第 1、3、7、11 和 13 帧，使用 Select and Rotate（选择并旋转）工具制作出牛头人攻击过程中的项链变化过程，在前视图和左视图中效果如图 4-226~ 图 4-230 所示。然后选中项链的所有骨骼，并框选第 0 帧的关键点，再按住 Shift 键，拖动到第 19 帧。

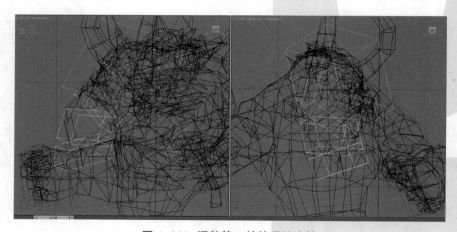

图 4-226　调整第 1 帧的项链姿势

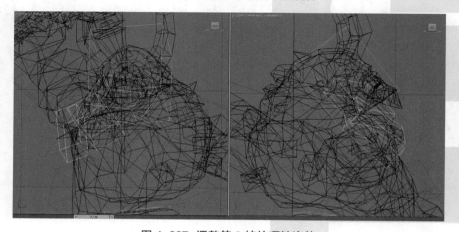

图 4-227　调整第 3 帧的项链姿势

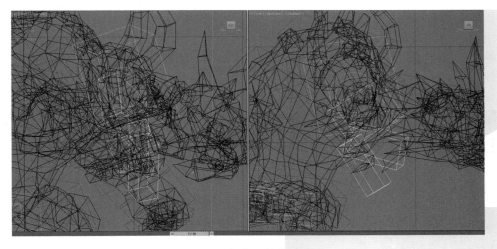

图 4-228 调整第 7 帧的项链姿势

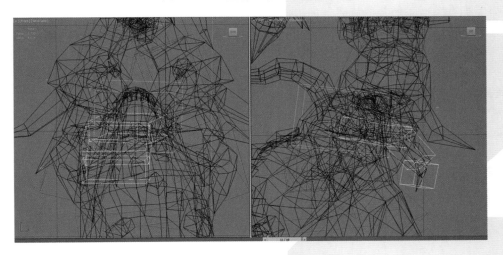

图 4-229 调整第 11 帧的项链姿势

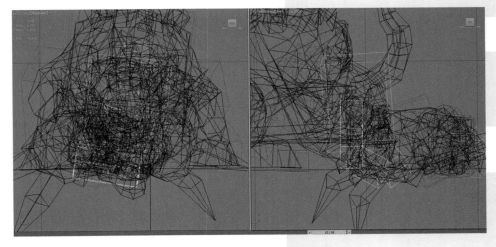

图 4-230 调整第 13 帧的项链姿势

（17）单击 Playback（播放动画）按钮播放动画，这时可以看到牛头人三连击的动作中臀部围裙和项链的跟随运动，同时配合有身体伸展、缩放等细节动画。在播放动画的时候如发现有幅度过大或不正确的地方，可以适当调整，从而完成三连击动画的制作。最后，将文件保存，完成文件可参考"多媒体视频文件 \max\ 牛头人文件 \ 牛头人 – 三连击.max"。

4.4　自我训练

一、填空题

1.在对齐骨骼和模型时使用的主要工具分别是(　　　　　　　　)、(　　　　　　　)、(　　　　　　　)。

2.要想编辑模型的蒙皮封套，需要单击(　　　　　　　)按钮激活编辑模式，再选中(　　　　　　)选项，才可以在视图中编辑顶点。

3.为牛头人模型添加蒙皮修改器的方法是首先打开(　　　　　　　　　)面板中的(　　　　　　　)下拉菜单，并选择(　　　　　　　)修改器，然后单击(　　　　　　　)按钮，并在弹出的(　　　　　　　　)对话框中选择全部骨骼，接着单击(　　　　　　　)按钮，将骨骼添加到蒙皮。

二、简答题

1.简述分离多边形模型的基本操作方法。

2.简述设置骨骼以方框显示的操作方法。

三、操作题

利用本章讲解知识，为一个两足角色模型创建骨骼并蒙皮，并制作普通攻击动画。

第5章
四足爬行动物
动画制作

本节通过网络游戏NPC——水晶鳄的动画设计，演示游戏中四足爬行动物的动画制作思路和方法。

◆学习目标
·掌握四足爬行动物的骨骼创建方法
·掌握四足爬行动物的蒙皮设定
·了解四足爬行动物的运动规律
·掌握四足爬行动物的动画制作方法

◆学习重点
·掌握四足爬行动物的骨骼创建方法
·掌握四足爬行动物的蒙皮设定
·掌握四足爬行动物的动画制作方法

　　本章将讲解网络游戏中的四足爬行动物——水晶鳄的行走、休闲待机、撕咬攻击、撞击攻击和死亡动作的制作方法。动画效果如图 5-1(a)~(e)所示。通过本例的学习,读者应掌握创建骨骼、Skin (蒙皮)以及四足爬行动物动画的基本制作方法。

(a)　行走动画

(b)　休闲待机动画

(c)　撕咬动画

(d)　撞击动画

图 5-1　水晶鳄

(e) 死亡动画

图 5-1 水晶鳄(续)

5.1 水晶鳄的骨骼创建

在创建水晶鳄骨骼时,我们使用传统的 CS 骨骼和 Bone 骨骼相结合。水晶鳄骨骼创建分为身体骨骼匹配、嘴巴和尾巴骨骼匹配以及水晶鳄的骨骼链接三个部分。

5.1.1 创建 Character Studio 骨骼

(1)模型归零。方法:启动 3ds Max,打开"配套光盘 / 第 5 章 水晶鳄的动画 /max 文件 / 水晶鳄.max"文件,再选中水晶鳄的模型,然后按 F4 键来显示模型的线框,如图 5-2 中 A 所示,再将场景中的水晶鳄模型坐标设为原点(X:0,Y:0,Z:0),如图 5-2 中 B 所示。

(2)单击 Create(创建)面板下 Systems(系统)中的 Biped 按钮,然后在透视图中拖出一个两足角色(Biped),如图 5-3 所示。

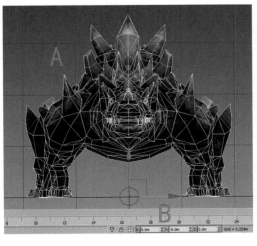

图 5-2 模型坐标归零

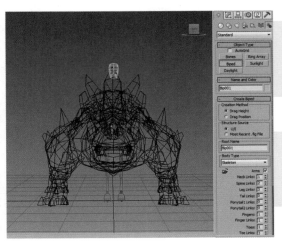

图 5-3 创建一个 Biped 两足角色

(3)选择两足角色(Biped)的任何一个部分,进入 Motion(运动)面板,打开 Biped 卷展栏,然后单击Figure Mode(体形模式)按钮,再单击 Track Selection(轨迹选择)卷展栏下的 Body Horizontal(躯干水平)按钮,接着进入左视图,并使用 Select and Move(选择并移动)工具移动质心到模型的臀部位置,如图 5-4 中 A 所示,再使用 Select and Rotate(选择并旋转)工具旋转质心,使 Biped 骨骼与水晶鳄的身体模型大致相匹配,如图 5-4 中 B 所示。

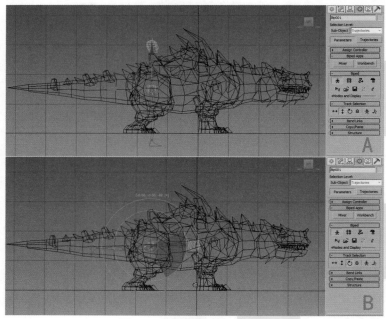

图 5-4 初步调整质心的位置

（4）调整臀部骨骼和质心的准确位置。方法：选中臀部骨骼，再单击工具栏上 Select and Uniform Scale（选择并均匀缩放）按钮，并更改坐标为 Local（局部）坐标，然后分别在前视图和左视图调整臀部骨骼的大小，使之与模型相对应，如图 5-5 所示。然后选中质心，进入前视图，调整 X 坐标为 0，这样就使质心在水平位置的坐标归零，与模型完全匹配，如图 5-6 所示。

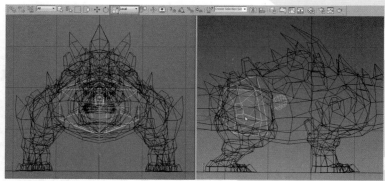

图 5-5 准确匹配臀部骨骼

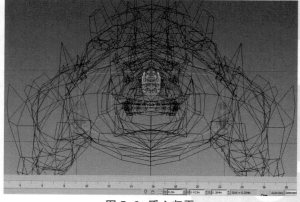

图 5-6 质心归零

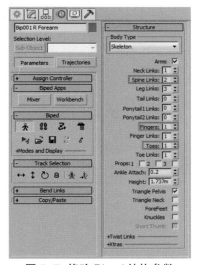

图 5-7　修改 Biped 结构参数

（5）Biped 骨骼属于标准的二足角色的结构，与鳄鱼这种爬行动物的身体结构有差别，因此在匹配骨骼和模型之前，要根据鳄鱼模型调整 Biped 的结构数据，使 Biped 骨骼结构更加符合水晶鳄模型的结构。方法：选中刚刚创建的 Biped 骨骼的任意骨骼，再打开 Motion（运动）面板下的 Structure（结构）卷展栏，然后修改 Spine Links 的结构参数为 2，Fingers 的结构参数为 1，Toes 的结构参数为 1，如图 5-7 所示。

5.1.2　匹配骨骼和模型

（1）匹配腿部骨骼到模型。方法：进入左视图，选中绿色后腿的大腿骨骼，再使用 Select and Rotate（选择并旋转）和 Select and Uniform Scale（选择并均匀缩放）工具调整骨骼的角度和大小，使之与腿部模型大致匹配，如图 5-8 所示。然后分别在前视图和左视图中使用 Select and Move（选择并移动）、Select and Rotate（选择并旋转）和 Select and Uniform Scale（选择并均匀缩放）工具把腿部骨骼和模型匹配对齐，如图 5-9 所示。

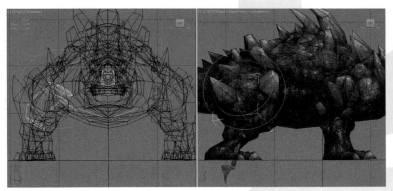

图 5-8　匹配大腿骨骼

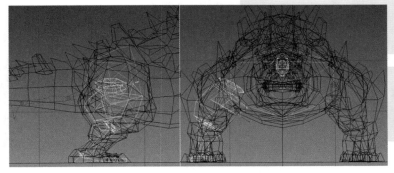

图 5-9　匹配腿部骨骼

（2）复制腿部骨骼姿态。水晶鳄模型的腿部是左右对称的，因此在匹配水晶鳄角色的骨骼和模型时，可以调节好一边腿部骨骼的姿态，再复制给另一边的腿部骨骼，这样可以提高制作效率。方法：双击绿色后腿的大腿骨骼，从而选择整根腿部的骨骼，再进入前视图，如图 5-10 中 A 所示，然后单击 Create Collection（创建集合）按钮，再激活 Posture（姿态）按钮，接着单击 Copy Posture（复制姿态）按钮，再单击 Paste Posture Opposite（向对面粘贴姿态）按钮，这样就把腿部骨骼姿态复制到了另一边，如图 5-10 中 B 所示。

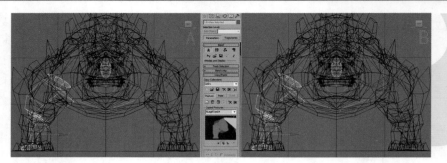

图 5-10　复制后腿骨骼

　　（3）匹配脊椎骨骼。方法：使用 Select and Move（选择并移动）、Select and Rotate（选择并旋转）和 Select and Uniform Scale（选择并均匀缩放）工具在顶视图和左视图匹配第一节脊椎骨骼和模型对齐，如图 5-11 所示。同理，匹配第二节脊椎骨骼和模型对齐，如图 5-12 所示。

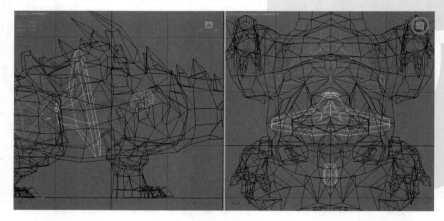

图 5-11　第一节脊椎骨骼的匹配

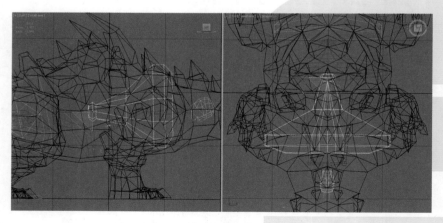

图 5-12　第二节脊椎骨骼的匹配

　　（4）匹配前腿的骨骼。方法：选中绿色肩膀骨骼，使用 Select and Move（选择并移动）和 Select and Rotate（选择并旋转）工具调整骨骼的角度和位置，使之与模型匹配，如图 5-13 所示。然后选中绿色上臂骨骼，再使用 Select and Rotate（选择并旋转）和 Select and Uniform Scale（选择并均匀缩放）工具调整骨骼的角度和大小，使之与水晶鳄的前大腿模型匹配，如图 5-14 所示。

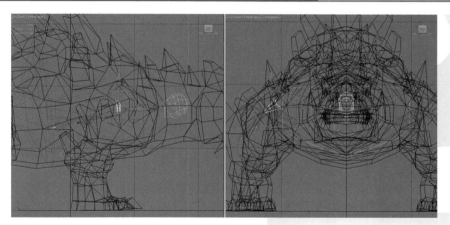

图 5-13 绿色肩膀骨骼的匹配

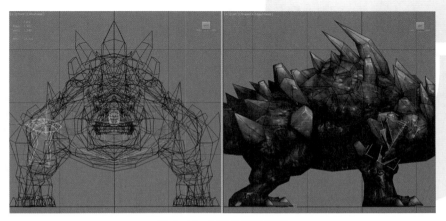

图 5-14 上臂骨骼的匹配

（5）按下 PageDown 键，从而选中绿色前臂的骨骼，再使用 Select and Rotate（选择并旋转）和 Select and Uniform Scale（选择并均匀缩放）工具调整骨骼的角度和大小，使前臂在左视图中向前旋转，使之与模型匹配，如图 5-15 所示。然后分别选中手掌和手指的骨骼，使用 Select and Rotate（选择并旋转）和 Select and Uniform Scale（选择并缩放）工具调整骨骼和角度和大小，使之与模型匹配，如图 5-16 所示。

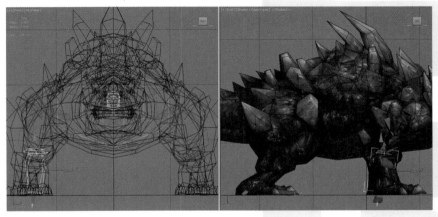

图 5-15 绿色前臂骨骼的匹配

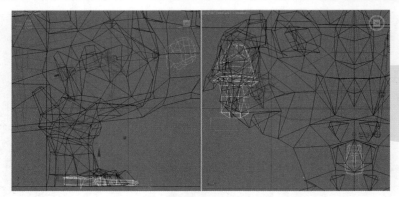

图 5-16　绿色手掌和手指骨骼的匹配

（6）复制绿色前腿骨骼的姿态，选中调整好的前腿骨骼，再单击 Copy Posture（复制姿态）按钮，然后单击 Paste Posture Opposite（向对面粘贴姿态）按钮，这时就完成绿色前腿复制到蓝色前腿的动作，如图 5-17 所示。

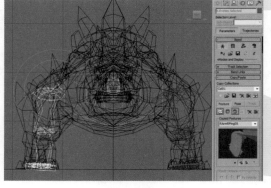

图 5-17　复制前腿的姿态

提示：在匹配四足角色的前腿骨骼时，要注意前腿在运动过程中是向前方弯曲的，使用 Select and Move（选择并移动）工具向上移动脚掌骨骼，可以检查腿部的弯曲运动是否合理，检查结束后，再按 Ctrl+Z 键撤销之前的移动。

（7）头颈部骨骼的匹配。方法：选中颈部骨骼，再使用 Select and Move（选择并移动）、Select and Rotate（选择并旋转）和 Select and Uniform Scale（选择并均匀缩放）工具把颈部骨骼跟模型匹配对齐。同理，在前视图和顶视图中把头部骨骼与模型匹配，效果如图 5-18 所示。

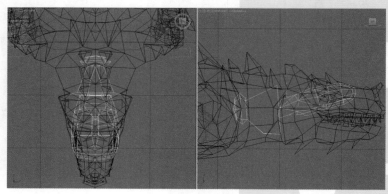

图 5-18　颈和头的骨骼匹配

（8）创建嘴巴的骨骼。方法：进入左视图，单击 Create（创建）面板下 Systems（系统）中的 Bones 按钮，在下颚位置创建一节骨骼，再单击鼠标右键结束创建。然后双击刚刚创建的根骨骼来快速选中整条骨骼，如图 5-19 中 A 所示，再执行 Animation→Bone Tools 菜单命令，如图 5-19 中 B 所示，从而打开 Bone Tools（骨骼工具）面板，接着进入 Fin Adjustment Tools（鳍调整工具）卷展栏的 Bone Objects 组，调整 Bone 骨骼的宽度、高度和锥划参数，如图 5-19 中 C 所示。

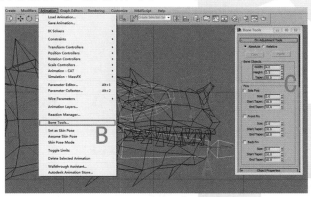

图 5-19 创建并调整嘴巴骨骼的大小

（9）匹配尾巴的骨骼。方法：参考嘴巴骨骼的创建过程，为水晶鳄尾巴模型创建五节骨骼，再单击右键结束创建。然后调整 Bone 骨骼的宽度、高度和锥划参数，如图 5-20 所示。

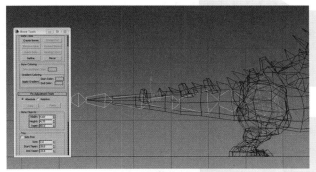

图 5-20 创建并调整尾巴骨骼的大小

5.1.3 骨骼的链接

（1）嘴巴骨骼链接。方法：选中下颚骨骼的根骨骼，再单击工具栏中的 Select and Link（选择并链接）按钮，然后按住鼠标左键拖动至头骨骼，再松开鼠标左键完成链接，如图 5-21 所示。接着选中头部骨骼，使用 Select and Rotate（选择并旋转）工具旋转头骨骼，来验证 Bone 骨骼有没有链接成功。

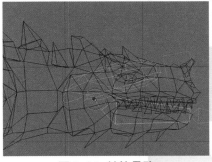

图 5-21 链接骨骼

（2）尾巴骨骼链接。方法：选择尾巴骨骼的根骨骼，再单击工具栏中的 Select and Link（选择并链接）按钮，然后按住鼠标左键拖动至盆骨骨骼上，再松开鼠标左键完成链接，如图 5-22 所示。接着选中盆骨骨骼，使用 Select and Rotate（选择并旋转）工具旋转盆骨骨骼，来验证 Bone 骨骼有没有链接成功。

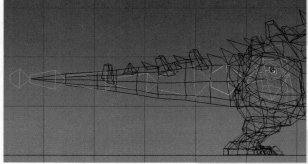

图 5-22 尾巴骨骼的链接

5.2 水晶鳄的蒙皮设定

Skin（蒙皮）的优点是可以自由选择骨骼来进行蒙皮，调节权重也十分方便。本节内容包括调节整个骨骼封套、调节四肢蒙皮、调节身体蒙皮以及调节下颚和尾巴蒙皮等四个部分。

5.2.1 调节封套

（1）为水晶鳄模型添加 Skin 修改器。方法：选中水晶鳄模型，进入 Modify（修改）面板，并打开 Modifier List（修改器列表）的下拉菜单，选择 Skin（蒙皮）修改器，如图 5-23 所示。然后单击 Modify（修改）面板下的 Add（添加）按钮，如图 5-24 中 A 所示，并在弹出的 Select Bones（选择骨骼）对话框中选择全部骨骼，接着单击 Select（选择）按钮，将骨骼添加到蒙皮，如图 5-24 中 B 所示。

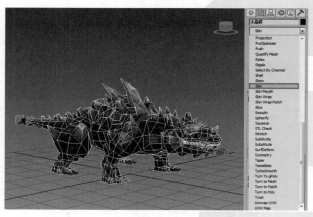

图 5-23 为模型添加 Skin（蒙皮）修改器

（2）添加完全部骨骼之后，我们要把对水晶鳄动作不产生作用的骨骼删除，以便减少系统对骨骼数目的运算。方法：在 Add（添加）列表中选择质心骨骼 Bip001，再单击 Remove（移除）按钮移除，如图 5-25 所示。然后激活 Edit Envelopes（编辑封套）按钮，再分别选中下颚和尾部的末端骨骼，如图 5-26 所示，接着单击 Remove（移除）按钮移除骨骼，这样使蒙皮的骨骼对象更加简洁。

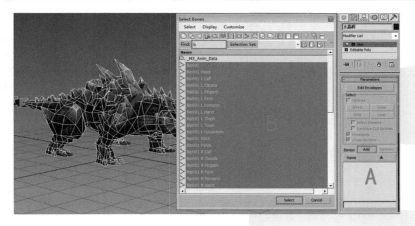

图 5-24 添加所有的骨骼

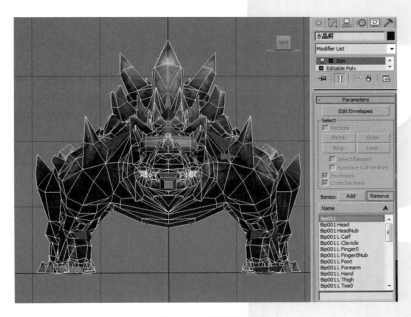

图 5-25 移除质心

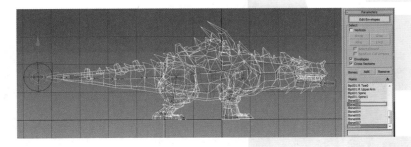

图 5-26 移除添加的末端骨骼

　　（3）调整尾巴骨骼的封套。方法：选中第四节尾巴骨骼的封套链接，如图 5-27 中 A 所示，再分别选中封套的调整点，如图 5-27 中 B 所示，然后使用 Select and Move（选择并移动）工具向骨骼方向移动调节点，如图 5-27 中 C 所示，使封套半径范围与第四节骨骼大小相匹配，效果如图 5-27 中 D 所示。

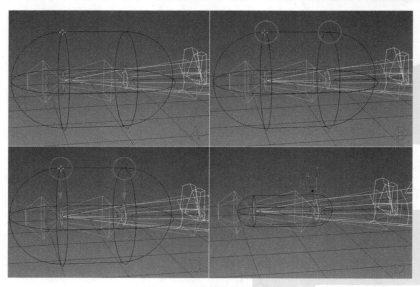

图 5-27 调整尾骨的封套

（4）同上，调整第四节、第三节、第二节尾骨和根骨骼的封套半径，效果如图 5-28 所示。

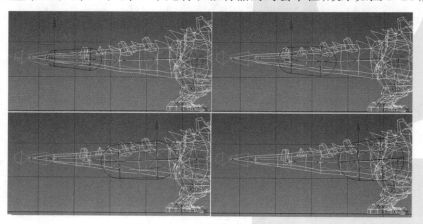

图 5-28 调节尾部骨骼的封套

（5）调节盆骨的封套。方法：选中盆骨的封套链接，如图 5-29 中 A 所示，再使用 Select and Move（选择并移动）工具调节封套半径，使封套影响范围达到最佳效果，如图 5-29 中 B 所示。

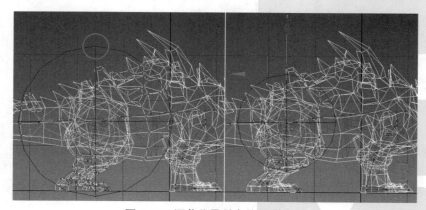

图 5-29 调节盆骨封套的影响范围

（6）调节绿色后腿的封套。方法：选中绿色后腿的大腿骨骼的封套链接，如图 5-30 中 A 所示，再使用 Select and Move（选择并移动）工具调节封套大小，效果如图 5-30 中 B 所示。同理，调整绿色后腿的小腿骨骼的封套链接，使影响范围达到最佳，效果如图 5-31 所示。

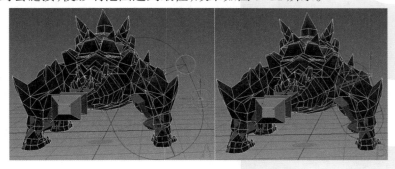

图 5-30 调节绿色后腿骨骼的封套

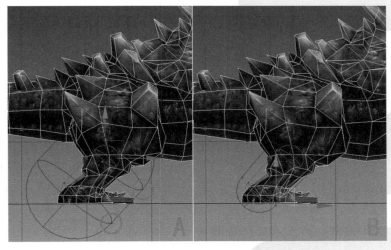

图 5-31 调整绿色后腿的小腿骨骼的封套

（7）调整绿色后腿脚掌的封套。方法：选中脚掌骨骼的封套链接，如图 5-32 中 A 所示，再使用 Select and Move（选择并移动）工具调整封套的影响范围为合适大小，如图 5-32 中 B 所示。

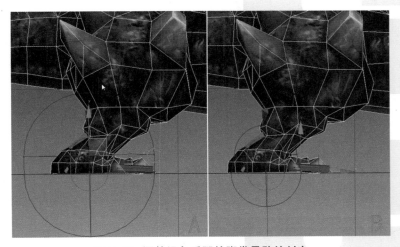

图 5-32 调整绿色后腿的脚掌骨骼的封套

（8）调整绿色后腿脚趾的封套。方法：选中脚趾骨骼的封套链接，如图 5-33 中 A 所示，再使用 Select and Move（选择并移动）工具调整封套的影响范围，效果如图 5-33 中 B 所示。

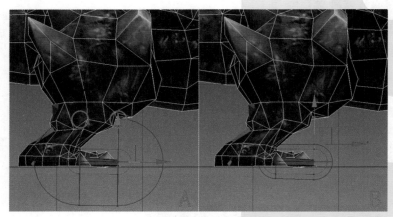

图 5-33　调整脚趾骨骼的封套

（9）复制蓝色后腿骨骼的封套属性。方法：选中绿色后腿的大腿骨骼的封套链接，如图 5-34 中 A 所示，再打开 Modify 面板下的 Parameters（属性）卷展栏，然后单击 Copy（复制）按钮复制封套的影响范围，如图 5-34 中 B 所示。接着选择蓝色后腿的大腿骨骼的封套链接，如图 5-35 中的 A 所示，再单击 Paste（粘贴）按钮，从而把复制的封套范围属性粘贴到蓝色后腿的大腿骨骼封套上，效果如图 5-35 中 B 所示。

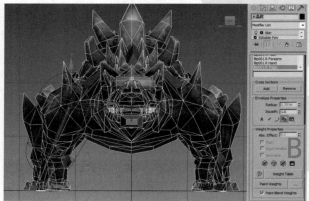

图 5-34　复制封套属性

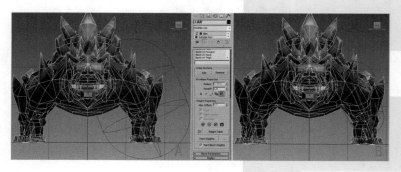

图 5-35　粘贴封套

（10）同上，把蓝色后腿的小腿、脚掌、脚趾的封套属性也复制过来，效果如图 5-36 所示。

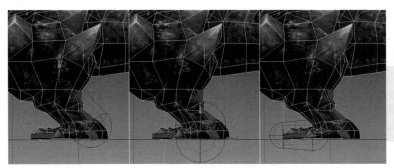

图 5-36　调整蓝色后腿的骨骼封套

（11）调节绿色前腿的封套。方法：选中绿色肩膀骨骼的封套链接，如图 5-37 中 A 所示，再使用 Select and Move（选择并移动）工具调节封套大小，效果如图 5-37 中 B 所示。然后选中绿色大腿骨骼的封套链接，如图 5-38 中 A 所示，再使用 Select and Move（选择并移动）工具调节封套大小，效果如图 5-38 中 B 所示。

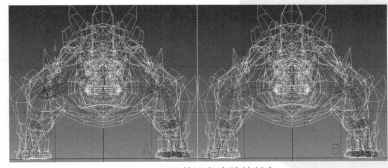

图 5-37　调整绿色肩膀的封套

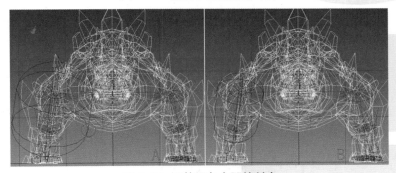

图 5-38　调整绿色大腿的封套

（12）同上，调节绿色前腿的小腿、脚掌、脚趾的封套大小，效果如图 5-39 所示。

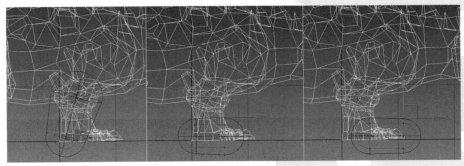

图 5-39　调节绿色前腿的骨骼封套

（13）复制绿色前腿骨骼的封套属性。方法：选中绿色前腿的大腿骨骼的封套链接，再单击 Copy（复制）按钮复制封套的影响范围，如图 5-40 中 A 所示。然后选择蓝色前腿的大腿骨骼的封套链接，再单击 Paste（粘贴）按钮，从而把复制的封套范围属性粘贴到蓝色前腿的大腿骨骼封套上，效果如图 5-40 中 B 所示。

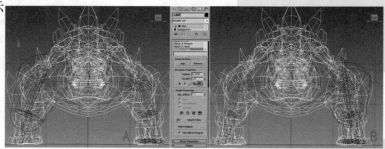

图 5-40　复制粘贴封套属性

（14）同上，把蓝色前腿的小腿、脚掌、脚趾的封套属性也复制过来，效果如图 5-41 所示。

图 5-41　调整蓝色前腿封套

（15）调节脊椎的封套。方法：选中腰椎骨骼的封套链接，如图 5-42 中 A 所示，再使用 Select and Move（选择并移动）工具调整封套的影响范围为最佳，效果如图 5-42 中 B 所示。同理，调整好胸椎骨骼的封套，效果如图 5-43 所示。

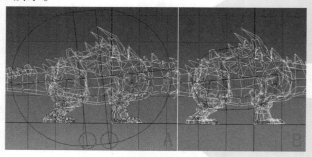

图 5-42　调节腰骨的封套范围

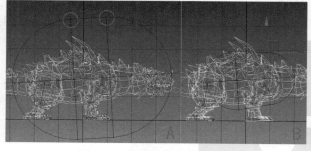

图 5-43　调节胸椎的封套范围

提示:在调节封套时,可以看到封套里点上的颜色变化,不同颜色代表着这个点受这节骨骼封套的权重值不同,红色的点受这节骨骼的影响的权重值最大为1.0,蓝色点受这节骨骼的影响的权重值最小,白色的点代表没有受这节骨骼的影响,权重值为0.0。

(16)调节颈部骨骼的封套范围。方法:选中颈部骨骼的封套链接,如图 5-44 中 A 所示,再使用 Select and Move(选择并移动)工具调整封套的影响范围为最佳,如图 5-44 中 B 所示。

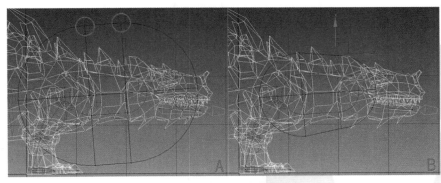

图 5-44 调节颈部骨骼的封套

(17)调节头部骨骼的封套。方法:选中头部骨骼的封套链接,如图 5-45 中 A 所示,再使用 Select and Move(选择并移动)工具调整封套的影响范围为最佳,如图 5-45 中 B 所示。

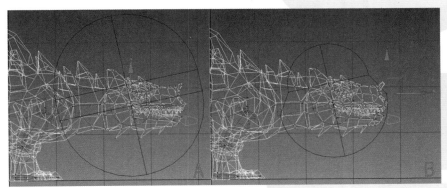

图 5-45 调节头部骨骼的封套

(18)调节下颚骨骼的封套。方法:选中下颚骨骼的封套链接,如图 5-46 中 A 所示,再使用 Select and Move(选择并移动)工具调整封套的影响范围为最佳,如图 5-46 中 B 所示。

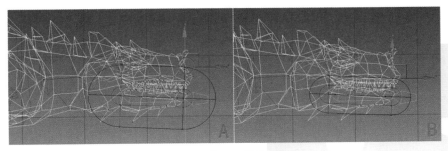

图 5-46 调节下颚骨骼的封套

5.2.2 调节蒙皮前的准备

（1）设置模型显示模式。方法：选中水晶鳄的模型，再进入 Display（显示）面板，然后单击水晶鳄模型名称右侧 Object Color（对象颜色）按钮，如图 5-47 中 A 所示，并在弹出的 Object Color（对象颜色）对话框中选择灰色，如图 5-47 中 B 所示，单击 OK 按钮确认。接着选择 Display Color（显示颜色）卷展栏下 Shaded（明暗处理）模式中的 Object Color（对象颜色）选项，如图 5-48 中 A 所示，从而把模型的显示颜色变为刚刚设置的灰色，如图 5-48 中 B 所示。

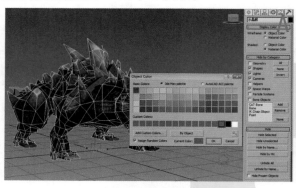

图 5-47 设置模型的颜色显示模式

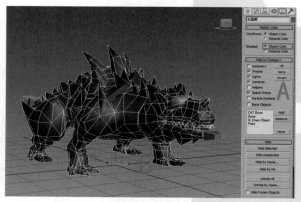

图 5-48 调整对象颜色后的显示效果

提示：把模型显示颜色设置为灰色，这样在后面进行蒙皮操作时，能够比较清楚地通过顶点颜色来区分和判断权重值的大小。

（2）调整骨骼显示模式。方法：选中所有的骨骼，如图 5-49 中 A 所示，再单击鼠标的右键，并从弹出的快捷菜单中选择 Object Properties（对象属性）命令，然后在弹出的 Object Properties（对象属性）对话框中选中 Display as Box（显示为外框）选项，如图 5-49 中 B 所示，接着单击 OK 按钮，可以看到视图中骨骼变为外框显示，如图 5-50 所示。

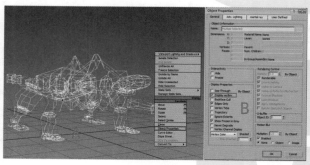

图 5-49 选择骨骼并改变显示模式

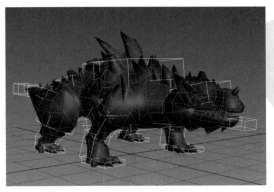

图 5-50 水晶鳄的骨骼显示为外框

（3）设置不显示封套和设置骨骼影响限制。方法：选中模型，进入 Modify（修改）面板，并激活 Skin 修改器，系统自动显示头骨的封套，如图 5-51 中 A 所示。然后选中 Display（显示）卷展栏下的 Show No Envelopes（不显示封套）选项，封套半径消失，效果如图 5-51 中 B 所示。接着打开 Advanced Parameters（高级参数）卷展栏，设置 Bone Affect Limit（骨骼影响限制）值为 3，如图 5-51 中 C 所示。

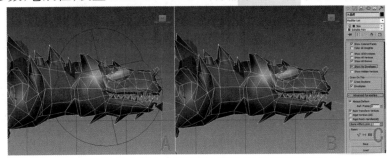

图 5-51 设置在蒙皮中不显示封套和设置骨骼影响限制

（4）检查错误的蒙皮。方法：按下 N 键打开记录关键帧的按钮，再选中所有 Biped 骨骼，如图 5-52 中 A 所示。然后进入 Motion（运动）面板，关闭 Figure Mode（体形模式）按钮，接着把时间滑块拖到第 0 帧，再进入 Modify（修改）面板，单击 Key Info 卷展栏下的 Set Key（设置关键点）按钮，这样就在第 0 帧创建了一个关键帧，如图 5-52 中 B 所示。

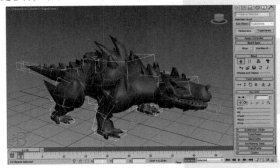

图 5-52 在第 0 帧设置 Biped 关键帧

（5）同上，选中所有的 Bone 骨骼，如图 5-53 中 A 所示，并在第 0 帧的时间滑块上单击鼠标右键，如图 5-53 中 B 所示，然后在弹出的 Set Key（设置关键帧）对话框中设置参数，如图 5-53 中 C 所示，再单击 OK 按钮创建关键帧，如图 5-53 中 D 所示。接着把时间滑块拖动到第 5 帧，再使用 Select and Rotate（选择并旋转）工具向上调整尾巴的 Bone 骨骼和向下调整下颚骨骼角度，如图 5-54 所示，可以发现嘴巴模型有明显拉伸，这是错误的蒙皮权重造成的，需要在后面的过程中进行调整。

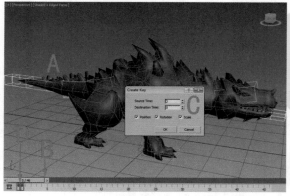

图 5-53 创建 Bone 骨骼在第 0 帧的关键帧

图 5-54 调整骨骼角度后模型出现拉伸

5.2.3 调节尾巴和嘴巴下颚模型的蒙皮

（1）选中水晶鳄模型，再进入 Modify（修改）面板，然后单击激活 Skin 修改器，并选中 Vertices（顶点）选项，设定为权重点的模式，如图 5-55 中 A 所示。接着单击 Parameters（参数）卷展栏下的 Weight Tool（权重工具）按钮，打开 Weight Tool（权重工具）面板，如图 5-55 中 B 所示。

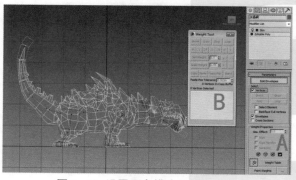

图 5-55 设置顶点模式和权重工具

（2）调整第五节尾骨的顶点权重。方法：拖动时间滑块到第 0 帧，选中第五节尾骨链接，然后选中尾尖顶点，再单击 Weight Tool（权重工具）面板下的"1"按钮，从而将顶点受到第五节尾骨影响的权重值设为 1，如图 5-56 中 A 所示。接着选中第四、五节尾骨连接处的顶点，再单击 Weight Tool（权重工具）面板下的".5"按钮，从而将此处的模型顶点的权重值设为 0.5，如图 5-56 中 B 所示。

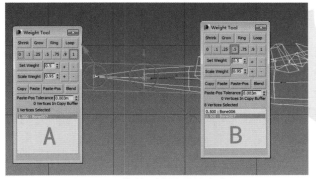

图 5-56　调整第五节尾骨的顶点权重

（3）调整第四节尾骨的顶点权重。方法：拖动时间滑块到第 0 帧，再选中第四节尾骨链接显示模型顶点，然后选中完全受第四节尾骨影响的模型顶点，如图 5-57 中 A 所示。再单击 Weight Tool（权重工具）面板下的"1"按钮，从而将选中的模型顶点受第四节尾骨影响的权重值设为 1。接着选中第三、四节尾骨连接处的顶点，如图 5-57 中 B 所示，再单击 Weight Tool（权重工具）面板下的".5"按钮，从而将选中的模型顶点受第四节尾骨影响的权重值设为 0.5。同理，调整好受第三节尾骨和第二节尾骨影响的顶点权重，如图 5-58 和图 5-59 所示。

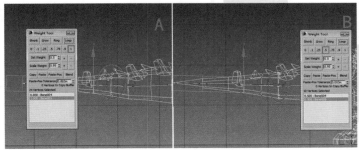

图 5-57　调整第四节尾骨的顶点权重

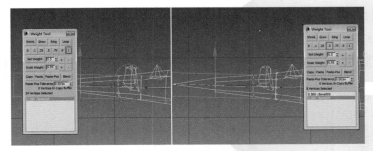

图 5-58　调整第三节尾骨的顶点权重

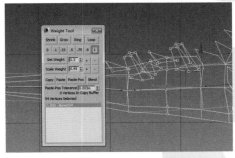

图 5-59　调整第二节尾骨的顶点权重

（4）调整尾巴根骨骼的顶点权重。方法：选中尾巴根骨骼的封套链接，并选中受第二节尾骨和根骨骼影响的顶点，如图 5-60 中 A 所示，再单击 Weight Tool（权重工具）面板下的".5"按钮，从而将选中的顶点受尾巴根骨骼影响的权重值设为 0.5。接着选中完全受根骨骼影响的顶点，如图 5-60 中 B 所示，再单击 Weight Tool（权重工具）面板下的"1"按钮，从而将选中的模型顶点的权重值设为 1。同理，调整好尾部和臀部连接处的顶点权重，如图 5-61 所示。

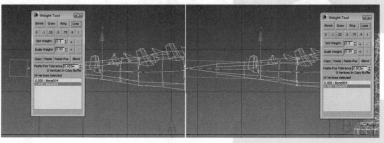

图 5-60　调整尾巴根骨骼的顶点权重

图 5-61　调整尾部和臀部连接处的顶点权重

（5）调整头部顶点的权重。选中头骨的封套链接，并选中嘴巴上颚和牙齿模型上的顶点，再单击 Weight Tool（权重工具）面板下的"1"按钮，从而将选中的模型顶点的受影响权重值设为 1，如图 5-62 所示。然后选中下颚骨骼的封套链接，并选中下颚和牙齿模型的顶点，再单击 Weight Tool（权重工具）面板下的"1"按钮，从而将选中的模型顶点受影响的权重值设为 1，如图 5-63 所示。

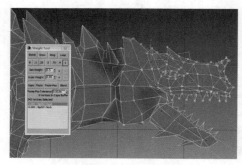

图 5-62　调整头部骨骼的顶点权重

图 5-63　调整下颚的顶点权重

（6）调整下颚关节的顶点权重。方法：选中下颚关节处的顶点，再单击 Weight Tool（权重工具）面板下的".75"按钮，从而将选中的模型顶点的受影响权重值设为 0.75，如图 5-64 中 A 所示。然后选中靠近下颚的顶点，再单击 Weight Tool（权重工具）面板下的".5"按钮，接着单击 Set Weight（设置权重）后面按钮二次，减去 0.1 的值，从而将选中的模型顶点的受影响权重值设为 0.4，如图 5-64 中 B 所示。最后拖动时间滑块到第 5 帧来检查下颚顶点的权重值是否合理。

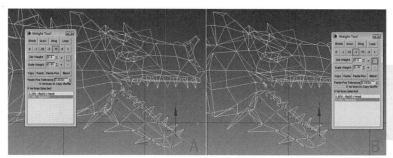

图 5-64　调整下颚关节处的顶点权重

（7）调整颈部骨骼的顶点权重。方法：选中颈部骨骼的封套链接，并选中靠近头骨的顶点，再单击 Weight Tool（权重工具）面板下的".55"按钮，从而将选中模型顶点的受影响权重值设为 0.55，如图 5-65 所示。然后选中颈部表面的水晶角的顶点，再单击 Weight Tool（权重工具）面板下的"1"按钮，从而将选中的模型顶点受影响权重值设为 1，如图 5-66 所示。

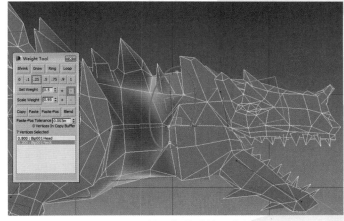

图 5-65　调整颈部骨骼的顶点权重

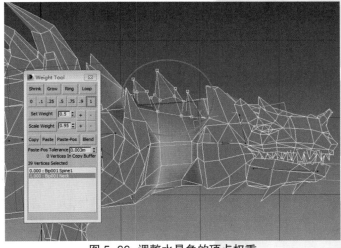

图 5-66　调整水晶角的顶点权重

（8）同上，选中颈部和脊椎连接处的顶点，再单击 Weight Tool（权重工具）面板的".1"按钮，从而将选中的模型顶点的受影响权重值设为 0.1，如图 5-67 所示。然后微调颈部其他顶点的权重值，如图 5-68 所示。

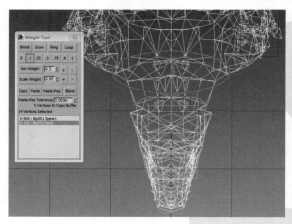

图 5-67　调整颈部和脊椎连接处的顶点权重

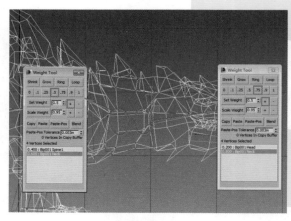

图 5-68　微调颈部其他顶点权重

（9）检查头颈部位的顶点权重是否合理。方法：关闭 Edit Envelopes（编辑封套）模式，把时间滑块拖到第 4 帧，然后分别选中头颈部的骨骼，再使用 Select and Rotate（选择并旋转）工具向下旋转骨骼，如图 5-69 中 A 所示。接着拖动时间滑块到第 8 帧，再使用 Select and Rotate（选择并旋转）工具向上旋转头颈部的骨骼，如图 5-69 中 B 所示。

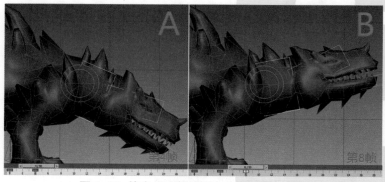

图 5-69　检查头颈部的顶点的权重是否合理

提示：给骨骼设置关键帧之后可以观察顶点的权重是否合理。如果发现顶点的移动不合理，可以激活 Edit Envelopes（编辑封套）模式，再使用 Weight Tool（权重工具）面板上的数值按钮来重新分配顶点的权重值。

5.2.4 调整四肢和身体的蒙皮

（1）调整四肢权重前的准备。方法：关闭 Edit Envelopes（编辑封套）模式，再把时间滑块拖动到第 5 帧，然后选中绿色后腿的骨骼，再使用 Select and Rotate（选择并旋转）工具向外旋转大腿、向后旋转小腿和脚掌骨骼，这是一个比较夸张的姿态，方便后面进行权重值的检查，如图 5-70 所示。同理，调整蓝色后腿也做出类似的姿态，如图 5-71 所示。

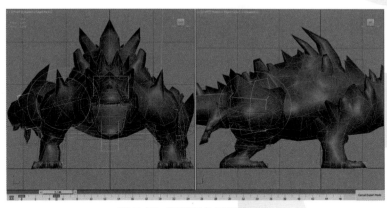

图 5-70 调整绿色后腿的姿态

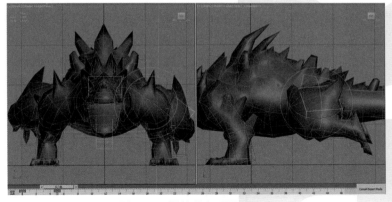

图 5-71 调整蓝色后腿的姿态

（2）同上，拖动时间滑块到第 10 帧，选中绿色前腿的大腿骨骼，再使用 Select and Rotate（选择并旋转）工具向外旋转骨骼，使水晶鳄的绿色前腿向侧面张开，接着框选第 0 帧的关键帧，再按住 Shift 键拖动到第 11 帧。同理，在第 20 帧制作腿弯曲和脚跟踮起的姿态，在第 30 帧制作脚掌向下绷直的姿态，在第 50 帧制作腿向后的姿态，在相应的帧腿呈现的姿态如图 5-72 所示。同理制作出蓝色前腿的姿态，如图 5-73 所示。

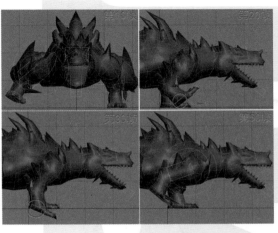

图 5-72 制作绿色腿部在不同关键帧的姿态

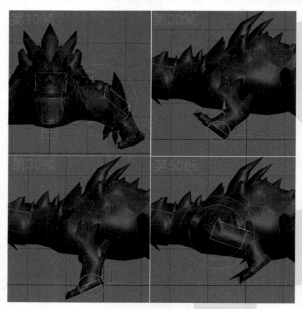

图 5-73 制作蓝色腿部在不同关键帧的姿态

（3）调整脚趾的权重值。方法：开启 Edit Envelopes（编辑封套）模式，把时间滑块拖动到第 0 帧，选中蓝色前腿的脚趾链接，再选中脚趾的顶点，然后单击 Weight Tool（权重工具）面板中的"1"按钮，从而将受脚趾骨骼影响的顶点权重设为 1，如图 5-74 中 A 所示。然后选中脚掌骨骼的封套，并选中脚掌底部的顶点，再单击"1"按钮，从而将顶点权重设为 1，如图 5-74 中 B 所示。同理，选中脚踝部分的顶点，再设置权重值为 0.75，如图 5-75 所示。

图 5-74 调整脚趾和脚掌的顶点权重

图 5-75 调整踝关节的顶点权重

（4）调整蓝色小腿骨骼的顶点权重。方法：选中蓝色前小腿骨骼链接，再选中小腿部分的顶点，然后单击 Weight Tool（权重工具）面板中的"1"按钮，从而将顶点权重设为 1，如图 5-76 中 A 所示。接着选中脚掌骨骼链接，再单击 Set Weight（设置权重）后面按钮一次，加 0.05 的值，将顶点权重设为 0.05，如图 5-76 中 B 所示。最后选中小腿骨骼链接，并选择小腿部分的顶点，再单击 Weight Tool（权重工具）面板中的"1"按钮，从而将小腿模型顶点的权重值设为 1，如图 5-77 所示。

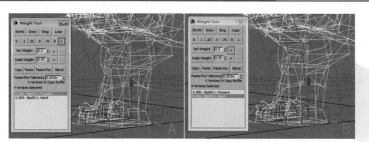

图 5-76　调整小腿部分顶点的权重

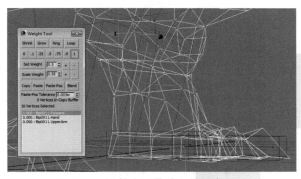

图 5-77　调整小腿骨骼上的顶点权重

（5）调整蓝色前腿膝盖的顶点权重。方法：选中蓝色前腿膝盖下方的顶点，再单击 Weight Tool（权重工具）面板中的"0.75"按钮，然后单击 Set Weight（设置权重）后面按钮三次，减去 0.15 的值，从而将选中的模型顶点的权重值设为 0.6，如图 5-78 所示。接着选中膝盖上方的顶点，再单击 Weight Tool（权重工具）面板中的"0.1"按钮，从而将选中的模型顶点的权重值设为 0.1，如图 5-79 所示。

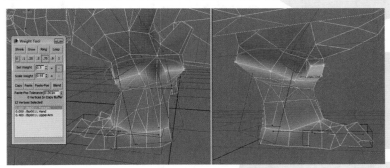

图 5-78　调整蓝色前腿膝盖下方的顶点权重

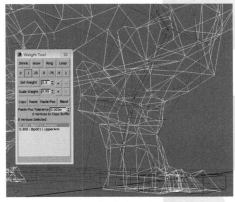

图 5-79　调整膝盖上方顶点权重

（6）调整蓝色前腿的顶点权重。方法：选中蓝色前腿大腿骨骼的封套链接，并选中大腿骨骼上的顶点，再单击 Weight Tool（权重工具）面板中的"1"按钮，从而将选中的模型顶点的权重值设为 1，如图 5-80 所示。然后选中大腿和第二节脊椎骨骼连接处的顶点，再单击 Weight Tool（权重工具）面板中的".25"按钮，并单击 Set Weight（设置权重）后面按钮二次，减去 0.1 的值，从而将选中的模型顶点的权重值为 0.15，如图 5-81 所示。

图 5-80　调整大腿骨骼的顶点权重

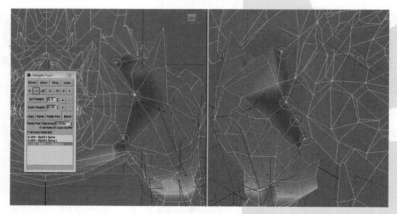

图 5-81　调整大腿和第二节脊椎骨骼连接处的顶点

（7）调整蓝色后腿的顶点权重。方法：选中蓝色后腿脚趾骨骼的封套，并选择脚趾的顶点，再单击 Weight Tool（权重工具）面板中的"1"按钮，从而将选中的模型顶点的权重值设为 1，如图 5-82 中 A 所示。然后选中脚掌骨骼的封套链接，并选中脚掌底部的顶点，再单击 Weight Tool（权重工具）面板中的"1"按钮，从而将选中的模型顶点的权重值设为 1，如图 5-82 中 B 所示。

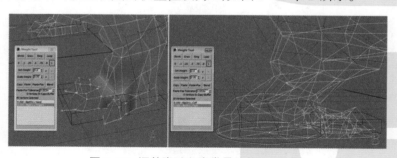

图 5-82　调整脚趾和脚掌骨骼的顶点权重

（8）调整脚跟的顶点权重。方法：选中脚跟处的顶点，再单击WeightTool(权重工具)面板中的".75"按钮，从而将选中的模型顶点的权重值设为 0.75，如图 5-83 中 A 所示。然后选中脚掌骨骼的封套链接，并选中脚掌和脚踝连接处的顶点，再单击 Weight Tool(权重工具)面板中的".75"按钮，从而将选中的模型顶点的权重值设为 0.75，如图 5-83 中 B 所示。

图 5-83 调整脚跟的顶点权重

（9）调整蓝色后腿小腿骨骼的顶点权重。方法：选中蓝色小腿骨骼的封套链接，并选中脚踝部位的顶点，再单击 Weight Tool(权重工具)面板中的"1"按钮，然后选中脚掌骨骼的封套链接，再单击 Weight Tool(权重工具)面板中的".1"按钮，从而将选中的模型顶点的权重值设为 0.1，如图 5-84 中 A 所示。接着选中小腿骨骼的封套链接，并选择小腿的顶点，再单击 Weight Tool(权重工具)面板中的"1"按钮，从而将选中的模型顶点的权重值设为 1，如图 5-84 中 B 所示。

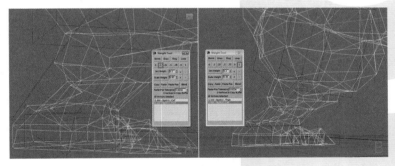

图 5-84 调整蓝色后腿小腿的顶点权重

（10）调整蓝色后腿膝盖上的顶点权重。方法：选中膝盖上的顶点，并选中大腿骨骼的封套链接，再单击 Weight Tool(权重工具)面板中的"0.5"按钮，从而将选中的模型顶点的权重值设为 0.5，如图 5-85 所示。

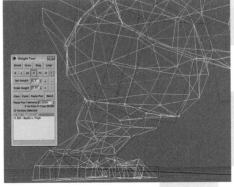

图 5-85 调整膝盖上的顶点权重

（11）调整蓝色后腿大腿的顶点权重。方法：选中大腿骨骼的封套链接，并选中蓝色后腿大腿骨骼上的顶点，再单击 Weight Tool（权重工具）面板中的"1"按钮，从而将选中的模型顶点的权重值设为 1，如图 5-86 所示。然后选中大腿和第一节脊骨连接处的顶点，再单击 Weight Tool（权重工具）面板中的".25"按钮，从而将选中的模型顶点的权重值设为 0.25，如图 5-87 所示。

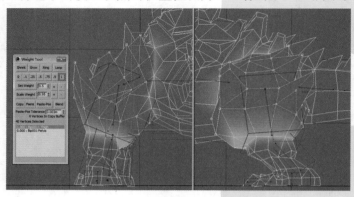

图 5-86　调整蓝色大腿的顶点权重

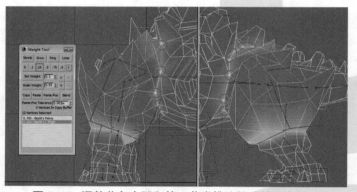

图 5-87　调整蓝色大腿和第二节脊椎连接处的顶点权重

（12）镜像复制权重值。方法：选中蓝色腿部任一骨骼的封套链接，再单击 Modify（修改）面板下的 Mirror Parameters（镜像参数）卷展栏下 Mirror Mode（镜像模式）按钮，并设置好参数，如图 5-88 中A 所示，单击 Mirror Paste（镜像粘贴）按钮，再单击 Paste Blue to Green Bones（将蓝色粘贴到绿色骨骼）按钮，接着单击 Paste Blue to Green Verts（将蓝色粘贴到绿色顶点）按钮，将水晶鳄左侧蓝色的顶点权重值复制到右侧绿色的顶点，如图 5-88 中 B 所示。

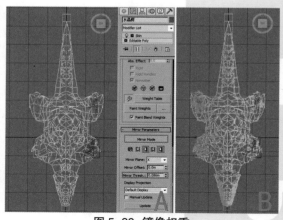

图 5-88　镜像权重

（13）调整臀部顶点的权重。方法：选中臀部骨骼的封套链接，并选中臀部的顶点，再单击 Weight Tool（权重工具）面板中的"1"按钮，从而将选中的模型顶点的权重值设为 1，如图 5-89 所示。然后选中臀部和第一节脊椎连接处的顶点，再单击 Weight Tool（权重工具）面板中的".55"按钮，从而将选中的模型顶点的权重值设为 0.55，如图 5-90 所示。

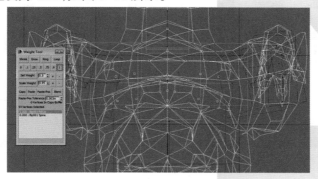

图 5-89　调整臀部顶点的权重

图 5-90　调整臀部和第一节脊椎连接处的顶点权重

（14）调整水晶鳄腹部的顶点权重。方法：选中第一节脊椎的封套链接，并选中水晶鳄腹部的顶点，再单击 Weight Tool（权重工具）面板中的"1"按钮，从而将选中的模型顶点的权重值设为 1，如图 5-91 所示。然后选中腹部和胸部连接处的顶点，再单击 Weight Tool（权重工具）面板中的".5"按钮，从而将选中的模型顶点的权重值设为 0.5，如图 5-92 中 A 所示。接着选中水晶鳄胸部的顶点，再单击 Weight Tool（权重工具）面板中的".1"按钮，并单击 Set Weight（设置权重）后面按钮一次，加 0.05 的值，从而将胸部模型的顶点权重值设为 0.15，如图 5-92 中 B 所示。

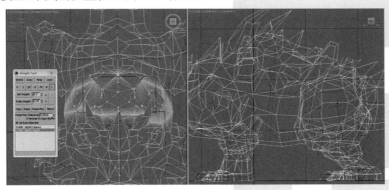

图 5-91　调整腹部顶点的权重

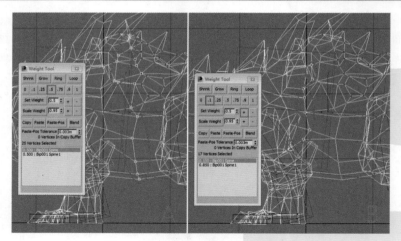

图 5-92　调整胸腹连接处的顶点权重

（15）调整水晶鳄胸部顶点的权重。方法：选中第二节脊椎的封套链接，并选中胸部的一圈顶点，再单击 Weight Tool（权重工具）面板中的"1"按钮，从而将选中的模型顶点的权重值设为 1，如图 5-93 所示。

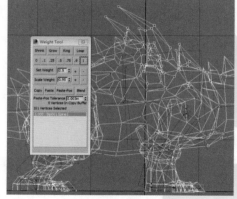

图 5-93　调整第二节脊椎骨骼的顶点权重

（16）完成蒙皮调整后，退出 Edit Envelopes（编辑封套）模式，再选中所有的 Biped 骨骼，然后选中时间滑块上除第 0 帧的关键帧，并按下 Delete 键删除关键帧，接着把时间滑块拖动到任意帧，再使用 Select and Move（选择并移动）工具和 Select and Rotate（选择并旋转）工具调整腿部或脊椎等骨骼的位置和角度，并观察模型顶点的移动是否合理。如果顶点出现拉伸，说明该顶点的权重值不合理，可通过单击 Weight Tool（权重工具）面板中的权重值按钮，使模型顶点移动到合适位置。

5.3　水晶鳄的动画制作

本节主要讲解网络游戏中的爬行动物——水晶鳄的动画制作。内容包括水晶鳄的行走动画、水晶鳄的撕咬动画、水晶鳄的撞击动画、水晶鳄的休闲动画和水晶鳄的死亡动画制作。

5.3.1　制作水晶鳄的行走动画

四足爬行动物是游戏中比较多见的角色，行走是必须掌握的基本动作。首先我们来看一下水晶鳄的行走动作图片序列，如图 5-94 所示。

图5-94　水晶鳄行走序列图

（1）启动3ds Max，打开配套光盘中的"水晶鳄蒙皮.max"文件，再选中水晶鳄的模型，然后单击鼠标右键，并在弹出的快捷菜单中选择 Freeze Selection（冻结选定对象）命令，完成水晶鳄模型的冻结，接着单击 Auto Key（自动关键帧）按钮，再单击动画控制区中的 Time Configuration（时间配置）按钮，并在弹出的 Time Configuration（时间配置）对话框中设置 End Time（结束时间）为34，最后单击 OK 按钮，如图5-95所示，从而将时间滑块长度设为34帧。

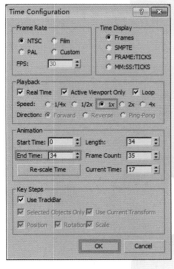

图5-95　设置时间滑块的长度

（2）分别选中水晶鳄的四只脚掌骨骼，再单击 Motion（运动）面板下 Key Info（关键帧信息）卷展栏下的 SetSlidingKey（设置滑动关键点）按钮，为脚掌骨骼设置滑动关键帧，然后单击 Track Selection（轨迹选择）卷展栏下 Body Vertical（躯干垂直）按钮快速选中质心，并在视图中稍稍下移，从而制作出水晶鳄微微下蹲的姿势，如图5-96所示。接着单击 Trajectories（轨迹）按钮显示骨骼运动的轨迹。

图5-96　第0帧的质心位移

（3）选中水晶鳄的骨骼，再使用 Select and Move（选择并移动）和 Select and Rotate（选择并旋转）工具分别调整水晶鳄的腿、身体、头部和尾巴骨骼的位置和角度，制作出水晶鳄绿色前腿迈出、脚掌着地、脚趾翘起，蓝色前腿脚掌脚跟微微踮起、脚趾触地的姿势。然后制作出绿色后腿脚掌着地，蓝色后腿稍稍抬起，身体整体向左平移的姿势，从而在第 0 帧创建出水晶鳄行走的初始关键帧，如图 5-97 和图 5-98 所示。

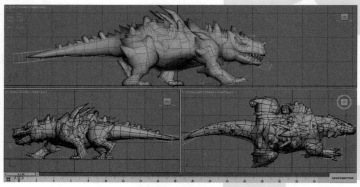

图 5-97　水晶鳄腿、身体和头的初始姿势

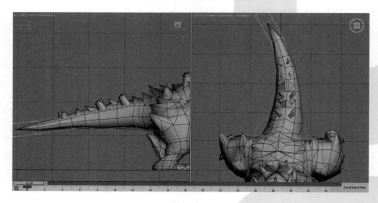

图 5-98　水晶鳄尾巴的初始姿势

（4）进入 Motion（运动）面板下，依次单击 Track Selection（轨迹选择）卷展栏下的 Lock COM Keying（锁定 COM 关键帧）、Body Horizontal（躯干水平）、Body Vertical（躯干垂直）和 Body Rotation（躯干旋转）按钮，以确保能同时记录质心移动和旋转的动画信息，如图 5-99 中 A 所示。然后选中所有的 Biped 骨骼，拖动时间滑块到第 17 帧，并单击 Copy/Paste 卷展栏下的 Pose（姿势）按钮，再单击 Copy Pose（复制姿势）按钮，接着激活 Paste Options（粘贴选项）组下的 Paste Horizontal（粘贴水平）和 Paste Vertical（粘贴垂直）按钮，再单击 Paste Pose Opposite（向对面粘贴姿势）按钮，如图 5-99 中 B 所示，从而把第 0 帧的姿势粘贴到第 17 帧，如图 5-100 所示。同理，把第 0 帧的所有骨骼姿势粘贴到第 34 帧，最后双击尾巴的根骨骼，从而选中整条骨骼，在按下 Shift 键的同时，从第 0 帧拖动复制到第 34 帧，以便使动画能够流畅地衔接起来。

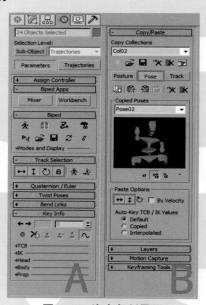

图 5-99　姿态复制界面

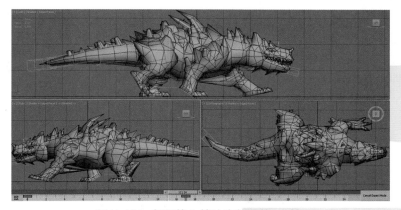

图 5-100 复制第 0 帧的姿势到第 17 帧

提示:水晶鳄在第 17 帧时的运动方向与第 0 帧是相反的。而角色的行走是一个循环动作,因此当调整好一侧的行走姿势后,可以通过"向对面粘贴姿势"命令复制出另一侧的动作。

(5)拖动时间滑块到第 17 帧,分别选中水晶鳄着地的脚掌骨骼,再单击 Key Info(关键帧信息)卷展栏下的 Set Sliding Key(设置滑动关键点)按钮,为脚掌骨骼设置滑动关键帧,如图 5-101 所示。同理,为第 34 帧的脚掌骨骼也设置滑动关键帧。然后分别选中尾巴骨骼,再使用 Select and Rotate(选择并旋转)工具调整骨骼的角度,制作出尾巴配合身体摇摆的姿势,如图 5-102 所示。

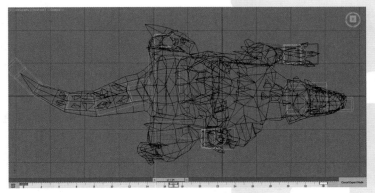

图 5-101 在第 17 帧设置脚掌为滑动关键帧

提示:为骨骼设置滑动关键帧之后,当前关键帧的颜色会变成黄色。

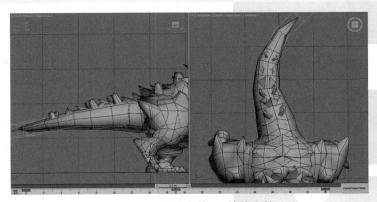

图 5-102 尾巴在第 17 帧的姿势

（6）拖动时间滑块到第 8 帧，单击 Body Vertical（躯干垂直）按钮选中质心，并向下移动，再使用 Select and Move（选择并移动）和 Select and Rotate（选择并旋转）工具调整水晶鳄的腿、身体、头部和尾巴骨骼的位置和角度，使水晶鳄的绿色前腿的脚掌着地，蓝色前腿抬起，蓝色后腿跟随身体向前迈出，绿色后腿脚趾着地，身体呈现反 S 形动态，如图 5-103 中 A 所示，头部姿态如图 5-103 中 B 所示。

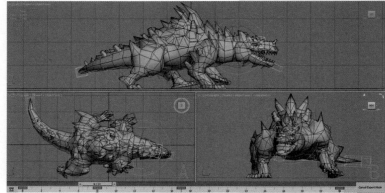

图 5-103　水晶鳄在第 8 帧的姿势

（7）同上，分别选中脚跟或者脚趾着地的骨骼，单击 Key Info（关键帧信息卷展栏下的 Set Sliding Key（设置滑动关键点）按钮为骨骼设置滑动关键帧，如图 5-104 所示。然后分别选中尾巴的骨骼，再使用 Select and Rotate（选择并旋转）工具调整骨骼的角度，尾巴跟随身体做出的摆动如图 5-105 所示。

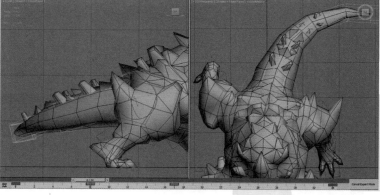

图 5-104　为着地的脚掌设置滑动帧

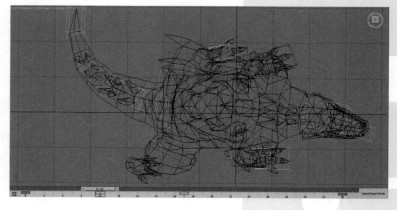

图 5-105　水晶鳄尾巴在第 8 帧的姿势

（8）选中第8帧的所有Biped骨骼，再单击Copy Pose（复制姿势）按钮复制动作信息，然后拖动时间滑块到第26帧，再单击Paste Pose Opposite（向对面粘贴姿势）按钮，从而把第8帧的Biped姿势复制到第26帧。接着分别选中着地的脚掌或者脚趾骨骼，单击Set Sliding Key（设置滑动关键点）按钮为骨骼设置滑动关键帧，如图5-106所示。最后，根据水晶鳄身体的姿势，调整尾巴在第26帧的造型，如图5-107所示。

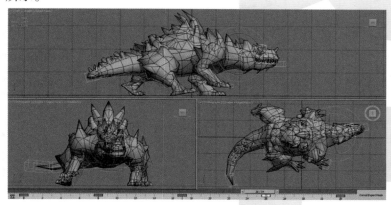

图5-106　水晶鳄在第26帧的姿势

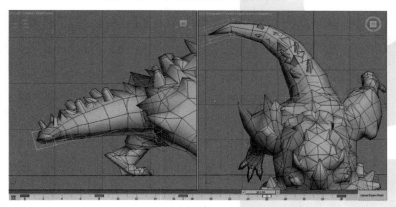

图5-107　调整尾巴骨骼在第26帧的姿势

（9）调整腿部的过渡姿势。方法：切换到左视图，把时间滑块分别拖动到第4、12、22和28帧，然后选中绿色后腿骨骼，再使用Select and Move（选择并移动）和Select and Rotate（选择并旋转）工具调整骨骼的位置和角度，从而制作出水晶鳄行走过程中绿色后腿的动作，过程如图5-108所示。在调整结束后，使用Set Sliding Key（设置滑动关键点）按钮为第4和28帧的脚掌骨骼设置滑动关键帧。

（10）同上，分别把时间滑块拖动到第2、12、22和30帧，再调整绿色前腿的过渡姿势，效果如图5-109所示。再使用Set Sliding Key（设置滑动关键点）按钮为第2和12帧的脚掌骨骼设置滑动关键帧。

（11）拖动时间滑块到第2帧，双击绿色前腿的根骨骼选中整条腿的骨骼，再单击Copy Posture（复制姿态）按钮复制姿态，然后拖动时间滑块到第19帧，再单击Paste Posture Opposite（向对面粘贴姿态）按钮，把绿色前腿在第2帧的姿态复制到蓝色前腿。同理，把绿色前腿在第12帧的姿态复制到蓝色前腿的第30帧关键帧，把绿色前腿在第22帧的姿态复制到蓝色前腿的第4帧关键帧，把绿色前腿在第30帧的姿态复制到绿色前腿的第13帧关键帧。接着单击Set Sliding Key（设置滑动关键点）按钮为第19、30帧的蓝色前腿脚掌骨骼设置滑动关键帧，过程如图5-110所示。

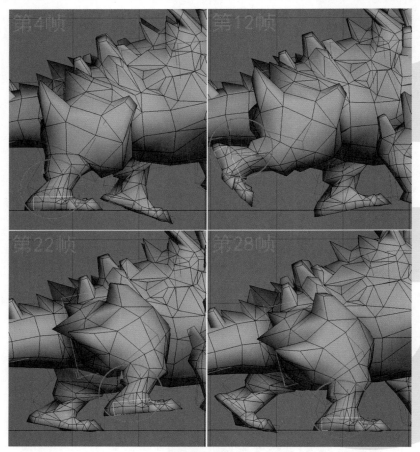

图 5-108 调整绿色后腿骨骼的过渡帧

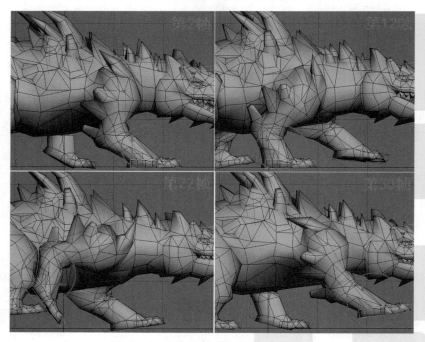

图 5-109 调整绿色前腿骨骼的过渡帧

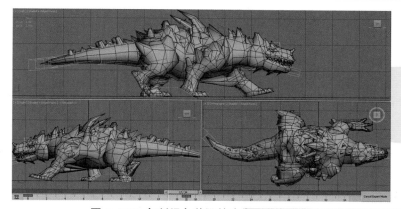

图5-110 复制绿色前腿的姿态到蓝色前腿

（12）同上，拖动时间滑块到第4帧，双击绿色后腿的大腿骨骼，快速选择整条腿的骨骼，然后单击Copy Posture（复制姿态）按钮复制姿态，再拖动时间滑块到第21帧，并单击Paste Posture Opposite（向对面粘贴姿态）按钮，从而把绿色后腿在第4帧的姿态复制到蓝色后腿。同理，把绿色后腿在第12帧的姿态复制到蓝色后腿的第30帧关键帧，把绿色后腿在第22帧的姿态复制到蓝色后腿的第4帧关键帧，把绿色后腿在第30帧的姿态复制到蓝色后腿的第10帧关键帧。接着单击Set Sliding Key（设置滑动关键点）按钮为第21帧和第10帧的蓝色后腿脚掌骨骼设置滑动关键帧，过程如图5-111所示。

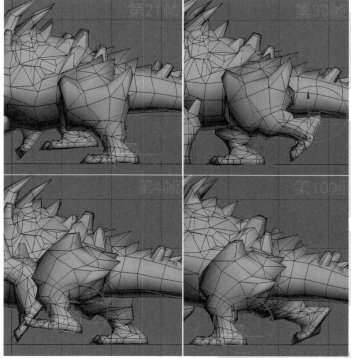

图5-111 复制绿色后腿的姿态到蓝色后腿

（13）选中下颚骨骼，进入左视图，并拖动时间滑块到第0帧，再使用Select and Rotate（选择并旋转）工具向下调整下颚骨骼的角度，从而制作出水晶鳄的张嘴动作，如图5-112中A所示。然后在按住Shift键的同时，拖动第0帧关键帧到第34帧，使下颚的张嘴动画能够流畅地衔接。接着拖动时间滑块到第8帧，再使用Select and Rotate（选择并旋转）工具调整下颚骨骼角度，如图5-112中B所示。同理，在第17和第22帧调整好下颚骨骼的姿态，如图5-112中C和D所示。

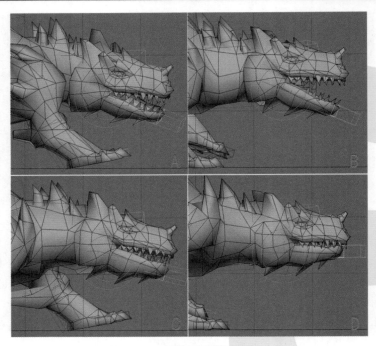

图 5-112　调整下颚骨骼的姿态

（14）单击 Playback（播放动画）按钮播放动画，来观察水晶鳄的行走动作，并观察整体动作是否流畅。如果有不合理的动作，可以适当修改，完成水晶鳄的行走动作，效果如图 5-113 所示。最后，将文件保存为"多媒体视频文件 \max\ 水晶鳄文件 \ 水晶鳄 – 行走.max"。

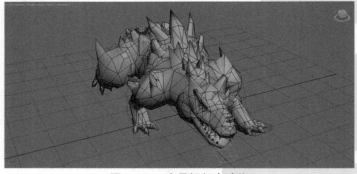

图 5-113　水晶鳄行走动作

5.3.2　制作水晶鳄的撕咬动画

水晶鳄的嘴巴里长有锋利的牙齿，配合其粗壮的头部肌肉，不难想象它的攻击非常凶暴残忍。水晶鳄撕咬攻击动作的主要序列图如图 5-114 所示。

第0帧　　第11帧　　第15帧　　第24帧　　第31帧

图 5-114　水晶鳄的撕咬动作序列图

（1）打开配套光盘中的"水晶鳄蒙皮.max"文件，再选中水晶鳄的模型，然后单击鼠标右键，并在弹出的菜单中选择 Freeze Selection（冻结选定对象）命令，完成水晶鳄模型的冻结，接着单击 Auto Key（自动关键帧）按钮，再单击动画控制区中的 Time Configuration（时间配置）按钮，并在弹出的 Time Configuration（时间配置）对话框中设置 End Time（结束时间）为 40，最后单击 OK 按钮，如图 5-115 所示，从而将时间滑块长度设为 40 帧。

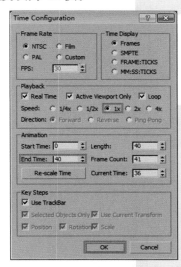

图 5-115　设置时间滑块长度

（2）拖动时间滑块到第 0 帧，使用 Select and Move（选择并移动）和 Select and Rotate（选择并旋转）工具分别调整水晶鳄腿部、头部和身体骨骼的位置和角度，使水晶鳄的前腿前后错开呈下蹲状，身体前段和头部贴近地面，后腿岔开，从而制作出水晶鳄攻击前耐心蓄力的准备姿势，如图 5-116 所示。然后框选所有的骨骼，并在按住 Shift 键的同时，把第 0 帧关键帧拖动到第 40 帧，从而将第 0 帧动作复制到第 40 帧，以保证动画能够流畅地衔接起来。

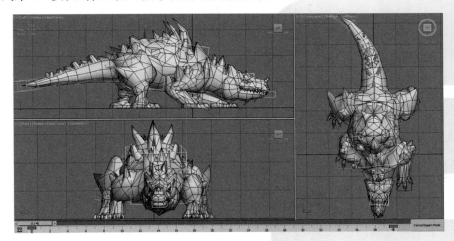

图 5-116　调整水晶鳄攻击的初始帧

（3）制作缓冲蓄力的关键帧。拖动时间滑块到第 7 帧，再使用 Select and Move（选择并移动）和 Select and Rotate（选择并旋转）工具分别调整水晶鳄头部、身体和下颚骨骼的位置和角度，使身体进一步的收缩和下伏，同时颈部下俯，头部微微抬起注视前方，制作出水晶鳄蓄力后身体准备前扑的姿势，如图 5-117 所示。

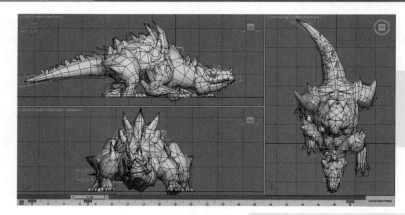

图 5-117　制作水晶鳄的准备前扑姿势

（4）分别选中四足的脚掌骨骼，再单击 Key Info（关键帧信息）卷展栏下的 Set Sliding Key（设置滑动关键点）按钮，为脚掌骨骼设置滑动关键帧，如图 5-118 所示。

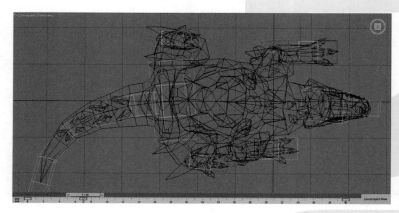

图 5-118　为脚掌骨骼设置滑动关键帧

（5）把时间滑块拖动到第 9 帧，再使用 Select and Move（选择并移动）和 Select and Rotate（选择并旋转）工具调整水晶鳄腿部、身体和头部骨骼的位置和角度，使水晶鳄身体前移并稍稍向左摆动，同时嘴巴张开，绿色前腿踮起，如图 5-119 所示。然后分别选中四足的脚掌，再单击 Set Sliding Key（设置滑动关键点）按钮为脚掌骨骼设置滑动关键帧。

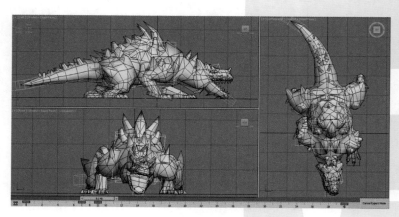

图 5-119　水晶鳄身体前扑的过渡帧姿势

（6）拖动时间滑块到第 11 帧，再使用 Select and Move（选择并移动）和 Select and Rotate（选择并旋转）工具调整腿部、身体、头部和下颚骨骼对象的位置和角度，使水晶鳄身体前移到最大幅度，同时头部向左边旋转，嘴巴完全张开，蓝色前腿前迈，两条后腿跟随身体的运动蹬住地面，从而制作出水晶鳄前扑的姿势，如图 5-120 所示。

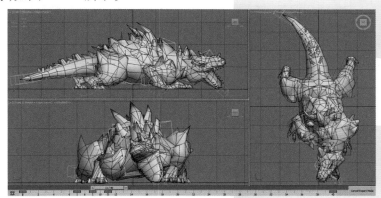

图 5-120 水晶鳄身体最大幅度前扑的姿势

（7）拖动时间滑块到第 10 帧，再使用 Select and Move（选择并移动）工具调整前腿脚掌骨骼，使脚掌向前并上移，制作出水晶鳄向前扑时前腿的过渡姿势，如图 5-121 所示。然后拖动时间滑块到第 15 帧，再使用 Select and Move（选择并移动）和 Select and Rotate（选择并旋转）工具调整水晶鳄身体、腿部、头部和下颚骨骼对象的位置和角度，使水晶鳄臀部向下压，身体向上伸展，颈和头向上伸直，嘴巴合并，制作出水晶鳄向上咬的姿势，如图 5-122 所示。

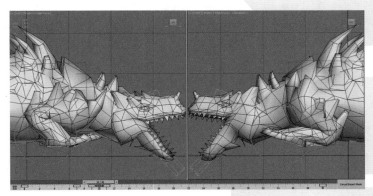

图 5-121 调整水晶鳄向前扑时前腿的过渡帧

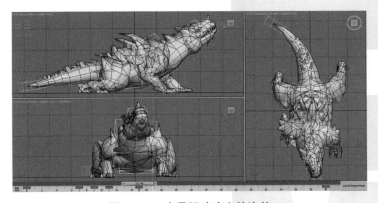

图 5-122 水晶鳄咬攻击的姿势

GAME ART DESIGN BIBLE | 游戏美术设计宝典

（8）拖动时间滑块到第19帧，再使用Select and Move（选择并移动）和Select and Rotate（选择并旋转）工具调整水晶鳄腿部、身体、头部和下颚骨骼对象的位置和角度，使水晶鳄身体后移并向右摆动，颈和头抬起并朝向左边，绿色前腿着地并稍稍后移，蓝色前腿踮起，制作出水晶鳄向右拉的姿势，如图5-123所示。

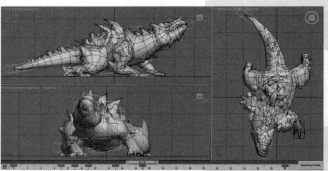

图5-123 水晶鳄向右拉的姿势

（9）把时间滑块拖动到第24帧，再使用Select and Move（选择并移动）和Select and Rotate（选择并旋转）工具调整水晶鳄身体、头部和下颚骨骼对象的位置和角度，使水晶鳄臀部向左移，身体向右摆动到最大，头部向右拉，制作出水晶鳄身体向右拉到最大的姿势，如图5-124所示。

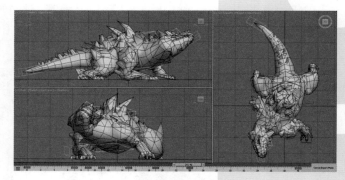

图5-124 水晶鳄身体向右拉到最大的姿势

（10）拖动时间滑块到第28帧，再使用Select and Move（选择并移动）和Select and Rotate（选择并旋转）工具调整水晶鳄腿部、身体、头部和下颚骨骼对象的位置和角度，使水晶鳄后退，身体上移、向左边摆动，头稍稍抬起并向左拉，嘴巴紧紧闭合，绿色后腿后移恢复到初始位置，蓝色后腿踮起，蓝色前腿后移并恢复到初始位置，绿色前腿仍然不动，制作出水晶鳄身体向左拉的姿势，如图5-125所示。

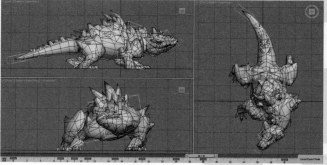

图5-125 水晶鳄身体向左拉的姿势

（11）拖动时间滑块到第 31 帧，再使用 Select and Move（选择并移动）和 Select and Rotate（选择并旋转）工具调整水晶鳄腿部、身体、头部和下颚骨骼对象的位置和角度，使水晶鳄身体稍稍后移并向左摆动到最大，头偏向左边，绿色前腿跟随身体稍稍后移并向左移，绿色后腿稍稍踮起，嘴巴仍然紧闭，制作出水晶鳄身体向左拉到最大的姿势，如图 5-126 所示。

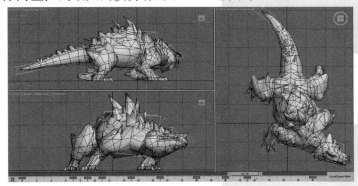

图 5-126　水晶鳄身体向左拉到最大的姿势

（12）拖动时间滑块到第 35 帧，再使用 Select and Move（选择并移动）和 Select and Rotate（选择并旋转）工具调整水晶鳄身体、头部、腿和下颚的骨骼对象的位置，使水晶鳄身体稍稍偏向左边，头低下并朝向左，嘴巴张开，绿色前腿和蓝色后腿恢复到初始位置，制作出水晶鳄攻击后缓冲的姿势，如图 5-127 所示。

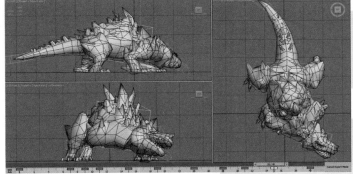

图 5-127　水晶鳄攻击后的缓冲的姿势

（13）拖动时间滑块到第 0 帧，再使用 Select and Rotate（选择并旋转）工具调整尾巴骨骼的角度，制作出水晶鳄尾巴稍微向右摆动的姿势，如图 5-128 所示。然后拖动时间滑块到第 7 帧，再使用 Select and Rotate（选择并旋转）工具调整尾巴骨骼的角度，制作出水晶鳄尾巴配合身体的蓄力向右摆动到很大，并下压的姿势，如图 5-129 所示。

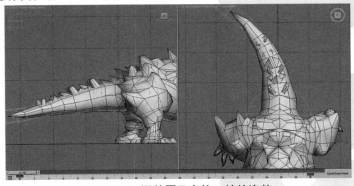

图 5-128　调整尾巴在第 0 帧的姿势

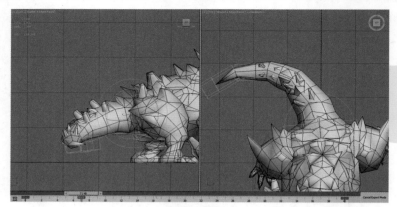

图 5-129　调整尾巴在第 7 帧的姿势

（14）拖动时间滑块到第 15 帧，再使用 Select and Rotate（选择并旋转）工具调整尾巴骨骼的角度，使水晶鳄尾巴稍稍翘起，并向左摆动，制作出水晶鳄尾巴配合身体在迅速向前冲时的姿势，如图 5-130 所示。然后拖动时间滑块到第 19 帧，再使用 Select and Rotate（选择并旋转）工具调整尾巴骨骼的角度，使水晶鳄尾巴向上翘起，并向右摆动，制作出水晶鳄尾巴配合身体向后拉时的姿态，如图 5-131 所示。

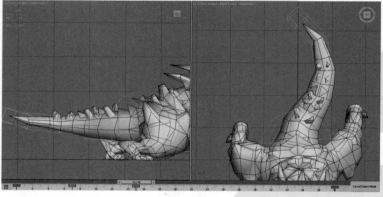

图 5-130　调整尾巴在第 15 帧的姿势

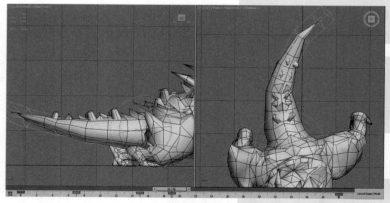

图 5-131　调整尾巴在第 19 帧的姿势

（15）拖动时间滑块到第 24 帧，再使用 Select and Rotate（选择并旋转）工具调整尾巴骨骼的角度，使水晶鳄尾巴向左摆动，制作出水晶鳄尾巴配合身体向右拉的姿态，如图 5-132 所示。然后拖动时间滑块到第 28 帧，再使用 Select and Rotate（选择并旋转）工具调整水晶鳄尾巴骨骼的角度，使水晶鳄尾巴向右摆动，制作出水晶鳄尾巴配合身体向左拉的姿态，如图 5-133 所示。

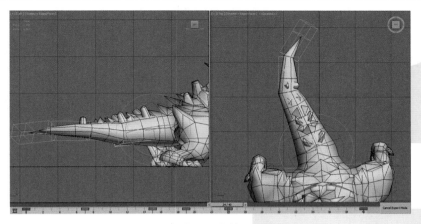

图 5-132 调整尾巴在第 24 帧的姿势

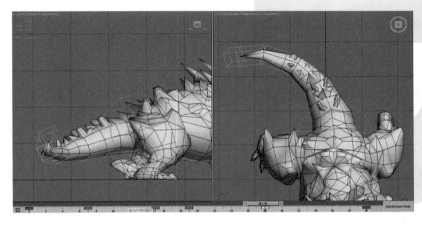

图 5-133 调整尾巴在第 28 帧的姿势

（16）拖动时间滑块到第 31 帧，再使用 Select and Rotate（选择并旋转）工具调整尾巴骨骼的角度，使水晶鳄的尾巴向左边摆动，制作出水晶鳄尾巴配合身体向右拉到最大的姿态，如图 5-134 所示。然后拖动时间滑块到第 35 帧，使用 Select and Rotate（选择并旋转）工具调整水晶鳄尾巴骨骼的角度，使水晶鳄的尾巴向左摆动，制作出水晶鳄尾巴配合身体攻击后缓冲的姿态，如图 5-135 所示。

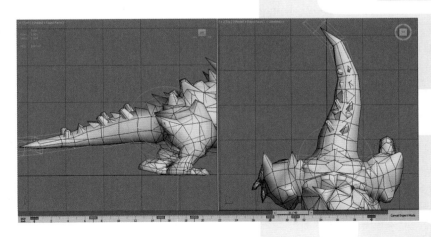

图 5-134 调整尾巴在第 31 帧的姿势

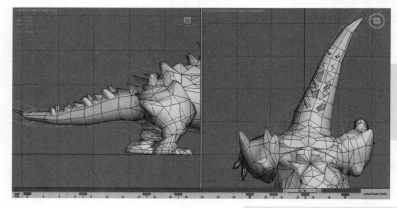

图 5-135 调整尾巴在 35 帧的姿势

（17）单击 Playback（播放动画）按钮播放动画，这时可以看到撕咬攻击动作，观察动作是否流畅。略做适当的修改后完成攻击动作。完成后将文件保存为"多媒体视频文件 \max\ 水晶鳄文件 \ 水晶鳄 – 撕咬攻击.max"。

5.3.3　制作水晶鳄的撞击动画

水晶鳄的头部长满坚硬的晶刺，可以用来攻击敌人。通过这个攻击动作的制作，我们可以了解水晶鳄如何运力进行甩头攻击。水晶鳄的撞击动作的主要序列图如图 5-136 所示。

图 5-136　水晶鳄攻击动作序列图

（1）打开"水晶鳄蒙皮.max"文件，选择所有骨骼，删除第 0 帧之外的所有关键帧，然后保存为"水晶鳄 – 撞击.max"，接着单击 Auto Key（自动关键帧）按钮，再单击动画控制区中的 Time Configuration（时间配置）按钮，接着在弹出的 Time Configuration（时间配置）对话框中设置 End Time（结束时间）为 35，再单击 OK 按钮，从而将时间滑块长度设为 35 帧，如图 5-137 所示。

（2）拖动时间滑块到第 0 帧，再使用 Select and Rotate（选择并旋转）工具分别调整水晶鳄的头部、身体和腿部骨骼的角度，使水晶鳄身体下压，头部微微抬起注视前方，蓝色后腿稍稍跷起，制作出水晶鳄准备攻击的初始姿势，如图 5-138 所示。然后选中所有的骨骼，再按住 Shift 键，框选第 0 帧的关键帧，拖动到第 35 帧，从而将第 0 帧动作复制到第 35 帧，并保证动画能够流畅地衔接起来。

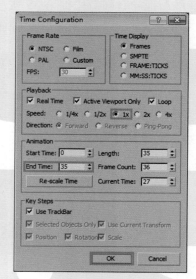

图 5-137　设置时间滑块长度

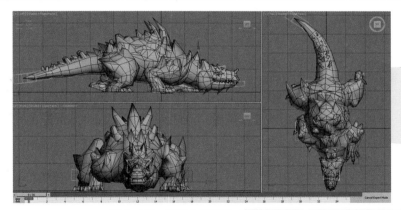

图 5-138　调整水晶鳄攻击的初始帧

（3）拖动时间滑块到第 5 帧，再使用 Select and Move（选择并移动）和 Select and Rotate（选择并旋转）工具分别调整水晶鳄腿部、头部、身体和下颚骨骼的位置和角度，使水晶鳄身体重心向前、上方移动，同时俯颈抬头，嘴巴微张，绿色前腿、蓝色后腿前迈，绿色后腿原地跷起，制作出水晶鳄准备起身攻击前的过渡姿势，如图 5-139 所示。

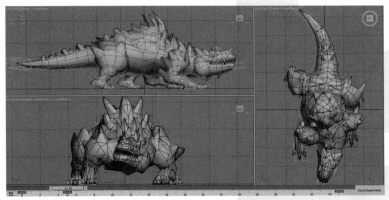

图 5-139　制作水晶鳄准备起身攻击的过渡姿势

（4）拖动时间滑块到第 2 帧，再使用 Select and Move（选择并移动）工具调整脚掌骨骼的位置，使蓝色后腿和绿色前腿离地抬起，然后选中蓝色后腿和绿色前腿的脚掌骨骼，再单击 Motion（运动）面板下 Key Info（关键帧信息）卷展栏下的 Set free Key（设置自由关键点）按钮，为脚掌骨骼取消滑动关键帧，效果如图 5-140 所示。

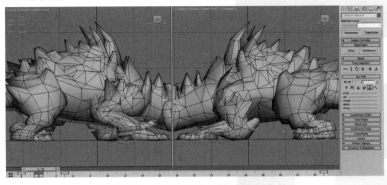

图 5-140　调整在第 2 帧的腿部姿势

（5）拖动时间滑块到第10帧，再使用Select and Move（选择并移动）和Select and Rotate（选择并旋转）工具分别调整水晶鳄腿部、身体和头部骨骼的位置和角度，使水晶鳄身体前移并向右侧摆动，呈倒C形，同时眼睛斜视前方，嘴巴张开，蓝色前腿前移，蓝色后腿脚掌着地，绿色后腿前移，制作出水晶鳄准备发力的姿势，如图5-141所示。

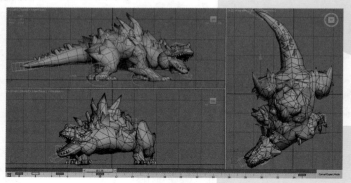

图5-141 水晶鳄准备发力的姿势

（6）拖动时间滑块到第7帧，再使用Select and Move（选择并移动）工具调整绿色后腿脚掌骨骼的位置，使脚掌稍稍向前并抬起，制作出水晶鳄绿色后腿迈步的过渡姿势，然后单击Set free Key（设置自由关键点）按钮，取消脚掌骨骼的滑动关键帧，如图5-142所示。

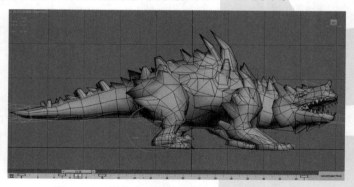

图5-142 制作水晶鳄绿色后腿迈步的过渡姿势

（7）制作攻击的蓄力姿势。方法：拖动时间滑块到第14帧，再使用Select and Move（选择并移动）和Select and Rotate（选择并旋转）工具调整水晶鳄腿部、身体和头部骨骼的位置和角度，使水晶鳄身体向右边摆动到最大，同时肢体收缩和下伏，嘴巴张开到最大，蓝色前腿踩地并发力，制作出水晶鳄攻击前的蓄力姿势，如图5-143所示。

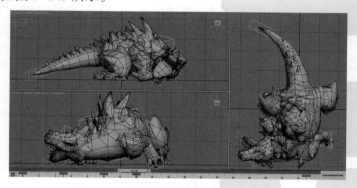

图5-143 制作水晶鳄攻击前的蓄力姿势

（8）调整攻击时的姿势。方法：拖动时间滑块到第 19 帧，再使用 Select and Move（选择并移动）和 Select and Rotate（选择并旋转）工具分别调整水晶鳄腿部、身体、头部和下颚骨骼的位置和角度，使水晶鳄身体向上弹跳而起，同时头部猛然向右上方撞击，嘴巴闭合，两条前腿随身体运动伸直离地，后腿脚趾踩地，从而制作出水晶鳄撞击时的姿势，如图 5-144 所示。然后选中两条前腿的脚掌骨骼，再单击 Set free Key（设置自由关键点）按钮，取消脚掌骨骼的滑动关键帧。

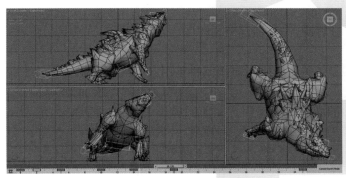

图 5-144　制作水晶鳄撞击时的姿势

（9）拖动时间滑块到第 17 帧，再使用 Select and Rotate（选择并旋转）工具调整下颚骨骼的角度，制作出水晶鳄攻击过程中嘴巴张开的姿势，如图 5-145 所示。

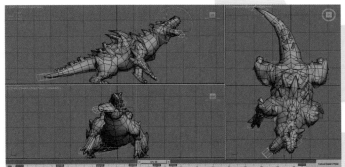

图 5-145　调整下颚骨骼在第 17 帧的姿势

（10）拖动时间滑块到第 27 帧，再使用 Select and Move（选择并移动）和 Select and Rotate（选择并旋转）工具分别调整水晶鳄腿部、身体、头部和下颚骨骼的位置和角度，使水晶鳄身体后移低伏，头抬起注视前方，嘴巴稍稍张开，绿色后腿恢复到初始位置，蓝色前腿和绿色前腿前移并着地，如图 5-146 所示。然后选中蓝色和绿色前腿，再单击 Set Sliding Key（设置滑动关键点）按钮，为脚掌骨骼设置滑动关键帧。

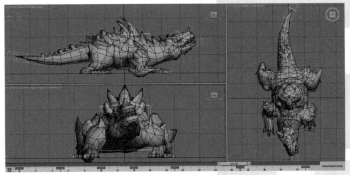

图 5-146　水晶鳄攻击后下落的姿势

（11）拖动时间滑块到第 23 帧，再使用 Select and Move（选择并移动）和 Select and Rotate（选择并旋转）工具分别调整水晶鳄身体、腿部、头部和下颚骨骼的位置和角度，使水晶鳄身体抬起，头部随着攻击完成稍稍下落，嘴巴紧闭，两只后腿脚掌自然着地，蓝色前腿着地，绿色前腿离地，如图 5-147 所示。

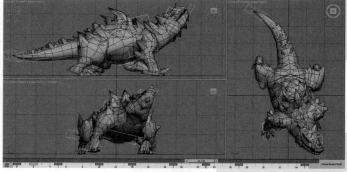

图 5-147　调整水晶鳄下落时的过渡姿势

（12）拖动时间滑块到第 31 帧，再使用 Select and Rotate（选择并旋转）工具分别调整水晶鳄腿部、颈部和头部骨骼的角度，使水晶鳄身体回到地面，四肢着地，头部低垂，贴近地面，绿色前腿脚趾着地，制作出水晶鳄攻击后落地的姿势，如图 5-148 所示。然后选中蓝色前腿的脚掌骨骼，再框选第 35 帧的关键帧，并按住 Shift 键，拖动到第 30 帧，从而将第 35 帧脚掌的动作复制到第 30 帧，使蓝色前腿恢复到初始位置。同理，复制蓝色后腿在第 27 帧的关键帧到第 30 帧。

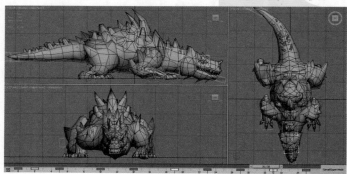

图 5-148　调整恢复初始姿势的过渡帧

（13）拖动时间滑块到第 0 帧，再使用 Select and Rotate（选择并旋转）工具调整尾巴骨骼的角度，制作出水晶鳄尾巴稍稍向下、向右摆动的姿势，如图 5-149 所示。然后双击尾巴的根骨骼，从而选中整条尾巴骨骼，再框选第 0 帧的关键帧，并按住 Shift 键，拖动到第 35 帧，从而将第 0 帧动作复制到第 35 帧，并保证动画能够流畅地衔接起来。

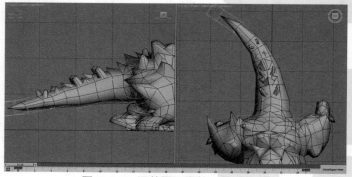

图 5-149　调整尾巴在第 0 帧的姿势

（14）拖动时间滑块到第5帧,再使用 Select and Rotate（选择并旋转）工具调整尾巴骨骼的角度,制作出水晶鳄尾巴向下压、并稍稍向右摆动的姿势, 如图5-150所示。然后拖动时间滑块到第10帧,再使用 Select and Rotate（选择并旋转）工具调整尾巴骨骼的角度,制作出水晶鳄尾巴稍稍向上翘起,并稍稍向右摆动的姿势,如图5-151所示。

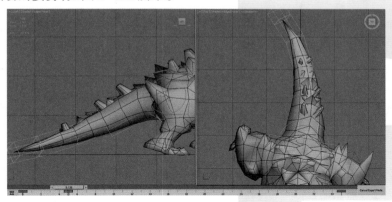

图 5-150　调整尾巴在第5帧的姿势

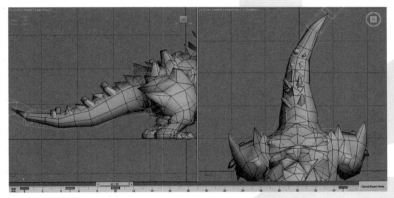

图 5-151　调整尾巴在第10帧的姿势

（15）拖动时间滑块到第14帧,再使用 Select and Rotate（选择并旋转）工具调整尾巴骨骼的角度,使水晶鳄尾巴向右做出最大幅度的摆动,如图5-152所示。然后拖动时间滑块到第19帧,再使用 Select and Rotate（选择并旋转）工具调整尾巴骨骼的角度,制作出水晶鳄尾巴向右摆动的姿势,如图5-153所示。

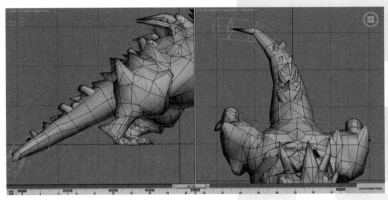

图 5-152　调整尾巴在第14帧的姿势

GAME ART DESIGN BIBLE｜游戏美术设计宝典

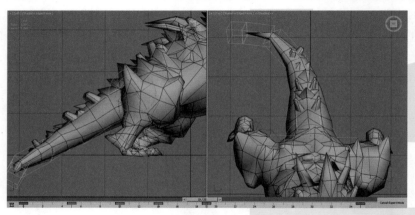

图 5-153 调整尾巴在第 19 帧的姿势

（16）拖动时间滑块到第 27 帧，再使用 Select and Rotate（选择并旋转）工具调整尾巴骨骼的角度，制作出水晶鳄尾巴末梢向左、向上摆动的姿势，如图 5-154 所示。然后拖动时间滑块到第 31 帧，再使用 Select and Rotate（选择并旋转）工具调整尾巴骨骼的角度，制作出水晶鳄尾巴末梢向左、向下摆动的姿势，如图 5-155 所示。

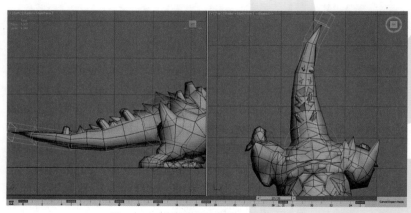

图 5-154 调整尾巴在第 27 帧的姿势

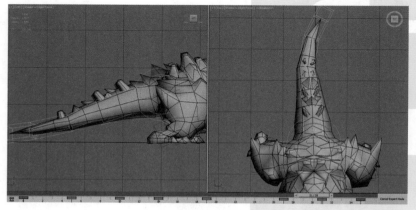

图 5-155 调整尾巴在第 31 帧的姿势

（17）单击 Playback（播放动画）按钮播放动画，观察攻击动作是否流畅。最后将文件保存为"多媒体视频文件 \max\ 水晶鳄文件 \ 水晶鳄 – 撞击.max"。

5.3.4 制作水晶鳄的休闲动画

休闲动作是网络游戏中 NPC 角色处于自由活动时的行为。为了表现出不同种类 NPC 的行为特征，休闲动作需要设计出个性和特色。水晶鳄休闲动作的主要动作序列图如图 5-156 所示。

图 5-156 水晶鳄休闲动作序列图

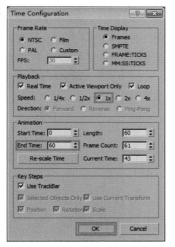

图 5-157 设置时间滑块长度

（1）打开配套光盘中的"工程文件\第5章制作四足动物——水晶鳄的动画\水晶鳄撕咬.max"文件，再选择所有骨骼，删除第0帧之外的所有关键帧，然后另保存为"水晶鳄休闲.max"文件。接着单击 Auto Key(自动关键帧)按钮，再单击动画控制区中的 Time Configuration(时间配置)按钮，最后在弹出的 Time Configuration(时间配置)对话框中设置 End Time(结束时间)为60，再单击 OK 按钮，从而将时间滑块长度设为60帧，如图 5-157 所示。

（2）拖动时间滑块到第0帧，再使用 Select and Move(选择并移动)和 Select and Rotate(选择并旋转)工具分别调整水晶鳄头部和身体骨骼的位置和角度，制作出水晶鳄休闲动作的初始姿势，如图 5-158 所示。然后单击 Motion(运动)面板中 Key Info (关键帧信息)卷展栏下的 Trajectories(轨迹)按钮来显示骨骼运动轨迹，再选中所有的骨骼，并按住 Shift 键，框选第0帧的关键帧拖动到第60帧，从而将第0帧动作复制到第60帧，并保证动画能够流畅地衔接起来。

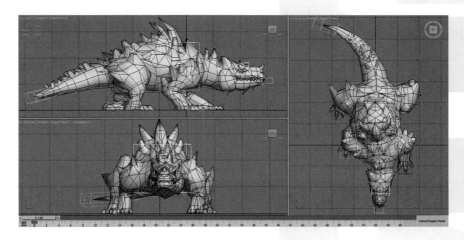

图 5-158 调整水晶鳄的初始姿势

（3）调整水晶鳄舒缓发力的姿势。方法：拖动时间滑块到第 10 帧，再使用 Select and Move（选择并移动）和 Select and Rotate（选择并旋转）工具分别调整水晶鳄身体、头部和下颚骨骼的位置和角度，使水晶鳄臀部左移，头部右摆，头部微微抬起，嘴巴紧闭，蓝色前腿脚趾着地，制作出水晶鳄休闲时舒缓发力的姿势，如图 5-159 所示。然后选中绿色前腿脚掌骨骼，并按住 Shift 键，再框选第 0 帧的关键帧，拖动到第 10 帧。

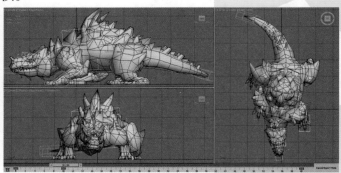

图 5-159　制作水晶鳄舒缓发力的姿势

（4）拖动时间滑块到第 16 帧，再使用 Select and Move（选择并移动）和 Select and Rotate（选择并旋转）工具分别调整水晶鳄身体、腿部和头部骨骼的位置和角度，使水晶鳄的身体上移，并向右大幅摆动，头部抬起并跟随身体摆动，同时嘴巴张开，两只前腿受身体运动的影响脚掌稍稍离地，制作出水晶鳄身体准备向右伸展的姿势，如图 5-160 所示。

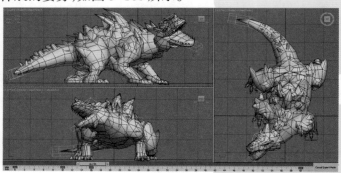

图 5-160　制作水晶鳄在第 16 帧的伸展姿势

（5）拖动时间滑块到第 27 帧，再使用 Select and Move（选择并移动）和 Select and Rotate（选择并旋转）工具分别调整水晶鳄身体、腿部、头部和下颚骨骼的位置和角度，使水晶鳄在第 16 帧动作的基础上，做出最大幅度的舒展，蓝色前腿受身体影响抬起，如图 5-161 所示。

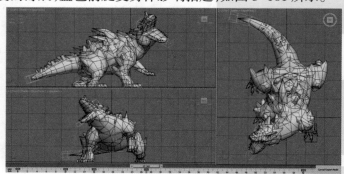

图 5-161　制作水晶鳄在 27 帧的舒展姿势

（6）拖动时间滑块到第 43 帧，再使用 Select and Move（选择并移动）和 Select and Rotate（选择并旋转）工具分别调整水晶鳄身体、腿部、头部和下颚骨骼的位置和角度，使水晶鳄尾巴向右移，头部向左摆，嘴巴逐渐闭合，绿色前腿抬起，制作出水晶鳄从最大幅度舒展的姿态逐渐放松回落的姿势，如图 5-162 所示。

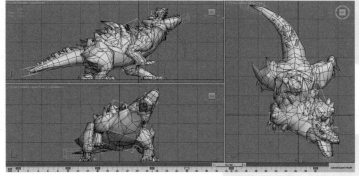

图 5-162　制作水晶鳄在第 43 帧的回落姿势

（7）拖动时间滑块到第 50 帧，再使用 Select and Move（选择并移动）和 Select and Rotate（选择并旋转）工具调整腿部、身体骨骼对象的位置和角度，使水晶鳄身体低伏后退，绿色前腿回到初始位置，制作出水晶鳄舒展身体后逐渐恢复的初始姿势，如图 5-163 所示。然后选中蓝色前腿的脚掌骨骼，并框选第 43 帧的关键帧，再按住 Shift 键，拖动到第 50 帧，从而将第 43 帧动作复制到第 50 帧。

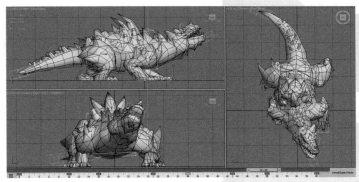

图 5-163　调整水晶鳄恢复初始帧的姿势

（8）调整腿部的过渡姿势。方法：选中蓝色前腿的脚掌骨骼，并拖动时间滑块到第 34 帧，再使用 Select and Move（选择并移动）和 Select and Rotate（选择并旋转）工具调整脚趾踩地的姿势，如图 5-164 所示。然后选中绿色前腿的脚掌骨骼，拖动时间滑块到第 30 帧，再调整脚趾踩地的姿势，如图 5-165 所示。

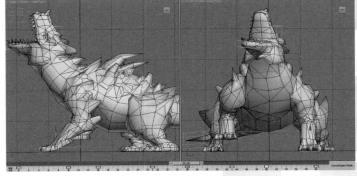

图 5-164　调整蓝色前腿的过渡帧

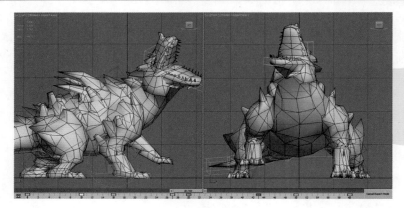

图 5-165 调整绿色前腿的过渡帧

（9）拖动时间滑块到第 0 帧,再使用 Select and Rotate（选择并旋转）工具调整尾巴骨骼的角度,制作出水晶鳄尾巴稍稍向下、向右摆动的姿势,如图 5-166 所示,然后双击尾巴的根骨骼,从而选中整条尾巴骨骼,并框选第 0 帧的关键帧,在按住 Shift 键的同时,拖动到第 60 帧,完成动画流畅地衔接。

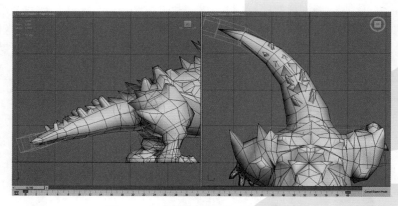

图 5-166 调整尾巴在第 0 帧的姿势

（10）拖动时间滑块到第 16 帧,再使用 Select and Rotate（选择并旋转）工具调整尾巴骨骼的角度,使水晶鳄的尾巴向左做出最大幅度的摆动,如图 5-167 所示。然后拖动时间滑块到第 43 帧,再使用 Select and Rotate（选择并旋转）工具调整尾巴骨骼的角度,使水晶鳄尾巴向右做出最大幅度的摆动,如图 5-168 所示。

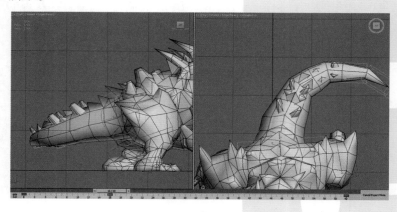

图 5-167 调整尾巴在第 16 帧的姿势

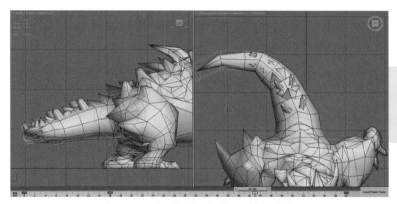

图 5-168　调整尾巴在第 43 帧的姿势

（11）单击 Playback（播放动画）按钮播放动画，并观察水晶鳄休闲动作是否协调和流畅，如发现不合理的动作需略做适当的修改。完成后将文件保存为"多媒体视频文件 \max\ 水晶鳄文件 \ 水晶鳄 – 休闲待机.max"。

5.3.5　制作水晶鳄的死亡动画

死亡动作是非循环的动画，本节将制作水晶鳄向后翻转并倒地死亡的动作。水晶鳄死亡动作的主要序列图如图 5-169 所示。

图 5-169　水晶鳄死亡动作序列

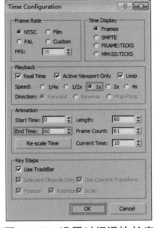

图 5-170　设置时间滑块长度

（1）打开配套光盘中的"工程文件 \ 第 5 章制作四足动物——水晶鳄的动画 \ 水晶鳄撞击.max"文件，再选择所有骨骼，删除第 0 帧之外的关键帧，另保存为"水晶鳄 – 死亡.max"，然后单击 Auto Key（自动关键帧）按钮，再单击动画控制区中的 Time Configuration（时间配置）按钮，接着在弹出的 Time Config-uration（时间配置）对话框中设置 End Time（结束时间）为 60，再单击 OK 按钮，从而将时间滑块长度设为 60 帧，如图 5-170 所示。

（2）使用 Select and Rotate（选择并旋转）工具分别调整水晶鳄身体、头部和下颚骨骼的角度，使水晶鳄身体稍稍退缩，头部下压，眼睛注视着前方，嘴巴自然张开，制作出水晶鳄死亡的初始帧姿势，如图 5-171 所示。

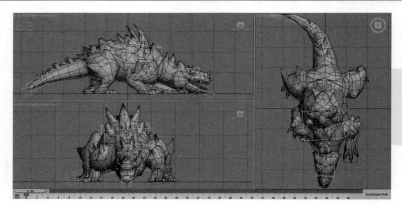

图 5-171 制作水晶鳄死亡动作的初始帧

（3）拖动时间滑块到第 2 帧，再使用 Select and Move（选择并移动）和 Select and Rotate（选择并旋转）工具分别调整水晶鳄质心、身体、头颈骨骼的位置和角度，使水晶鳄臀部下压，身体向右、后方扬起和倾斜，头部上抬并稍稍向右摆动，制作出水晶鳄受击后仰的姿势，如图 5-172 所示。然后单击 Motion（运动）下的 Key Info（关键帧信息）卷展栏下的 Trajectories（轨迹）按钮显示骨骼运动的轨迹。

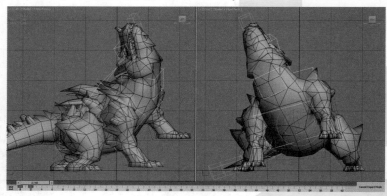

图 5-172 水晶鳄后仰的姿势

（4）拖动时间滑块到第 1 帧，再使用 Select and Rotate（选择并旋转）工具调整水晶鳄头和颈骨骼的角度，使水晶鳄的颈抬起，头低下，制作出水晶鳄头部受击时躲避的姿势，如图 5-173 所示。然后分别拖动时间滑块到第 0 帧和第 1 帧，再次调整水晶鳄下颚骨骼的角度，制作出水晶鳄被攻击之后下颚骨骼的运动变化，如图 5-174 所示。接着拖动时间滑块到第 3 帧，选中头和颈骨骼，框选第 2 帧，拖动到第 3 帧，最后调整下颚骨骼的角度，制作水晶鳄张嘴的姿势，如图 5-175 所示。

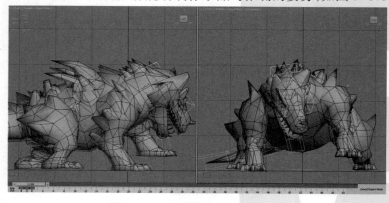

图 5-173 水晶鳄受击躲闪的姿势

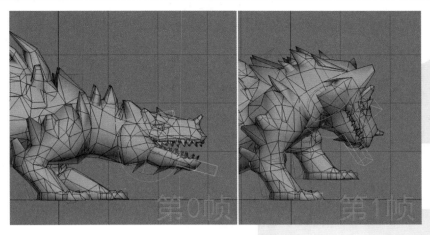

图 5-174 水晶鳄下颚骨骼的运动变化

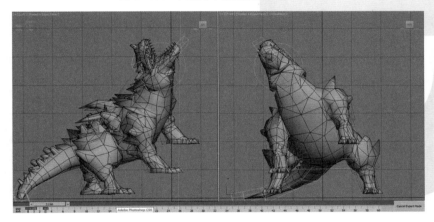

图 5-175 水晶鳄在第 3 帧的姿势

（5）调整水晶鳄质心的变化。方法：拖动时间滑块到第 1 帧，再使用 Select and Rotate（选择并旋转）工具调整水晶鳄蓝色前腿骨骼的角度，使脚趾触地，然后选中绿色前腿脚掌骨骼，并单击 Key Info（关键帧信息）卷展栏下的 Set Sliding Key（设置滑动关键点）按钮，为脚掌设置滑动关键帧，如图 5-176 所示。同理，在第 3 帧为后腿骨骼创建滑动关键帧，在第 5 帧为前腿骨骼创建滑动关键帧，单击 Set Free Key（设置自由关键点）按钮取消滑动关键帧，如图 5-177 所示。

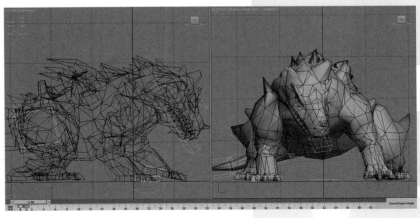

图 5-176 调整腿部在第 1 帧的姿势

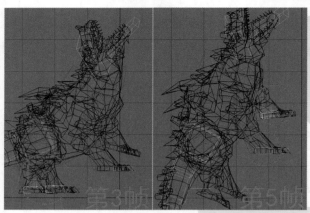

图 5-177 调整腿部在第 3 帧和第 5 帧的姿势

（6）调整质心腾空的运动变化。方法：分别拖动时间滑块到第 5、7 和 9 帧，再使用 Select and Move（选择并移动）和 Select and Rotate（选择并旋转）工具调整质心的位置和角度，制作出水晶鳄被击腾空过程中的质心运动，如图 5-178 所示。然后拖动时间滑块到第 9 帧，再使用 Select and Rotate（选择并旋转）工具调整水晶鳄颈椎和头骨的角度，使脖子和头部跟随身体做出相应的姿势，如图 5-179 所示。

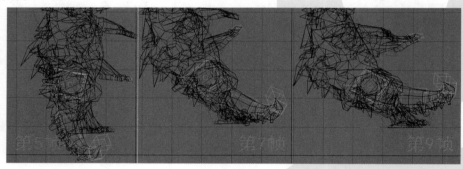

图 5-178 调整水晶鳄腾空过程中质心的运动变化

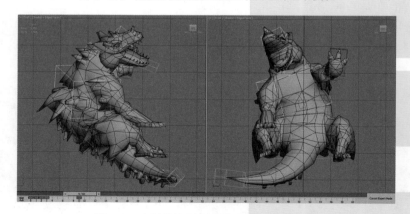

图 5-179 调整水晶鳄身体在第 9 帧的姿势

（7）拖动时间滑块到第 6 帧，再使用 Select and Rotate（选择并旋转）工具调整水晶鳄身体、头、颈和下颚骨骼的角度，制作出水晶鳄身体被击腾空的姿势，如图 5-180 所示。然后拖动时间滑块到第 7 帧，再使用 Select and Move（选择并移动）和 Select and Rotate（选择并旋转）工具调整水晶鳄腿部骨骼的位置和角度，制作出腿部配合身体腾空绷直并稍稍向外张开的姿势，如图 5-181 所示。

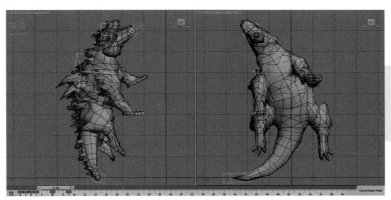

图5-180　调整水晶鳄身体在第6帧的姿势

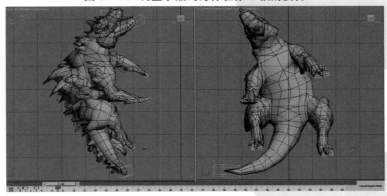

图5-181　调整水晶鳄腿部在第7帧的姿势

（8）调整质心落地的运动变化。方法：分别拖动时间滑块到第12和13帧，再使用Select and Move（选择并移动）和Select and Rotate（选择并旋转）工具调整水晶鳄质心的角度和位置，制作出水晶鳄落地过程中质心的运动变化，如图5-182所示。然后拖动时间滑块到第13帧，再使用Select and Rotate（选择并旋转）工具调整身体、头、颈、下颚和腿部骨骼的角度，制作出水晶鳄身体和头向上挺起、嘴巴张开、前腿上移并向里摆、后腿收缩并向外摆的姿势，如图5-183所示。

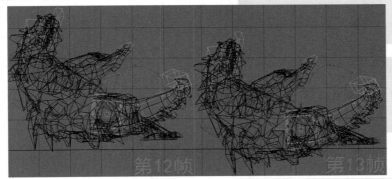

图5-182　调整水晶鳄落地过程中质心的运动变化

（9）调整身体触地的姿势。方法：分别把时间滑块拖动到第14和15帧，再使用Select and Rotate（选择并旋转）工具调整水晶鳄身体骨骼的角度，制作出水晶鳄身体倒地过程中的运动变化，效果如图5-184和图5-185所示。然后拖动时间滑块到第16帧，再使用Select and Move（选择并移动）和Select and Rotate（选择并旋转）工具调整水晶鳄身体、头、颈和腿部骨骼的位置和角度，使水晶鳄头部和四腿触地，制作出水晶鳄落地时肢体张开的姿势，如图5-186所示。

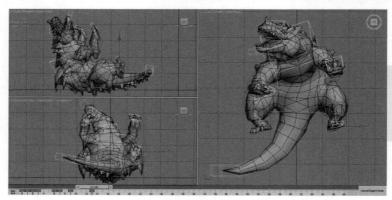

图 5-183　调整水晶鳄身体在第 13 帧的姿势

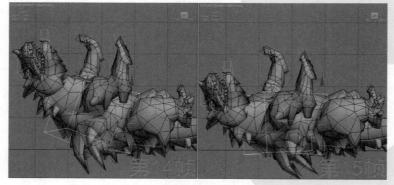

图 5-184　制作水晶鳄倒地过程中身体的运动变化

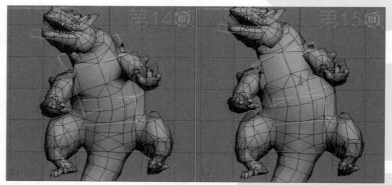

图 5-185　制作水晶鳄倒地过程中身体的运动变化

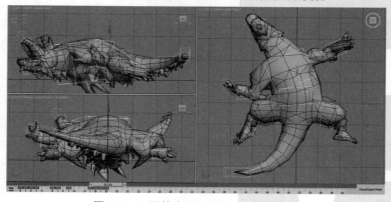

图 5-186　调整水晶鳄在第 16 帧的姿势

（10）调整落地后的姿势。方法：分别拖动时间滑块到第 18、20、21 和 22 帧，再使用 Select and Rotate（选择并旋转）工具调整身体的角度，制作出水晶鳄身体与地面碰撞所发生的不断反弹的姿势，如图 5-187 和图 5-188 所示。

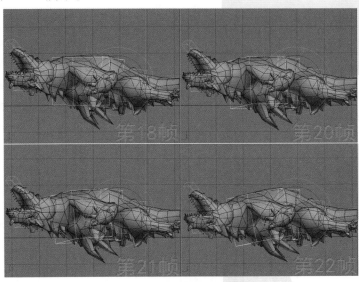

图 5-187　调整水晶鳄身体不断弹起的姿势

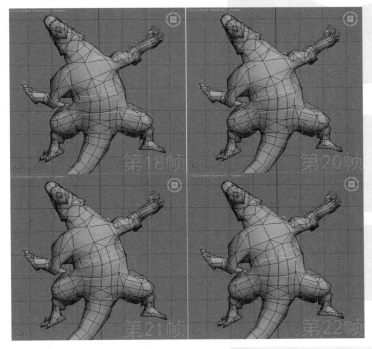

图 5-188　调整水晶鳄身体不断反弹的运动变化

（11）拖动时间滑块到第 19 帧，再使用 Select and Move（选择并移动）和 Select and Rotate（选择并旋转）工具调整水晶鳄头、颈和腿部骨骼的位置和角度，制作出水晶鳄头和腿部配合身体弹起而发生反作用力下移、嘴巴闭合的姿势，如图 5-189 所示。然后拖动时间滑块到第 22 帧，再使用 Select and Move（选择并移动）和 Select and Rotate（选择并旋转）工具调整水晶鳄头、颈和腿部骨骼的位置和角度，制作出水晶鳄因死亡导致头部和腿部僵直的姿势，如图 5-190 所示。

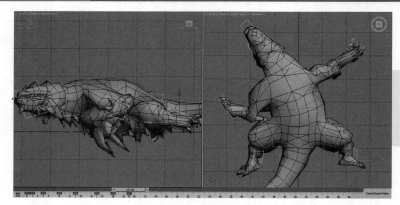

图 5-189 调整头部和腿部骨骼在第 19 帧的姿势

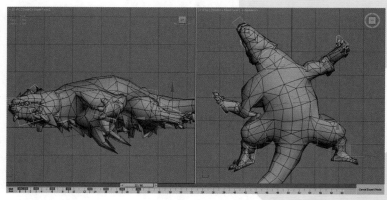

图 5-190 调整头部和腿部骨骼在第 22 帧的姿势

（12）分别拖动时间滑块到第 35、45、48、50 帧，再使用 Select and Rotate（选择并旋转）工具调整头和颈部骨骼的角度，制作出水晶鳄死亡过程中头部挣扎的运动变化，如图 5-191 所示。然后拖动时间滑块到第 30 帧，再调整水晶鳄腿部骨骼的角度和位置，制作出腿部配合抬头使劲发力的姿势，效果如图 5-192 所示。

图 5-191 调整水晶鳄死亡过程中头部的运动变化

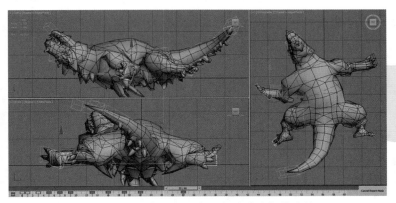

图 5-192　调整腿部配合头部使劲抬起的姿势

　　（13）拖动时间滑块到第 39 帧，再使用 Select and Move（选择并移动）和 Select and Rotate（选择并旋转）工具调整水晶鳄腿部骨骼的位置和角度，使水晶鳄的前腿上下摆动，后腿收缩，制作出水晶鳄腿部挣扎的姿势，如图 5-193 所示。然后拖动时间滑块到第 45 帧，再使用 Select and Rotate（选择并旋转）工具调整水晶鳄腿部骨骼的角度，制作出水晶鳄腿部向下滑动的姿势，如图 5-194 所示。

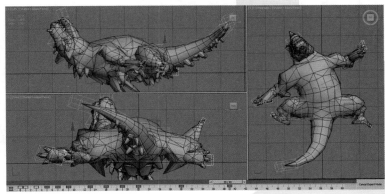

图 5-193　调整腿部在第 39 帧的姿势

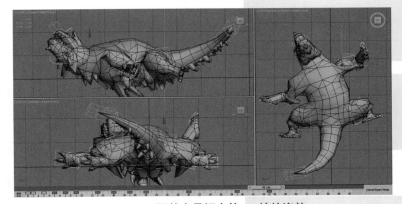

图 5-194　调整水晶鳄在第 45 帧的姿势

　　（14）拖动时间滑块到第 50 帧，再使用 Select and Move（选择并移动）和 Select and Rotate（选择并旋转）工具调整水晶鳄腿部骨骼的角度和位置，使蓝色前腿伸直，绿色前腿收缩并脚掌绷直，绿色后腿向下滑动，蓝色后腿收缩，制作出水晶鳄死亡过程中腿部的挣扎姿势，如图 5-195 所示。然后拖动时间滑块到第 48 帧，再调整水晶鳄蓝色前腿骨骼的角度，制作出绿色前腿上抬的姿势，如图 5-196 所示。

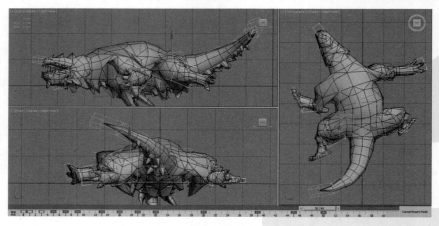

图 5-195 调整腿部挣扎的过程的姿势

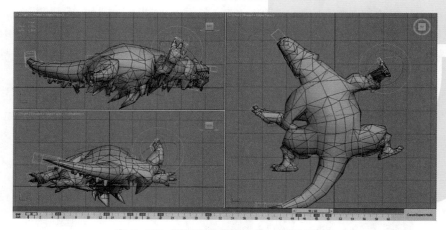

图 5-196 调整绿色前腿在第 48 帧的姿势

（15）为头颈部进行错帧。方法：不断拖动时间滑块，并观察动作的节奏，再选中头和颈部骨骼，然后框选第 13 帧，拖动到第 14 帧，把第 16 帧拖动到第 17 帧，把第 22 帧拖动到第 21 帧，把第 45 帧拖动到第 44 帧，效果如图 5-197 所示。接着拖动时间滑块到第 55 帧，再使用 Select and Rotate（选择并旋转）工具稍稍调整绿色前腿骨骼的角度，如图 5-198 所示。

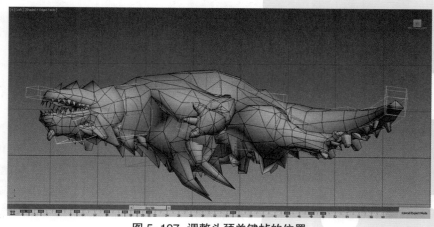

图 5-197 调整头颈关键帧的位置

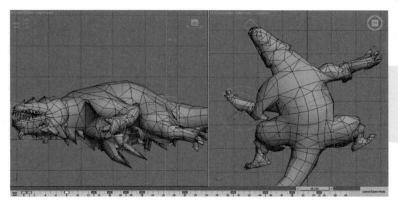

图 5-198　调整绿色前腿骨骼的姿势

（16）为腿部进行错帧。方法：选中绿色前腿骨骼，再不断滑动时间滑块，观察绿色前腿的节奏，框选第 7 帧关键帧，拖动到第 5 帧，把第 16 帧拖动到第 17 帧，效果如图 5-199 所示。然后选中绿色后腿骨骼，再选中第 13 帧关键帧，拖动到第 12 帧，接着框选第 16~50 帧关键帧整体向前移 1 帧，再框选第 29~49 帧关键帧整体向后移 1 帧，并把第 39 帧拖动到第 38 帧，把第 49 帧拖动到第 52 帧，效果如图 5-200 所示。

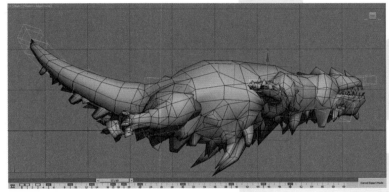

图 5-199　为绿色前腿进行错帧

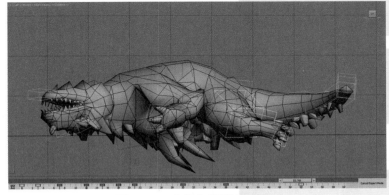

图 5-200　为绿色后腿进行错帧

（17）调整下颚骨骼的姿态。方法：框选除第 0 帧、第 1 帧和第 3 帧的关键帧，再拖动时间滑块到第 10 帧，使用 Select and Rotate（选择并旋转）工具调整水晶鳄下颚骨骼的角度，制作出水晶鳄调整中嘴巴张开的姿态，如图 5-201 所示。同理，调整水晶鳄在死亡过程中下颚骨骼的运动变化，如图 5-202和图 5-203 所示。

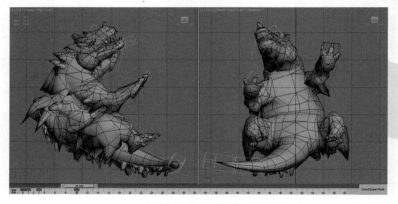

图 5-201 调整下颚骨骼在第 10 帧的姿态

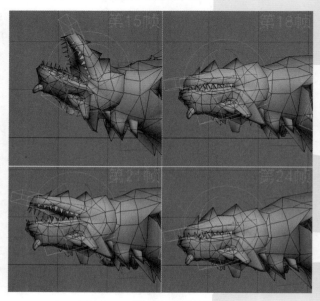

图 5-202 调整下颚骨骼的姿态

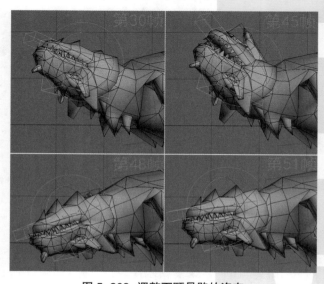

图 5-203 调整下颚骨骼的姿态

（18）使用错帧调整尾巴的姿态。方法：分别拖动时间滑块到第 2、5 和 10 帧，使用 Select and Rotate（选择并旋转）工具调整水晶鳄尾巴骨骼的角度，制作出水晶鳄腾空过程中尾巴的姿态变化，如图 5-204~ 图 5-206 所示。

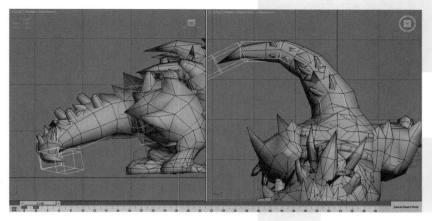

图 5-204　水晶鳄腾空过程中尾巴的姿态

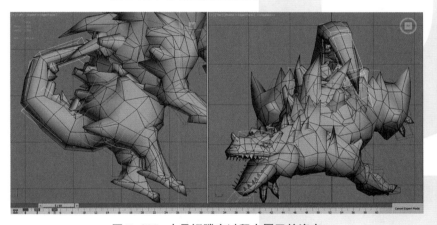

图 5-205　水晶鳄腾空过程中尾巴的姿态

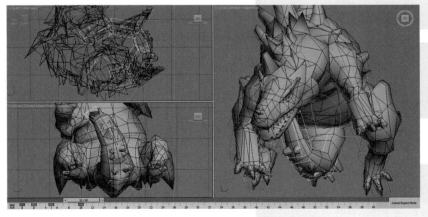

图 5-206　水晶鳄腾空过程中尾巴的姿态

（19）分别拖动时间滑块到第 15、27 和 40 帧，使用 Select and Rotate（选择并旋转）工具调整水晶鳄尾巴骨骼的角度，制作出水晶鳄下落过程中尾巴的姿态变化，如图 5-207~ 图 5-209 所示。

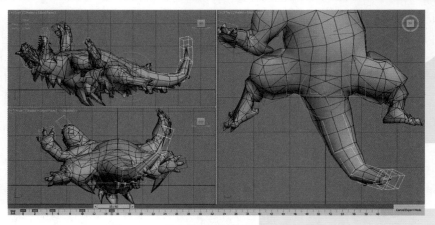

图 5-207　水晶鳄下落过程中尾巴的姿态

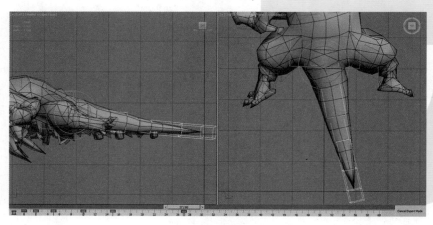

图 5-208　水晶鳄下落过程中尾巴的姿态

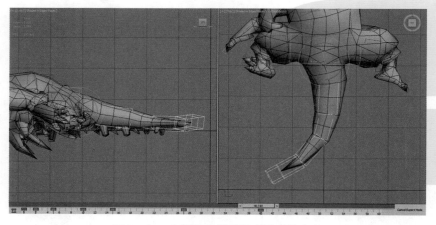

图 5-209　水晶鳄下落过程中尾巴的姿态

（20）选中尾巴所有的骨骼，如图 5-210 中 A 所示，在按住 Alt 键的同时，框选第一节尾骨，将第一节尾巴排除掉，然后选中第 5 帧关键帧，拖动到第 6 帧，如图 5-210 中 B 所示，在按住 Alt 键的同时，框选第二节尾骨，如图 5-210 中 C 所示。接着框选第 6 帧的关键帧，拖动到第 7 帧，如图 5-210 中 D 所示。依次类推，完成尾巴后端骨骼的错帧。同理，调整尾巴在第 10 帧的关键帧的错帧，效果如图 5-211 所示。

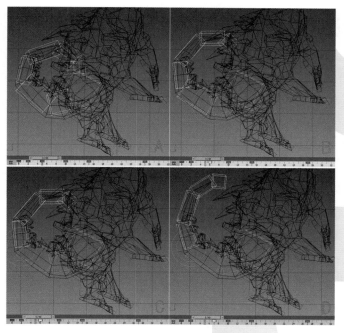

图 5-210　水晶鳄尾巴错帧的调整

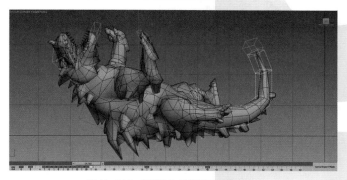

图 5-211　调整水晶鳄尾巴的姿态

（21）拖动时间滑块到第 15 帧，再选中尾巴中所有的骨骼，在按住 Alt 键的同时，框选第一节尾骨，然后选中第 15 帧关键帧，拖动到第 16 帧，在按住 Alt 键的同时，框选排除第二节尾骨，接着框选第 16 帧的关键帧，拖动到第 18 帧，依次类推，完成尾巴后端骨骼向后错 2 帧，如图 5-212 所示。同理，完成尾巴在第 27 帧的关键帧向后错 3 帧，效果如图 5-213 所示。

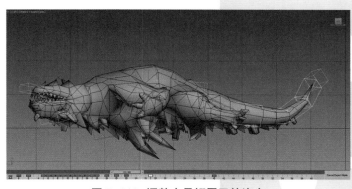

图 5-212　调整水晶鳄尾巴的姿态

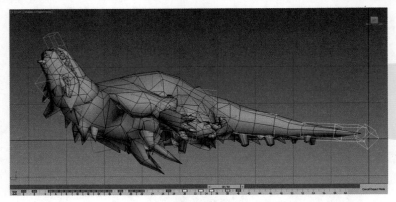

图 5-213 调整水晶鳄尾巴的姿态

（22）单击 Playback（播放动画）按钮播放动画，这时可以看到水晶鳄身体快速跃起并向后翻滚坠地，同时配有身体挣扎、腿部颤抖等细节动画。在播放动画的时候如发现有幅度过大或不正确的地方，可以适当调整。最后将文件保存为配套光盘中的"多媒体视频文件 \max\ 水晶鳄文件 \ 水晶鳄－死亡.max"。

5.4　自我训练

一、填空题

1.蒙皮结束后，我们要把对动作不产生作用的骨骼删除，目的是（　　　　　　　　　　　）。

2.在匹配骨骼和模型时，我们通常会使用不同的坐标系，以确保准确的调整轴向，这些坐标系包括（　　　　　）、（　　　　　）、（　　　　　）、（　　　　　）等。

3.在 Bone Tools 面板的 Fin Adjustment Tools 卷展栏中，主要用于调整 Bone 骨骼的（　　　　　）、（　　　　　）以及（　　　　　）的参数设置。

二、简答题

1.简述复制骨骼姿态的基本方法。

2.简述模型归零的基本操作方法。

三、操作题

利用本章讲解知识，为一个四足爬行动物创建骨骼并蒙皮，并制作行走动画。

第6章
飞行动物
动画制作

本节通过网络游戏NPC——地狱龙的动画设定演示，讲解飞行动物动画创作的方法和思路。

◆学习目标

·掌握飞行动物的骨骼创建方法

·掌握飞行动物的蒙皮设定

·了解飞行动物的运动规律

·掌握飞行动物的动画制作方法

·掌握飘带插件制作尾巴动画的

方法

◆学习重点

·掌握飞行动物的骨骼创建方法

·掌握飞行动物的蒙皮设定

·掌握飞行动物的动画制作方法

　　本章将讲解网络游戏中的飞行动物——地狱龙的行走、奔跑、技能攻击、物理攻击和死亡动画的制作方法。动画效果如图 6-1(a)~(e)所示。通过本例的学习,读者应掌握创建 Bone 骨骼、Skin(蒙皮)以及战士动画的基本制作方法。

(a) 行走动画

(b) 飞行动画

(c) 技能攻击动画

(d) 物理攻击动画

图 6-1　地狱龙

(e) 死亡动画

图 6-1 地狱龙(续)

6.1 地狱龙的骨骼创建

在创建地狱龙骨骼时,我们使用传统的 Bone 骨骼。地狱龙骨骼设计分为:创建躯干和尾骨,创建腿部和尾刺骨骼,创建翅膀、背刺和头刺骨骼,以及骨骼链接四部分内容。

6.1.1 创建躯干和尾巴骨骼

(1)模型归零。方法:选中地狱龙模型,设置时间轴下的参数 X、Y 的值分别为 0.0,如图 6-2 中 A 所示,可以看到场景中的地狱龙模型处于坐标的中间,如图 6-2 中 B 所示。

(2)创建身体和头的骨骼。方法:线框显示模型,进入左视图,再单击 Create(创建)面板下 Systems(系统)中的 Bones 按钮,然后在 Bone Parameter(骨骼参数)卷展栏的 Bone Object(骨骼对象)组中设置骨骼的 Width(宽度)和 Height(高度)值,如图 6-3 中 A 所示,接着单击鼠标在臀部位置创建四节骨骼,再单击鼠标右键结束创建,如图 6-3 中 B 所示。

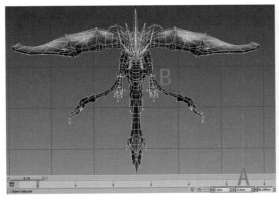

图 6-2 模型处于中间位置

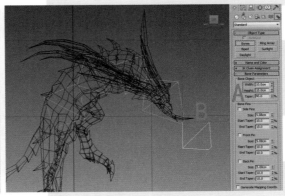

图 6-3 在左视图创建脊椎和头部骨骼

提示:在创建 Bones 骨骼结束时,系统会在骨骼下端自动生成一节新的末端骨骼。即上图中出现在四节躯干骨骼之后的骨骼。

（3）调整 Bone 骨骼显示模式。方法：选中末端骨骼，再按下 Delete 键进行删除，然后双击根骨骼，从而选中整条骨骼，再单击鼠标右键，并从弹出的菜单中选择 Object Properties（对象属性）命令，如图 6-4 中 B 所示，接着在弹出的 Object Properties（对象属性）对话框中选中 Display as Box（显示为外框）选项，如图 6-4 中 C 所示，再单击 OK 按钮，完成选中的 Bone 骨骼以方框显示，效果如图 6-5 所示。

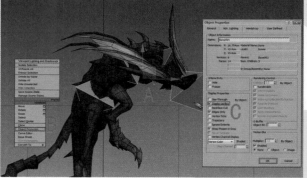

图 6-4　把 Bone 骨骼以方框显示

图 6-5　骨骼以方框显示的效果

（4）创建尾巴的骨骼。方法：线框显示模型，进入左视图，再单击 Bones 按钮，然后设置骨骼的 Width（宽度）和 Height（高度）值，并单击鼠标在尾巴位置创建四节骨骼，再单击鼠标右键结束创建，如图 6-6 所示。接着按下 Delete 键删除系统自创的末端骨骼，再选中尾巴的骨骼，并以方框显示骨骼，如图 6-7 所示。

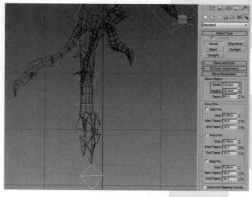

图 6-6　创建尾巴的骨骼

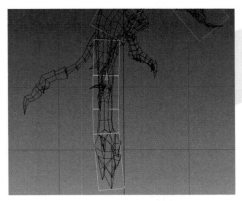

图6-7 方框显示尾巴骨骼

6.1.2 创建腿部和尾刺的骨骼

（1）创建背面尾刺的骨骼。方法：进入左视图，再单击 Bones 按钮，然后设置骨骼的 Width（宽度）和 Height（高度）的值，如图6-8中 A 所示。再单击鼠标在尾刺位置创建五节骨骼，单击鼠标右键结束创建，如图6-8中 B 所示。接着按下 Delete 键删除系统自创的末端骨骼。

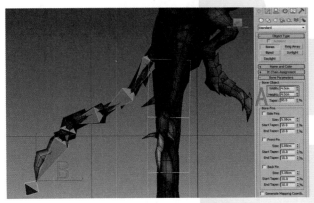

图6-8 创建背面尾刺的骨骼

（2）匹配尾刺的骨骼。方法：双击中间尾刺的根骨骼，从而选中整条骨骼，再单击鼠标右键，从弹出的快捷菜单中选择 Object Properties（对象属性）命令，然后在弹出的 Object Properties（对象属性）对话框中选中 Display as Box（显示为外框）选项，再单击 OK 按钮，将选中的骨骼以方框显示，接着使用 Select and Rotate（选择并旋转）工具调整骨骼的角度，使骨骼和模型匹配对齐，效果如图6-9所示。

图6-9 匹配背面尾刺的骨骼

（3）创建右腿的骨骼。方法：线框显示模型，再单击 Bones 按钮，然后设置骨骼的 Width（宽度）和 Height（高度）的值，并单击鼠标在腿部位置创建四节骨骼，再单击鼠标右键结束创建，如图 6-10 所示。接着按下 Delete 键删除系统自动生成的末端骨骼，再参考背面尾刺骨骼以方框显示的过程，将腿部的骨骼以方框显示，效果如图 6-11 所示。

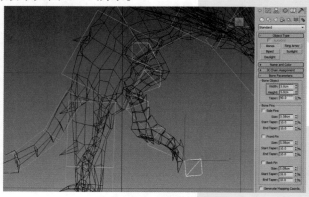

图 6-10 创建小腿骨骼

图 6-11 设置小腿骨骼以方框显示

（4）匹配腿部骨骼和模型对齐。方法：选中腿部的根骨骼，再使用 Select and Move（选择并移动）和 Select and Rotate（选择并旋转）工具调整地狱龙腿部骨骼的位置和角度，使腿部骨骼和模型对齐，如图 6-12 所示。

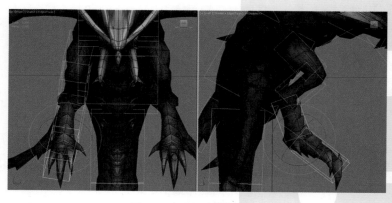

图 6-12 匹配右腿的骨骼

（5）克隆镜像腿部骨骼。方法：双击右大腿的骨骼，从而选中整条腿骨骼，在按住 Shift 键的同时进行拖动，然后弹出一个 Clone Options（克隆选项）对话框，在对话框中设置好参数，如图 6-13 中 A 所示。再单击 OK 按钮，完成复制骨骼，效果如图 6-13 中 B 所示。接着单击工具栏下的 Mirror（镜像）按钮，并在弹出的对话框中设置好参数，如图 6-14 中 A 所示，再单击 OK 按钮，完成骨骼的镜像，效果如图 6-14 中 B 所示。最后使用 Select and Move（选择并移动）工具调整骨骼的位置，匹配到左侧腿部模型，最终效果如图 6-15 所示。

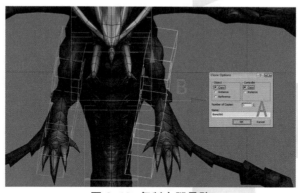

图 6-13　复制右腿骨骼

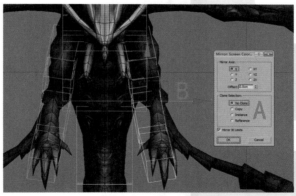

图 6-14　镜像骨骼

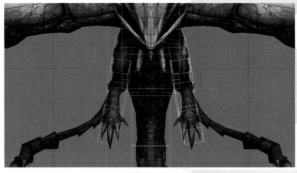

图 6-15　匹配骨骼到左侧腿部的模型

（6）为方便创建左侧尾刺骨骼，需隐藏腿部模型和骨骼。方法：选中左侧腿部骨骼，再单击鼠标右键，从弹出的快捷菜单中选择 Hide Selection（隐藏选定对象）命令，如图 6-16 所示。然后选中地狱龙模型，并进入 Modify（修改）面板，再进入 Polygon（多边形）层级，如图 6-17 中 A 所示，接着选中左腿模型，如图 6-17 中 B 所示，再单击 Edit Geometry（编辑几何体）卷展栏下的 Hide Selected（隐藏选中对象）按钮来隐藏选中的模型，效果如图 6-18 所示。

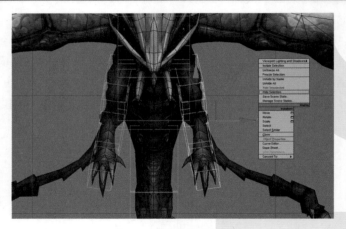

图 6-16　隐藏左腿骨骼

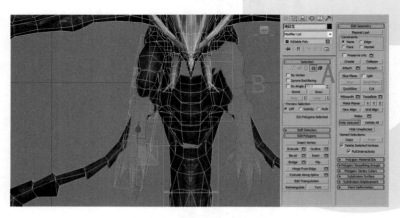

图 6-17　隐藏左腿的模型

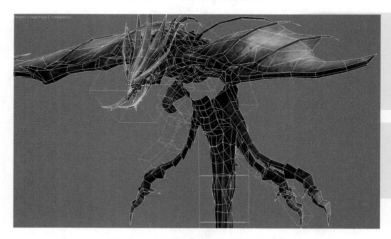

图 6-18　隐藏左腿模型的最终效果

（7）创建左侧尾刺骨骼。方法：进入前视图，再单击 Systems（系统）中的 Bones 按钮，然后设置骨骼的 Width（宽度）和 Height（高度）的值，再单击鼠标在尾刺位置创建四节骨骼，并单击鼠标右键结束创建，如图 6-19 所示。接着按下 Delete 键删除系统自动生成的末端骨骼，再将左侧尾刺骨骼以方框显示，最后选中左侧尾刺根骨骼，使用 Select and Move（选择并移动）和 Select and Rotate（选择并旋转）工具调整尾刺骨骼的位置和角度，使骨骼和模型对齐，如图 6-20 所示。

图 6-19　创建左侧尾刺的骨骼

图 6-20　调整左侧尾刺的骨骼

（8）克隆镜像左边尾刺骨骼。方法：参考把右侧腿部骨骼复制到左侧腿部的过程，把左侧尾刺骨骼复制到右侧尾刺骨骼，再使用 Select and Move（选择并移动）工具调整骨骼和右侧尾刺模型对齐，如图 6-21 所示。

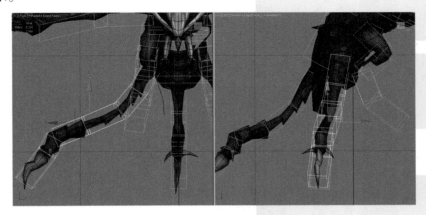

图 6-21　匹配右侧尾刺骨骼

（9）取消模型的隐藏。方法：选中模型，再进入 Modify（修改）面板，并进入 Polygon（多边形）层级，然后单击 Edit Geometry（编辑几何体）卷展栏下的 Unhide All（全部取消隐藏）按钮，将隐藏的部分模型显示出来，如图 6-22 所示。

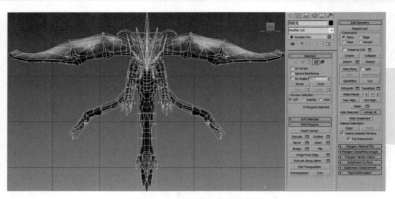

图 6-22 取消隐藏的模型

6.1.3 创建翅膀、背刺和头刺的骨骼

（1）创建右翼的骨骼。方法：进入顶视图，分别选中脊椎和头部的骨骼，再单击鼠标右键，在弹出的快捷菜单中选中 Hide Selected（隐藏选中对象）命令来隐藏脊椎和头部骨骼，效果如图 6-23 所示。然后单击 Create（创建）面板下 Systems（系统）中的 Bones 按钮，线框显示模型，再设置好骨骼的 Width（宽度）和 Height（高度）的值，接着单击鼠标在右翼位置创建四节骨骼，并单击鼠标右键结束创建，如图 6-24 所示。再按下 Delete 键删除骨骼，并参考背面尾刺骨骼以方框显示的过程，将右边翅膀的骨骼以方框显示，如图 6-25 所示。

图 6-23 隐藏脊椎和头部骨骼

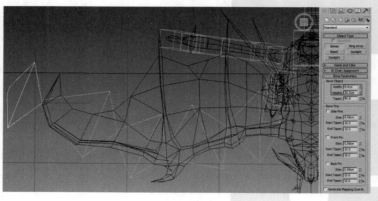

图 6-24 创建右翼的骨骼

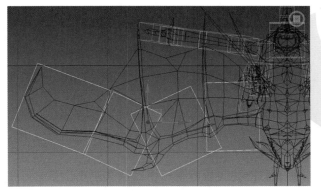

图 6-25 设置右翼骨骼方框显示

（2）匹配右翼的骨骼。方法：在顶视图创建的右翼骨骼处于坐标的底部，还需进一步调整骨骼的位置和角度。选中右翼的骨骼，再使用 Select and Move（选择并移动）和 Select and Rotate（选择并旋转）工具调整右翼骨骼的位置和角度，使骨骼和右翼模型对齐，如图 6-26 所示。

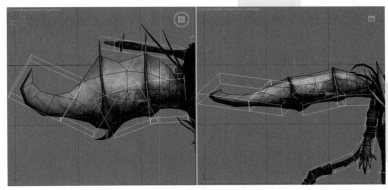

图 6-26 匹配右翼的骨骼

（3）创建左翼的骨骼。方法：参考右侧腿部复制到左侧腿部的过程，再使用 Select and Move（选择并移动）工具调整骨骼到左翼模型，如图 6-27 所示。

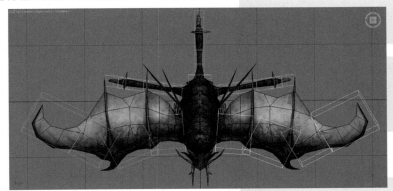

图 6-27 创建左翼骨骼

（4）开启捕捉开关。方法：线框显示模型，再单击工具栏中的 Keyboard Shortcut Override Toggle（键盘快捷键覆盖互换）按钮，然后单击鼠标左键 Snaps Toggle（捕捉开关）按钮，开启捕捉开关，如图 6-28 中 A 所示。再右键单击捕捉开关按钮，并在弹出的 Grid and Snap Settings（栅格和捕捉设置）界面下选中 Vertex（顶点）选项，如图 6-28 中 B 所示，设置完成后关闭界面。

图 6-28　开启捕捉开关

提示：开启捕捉开关时，将鼠标键移动到模型上时，就会出现一个跟随鼠标的黄色十字架，移动到背刺的顶点上，并按下鼠标左键时，十字架变成绿色，此时成功捕捉到顶点，然后单击鼠标左键创建背刺的骨骼。开启捕捉开关有利于创建骨骼的准确性。

（5）创建背刺的骨骼。方法：单击 Create（创建）面板下 Systems（系统）中的 Bones 按钮，再设置好骨骼的 Width（宽度）和 Height（高度）的值，再单击鼠标在第一根背刺位置创建五节骨骼，并单击鼠标右键结束创建，如图 6-29 所示，然后按下 Delete 键删除系统自动生成的末端骨骼。

图 6-29　创建第一根背刺的骨骼

（6）同上，创建出第二根背刺的骨骼，如图 6-30 所示，再单击 Snaps Toggle（捕捉开关）按钮取消捕捉，然后分别选中第一根和第二根背刺骨骼，再设置骨骼以方框显示。接着使用 Select and Move（选择并移动）和 Select and Rotate（选择并旋转）工具调整背刺骨骼的位置和角度，使骨骼和背刺模型对齐，如图 6-31 所示。

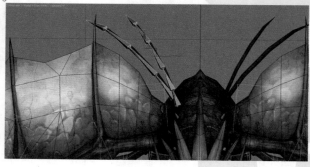

图 6-30　创建第二根背刺的骨骼

GAME ART DESIGN BIBLE｜游戏美术设计宝典

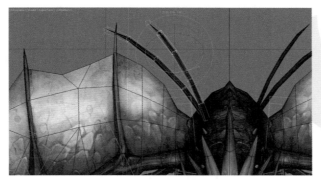

图 6-31　匹配两根背刺的骨骼

（7）创建第三根背刺骨骼。方法：参考腿部的复制过程，把第一根背刺骨骼复制到第三根背刺，再使用 Select and Move（选择并移动）工具调整骨骼和背刺模型对齐，如图 6-32 所示。同理，把第二根背刺骨骼复制到第四根背刺，再使用 Select and Move（选择并移动）工具调整复制骨骼和第四根背刺模型对齐，如图 6-33 所示。

图 6-32　创建第三根背刺骨骼

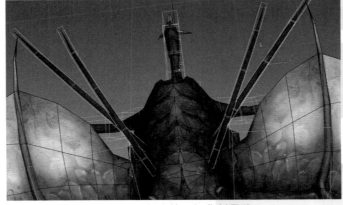

图 6-33　创建第四根背刺骨骼

（8）创建右侧头刺的骨骼。方法：单击鼠标右键，在弹出的快捷菜单中选中 Unhide All（取消隐藏）命令，取消脊椎骨骼的隐藏，再单击 Snaps Toggle（捕捉开关）按钮，然后单击 Bones 按钮，在头部右侧的头刺位置创建四节骨骼，再单击鼠标右键结束创建，如图 6-34 所示。

GAME ART DESIGN BIBLE｜游戏美术设计宝典

图 6-34 创建右侧头刺骨骼

（9）匹配右侧头刺的骨骼。方法：按下 Delete 键删除系统自动生成的末端骨骼，再选中右侧头刺的骨骼，并设置骨骼以方框显示，然后选中头刺的根骨骼，再使用 Select and Move（选择并移动）和 Select and Rotate（选择并旋转）工具调整头刺骨骼的位置和角度，使骨骼和头刺模型对齐，如图 6-35 所示。

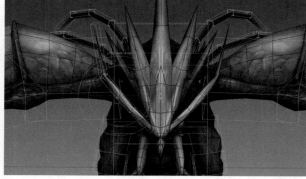

图 6-35 匹配右侧头刺骨骼

（10）创建左侧头刺的骨骼。方法：参考腿部的复制过程，把右侧头刺骨骼复制到左侧头刺，再使用 Select and Move（选择并移动）工具调整骨骼的位置，使骨骼和左侧头刺模型对齐，如图 6-36 所示。

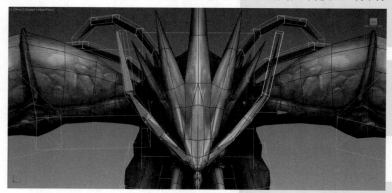

图 6-36 创建左侧头刺的骨骼

（11）创建中间的头刺骨骼。方法：进入左视图，并线框显示模型，再单击 Bones 按钮，并设置 Width（宽度）和 Height（高度）的值，再单击鼠标在中间头刺位置创建三节骨骼，单击鼠标右键结束创建，如图 6-37 所示。接着按下 Delete 键删除系统自动生成的末端骨骼，再选中整条骨骼，设置骨骼以方框显示，如图 6-38 所示。

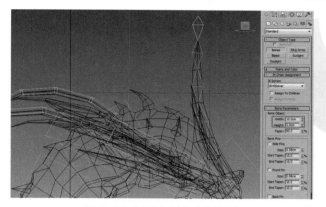

图 6-37　创建中间的头刺骨骼

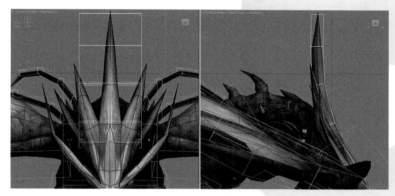

图 6-38　方框显示中间头刺骨骼

6.1.4　骨骼链接

完成骨骼与模型的匹配后,下面要把骨骼进行链接,形成父子关系。

(1)腿部、尾巴和尾刺骨骼链接。方法:按住 Ctrl 键的同时,依次选中腿部、尾巴和尾刺的根骨骼,如图 6-39 中 A 所示。然后单击工具栏中的 Select and Link(选择并链接)按钮,再按住鼠标左键拖动至第三节脊椎骨骼,接着松开鼠标左键完成链接,如图 6-39 中 B 所示。再选中第三节脊椎骨骼,并使用 Select and Rotate(选择并旋转)工具调整脊椎骨的角度,观察小腿、尾巴和尾刺骨骼是否跟随运动,如跟随运动,表示链接成功,最后按 Ctrl+Z 键撤销之前骨骼的移动。

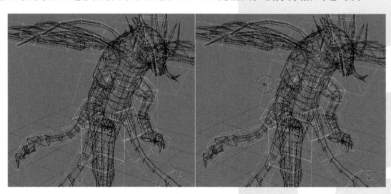

图 6-39　腿部、尾巴和尾刺的骨骼链接

（2）同上，把头刺根骨骼链接到头骨，如图6-40所示，然后使用Select and Rotate（选择并旋转）工具调整头骨的角度，并观察头刺骨骼是否跟随运动，如跟随运动，表示链接成功，再按Ctrl+Z键撤销之前骨骼的移动。

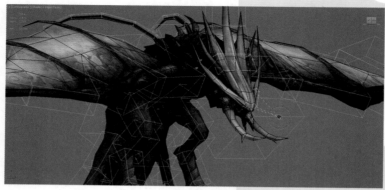

图6-40 头刺的骨骼链接

（3）翅膀骨骼链接。方法：按住Ctrl键同时，依次选中左右翅膀的根骨骼，然后单击工具栏中的Select and Link（选择并链接）按钮，再按住鼠标左键拖动至第一节脊椎骨，接着松开鼠标左键完成链接，如图6-41所示。再选中第一节脊椎骨，并使用Select and Rotate（选择并旋转）工具调整第一节脊椎骨的角度，观察翅膀骨骼是否跟随运动，如跟随运动，表示链接成功，再按Ctrl+Z键撤销之前骨骼的移动。

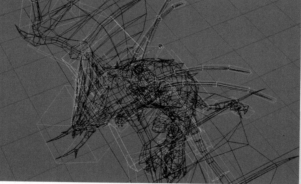

图6-41 翅膀骨骼链接

（4）同上，完成背刺骨骼链接到第二节脊椎骨骼，如图6-42所示。然后选中脊椎的第三节骨骼，再使用Select and Move（选择并移动）工具调整脊椎骨的位置，观察背刺骨骼是否跟随运动，如跟随运动，表示链接成功，再按Ctrl+Z键撤销之前骨骼的移动。

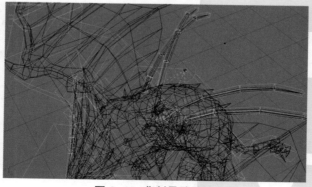

图6-42 背刺骨骼链接

6.2　地狱龙的蒙皮设定

　　Skin(蒙皮)的优点是可以自由选择骨骼来进行蒙皮,而且可快速、方便地调节权重。本节内容分为给地狱龙模型添加 Skin(蒙皮)修改器和调节封套权重两个部分。

6.2.1　添加蒙皮修改器

　　(1)为地狱龙模型添加 Skin 修改器。方法:选中地狱龙模型,再进入 Modify(修改)面板,在 Modifier List(修改器列表)下拉列表中选择 Skin(蒙皮)修改器,如图 6-43 所示。然后单击 Add(添加)按钮,如图 6-44 中 A 所示,并在弹出的 Select Bones(选择骨骼)对话框中框选全部 Bone 骨骼,再单击 Select(选择)按钮,如图 6-44 中 B 所示,将骨骼添加到蒙皮。

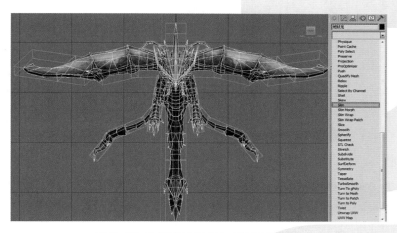

图 6-43　为模型添加 Skin(蒙皮)修改器

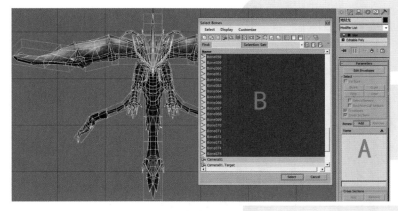

图 6-44　添加 Bone 骨骼

　　(2)设置蒙皮时模型的显示。方法:选中模型,再单击 Edit Envelopes(编辑封套)按钮,然后在视图中单击鼠标右键,并从弹出的快捷菜单中选择 Object Properties(对象属性)命令,接着在弹出的 Object Properties(对象属性)对话框中选中 Vertex Channel Display(顶点通道显示)选项,如图 6-45 所示。再单击 OK 按钮,此时模型变成光滑的灰色模型,效果如图 6-46 所示。

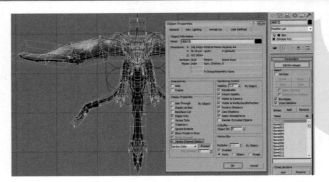

图 6-45　设置蒙皮时显示的模式

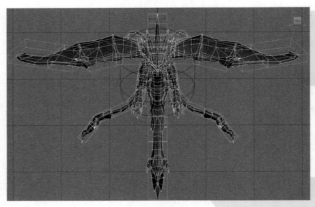

图 6-46　模型以灰色显示

6.2.2　调节尾巴骨骼的封套权重

（1）单击 Parameters（参数）卷展栏下的 Edit Envelopes（编辑封套）按钮，再选中 Vertices（顶点）选项，如图 6-47 中 A 所示，此时可以看到视图中出现了封套，同时可以选中模型的顶点，如图 6-47 中 B 所示。

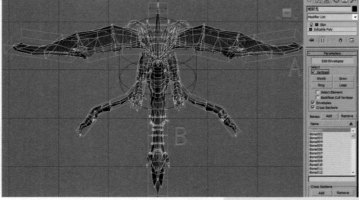

图 6-47　设置顶点模式

（2）调整第四节尾巴骨骼的权重。方法：选中尾巴第四节骨骼的封套链接，再选中尾巴第二节骨骼的顶点，如图 6-48 中 A 所示，然后设置 Weight Properties（权重属性）组下 Abs.Effect 的值为 0.0，从而将选中的模型顶点受尾巴第四节骨骼影响的权重值设为 0，如图 6-48 中 B 所示。同理调整第三节尾巴骨骼的权重，如图 6-49 所示。

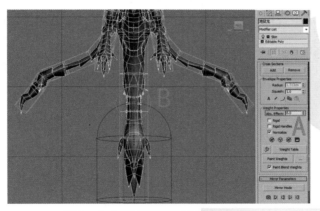

图 6-48　调整第四节尾巴骨骼的权重

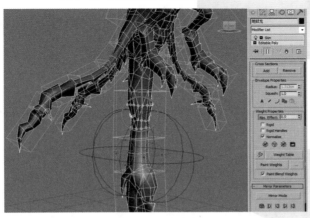

图 6-49　调整第三节尾巴骨骼的权重

（3）调整第二节尾巴骨骼的权重。方法：选中尾巴第二节骨骼的封套链接，再选中尾巴第一节骨骼的顶点，然后设置 Abs.Effect 的值为 0.0，如图 6-50 中 A 所示，从而将选中的模型顶点受尾巴第二节骨骼影响的权重值设为 0。再选中臀部和尾刺的一些顶点，并设置 Abs.Effect 的值为 0.0，如图 6-50 中 B 所示，将选中的模型顶点受尾巴第二节骨骼影响的权重值设为 0。

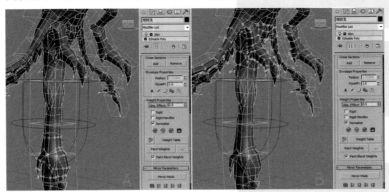

图 6-50　调整第二节尾巴骨骼的权重

（4）调整尾巴根骨骼的权重。方法：选中尾巴根骨骼的封套链接，再分别选中尾刺、小腿和脊椎的顶点，然后设置 Abs.Effect 的值为 0.0，如图 6-51 所示，从而将选中的模型顶点受尾巴根骨骼影响的权重值设为 0。

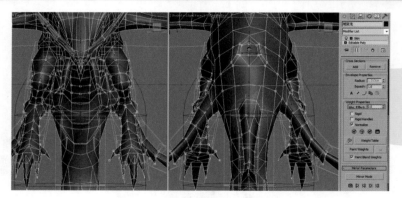

图 6-51 调整尾巴根骨骼的权重

6.2.3 调节翅膀和头部骨骼的封套权重

(1)调整右翼根骨骼的权重。方法：选中右翼根骨骼的封套链接，再分别选中背刺、脊椎和头部的顶点，然后设置 Abs.Effect 的值为 0.0，如图 6-52 所示，从而将选中的模型顶点受右翼根骨骼影响的权重值设为 0。再选中翅膀上的点，如图 6-53 中 A 所示，设置 Abs.Effect 的值为 1.0。接着选中翅膀的第二节骨骼的封套，再设置 Abs.Effect 的值为 0.1，如图 6-53 中 B 所示，从而将选中的模型顶点受翅膀第二节骨骼影响的权重值为 0.1。

图 6-52 排除不该受翅膀影响的点

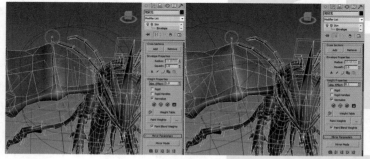

图 6-53 调整翅膀上的权重

(2)调整右翼第二节骨骼的权重。方法：选中右翼第二节骨骼的封套链接，再选中根骨骼的顶点，然后设置 Abs.Effect 的值为 0.0，从而将选中的模型顶点受第二节右翼骨骼影响的权重值设为 0，如图 6-54 所示。再选中右翼第三节骨骼的封套链接，接着选中右翼第二节骨骼的顶点，再设置 Abs.Effect 的值为 0.0，将选中的模型顶点受第三节右翼骨骼影响的权重值设为 0，如图 6-55 所示。同理，调整第四节右翼骨骼的顶点权重，如图 6-56 所示。

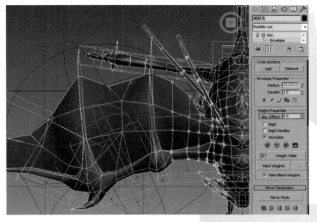

图 6-54 调整右翼第二节骨骼的权重

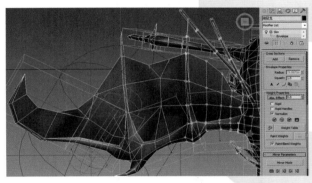

图 6-55 调整右翼第三节骨骼的顶点权重

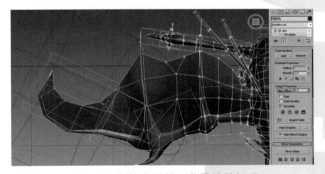

图 6-56 调整右翼第四节骨骼的权重

（3）检查右翼的蒙皮。方法：关闭 Edit Envelopes（编辑封套）按钮，再使用 Select and Rotate（选择并旋转）工具调整右翼骨骼的角度，如图 6-57 所示，并观察模型顶点的变化，如顶点没有出现异常的拉伸，说明顶点的权重值是合理的。检查后，再按下 Ctrl+Z 键撤销之前对骨骼的调整。

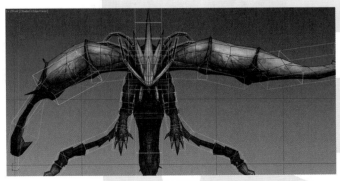

图 6-57 检查右翼蒙皮的合理性

（4）调整头部的顶点权重。方法：选中头骨的封套链接，再分别选中脊椎、翅膀、腿部和头刺骨骼的顶点，然后设置 Abs.Effect 的值为 0.0，如图 6-58 所示，从而将选中的模型顶点受头部骨骼影响的权重值设为 0。

图 6-58 调整头部骨骼的权重

（5）调整右侧头刺骨骼的权重。方法：选中右侧头刺根骨骼的封套链接，再选中头部的一些顶点，然后设置 Abs.Effect 的值为 0.0，如图 6-59 所示，从而将选中的模型顶点受右侧头刺根骨骼影响的权重值设为 0。再选中头刺根骨骼与第二节骨骼连接处的顶点，接着设置 Abs.Effect 的值为 1.0，如图 6-60 中 A 所示，再选中右侧头刺第二节骨骼的封套链接，最后设置 Abs.Effect 的值为 0.5，将选中的模型顶点受第二节骨骼影响的权重值设为 0.5，如图 6-60 中 B 所示。

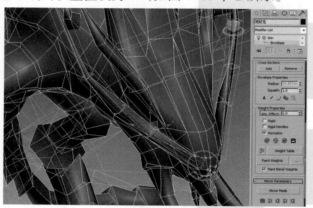

图 6-59 调整头刺根骨骼的权重

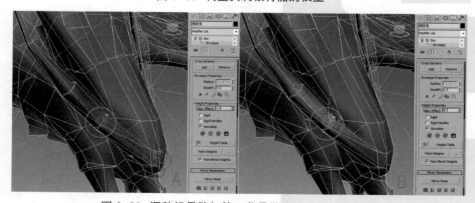

图 6-60 调整根骨骼与第二节骨骼连接处的顶点权重

（6）同上，调整右侧头刺第二、三、四节骨骼的顶点权重，如图 6-61 和图 6-62 所示。同理，调整左侧头刺骨骼的权重。

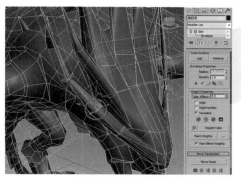

图 6-61　调整第二节头刺骨骼的权重

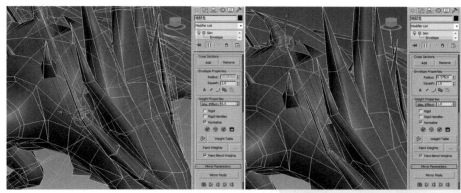

图 6-62　调整第四节头刺骨骼的权重

（7）调整中间头刺骨骼的权重。方法：选中中间头刺根骨骼的封套链接，再选中模型的顶点，并设置 Abs.Effect 的值为 0.0，如图 6-63 中 A 所示。然后选中根骨骼和第二节骨骼连接处的顶点，再选中第二节骨骼的封套链接，并设置 Abs.Effect 的值为 0.5，从而将选中的模型顶点受中间头刺第二节骨骼影响的权重值设为 0.5，如图 6-63 中 B 所示。同理，调整第二、三节骨骼的权重，如图 6-64 和图 6-65 所示。

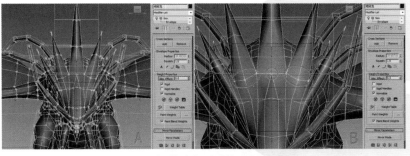

图 6-63　调整中间头刺根骨骼的权重

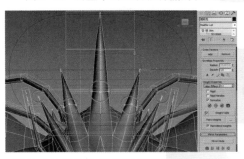

图 6-64　调整中间头刺第二节骨骼的权重

图 6-65　调整中间头刺第三节骨骼的权重

（8）检测中间头刺的蒙皮。方法：关闭 Edit Envelopes（编辑封套）按钮，再选中中间头刺的根骨骼，并选择 Local（局部）坐标系，然后右键单击工具栏中的 Select and Rotate（选择并旋转）按钮，并在弹出的 Rotate Transform Type-In（旋转变化输入）面板中设置 Offset:World（偏移：世界）Z 轴坐标值为 −90，如图 6-66 中 A 所示，再按 Enter 键确定，效果如图 6-66 中 B 所示。

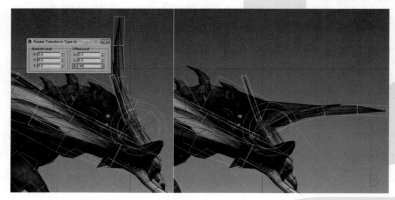

图 6-66　设置中间头刺的旋转

（9）调整中间头刺和头部连接处的顶点权重。方法：选中地狱龙模型，再单击 Edit Envelopes（编辑封套）按钮，然后选中中间头刺的第二节骨骼的封套，并选中中间头刺和头部连接处的顶点，再设置 Abs.Effect 的值为 0.3，如图 6-67 所示，从而将选中的顶点受第二节中间头刺骨骼影响的权重值设为 0.3。接着关闭 Edit Envelopes（编辑封套）按钮，并还原中间头刺的移动。

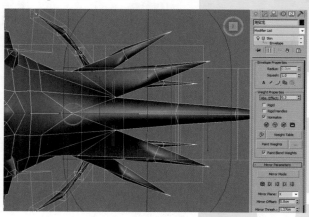

图 6-67　调整中间头刺和头部连接处的顶点权重

6.2.4　调节脊椎和背刺骨骼的权重

（1）调整第一节脊椎骨骼的权重。方法：选中第一节脊椎骨骼的封套链接，再分别选中翅膀、背刺、头部和第二节脊椎骨骼的顶点，然后设置 Abs.Effect 的值为 0.0，如图 6-68 所示，从而将选中的模型顶点受第一节脊椎骨骼影响的权重值设为 0。

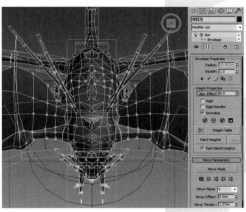

图 6-68　调整第一节脊椎骨骼的权重

（2）调整第一根背刺骨骼的权重。方法：选中第一根背刺根骨骼的封套链接，再选中骨骼附近的顶点，然后设置 Abs.Effect 的值为 0.0，如图 6-69 所示，从而排除选中的模型顶点受第一根背刺根骨骼的影响。再选中根骨骼和第二节骨骼连接处的顶点，接着设置 Abs.Effect 的值为 1.0，如图 6-70 中 A 所示，再选中第一根背刺第二节骨骼的封套链接，并设置 Abs.Effect 的值为 0.5，如图 6-70 中 B 所示，从而将选中的模型顶点受第二节骨骼影响的权重值设为 0.5。

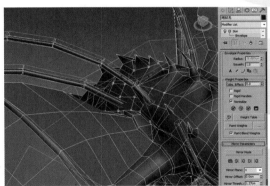

图 6-69　排除第一根背刺根骨骼对躯干的影响

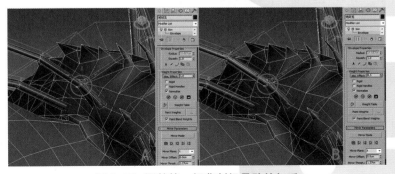

图 6-70　调整第一根背刺根骨骼的权重

GAME ART DESIGN BIBLE｜游戏美术设计宝典

（3）同上，调整第二～五节骨骼上的点，如图 6-71 中 A、B 和图 6-72 中 A、B 所示。同理，调整第二～四根背刺骨骼的权重。

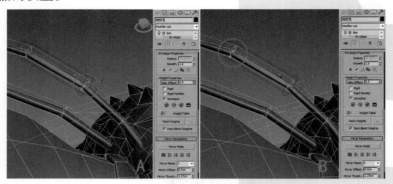

图 6-71　调整第一根背刺骨骼的权重

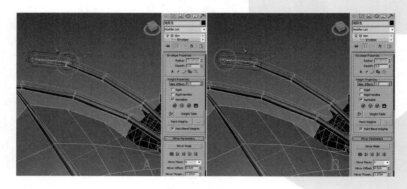

图 6-72　调整第一根背刺骨骼的权重

（4）调整第二节脊椎骨骼的权重。方法：选中第二节脊椎骨骼的封套链接，再分别选中翅膀、小腿、头和第一节脊椎的顶点，并设置 Abs.Effect 的值为 0.0，如图 6-73 所示，从而将选中的模型顶点受第二节脊椎骨骼影响的权重值设为 0。

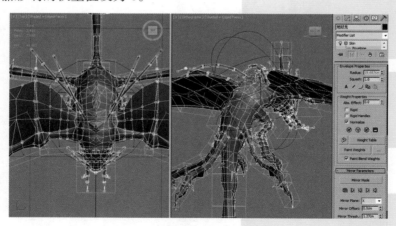

图 6-73　调整第二节脊椎骨骼的权重

（5）调整第三节脊椎骨骼的权重。方法：选中第三节脊椎骨骼的封套链接，再分别选中翅膀、小腿、尾巴、尾刺和第三节脊椎的顶点，并设置 Abs.Effect 的值为 0.0，如图 6-74 所示，从而将选中的模型顶点受第三节脊椎骨骼影响的权重值设为 0。

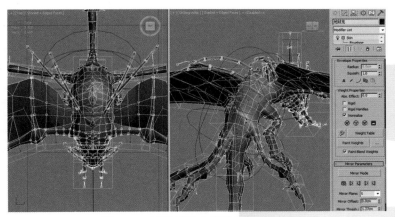

图 6-74 调整第三节脊椎骨骼的权重

（6）调整背面尾刺骨骼的权重。方法：选中背面尾刺根骨骼的封套链接，再选中臀部和腿部的顶点，并设置 Abs.Effect 的值为 0.0，如图 6-75 所示，从而将选中的模型顶点受根骨骼影响的权重值设为 0。然后选中背面尾刺第二节骨骼的封套链接，再选中根骨骼的顶点，并设置 Abs.Effect 的值为 0.0，如图 6-76 所示，从而将选中的模型顶点受第二节骨骼影响的权重值设为 0。

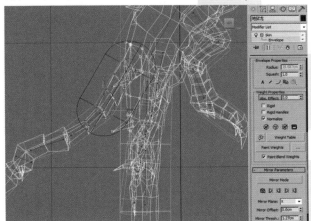

图 6-75 调整背面尾刺根骨骼的权重

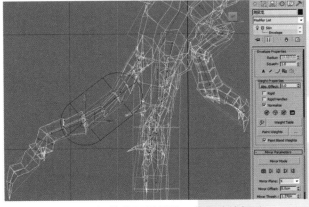

图 6-76 调整背面尾刺第二节骨骼的权重

（7）调整背面尾刺后端骨骼的权重。方法：分别选中第三、四、五节尾刺骨骼的封套链接，发现封套范围比较合理，不需要进行调整，如图 6-77 所示。同理，调整左、右侧尾刺骨骼的权重。

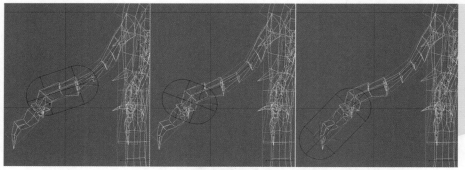

图 6-77 调整背面尾刺后端骨骼的权重

（8）调整腿部骨骼的权重。方法：选中左侧小腿第四节骨骼的封套链接，再选中左侧小腿第三节骨骼的顶点，并设置 Abs.Effect 的值为 0.0，如图 6-78 所示，从而将选中的模型顶点受第四节骨骼影响的权重值设为 0。

图 6-78 调整左侧小腿第四节骨骼的权重

（9）调整右侧小腿第三节骨骼的权重。方法：选中第三节骨骼的封套链接，再选中第四、二节小腿骨骼和臀部的顶点，并设置 Abs.Effect 的值为 0.0，如图 6-79 所示，将选中模型顶点受第三节骨骼影响的权重值设为 0。

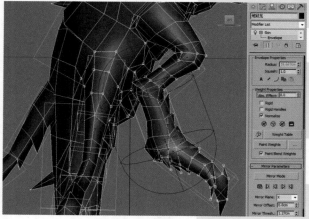

图 6-79 调整右侧小腿第三节骨骼的权重

（10）调整右侧小腿第二节骨骼的权重。方法：选中第二节骨骼的封套链接，再选中第一、三节骨骼和臀部的顶点，并设置 Abs.Effect 的值为 0.0，如图 6-80 所示，从而将选中的模型顶点设为不受第二节骨骼影响。

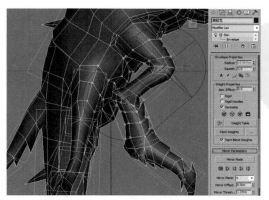

图 6-80 调整右侧小腿第二节骨骼的权重

（11）调整右侧小腿第一节骨骼的权重。方法：选中第一节小腿骨骼的封套链接，再选中第三、二节骨骼和腿部的顶点，并设置 Abs.Effect 的值为 0.0，如图 6-81 所示，从而将选中的模型顶点受第一节小腿骨骼影响的权重值设为 0。同理，调整左侧小腿骨骼的权重。

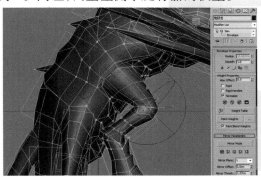

图 6-81 调整小腿右侧第一节骨骼的权重

6.3 地狱龙的动画制作

通过本节的学习，读者应掌握飞行角色的动画制作流程。本节内容包括地狱龙待机动画、地狱龙奔跑动画、地狱龙攻击动画、地狱龙法术攻击动画和地狱龙死亡动画制作五个部分。

6.3.1 制作地狱龙的待机动画

飞行角色的待机动作是游戏角色的基本动作之一，必须了解和掌握。首先我们来看一下地狱龙待机动作图片序列和关联帧的安排，如图 6-82 所示。

图 6-82 地狱龙待机的序列图

（1）打开配套光盘中的"地狱龙蒙皮.max"文件，单击 Time Configuration（时间配置）按钮，然后在弹出的 Time Configuration（时间配置）对话框中设置 End Time（结束时间）为 8，再选中 Speed（速度）模式为 1/4x，接着单击 OK 按钮，如图 6-83 所示，从而将时间滑块长度设为 8 帧。

（2）创建初始关键帧。方法：双击第三节脊椎骨骼，从而选中所有的 Bone 骨骼，如图 6-84 中 A 所示，再拖动时间滑块到第 0 帧，并按下 K 键为 Bone 骨骼创建关键帧，如图 6-84 中 B 所示。然后选中第 0 帧的关键帧，在按住 Shift 键的同时，拖动到第 8 帧，这样保证待机动画能够流畅衔接。接着单击 AutoKey（自动关键点）按钮，激活记录关键帧，如图 6-84 中 C 所示。

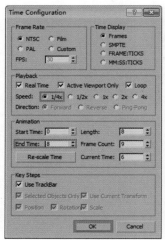

图 6-83 设置时间配置

图 6-84 为 Bone 骨骼创建关键点

（3）制作身体的起伏姿态。方法：拖动时间滑块到第 4 帧，选中第三节脊椎骨骼，再使用 Select and Move（选择并移动）和 Select and Rotate（选择并旋转）工具调整地狱龙身体骨骼的位置和角度，制作出地狱龙整体下移并前倾的姿态，如图 6-85 所示。

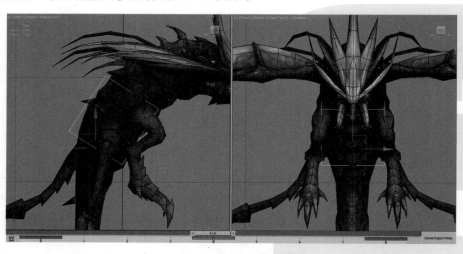

图 6-85 调整第三节脊椎骨骼的姿态

（4）拖动时间滑块到第 0 帧，再使用 Select and Rotate（选择并旋转）工具调整第二节脊椎骨骼的角度，制作出地狱龙身体挺起的姿态，如图 6-86 所示。然后按住 Shift 键的同时，拖动时间滑块到第 8 帧，如图 6-87 中 A 所示，并在弹出的 Create Key（创建关键点）对话框中单击 OK 按钮，将第 0 帧的姿势复制到第 8 帧，如图 6-87 中 B 所示。

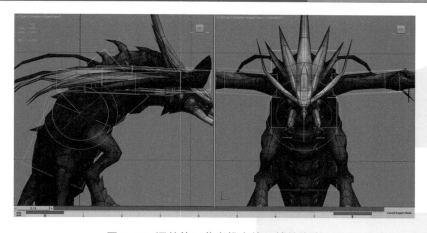

图 6-86 调整第二节脊椎在第 0 帧的姿态

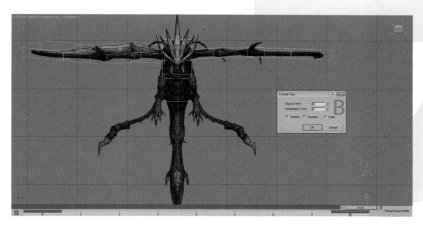

图 6-87 复制第 0 帧到第 8 帧

（5）拖动时间滑块到第 4 帧，再使用 Select and Rotate（选择并旋转）工具调整地狱龙腹部骨骼的角度，制作地狱龙身体下倾的姿态，如图 6-88 所示。然后拖动时间滑块到第 0 帧，再使用 Select and Rotate（选择并旋转）工具调整地狱龙头骨的角度，制作地狱龙头的姿态，如图 6-89 所示，然后拖动时间滑块到第 8 帧，将第 0 帧的姿势复制到第 8 帧。

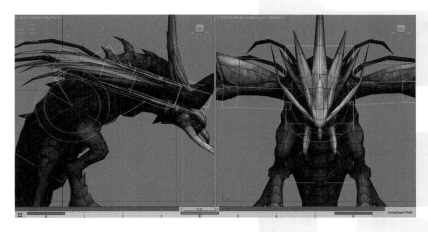

图 6-88 调整第二节脊椎骨骼的姿态

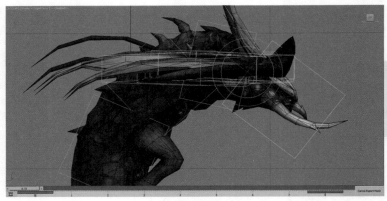

图 6-89　调整头部骨骼在第 0 帧的姿态

（6）拖动时间滑块到第 2 帧，再使用 Select and Rotate（选择并旋转）工具调整地狱龙头骨的角度，制作地狱龙稍稍低头的姿态，如图 6-90 中 A 所示。然后拖动时间滑块到第 6 帧，调整地狱龙头骨的角度，制作地狱龙低头的姿势，如图 6-90 中 B 所示

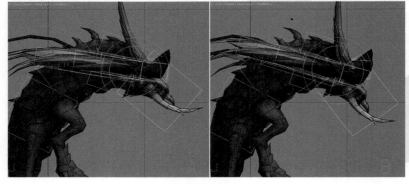

图 6-90　调整头骨的姿态

提示：待机动作是一个缓慢的呼吸动作，所以在调整姿势时的幅度很小。

（7）调整第一节翅膀骨骼的姿态。方法：拖动时间滑块到第 0 帧，再使用 Select and Rotate（选择并旋转）工具调整地狱龙第一节翅膀骨骼的角度，制作出地狱龙翅膀向下拍打的姿态，如图 6-91 所示。然后选中左右翅膀第一节骨骼，再拖动时间滑块到第 8 帧，并在弹出的 Create Key（创建关键点）对话框中单击 OK 按钮，将翅膀在第 0 帧的姿态复制到第 8 帧。接着拖动时间滑块到第 4 帧，再调整地狱龙翅膀骨骼的角度，制作出地狱龙翅膀向上拍打的姿态，如图 6-92 所示。

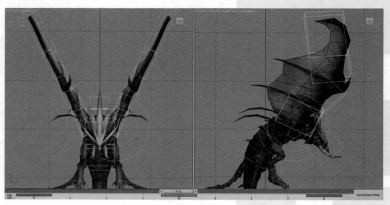

图 6-91　调整第一节翅膀骨骼在第 0 帧的姿态

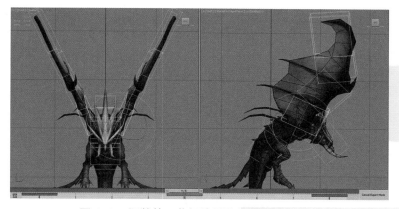

图 6-92　调整第一节翅膀骨骼在第 4 帧的姿态

（8）拖动时间滑块到第 2 帧，再使用 Select and Rotate（选择并旋转）工具调整地狱龙第二、三、四节翅膀骨骼的角度，制作出地狱龙翅膀向下弯曲的姿态，如图 6-93 所示。然后拖动时间滑块到第 6 帧，再使用 Select and Rotate（选择并旋转）工具调整地狱龙第二、三、四节骨骼对象的角度，制作出地狱龙翅膀向上弯曲的姿态，如图 6-94 所示。

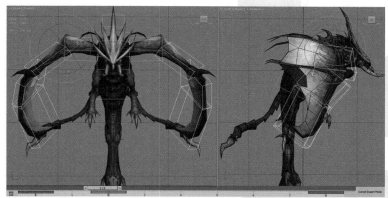

图 6-93　调整翅膀向下弯曲的姿态

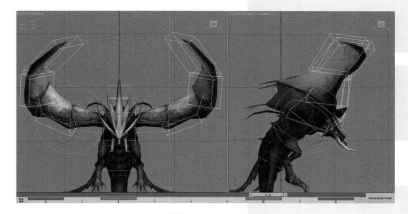

图 6-94　调整翅膀向上弯曲的姿态

提示：单击 Playback（播放动画）按钮播放动画，此时可以看到地狱龙身体上下起伏的待机动作，在播放动画的时候观察身体和翅膀之间的协调性，如发现幅度过大或不正确的地方，可以适当调整。

（9）调整中间头刺的姿态。方法：拖动时间滑块到第 4 帧，再使用 Select and Rotate（选择并旋转）工具调整地狱龙中间头刺骨骼的角度，制作出地狱龙头刺飘起的姿态，如图 6-95 所示。然后分别拖动时间滑块到第 2 帧和第 6 帧，再使用 Select and Rotate（选择并旋转）工具调整地狱龙中间头刺后端骨骼的角度，制作出地狱龙中间头刺在第 2 帧时后飘、在第 6 帧时中间头刺前飘的姿态，如图 6-96 所示。

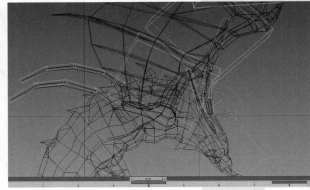

图 6-95　调整中间头刺在第 4 帧的姿态

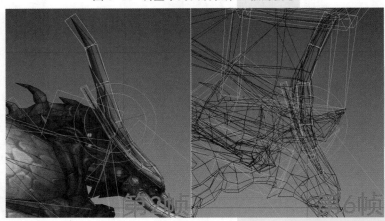

图 6-96　调整中间头刺在第 2 帧和第 6 帧的姿态

（10）调整尾巴的姿势。方法：拖动时间滑块到第 4 帧，再使用 Select and Rotate（选择并旋转）工具调整地狱龙尾巴根骨骼的角度，制作出地狱龙尾巴后飘的姿势，如图 6-97 所示。然后选中除根骨骼之外的尾巴骨骼，打开 spring magic_ 飘带插件的文件夹，找到"spring magic_ 飘带插件. mse"并把它拖到 3ds Max 的视图中，如图 6-98 中 A 所示。接着设置 Spring 参数为 0.3，Loops 参数为 2，Subs 参数为 1，再单击 Bone 按钮，如图 6-98 中 B 所示，此时，飘带插件开始为选中的骨骼进行动作运算，并循环三次，运算之后的关键帧效果如图 6-98 中 C 所示。

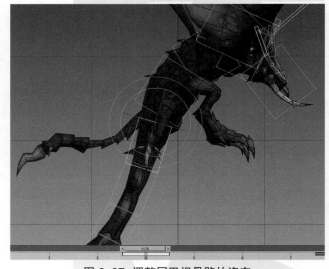

图 6-97　调整尾巴根骨骼的姿态

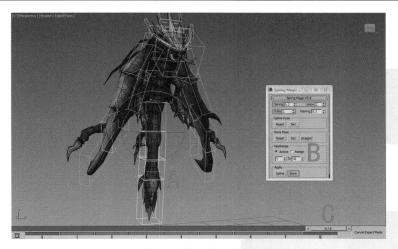

图 6-98 使用飘带插件为尾巴调整姿态

（11）调整左右两侧头刺的姿态。方法：拖动时间滑块到第 4 帧，再使用 Select and Rotate（选择并旋转）工具调整头刺根骨骼的角度，制作出地狱龙左右两侧头刺向外打开的姿态，如图 6-99 所示。然后分别拖动时间滑块到第 2 帧和第 6 帧，再使用 Select and Rotate（选择并旋转）工具调整地狱龙左右两侧头刺骨骼的角度，制作出地狱龙左右侧头刺在第 2 帧向里弯曲并靠拢、在第 6 帧向外伸直的姿态，如图 6-100 和图 6-101 所示。

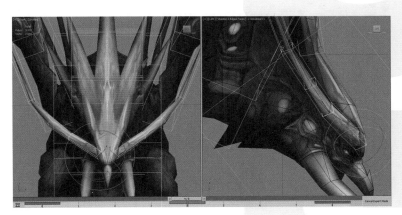

图 6-99 调整头刺根骨骼在第 4 帧的姿态

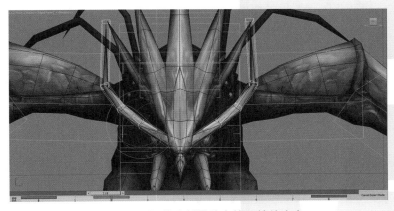

图 6-100 调整头刺骨骼在第 2 帧的姿态

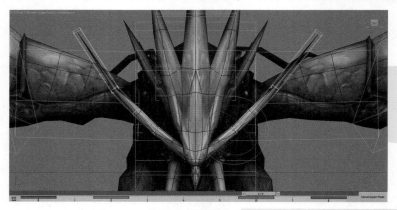

图 6-101 调整头刺骨骼在第 6 帧的姿态

(12)调整背刺骨骼的姿态。方法：双击第一根背刺的第二节骨骼，从而选中除根骨骼外的骨骼，如图 6-102 中 A 所示，再单击"spring magic_ 飘带"界面中的 Bone 按钮，如图 6-102 中 B 所示，此时，飘带插件开始为选中的骨骼进行动作运算，并循环三次，运算之后的关键帧效果如图 6-102 中 C 所示。同理，调整其他三根背刺骨骼的姿态。

图 6-102 调整第一根背刺骨骼的姿势

(13)调整背面尾刺骨骼的姿态。方法：拖动时间滑块到第 4 帧，再使用 Select and Rotate(选择并旋转)工具调整地狱龙背面尾刺根骨骼的角度，制作出尾刺上移的姿态，如图 6-103 所示。然后分别拖动时间滑块到第 2 帧和第 6 帧，再使用 Select and Rotate(选择并旋转)工具调整地狱龙尾刺后端骨骼的角度，制作出地狱龙尾刺的后端骨骼在第 2 帧跟随根骨骼摆动的姿势，如图 6-104 所示。

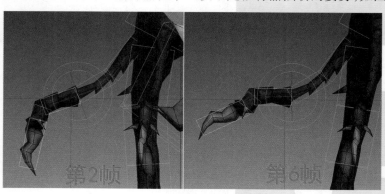

图 6-103 调整背面尾刺的后端骨骼的姿态

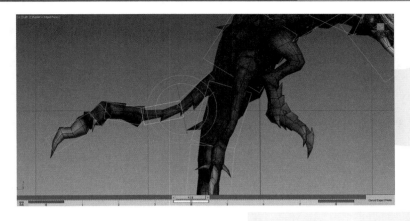

图 6-104　调整背面尾刺的第二节骨骼的姿态

（14）调整右侧尾刺骨骼的姿态。方法：拖动时间滑块到第 4 帧，再使用 Select and Rotate（选择并旋转）工具调整地狱龙右侧尾刺根骨骼的角度，制作出右侧尾刺上移的姿态，如图 6-105 所示。然后分别拖动时间滑块到第 2 帧和第 6 帧，再使用 Select and Rotate（选择并旋转）工具调整地狱龙右侧尾刺后端骨骼的角度，制作出地狱龙右侧尾刺后端骨骼在第 2 帧时下移、在第 6 帧上移的姿态，如图 6-106 所示。同理，调整左侧尾刺骨骼的姿态。

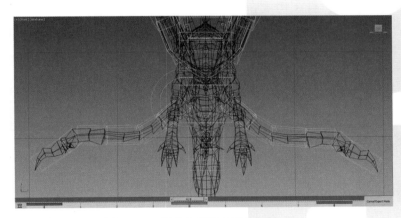

图 6-105　调整右侧尾刺根骨骼的姿态

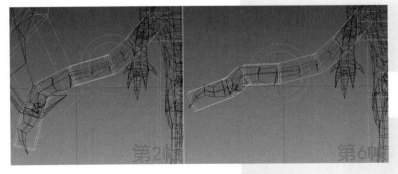

图 6-106　调整右侧尾刺后端骨骼的姿态

（15）拖动时间滑块到第 4 帧，再使用 Select and Rotate（选择并旋转）工具调整地狱龙左右侧尾刺第三节骨骼的角度，制作出地狱龙左右侧尾刺稍稍上移，如图 6-107 所示。

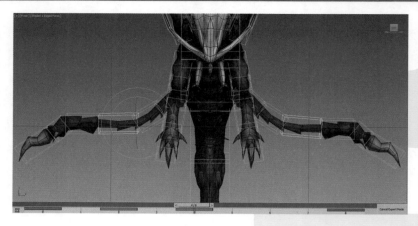

图 6-107 调整左右尾刺在第 4 帧的姿态

（16）调整小腿骨骼的姿态。方法：拖动时间滑块到第 4 帧，再使用 Select and Rotate（选择并旋转）工具调整地狱龙小腿根骨骼角度，制作出地狱龙小腿上提的姿态，如图 6-108 所示。然后分别拖动时间滑块到第 2 帧和第 6 帧，再使用 Select and Rotate（选择并旋转）工具调整地狱龙右侧小腿后端骨骼的角度，制作出地狱龙小腿在第 2 帧时向下绷直、在第 6 帧往上跷起的姿态，如图 6-109 和图 6-110 所示。同理，调整左侧小腿后端骨骼的姿态。

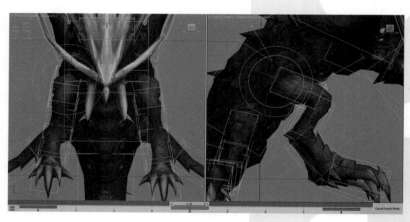

图 6-108 调整小腿根骨骼的姿态

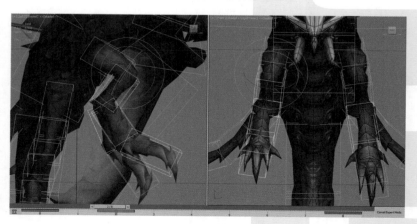

图 6-109 调整小腿后端骨骼在第 2 帧的姿态

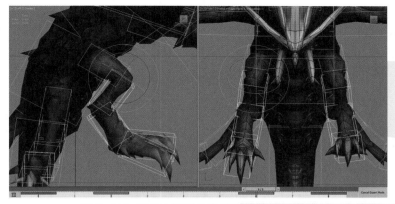

图 6-110 调整小腿后端骨骼在第 6 帧的姿态

（17）从整体上调整背刺根骨骼的姿态。方法：按下 N 键取消记录关键帧，再使用 Select and Rotate（选择并旋转）工具调整地狱龙背刺根骨骼角度，制作出地狱龙背刺在整个时间里整体上移，防止背刺尖端与身体有穿插，如图 6-111 所示。

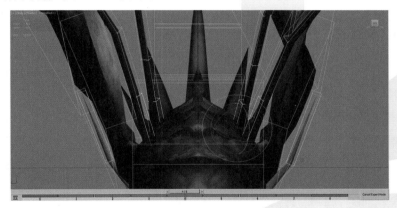

图 6-111 调整背刺的根骨骼的姿态

（18）单击 Playback（播放动画）按钮播放动画，此时可以看到地狱龙身体的呼吸动作，在播放动画的时候如发现幅度过大或不正确的地方，可以适当调整。最后将文件保存为配套光盘中的"多媒体视频文件 \max\ 地狱龙文件 \ 地狱龙 – 待机.max"。

6.3.2 制作地狱龙的飞行动画

飞行角色的飞行动作是游戏角色的基本动作之一，必须了解和掌握。首先我们来看一下地狱龙飞行动作图片序列和关联帧的安排，如图 6-112 所示。

图 6-112 地狱龙飞行的序列图

（1）打开"地狱龙待机.MAX"文件，拖动时间滑块到第 0 帧，再使用 Select and Rotate（选择并旋转）工具调整地狱龙脊椎骨骼的角度，使地狱龙第一节脊椎前倾，第二、三节稍稍挺起，制作出地狱龙飞行的初始姿势，如图 6-113 所示。

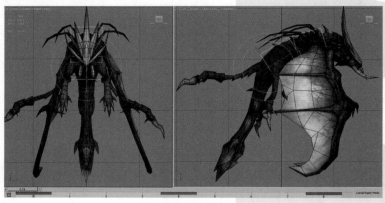

图 6-113　调整地狱龙飞行的初始姿势

（2）拖动时间滑块到第 4 帧，再使用 Select and Rotate（选择并旋转）工具调整地狱龙翅膀骨骼的角度，制作出地狱龙飞行时翅膀稍稍后倾的姿态，如图 6-114 所示。然后框选第 4 帧关键帧，拖动到第 2 帧，再单击 AutoKey（自动关键点）按钮，接着选中第二、三、四节翅膀骨骼，接着框选除第 1 帧~第 7 帧的关键帧，再按下 Delete 键删除关键帧，最后选中翅膀根骨骼，并框选第 0 帧的关键点，再按住 Shift 键拖动到第 4 帧，将第 0 帧的关键帧复制到第 4 帧。同理，把第 2 帧的关键帧拖动到第 6 帧，完成在飞行中拍动翅膀的循环运动，如图 6-115 所示。

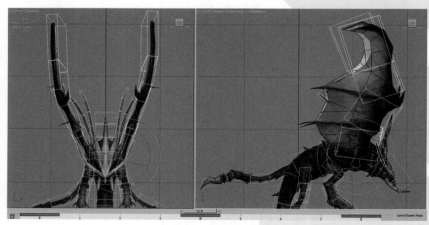

图 6-114　调整翅膀根骨骼处于最高点的姿势

提示：飞行中翅膀的拍动频率是待机的 2 倍左右。

（3）单击 AutoKey（自动关键点）按钮，激活记录关键帧，再拖动时间滑块到第 1 帧，使用 Select and Rotate（选择并旋转）工具调整地狱龙翅膀后端骨骼的角度，制作出地狱龙翅膀向下弯曲的姿态，如图 6-116 所示。然后拖动时间滑块到第 3 帧，再使用 Select and Rotate（选择并旋转）工具调整地狱龙翅膀后端骨骼的角度，制作出地狱龙翅膀向上弯曲的姿态，如图 6-117 所示。接着分别选中第二、三、四节骨骼，再框选第 1 帧的关键帧，在按住 Shift 键的同时拖动到第 5 帧，将第 1 帧的姿态复制到第 5 帧。同理，把第 3 帧复制到第 7 帧。

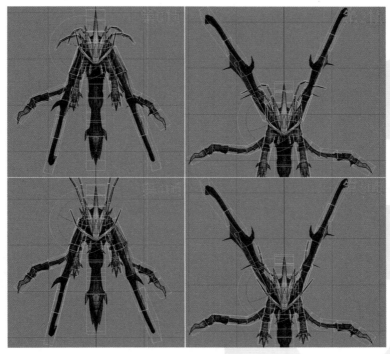

图 6-115　调整翅膀的姿势

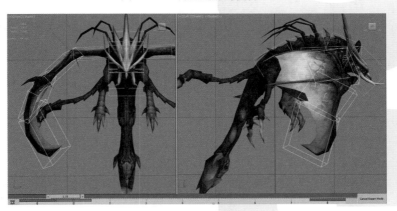

图 6-116　调整右侧翅膀在第 1 帧的姿势

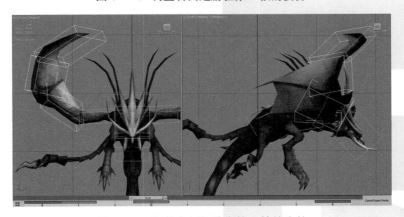

图 6-117　调整右侧翅膀在第 3 帧的姿势

（4）同上，调整左侧翅膀后端骨骼的姿态，如图 6-118 和图 6-119 所示。

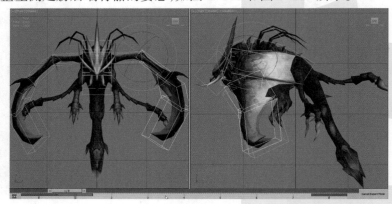

图 6-118 调整左侧翅膀后端骨骼在第 1 帧的姿态

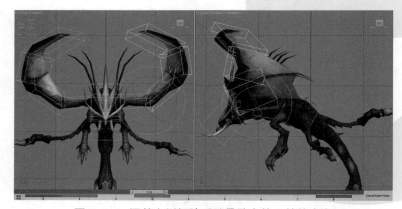

图 6-119 调整左侧翅膀后端骨骼在第 3 帧的姿态

（5）调整尾巴的姿态。拖动时间滑块到第 4 帧，再使用 Select and Rotate（选择并旋转）工具调整地狱龙尾巴根骨骼的角度，制作出地狱龙尾巴受飞行产生的反作用力后移的姿态，如图 6-120 所示。然后单击 Playback（播放动画）按钮播放动画，观察整条尾巴的运动动画。

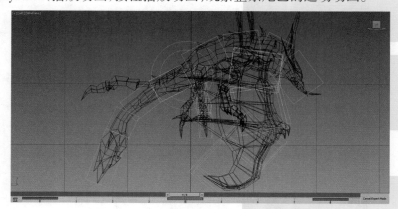

图 6-120 调整尾巴根骨骼在第 4 帧的姿态

（6）调整背面尾刺的姿态。方法：按下 N 键取消记录关键帧，并拖动时间滑块到第 4 帧，再使用 Select and Rotate（选择并旋转）工具调整地狱龙右侧尾刺根骨骼的角度，制作出地狱龙右侧尾刺后移并翻转的姿态，如图 6-121 所示。同理，调整左侧尾刺根骨骼的姿态，如图 6-122 所示。

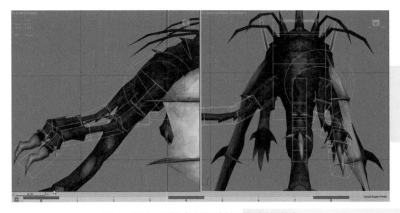

图 6-121 调整右侧尾刺根骨骼的姿态

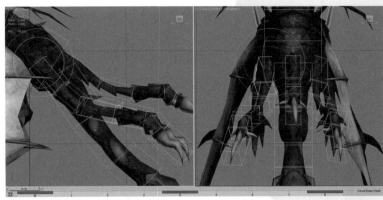

图 6-122 调整左侧尾刺根骨骼的姿态

（7）调整尾刺运动频率。方法：双击右侧尾刺的根骨骼，从而选中整根骨骼，再框选第 2 帧的关键帧拖动到第 1 帧，把第 4 帧的关键帧拖动到第 2 帧，把第 6 帧的关键帧拖动到第 3 帧，把第 8 帧的关键帧拖动到第 4 帧，然后框选第 0~4 帧，在按住 Shift 键的同时，拖动到第 4 帧，将尾刺的运动频率增加一倍，如图 6-123 所示。同理，调整左侧尾刺的运动频率。

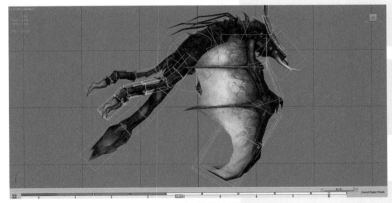

图 6-123 调整尾刺的频率

（8）调整尾巴末端骨骼的姿态。方法：打开文件夹，找到"spring magic_ 飘带插件. mse"并把它拖到 3ds Max视图中，如图 6-124 中 A 所示。然后设置 Loops 参数为 1，Subs 参数为 1，再选中尾巴末端骨骼，如图 6-124 中 B 所示，接着单击 Bone 按钮，此时，飘带插件开始进行动作运算，并循环二次，运算之后的关键帧效果如图 6-124 中 C 所示。

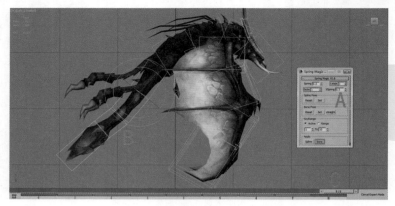

图 6-124 调整尾巴末端骨骼的姿态

（9）调整小腿的姿态。方法：按下 N 键取消创建关键帧，并拖动时间滑块到第 2 帧，再使用 Select and Rotate（选择并旋转）工具调整地狱龙右侧小腿根骨骼的角度，制作地狱龙小腿在整个时间里向后移的姿态，如图 6-125 所示。同理，调整左侧小腿的姿态，如图 6-126 所示。

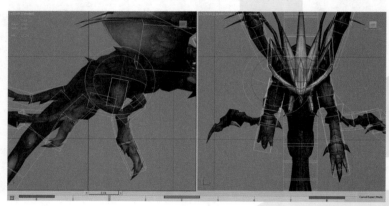

图 6-125 调整右侧小腿根骨骼的姿态

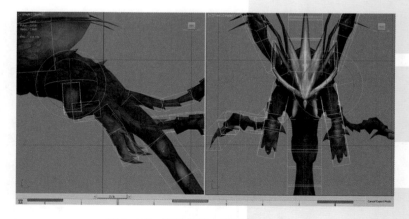

图 6-126 调整左侧小腿根骨骼的姿态

提示：在没有开启 AutoKey（自动关键点）模式下调整个骨骼角度，则整个时间范围内的骨骼角度会同时被调整，但不会创建新的关键帧。

（10）调整头骨的姿态。方法：选中头部骨骼，并框选第 2 帧和第 6 帧的关键帧，按下 Delete 键删除关键帧，然后按下 N 键记录关键帧，再分别拖动时间滑块到第 2 帧和第 6 帧，并使用 Select and Rotate（选择并旋转）工具调整地狱龙头骨的角度，制作地狱龙在第 2 帧时头稍稍低下、在第 6 帧时低头的姿态，如图 6-127 所示。

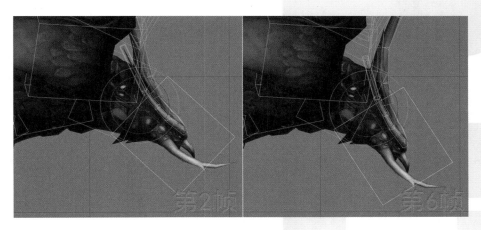

图 6-127 调整头骨的姿态

（11）单击 Playback（播放动画）按钮播放动画，此时可以看到地狱龙身体的飞行动作，同时配合有抬腿的细节动画。在播放动画的时候如发现幅度过大或不正确的地方，可以适当调整。最后将文件保存为配套光盘中的"多媒体视频文件 \max\ 地狱龙文件 \ 地狱龙 - 飞行.max"。

6.3.3 制作地狱龙的死亡动画

飞行角色的死亡动作是游戏角色的基本动作之一，必须了解和掌握。首先我们来看一下地狱龙死亡动作图片序列和关联帧的安排，如图 6-128 所示。

图 6-128 地狱龙死亡的序列图

（1）打开"地狱龙待机.max"文件，选中所有的骨骼，再删除除第 0 帧的关键帧，然后单击 AutoKey（自动关键点）按钮，并单击动画控制区中的 Time Configuration（时间配置）按钮，接着在弹出的 Time Configuration（时间配置）对话框中设置 End Time（结束时间）为 12，再选中 Speed（速度）模式为 1/4x，再单击 OK 按钮，如图 6-129 所示，从而将时间滑块长度设为 12 帧。

图 6-129　设置时间配置

（2）拖动时间滑块到第 2 帧，再使用 Select and Move（选择并移动）和 Select and Rotate（选择并旋转）工具调整地狱龙第一节脊椎骨骼的位置和角度，使地狱龙上移并后翻，制作出地狱龙身体翻转的姿态，如图6-130 所示。然后框选第 2 帧的关键帧，拖动到第 4 帧，将翻转的时间拉长。

（3）拖动时间滑块到第 3 帧，再按下 K 键为第一节脊椎骨骼在第 3 帧创建关键帧，然后框选第 3 帧的关键帧，并拖动到第 1 帧，制作出地狱龙被攻击之后身体迅速发生反应的姿态，接着使用 Select and Rotate（选择并旋转）工具调整地狱龙第一节脊椎骨骼的角度，制作出地狱龙在短时间里迅速上移并翻转的姿态，如图 6-131 所示。

（4）创建平面作为参照物。方法：单击 Create（创建）面板下 Geometry（几何体）中的 Plane（平面）按钮，在视图的坐标位置单击鼠标左键，拖出一个平面，再释放左键完成平面的创建，如图 6-132 中 A 所示。然后单击鼠标右键，在弹出的快捷菜单中选择 Freeze Selection（冻结当前选择）命令，如图 6-132 中 B 所示，将平面冻结，效果如图 6-133 所示。

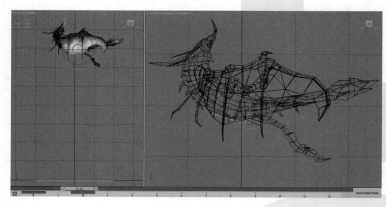

图 6-130　调整第一节脊椎骨骼的姿态

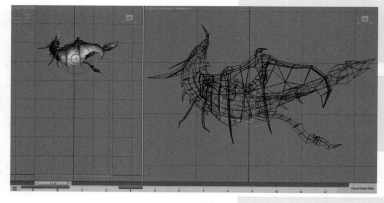

图 6-131　调整地狱龙迅速上移并翻转的姿态

（5）选中第一节脊椎骨骼，并按下 / 键播放动画，观察动作的节奏，再按下 / 键取消播放动画，然后选中第 4 帧的关键点拖动到第 5 帧，再拖动时间滑块到第 7 帧，并使用 Select and Move（选择并移动）和 Select and Rotate（选择并旋转）工具调整地狱龙第一节脊椎骨骼的位置和角度，制作出地狱龙臀部触地的姿态，如图 6-134 所示。接着播放动画，观察动作的节奏，把第 7 帧的关键帧拖动到第 9 帧。

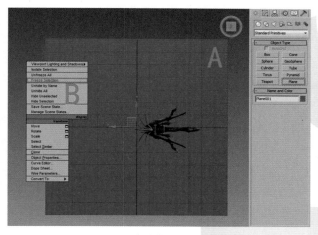

图6-132　在坐标位置创建平面

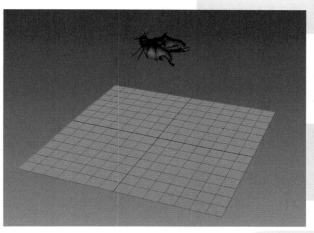

图6-133　冻结平面

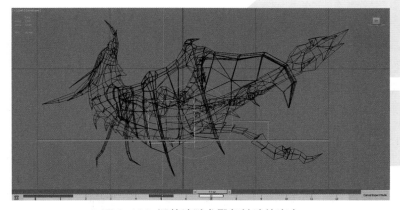

图6-134　调整地狱龙臀部触地的姿态

（6）拖动时间滑块到第6帧，再按下K键为第一节脊椎骨骼创建关键帧，然后框选第6帧关键帧拖动到第8帧，把第9帧拖动第10帧，并框选第5、8和10帧的关键帧整体向前拖动1帧，再框选第7和9帧的关键帧整体向前拖动1帧，如图6-135所示。接着播放动画，观察动作的节奏，再使用Select and Move（选择并移动）和Select and Rotate（选择并旋转）工具调整第一节脊椎骨骼的角度。

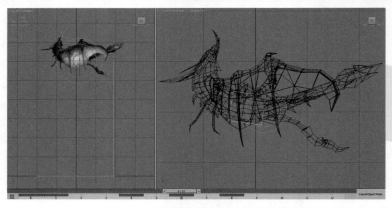

图 6-135 调整地狱龙触地的过渡帧

（7）分别拖动时间滑块到第 10 和 11 帧，再使用 Select and Move（选择并移动）工具调整地狱龙第一节脊椎骨骼的位置，制作出地狱龙在第 10 帧上移、在第 11 帧下移的姿态，如图 6-136 所示。然后播放动画，观察动作的节奏，在 Time Configuration 对话框中取消选中 Loop（循环）选项，接着框选第 10 帧关键帧拖动到第 9 帧。

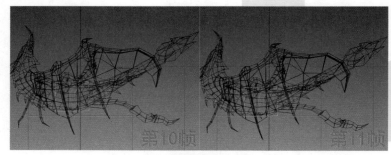

图 6-136 调整地狱龙弹起的姿态

> **提示：**取消 Loop（循环）选项表示播放动画只循环一次。死亡动作不是循环动作，播放一遍动画有利于观察动画的节奏和协调性。

（8）拖动时间滑块到第 1 帧，使用 Select and Rotate（选择并旋转）工具调整地狱龙翅膀根骨骼的角度，制作出地狱龙翻转时翅膀打开的姿态，如图 6-137 所示。然后分别选中翅膀的根骨骼，再框选第 1 帧关键帧拖动到第 2 帧。接着拖动时间滑块到第 1 帧，再使用 Select and Rotate（选择并旋转）工具调整地狱龙脊椎骨骼的角度，制作出地狱龙身体收缩的姿态，如图 6-138 所示。

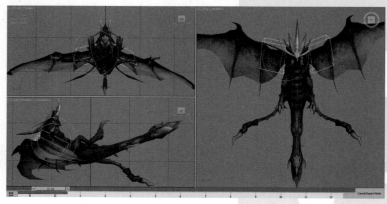

图 6-137 调整翅膀在第 1 帧的姿态

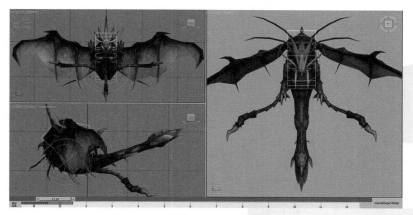

图 6-138　调整脊椎在第 1 帧的姿态

（9）拖动时间滑块到第 4 帧，再使用 Select and Rotate（选择并旋转）工具调整地狱龙脊椎、头部、小腿和尾刺骨骼的角度，使地狱龙的脊椎下移，头上移，小腿上移并分开，尾刺朝下并向两边分开，制作出地狱龙翻转到最高点时身体、小腿、尾巴和尾刺的跟随姿态，如图 6-139 所示。

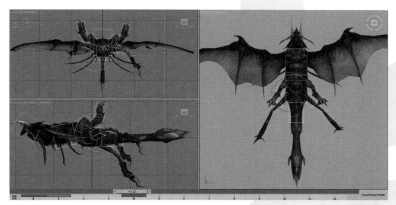

图 6-139　调整地狱龙在第 4 帧的姿态

（10）调整翅膀骨骼的姿态。方法：分别选中左右翅膀的骨骼，再按下 K 键在第 4 帧为翅膀骨骼创建关键帧，然后拖动时间滑块到第 1 帧，再使用 Select and Rotate（选择并旋转）工具调整地狱龙翅膀后端骨骼的角度，制作出地狱龙翅膀向前弯曲的姿态，如图 6-140 所示。接着拖动时间滑块到第 4 帧，再调整地狱龙翅膀骨骼的角度，制作出地狱龙翅膀打开并向下弯曲的姿态，如图 6-141 所示。

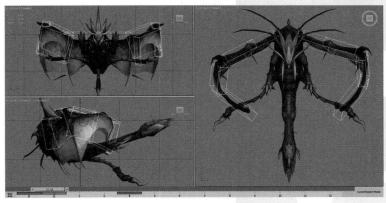

图 6-140　调整翅膀后端骨骼在第 1 帧的姿态

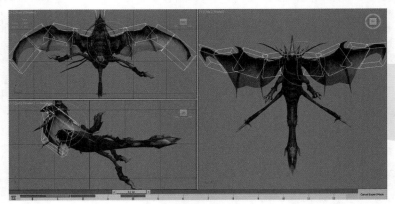

图 6-141 调整翅膀在第 4 帧的姿态

（11）拖动时间滑块到第 8 帧，使用 Select and Rotate（选择并旋转）工具调整地狱龙脊椎和翅膀骨骼的角度，制作出地狱龙身体完全触地、翅膀下移的姿态，如图 6-142 所示。然后选中脊椎和头部的骨骼，再框选第 8 帧的关键帧，拖动到第 11 帧。接着拖动时间滑块到第 11 帧，调整地狱龙翅膀、尾刺、尾巴和小腿骨骼的角度，使地狱龙翅膀触地，尾刺触地并稍稍分开，尾巴伸直触地，右侧小腿下移，左侧小腿抬起，从而制作出地狱龙死亡的姿势，如图 6-143 所示。

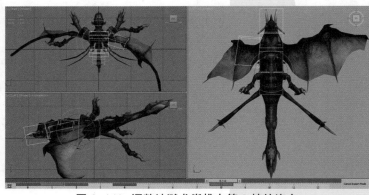

图 6-142 调整地狱龙脊椎在第 8 帧的姿态

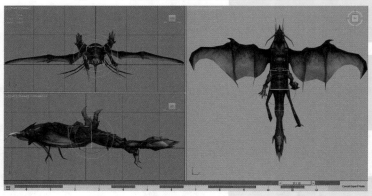

图 6-143 调整地狱龙在第 11 帧的姿态

（12）拖动时间滑块到第 1 帧，使用 Select and Rotate（选择并旋转）工具调整地狱龙尾巴和尾刺骨骼的角度，制作出地狱龙尾巴跟随身体下摆的姿态，如图 6-144 所示。然后拖动时间滑块到第 7 帧，分别选中翅膀骨骼，把第 8 帧的关键帧拖动到第 7 帧，再使用 Select and Rotate（选择并旋转）工具调整地狱龙翅膀骨骼的角度，制作出地狱龙翅膀上弯的姿态，如图 6-145 所示。

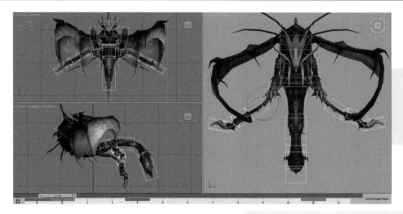

图 6-144　调整尾巴和尾刺在第 1 帧的姿态

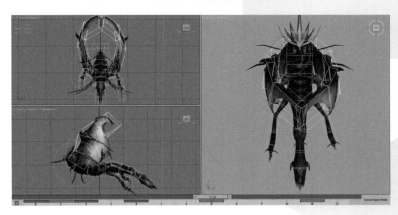

图 6-145　调整翅膀在第 7 帧的姿态

（13）分别选中地狱龙左右两侧的翅膀骨骼，按住 Shift 键的同时，把第 11 帧拖动到第 9 帧，然后拖动时间滑块到第 8 帧，再使用 Select and Rotate（选择并旋转）工具调整地狱龙翅膀骨骼的角度，制作出地狱龙翅膀向上弯曲到最大程度的姿态，如图 6-146 所示。接着分别选中左右两侧翅膀骨骼，把第 11 帧的关键帧拖动到第 12 帧，再分别拖动时间滑块到第 10 帧和第 11 帧，并使用 Select and Rotate（选择并旋转）工具调整地狱龙翅膀后端骨骼的角度，制作出地狱龙翅膀在第 10 帧稍稍下弯、在第 11 帧翅膀后端向上弯曲的姿态，如图 6-147 和图 6-148 所示，完成翅膀触地挣扎的运动变化。

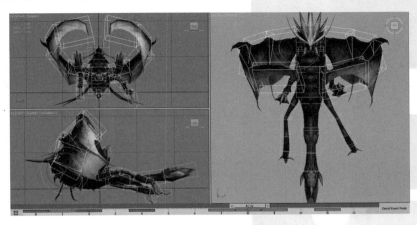

图 6-146　调整翅膀在第 8 帧的姿态

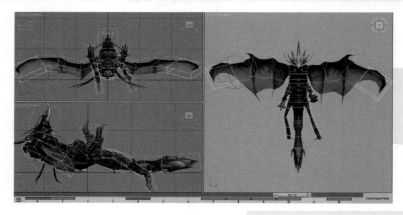

图 6-147　调整翅膀在第 10 帧的姿态

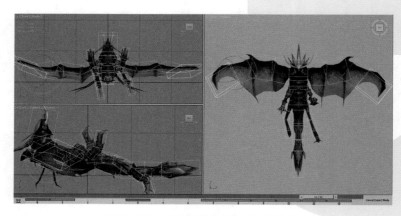

图 6-148　调整翅膀在第 11 帧的姿态

（14）调整脊椎弹起过程的姿态。方法：拖动时间滑块到第 8 帧，再使用 Select and Rotate（选择并旋转）工具调整地狱龙脊椎骨骼的角度，制作出地狱龙身体向上弯曲的姿态，如图 6-149 所示。然后选中脊椎和头部骨骼，并框选第 11 帧的关键帧拖动到第 12 帧，按住 Shift 键的同时，拖动到第 9 帧。接着拖动时间滑块到第 10 帧，再使用 Select and Rotate（选择并旋转）工具调整第二节脊椎骨骼的角度，制作出地狱龙身体抬起的姿态，如图 6-150 所示。

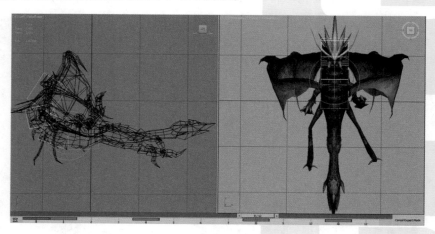

图 6-149　调整地狱龙身体在第 8 帧的姿态

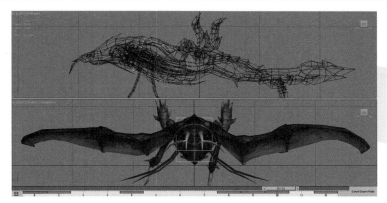

图 6-150　调整第二节脊椎骨骼在第 10 帧的姿态

　　（15）分别拖动时间滑块到第 9、10、11 和 12 帧，再使用 Select and Rotate（选择并旋转）工具调整头骨的角度，制作出地狱龙死亡时头部的姿态变化，如图 6-151 所示。然后选中尾巴后端骨骼，再框选第 4 帧的关键帧，按下 Delete 键删除，接着拖动时间滑块到第 7 帧，再使用 Select and Rotate（选择并旋转）工具调整地狱龙尾巴和尾刺骨骼的角度，制作出地狱龙尾巴和尾刺配合身体向上弯曲的姿态，如图 6-152 所示。

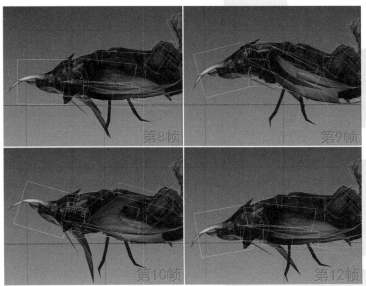

图 6-151　调整头部运动变化

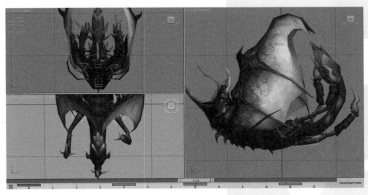

图 6-152　调整尾巴和尾刺在第 7 帧的姿态

（16）调整地狱龙触地到死亡过程中尾巴和尾刺的姿态。方法：分别选中尾巴和尾刺的骨骼，并框选第 11 帧的关键帧拖动到第 9 帧，按住 Shift 键的同时，拖动第 9 帧到第 12 帧，将第 9 帧的姿态复制到第 12 帧。然后分别拖动时间滑块到第 10 和 11 帧，再使用 Select and Rotate（选择并旋转）工具调整地狱龙尾巴和尾刺后端骨骼对象的角度，制作出尾巴和尾刺在第 10 帧时稍稍下移、在第 11 帧时上移的姿态，如图 6-153 和图 6-154 所示，完成尾巴在触地到死亡过程中的运动变化。

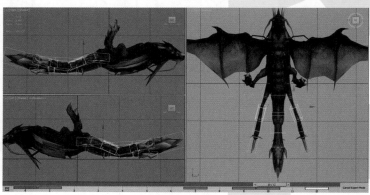

图 6-153　调整尾巴和尾刺在第 10 帧的姿态

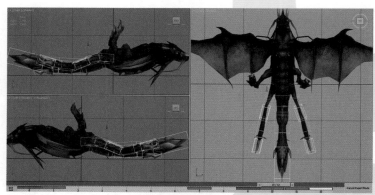

图 6-154　调整尾巴和尾刺在第 11 帧的姿态

（17）调整小腿的姿态。方法：拖动时间滑块到第 8 帧，再使用 Select and Rotate（选择并旋转）工具调整地狱龙小腿骨骼的角度，制作出地狱龙小腿配合身体向上伸直的姿态，如图 6-155 所示。然后选中小腿的骨骼，并框选第 11 帧的关键帧拖动到第 12 帧，按住 Shift 键的同时，拖动第 12 帧到第 9 帧。接着拖动时间滑块到第 10 帧，调整地狱龙小腿骨骼的角度，制作出地狱龙小腿打开、脚掌绷直的姿态，如图 6-156 所示。

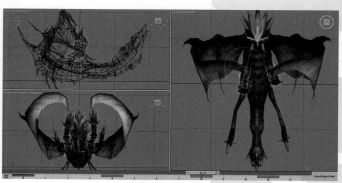

图 6-155　调整小腿在第 8 帧的姿态

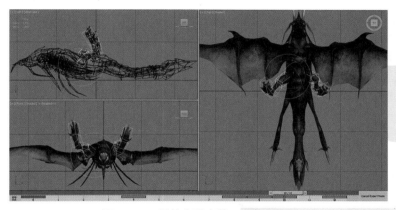

图 6-156　调整小腿在第 10 帧的姿态

（18）单击 Playback（播放动画）按钮播放动画，并观察腿部的运动动画，再使用 Select and Rotate（选择并旋转）工具细微调整地狱龙小腿骨骼的角度。然后拖动时间滑块到第 2 帧，再使用 Select and Rotate（选择并旋转）工具调整尾刺骨骼的角度，制作出尾刺的过渡帧，如图 6-157 所示。

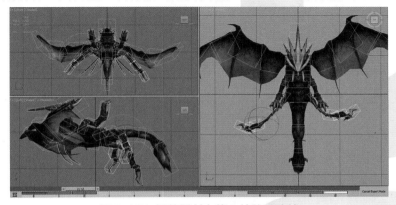

图 6-157　调整尾刺在第 2 帧的过渡帧

（19）调整背刺的姿态。方法：双击背刺的根骨骼，从而选中整条背刺骨骼，如图 6-158 中 A 所示。再打开 spring magic_ 飘带插件的文件夹，找到"spring magic_ 飘带插件. mse"文件，并把它拖到 3ds Max 的视图中，然后设置 Spring 参数为 0.5，Loops 参数为 1，Subs 参数为 1，如图 6-158 中 B 所示。接着单击 Bone 按钮，此时，飘带插件开始为选中的骨骼进行动作运算，并循环二次，运算之后的关键帧效果如图 6-158 中 C 所示。同理，调整其他背刺骨骼的姿态。

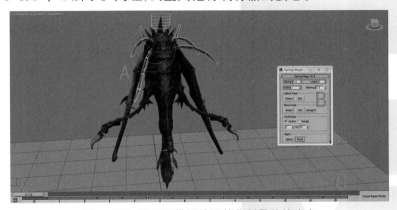

图 6-158　使用飘带插件调整背刺骨骼的姿态

（20）调整头刺的姿态。方法：双击左侧头刺的根骨骼，从而选中整条头刺骨骼，如图 6–159 中 A 所示。再设置 Spring 参数为 0.6，如图 6–159 中 B 所示。然后单击 Bone 按钮，此时，飘带插件开始为选中的骨骼进行动作运算，并循环二次，运算之后的关键帧效果如图 6–159 中 C 所示。同理，调整右侧头刺骨骼的姿态。接着选中中间头刺骨骼，如图 6–160 中 A 所示，在 spring magic_ 飘带插件界面中设置 Spring 参数为 0.8，如图 6–160 中 B 所示，并单击 Bone 按钮，为中间头刺骨骼进行动作运算，如图 6–160 中 C 所示。最后按下 N 键取消创建关键点，再选中中间头刺的根骨骼，并使用 Select and Rotate（选择并旋转）工具向上调整地狱龙头刺骨骼的角度，使中间头刺与头部没有穿插处，如图 6–161 所示。

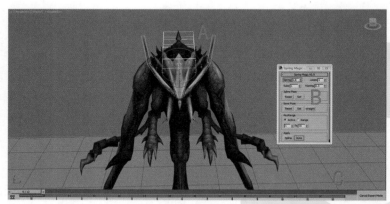

图 6–159 使用飘带插件调整左侧头刺骨骼的姿态

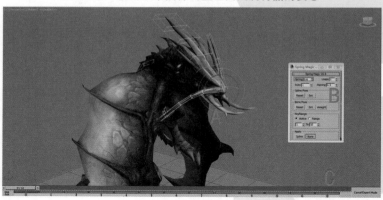

图 6–160 使用飘带插件调整中间头刺骨骼的姿态

图 6–161 调整中间头刺骨骼的姿态

（21）单击 Playback（播放动画）按钮播放动画，这时可以看到地狱龙死亡的动画，同时配合有翅膀、尾刺等细节动画。在播放动画的时候如发现幅度过大或不正确的地方，可以适当调整。最后将文件保存为配套光盘中的"多媒体视频文件 \max\ 地狱龙文件 \ 地狱龙 – 死亡.max"。

6.3.4 制作地狱龙攻击动画

普通攻击动作是游戏角色的基本动作之一，必须了解和掌握。首先我们来看一下地狱龙普通攻击动作图片序列和关联帧的安排，如图 6-162 所示。

图 6-162　地狱龙普通攻击的序列图

（1）打开"地狱龙待机.max"文件，单击 AutoKey（自动关键点）按钮，再选择所有骨骼，并框选除第0 帧的关键帧，然后按下 Delete 键删除关键帧，再单击动画控制区中的 Time Configuration（时间配置）按钮，接着在弹出的 Time Configuration（时间配置）对话框中设置 End Time（结束时间）为 8，再选中 Speed（速度）模式为 1/4x，再单击 OK 按钮，如图 6-163 所示，从而将时间滑块长度设为 8 帧。

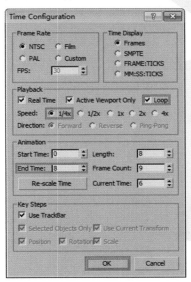

图 6-163　设置时间配置

（2）调整质心的姿态。方法：分别拖动时间滑块到第 2、4 和 6 帧，再使用 Select and Move（选择并移动）和 Select and Rotate（选择并旋转）工具调整地狱龙第一节脊椎骨骼的角度，制作出地狱龙攻击过程中身体的运动变化，如图 6-164 所示。然后双击第一节脊椎骨骼，从而选中地狱龙所有的骨骼，按住 Shift 键的同时，拖动到第 8 帧，将第 0 帧的关键帧复制到第 8 帧，并保证动画能够流畅地衔接起来。

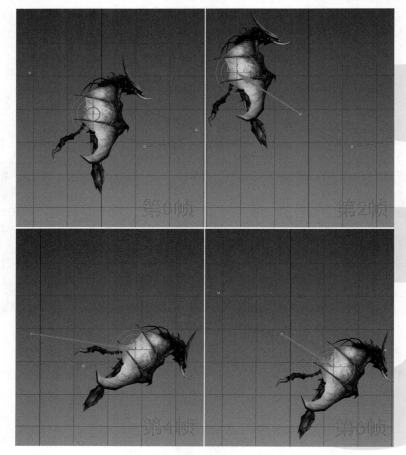

图6-164 调整地狱龙质心的运动变化

提示:单击Motion(运动)面板下的Trajectories(轨迹)按钮,就能显示出图6-166中的红色运动轨迹,有利于观察Bone骨骼的运动轨迹。

(3)调整翅膀根骨骼的姿态。方法:拖动时间滑块到第2帧,再使用Select and Rotate(选择并旋转)工具调整地狱龙右侧翅膀根骨骼的角度,制作出地狱龙翅膀向上挥动的姿态,如图6-165所示。然后选中右侧翅膀的根骨骼,再框选第0帧的关键帧,按住Shift键的同时,拖动到第4帧,将第0帧关键帧复制到第4帧。同理,把第2帧复制到第6帧,如图6-166和图6-167所示。

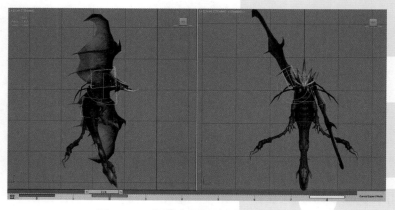

图6-165 调整右侧翅膀根骨骼的姿态

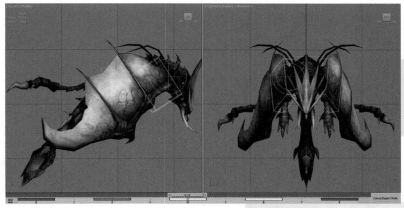

图 6-166　调整右侧翅膀根骨骼在第 4 帧的姿态

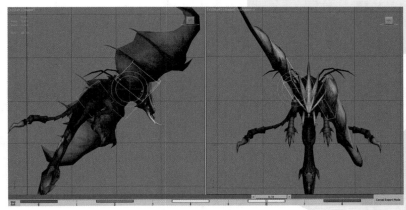

图 6-167　调整右侧翅膀根骨骼在第 6 帧的姿态

　　(4)用错帧法调整翅膀末端骨骼的姿态。方法:拖动时间滑块到第 1 帧,再使用 Select and Rotate (选择并旋转)工具调整地狱龙右侧翅膀末端骨骼的角度,制作出地狱龙翅膀末端骨骼下摆的姿态,如图 6-168 所示。然后拖动时间滑块到第 3 帧,再使用 Select and Rotate(选择并旋转)工具调整地狱龙右侧翅膀末端骨骼的角度,制作出地狱龙翅膀末端骨骼上摆的姿态,如图 6-169 所示。接着选中右侧翅膀末端骨骼,再框选第 1 帧关键帧,按住 Shift 键的同时,拖动到第 5 帧,将第 1 帧关键帧复制到第 5 帧。同理将第 3 帧关键帧复制到第 7 帧。

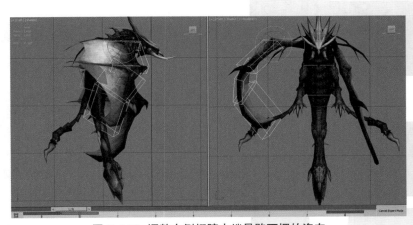

图 6-168　调整右侧翅膀末端骨骼下摆的姿态

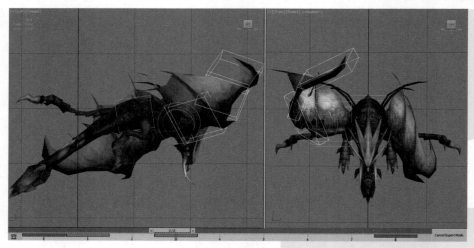

图 6-169　调整右侧翅膀末端骨骼上摆的姿态

（5）同上，调整左侧翅膀的运动姿态，如图 6-170~ 图 6-172 所示。

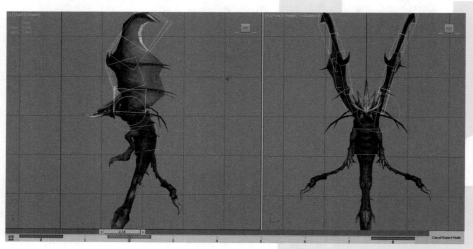

图 6-170　调整左侧翅膀根骨骼的姿态

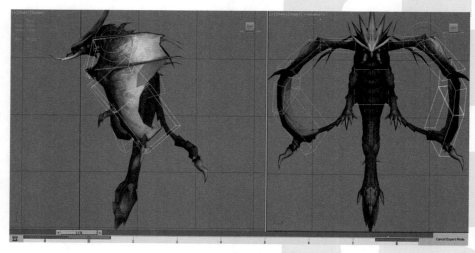

图 6-171　调整左侧翅膀末端骨骼在第 1 帧的姿态

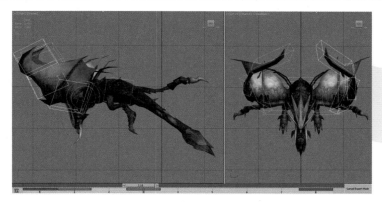

图 6-172　调整左侧翅膀末端骨骼在第 3 帧的姿态

　　（6）调整脊椎和头的姿态。方法：拖动时间滑块到第 1 帧，再使用 Select and Rotate（选择并旋转）工具调整地狱龙脊椎和头部骨骼的角度，制作出地狱龙身体稍稍上移、头稍稍低下的姿态，如图 6-173 所示。然后拖动时间滑块到第 3 帧，再使用 Select and Rotate（选择并旋转）工具调整地狱龙脊椎和头部骨骼的角度，使地狱龙身体伸直，头抬起注视前方，制作出地狱龙向前冲的姿态，如图 6-174 所示。

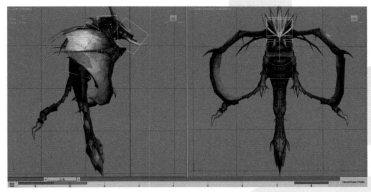

图 6-173　调整脊椎和头在第 1 帧的姿态

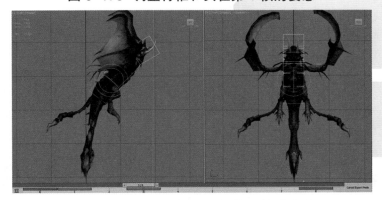

图 6-174　调整脊椎和头在第 3 帧的姿态

　　（7）调整地狱龙攻击和恢复时脊椎和头的姿态。方法：拖动时间滑块到第 4 帧，再使用 Select and Rotate（选择并旋转）工具调整地狱龙脊椎和头部骨骼的角度，使地狱龙身体下弯，头笔直朝向前方，制作出地狱龙攻击时的姿态，如图 6-175 所示。然后拖动时间滑块到第 6 帧，再使用 Select and Rotate（选择并旋转）工具调整头骨的角度，制作出攻击后头低下的姿态，如图 6-176 所示。接着选中脊椎和头部骨骼，再框选第 1 帧关键帧拖动到第 2 帧。

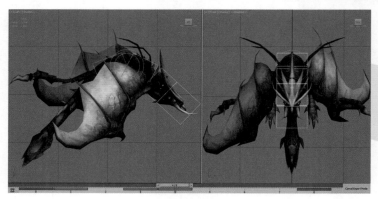

图 6-175 调整脊椎和头在第 4 帧的姿态

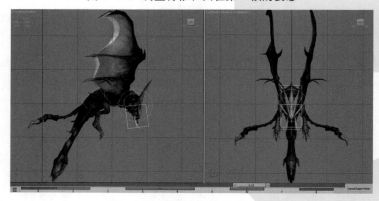

图 6-176 调整头在第 6 帧的姿态

（8）播放动画观察攻击动作，发现地狱龙缺少冲劲，导致整个动作过程不能表现出足够的攻击速度，攻击的力量也不够，需要做出调整。方法：拖动时间滑块到第 3 帧，再使用 Select and Move（选择并移动）和 Select and Rotate（选择并旋转）工具调整地狱龙第一节脊椎骨骼的位置和角度，使地狱龙身体上移并向前倾，制作出地狱龙飞到最高点并平行前冲的姿态，如图 6-177 所示。然后单击 Playback（播放动画）按钮播放动画，并进行身体的细微动作调节。

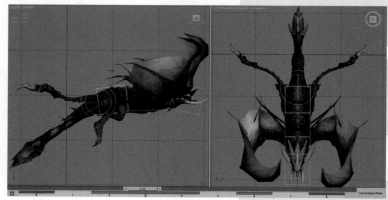

图 6-177 调整地狱龙冲刺的姿态

（9）调整尾巴的姿态。方法：拖动时间滑块到第 2 帧，再使用 Select and Rotate（选择并旋转）工具调整地狱龙尾巴根骨骼的角度，制作出地狱龙尾巴配合身体后摆的姿态，如图 6-178 所示。然后拖动时间滑块到第 4 帧，再使用 Select and Rotate（选择并旋转）工具调整地狱龙尾巴根骨骼的角度，制作出地狱龙尾巴配合身体下移的姿态，如图 6-179 所示。

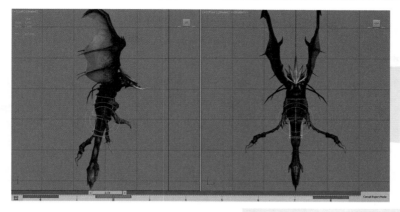

图 6-178 调整尾巴根骨骼在第 2 帧的姿态

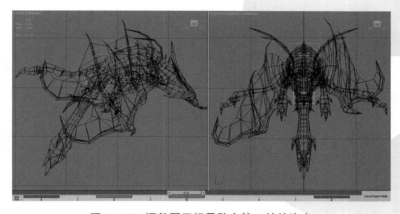

图 6-179 调整尾巴根骨骼在第 4 帧的姿态

（10）调整尾巴末端骨骼的姿态。方法：分别拖动时间滑块到第 1、4 和 7 帧，使用 Select and Rotate（选择并旋转）工具调整地狱龙尾巴末端骨骼的角度，制作出地狱龙尾巴在第 1 帧时前摆、在第 4 帧时上摆、第 6 帧时前摆的姿态，如图 6-180 所示。

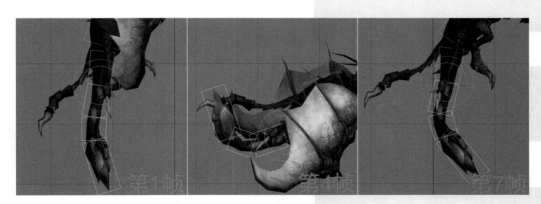

图 6-180 调整尾巴末端骨骼的运动变化

（11）调整尾刺根骨骼姿态。方法：拖动时间滑块到第 2 帧，再使用 Select and Rotate（选择并旋转）工具调整地狱龙尾刺根骨骼的角度，使背面尾刺上提，与尾巴不穿插，左右侧尾刺张开，制作出地狱龙尾刺张开为身体蓄力的姿态，如图 6-181 所示。然后拖动时间滑块到第 5 帧，再使用 Select and Rotate（选择并旋转）工具调整尾刺根骨骼的角度，制作出尾刺夹紧的姿态，如图 6-182 所示。

GAME ART DESIGN BIBLE｜游戏美术设计宝典

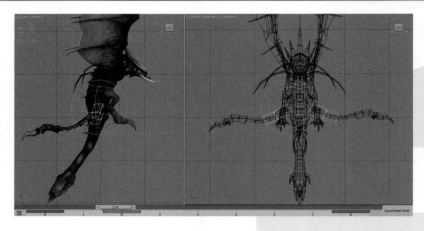

图 6-181　调整尾刺根骨骼在第 2 帧的姿态

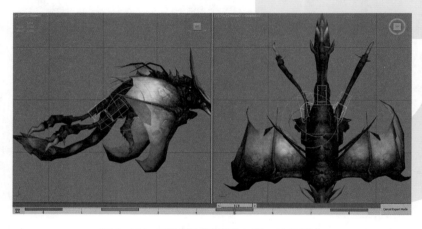

图 6-182　调整尾刺根骨骼在第 5 帧的姿态

（12）调整尾刺末端骨骼的姿态。方法：拖动时间滑块到第 1 帧，再使用 Select and Rotate（选择并旋转）工具调整地狱龙尾刺末端骨骼的角度，制作出地狱龙尾刺向下弯曲的姿态，如图 6-183 所示。然后拖动时间滑块到第 4 帧，使用 Select and Rotate（选择并旋转）工具调整地狱龙尾刺末端骨骼的角度，制作出尾刺向上弯的姿态，如图 6-184 所示。

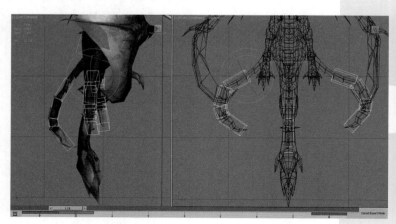

图 6-183　调整尾刺末端骨骼在第 1 帧的姿态

图 6-184　调整尾刺末端骨骼在
第 4 帧的姿态

（13）调整小腿骨骼的姿态。方法：拖动时间滑块到第2帧，使用Select and Rotate（选择并旋转）工具调整地狱龙小腿骨骼的角度，制作出地狱龙小腿上抬、脚掌绷直的姿态，如图6-185所示。然后拖动时间滑块到第3帧，使用Select and Rotate（选择并旋转）工具调整地狱龙小腿骨骼的角度，制作出地狱龙身体向前冲时腿部后移的姿态，如图6-186所示。

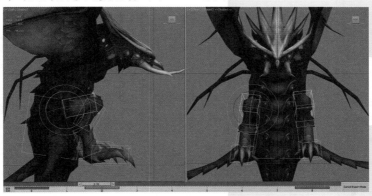

图6-185 调整地狱龙小腿在第2帧的姿态

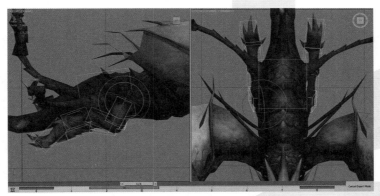

图6-186 调整地狱龙小腿在第3帧的姿态

（14）调整背刺的姿态。方法：双击背刺的第二节骨骼，从而选中背刺末端骨骼，如图6-187中A所示，再打开spring magic_飘带插件的文件夹，找到"spring magic_飘带插件.mse"文件并把它拖到3ds Max的视图中，然后设置Spring参数为0.7，Loops参数为1，Subs参数为1，如图6-187中B所示，接着单击Bone按钮，此时，飘带插件开始为选中的骨骼进行动作运算，并循环二次，运算之后的关键帧效果如图6-187中C所示。同理，调整其他背刺骨骼的姿态。

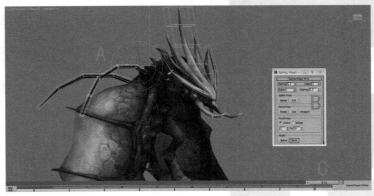

图6-187 使用飘带插件调整背刺骨骼的姿态

（15）调整中间头刺的姿态。方法：分别拖动时间滑块到第 2 帧和第 4 帧，使用 Select and Rotate（选择并旋转）工具调整地狱龙中间头刺根骨骼的角度，制作出地狱龙中间头刺根骨骼的运动变化，如图 6–188 和图 6–189 所示。然后分别拖动时间滑块到第 1 帧、第 4 帧和第 7 帧，使用 Select and Rotate（选择并旋转）工具调整地狱龙中间头刺末端骨骼的角度，制作出地狱龙中间头刺末端骨骼跟随的运动变化，如图 6–190 所示。

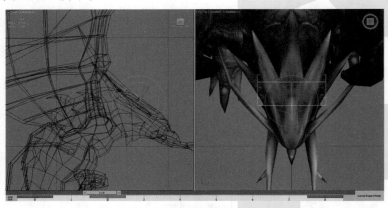

图 6–188　调整中间头刺根骨骼在第 2 帧的姿态

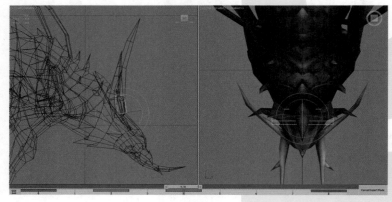

图 6–189　调整中间头刺根骨骼在第 4 帧的姿态

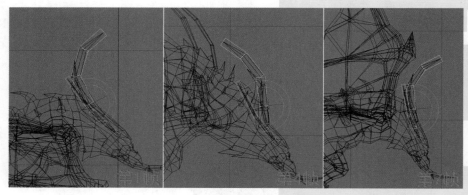

图 6–190　调整中间头刺末端骨骼的运动变化

（16）使用错帧法调整左右侧头刺的姿态。方法：分别拖动时间滑块到第 2 和 5 帧，使用 Select and Rotate（选择并旋转）工具调整地狱龙左右侧头刺根骨骼的角度，制作出地狱龙左右头刺根骨骼在第 2 帧时紧贴头部、在第 5 帧张开的姿态，如图 6–191 和图 6–192 所示。

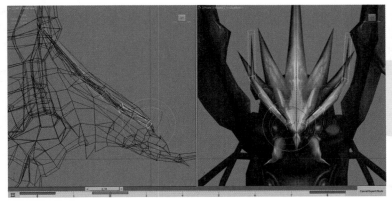

图 6-191　调整左右侧头刺根骨骼在第 2 帧的姿态

图 6-192　调整左右侧头刺根骨骼在第 5 帧的姿态

（17）分别拖动时间滑块到第 1、4 和 7 帧,使用 Select and Rotate(选择并旋转)工具调整地狱龙左右侧头刺末端骨骼的角度, 制作出地狱龙左右侧头刺的末端骨骼随根骨骼运动的运动变化,如图 6-193 所示。

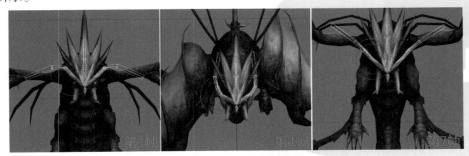

图 6-193　调整左右侧头刺末端骨骼的运动变化

（18）单击 Playback（播放动画）按钮播放动画,这时可以看到地狱龙攻击的动画。在播放动画的时候如发现幅度过大或不正确的地方,可以适当调整。最后将文件保存为配套光盘中的"多媒体视频文件 \max\ 地狱龙文件 \ 地狱龙 – 攻击.max"。

6.3.5　制作地狱龙的特殊攻击动画

特殊攻击是游戏角色的基本动作之一,必须了解和掌握。首先我们来看一下地狱龙的特殊攻击动作图片序列,如图 6-194 所示。

图 6-194　地狱龙连击的序列图

（1）打开"地狱龙待机.max"文件，打开 AutoKey(自动关键点)按钮，选择所有骨骼，并框选除第 0 帧的关键帧，然后按下 Delete 键删除关键帧，再分别拖动时间滑块到第 3 帧和第 1 帧，再使用 Select and Move(选择并移动)工具调整地狱龙第一节脊椎骨骼的位置，使地狱龙身体在第 3 帧向上、后移，在第 1 帧身体稍稍向前、下移，制作出地狱龙向上蓄力过程中身体的运动变化，如图 6-195 所示。

图 6-195　地狱龙上升过程中身体的运动变化

（2）拖动时间滑块到第 3 帧，再使用 Select and Rotate(选择并旋转)工具调整地狱龙翅膀根骨骼的角度，制作出地狱龙翅膀向后、上方伸展的姿态，如图 6-196 所示。然后按下 Ctrl+A 键选中所有的骨骼，并框选第 3 帧的关键帧拖动到第 4 帧，再选中左右侧翅膀的根骨骼，把第 4 帧的关键帧拖动到第 2 帧。

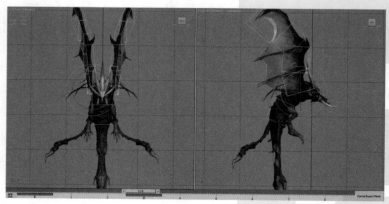

图 6-196　调整地狱龙翅膀在第 2 帧的姿势

（3）拖动时间滑块到第 2 帧，再使用 Select and Rotate（选择并旋转）工具调整地狱龙尾巴、尾刺和小腿骨骼的角度，使地狱龙小腿上移，并稍稍张开，尾刺根骨骼向外张开，尾巴根骨骼后移，制作出地狱龙翅膀伸展张开蓄力的姿态，如图 6-197 所示。然后选中除左右侧翅膀根骨骼的骨骼，再框选第 2 帧的关键帧，拖动到第 4 帧。

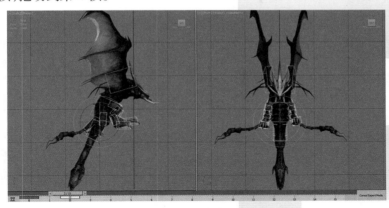

图 6-197　制作地狱龙在第 4 帧蓄力的姿态

（4）拖动时间滑块到第 4 帧，再使用 Select and Rotate（选择并旋转）工具调整地狱龙左右侧翅膀根骨骼的角度，制作出地狱龙翅膀稍稍张开的姿态，如图 6-198 所示。然后选中地狱龙所有的骨骼，再按下 K 键创建关键帧，接着拖动时间滑块到第 6 帧，再调整地狱龙脊椎、翅膀、小腿、头部、尾巴和尾刺骨骼的位置和角度，制作出地狱龙身体收缩蓄积力量的姿态，如图 6-199 所示。

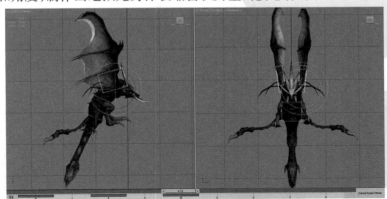

图 6-198　调整地狱龙翅膀在第 4 帧的姿态

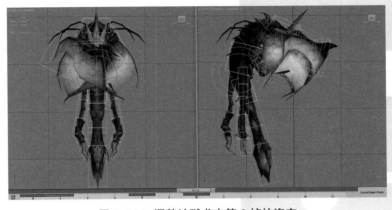

图 6-199　调整地狱龙在第 6 帧的姿态

（5）增加时间范围。方法：按下 Ctrl+Alt 键的同时，使用鼠标右键在时间范围区域单击并向左侧拖动，使时间范围长度变为 11 帧，然后按下 Ctrl+A 键选中所有的骨骼，再框选第 6 帧的关键帧，并拖动到第 8 帧，使用 Select and Rotate（选择并旋转）工具调整地狱龙尾巴末端骨骼的角度，制作出地狱龙尾巴配合身体向上弯曲蓄力的姿态，如图 6-200 所示。接着选中地狱龙所有的骨骼，按下 K 键为 Bone 骨骼创建关键帧，再设置时间范围长度为 15 帧。

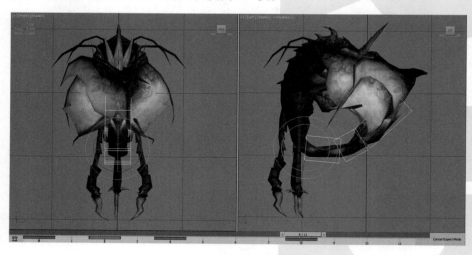

图 6-200　调整尾巴在第 8 帧姿态

（6）把时间滑块拖动到第 10 帧，再使用 Select and Move（选择并移动）和 Select and Rotate（选择并旋转）工具调整地狱龙脊椎、头、翅膀、小腿、尾巴和尾刺骨骼的位置和角度，使地狱龙身体向前、上移，并挺起，头稍稍抬起，翅膀向上伸直，小腿张开并下移，左右侧尾刺张开并向下弯曲，背面尾刺向上弯曲，尾巴向上翘起，制作出地狱龙攻击时的姿势，如图 6-201 所示。然后选中所有的骨骼，框选第 0 帧的关键帧，按住 Shift 键的同时，拖动到第 15 帧，这样能确保动画的流畅衔接。

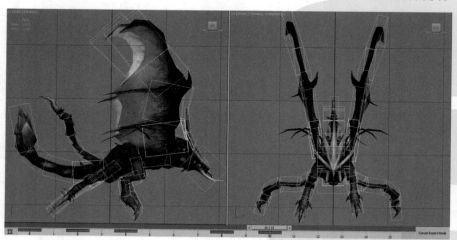

图 6-201　制作地狱龙攻击时的姿势

（7）拖动时间滑块到第 7 帧，并选中所有的骨骼，再按下 K 键创建关键帧，然后框选第 7 帧的关键帧拖动到第 5 帧。再拖动时间滑块到第 5 帧，并选中第一节脊椎骨骼，再使用 Select and Move（选择并移动）工具调整地狱龙第一节脊椎骨骼的位置，制作出地狱龙蓄积力量前的过渡帧，如图 6-202 所示。

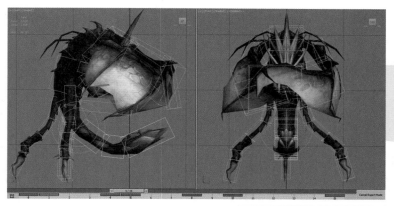

图 6-202 地狱龙在第 5 帧时的姿态

（8）调整脊椎和头的姿态。方法：拖动时间滑块到第 13 帧，再使用 Select and Rotate（选择并旋转）工具调整地狱龙第一节脊椎骨骼的角度，使身体向下、前移。然后拖动时间滑块到第 4 帧，再使用 Select and Rotate（选择并旋转）工具调整地狱龙脊椎和头部骨骼的角度，使地狱龙的身体挺起，头稍稍低下，如图 6-203 中 A 所示。接着拖动时间滑块到第 1 帧，再调整地狱龙脊椎和头部骨骼的角度，制作出地狱龙的身体下移、头低下的姿态，如图 6-203 中 B 所示。

图 6-203 调整脊椎和头的姿态

（9）调整翅膀末端骨骼的姿态。拖动时间滑块到第 1 帧，再使用 Select and Rotate（选择并旋转）工具调整地狱龙翅膀末端骨骼的角度，制作出地狱龙身体上升过程中翅膀向下弯曲的姿态，如图 6-204 所示。然后选中翅膀的所有骨骼，并框选第 4 帧的关键帧，按住 Shift 键的同时，拖动到第 2 帧，将第 4 帧的关键帧复制到第 2 帧。

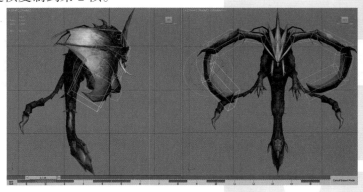

图 6-204 调整翅膀在第 1 帧的姿态

GAME ART DESIGN BIBLE | 游戏美术设计宝典

　　（10）拖动时间滑块到第 2 帧,使用 Select and Rotate(选择并旋转)工具调整地狱龙尾刺末端骨骼的角度,制作出地狱龙尾刺末端骨骼向下摆动的姿态,如图 6-205 所示。

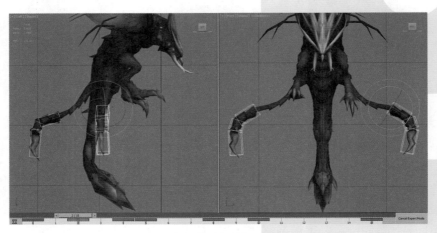

图 6-205　调整尾刺末端骨骼在第 2 帧的姿态

　　（11）调整翅膀在拍打时的运动变化。方法:分别拖动时间滑块到第 2、3 和 4 帧,再使用 Select and Rotate(选择并旋转)工具调整地狱龙翅膀骨骼的角度,制作出地狱龙在空中最高点时翅膀的运动变化,效果如图 6-206 和图 6-207 所示。

图 6-206　地狱龙在高处时翅膀的运动变化

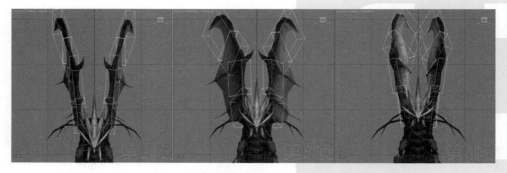

图 6-207　地狱龙在高处时翅膀的运动变化

　　（12）调整尾刺骨骼的姿态。方法:拖动时间滑块到第 5 帧,再使用 Select and Rotate(选择并旋转)工具调整地狱龙尾刺骨骼的角度,制作出地狱龙蓄力过程中尾刺骨骼上抬张开的姿态,如图 6-208 所示。然后拖动时间滑块到第 9 帧,使用 Select and Rotate(选择并旋转)工具调整地狱龙尾巴、尾刺和翅膀骨骼的角度,制作出地狱龙攻击前的过渡帧,如图 6-209 所示。

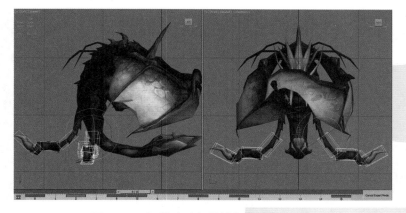

图 6-208 调整地狱龙尾刺在第 5 帧的姿态

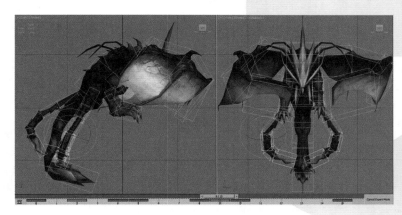

图 6-209 地狱龙攻击前的过渡帧

（13）拖动时间滑块到第 10 帧，再使用 Select and Rotate（选择并旋转）工具调整地狱龙尾巴末端骨骼的角度，制作出地狱龙尾巴向上伸直的姿态，如图 6-210 所示。然后拖动时间滑块到第 12 帧，使用 Select and Rotate（选择并旋转）工具调整翅膀骨骼的角度，制作出地狱龙往后退时翅膀的过渡帧姿势，如图 6-211 所示。

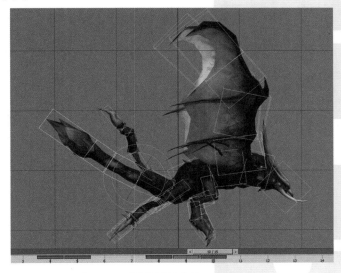

图 6-210 调整尾巴在第 10 帧的姿态

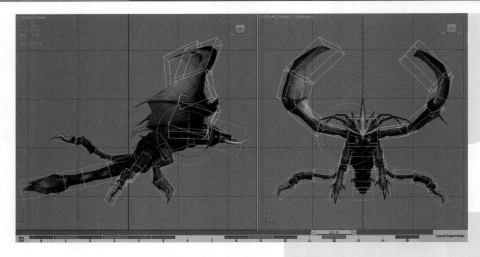

图 6-211　调整地狱龙后退时翅膀的姿态

(14)然后拖动时间滑块到第 13 帧,使用 Select and Rotate(选择并旋转)工具调整尾巴和尾刺骨骼的角度,制作出地狱龙往后退时尾巴和尾刺的过渡帧姿态,如图 6-212 所示。

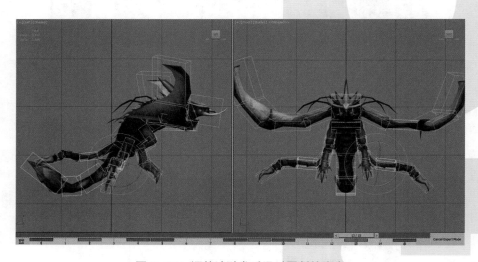

图 6-212　调整地狱龙后退时尾刺的姿态

提示:地狱龙攻击后退回初始位置,在这一过程中是翅膀使劲带动身体运动,而腿部和尾巴的动作延迟于身体,所以调整尾巴和尾刺骨骼的姿势时应往后退一格。

(15)单击 Playback(播放动画)按钮播放动画,再使用 Select and Move(选择并移动)和 Select and Rotate(选择并旋转)工具细微调整脊椎骨骼的前后位置。然后分别选中背刺骨骼,再选中时间轴上的关键帧,按下 Delete 键删除关键帧,接着双击第一根背刺的根骨骼,从而选中整条背刺骨骼,如图 6-213 中 A 所示。再打开 spring magic_ 飘带插件的文件夹,找到"spring magic_ 飘带插件.mse"文件并把它拖到 3ds Max 的视图中, 最后设置 Spring 参数为 0.7,Loops 参数为 1,Subs 参数为 1, 如图 6-213 中 B 所示,再单击 Bone 按钮,此时飘带插件开始为选中的骨骼进行动作运算,并循环二次,运算之后的关键帧效果如图 6-213 中 C 所示。同理,调整其他背刺骨骼的姿态。

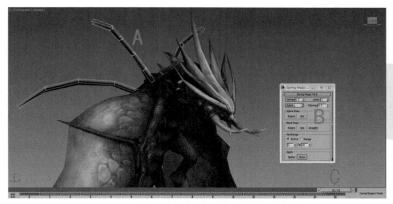

图 6-213 使用飘带插件调整背刺骨骼的姿态

（16）调整中间头刺骨骼的姿态。方法：按下 N 键取消创建关键帧，并双击中间头刺的根骨骼，从而选中中间头刺骨骼，如图 6-214 中 A 所示。再设置"spring magic_ 飘带插件"界面的参数，设置 Spring 参数为 0.75，如图 6-214 中 B 所示，然后单击 Bone 按钮，此时飘带插件开始为选中的骨骼进行动作运算，并循环二次，运算之后的关键帧效果如图 6-214 中 C 所示。

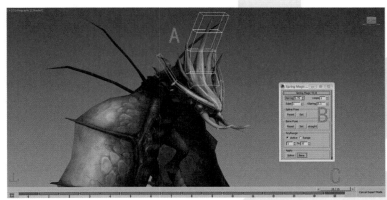

图 6-214 使用飘带插件调整中间头刺骨骼的姿态

（17）调整左右侧头刺的姿态。方法：双击右侧头刺的根骨骼，从而选中整根头刺骨骼，如图 6-215 所示，再设置"spring magic_ 飘带插件"界面的参数，设置 Spring 参数为 0.75，如图 6-215 中 B 所示，然后单击 Bone 按钮，此时飘带插件开始为选中的骨骼进行动作运算，并循环二次，运算之后的关键帧效果如图 6-215 中 C 所示。

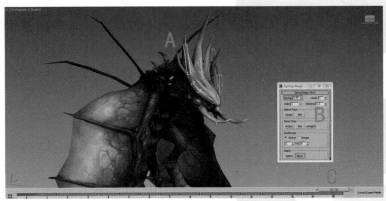

图 6-215 使用飘带插件调整右侧头刺骨骼的姿态

（18）单击 Playback（播放动画）按钮播放动画，这时可以看到地狱龙攻击的动画，同时配合有身体收缩和伸展等细节动画。在播放动画的时候如发现幅度过大或不正确的地方，可以适当调整。最后将文件保存为配套光盘中的"多媒体视频文件 \max\ 地狱龙文件 \ 地狱龙 – 特殊攻击.max"。

6.4 自我训练

一、填空题

    1. 使用飘带插件调整 Bone 骨骼的姿势时，主要设置的参数有（　　　　　）、（　　　　　）、（　　　　　）。

    2.为地狱龙创建初始关键帧时，在选中所有 Bone 骨骼后，按下 K 键的作用是（　　　　　）。

    3.待机动作是一个缓慢的呼吸动作，因此在调整动作姿势时应注意（　　　　　）。

二、简答题

    1.简述镜像复制 Bone 骨骼的基本方法。

    2.简述如何利用捕捉功能创建地狱龙翅膀骨骼。

三、操作题

    利用本章讲解知识，为一个飞行动物创建骨骼并蒙皮，并制作飞行动画。

第7章

双手武器角色动画制作

在本章中，通过网络游戏NPC——魔战士的动画设计，演示双手武器角色的创作方法和思路。

◆学习目标
- 掌握双手剑角色的骨骼创建方法
- 掌握双手剑角色的蒙皮设定
- 了解双手剑角色的运动规律
- 掌握双手剑角色的动画制作方法
- 掌握飘带插件制作围裙和毛发动画的方法

◆学习重点
- 掌握双手剑角色的骨骼创建方法
- 掌握双手剑角色的蒙皮设定
- 掌握双手剑角色的动画制作方法
- 掌握飘带插件制作围裙和毛发动画的方法

　　本章将讲解网络游戏中的双手剑角色——魔战士的行走动作、战斗姿势、战斗奔跑动作、连击动作和技能攻击的制作方法。动画效果如图 7-1(a)~(d)所示。通过本例的学习，读者应掌握创建 Bone 骨骼、Skin(蒙皮)以及战士动画的基本制作方法。

(a) 行走动画

(b) 战斗奔跑动画

(c) 特殊攻击动画

(d) 三连击动画

图 7-1　魔战士

7.1　魔战士的骨骼创建

　　在创建魔战士骨骼时,我们使用 Biped 骨骼和 Bone 骨骼相结合的方法。骨骼创建分为匹配骨骼前的准备、创建 Biped 骨骼、匹配骨骼到模型三部分内容。

7.1.1　创建前的准备

　　(1)隐藏魔战士的武器。方法:启动 MAX 软件,打开"配套光盘 / 第 7 章 魔战士的动画 /MAX 文件"目录下的"魔战士.max"文件,再选中刀的模型,如图 7-2 中 A 所示,然后在前视图单击鼠标右键,并从弹出的快捷菜单中选择 Hide Selection(隐藏选定对象)命令,如图 7-2 中 B 所示,完成魔战士的武器隐藏。

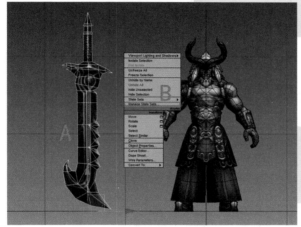

图 7-2　隐藏魔战士的武器

　　(2)模型归零。方法:选中魔战士的模型,再鼠标右键单击工具栏上的 Select and Move(选择并移动)按钮,然后在弹出的 Move Transform Type-In(移动变化输入)界面中把 Absolute:World(绝对:世界)的坐标值设置为(X:0,Y:0,Z:0),如图 7-3 中 A 所示,此时可以看到场景中的魔战士位于坐标原点,如图 7-3 中 B 所示。

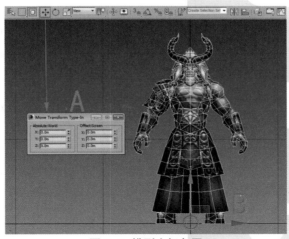

图 7-3　模型坐标归零

（3）冻结魔战士模型。方法：选择魔战士的模型，再进入 Display（显示）面板，然后打开 Display Properties（显示属性）卷展栏，并取消选中 Show Frozen in Gray（以灰色显示冻结对象）选项，如图 7-4 中 A 所示，从而使魔战士模型被冻结后显示出真实的灰色，而不是冻结的灰色。再单击鼠标右键，并从弹出的快捷菜单中选择 Freeze Selection（冻结当前选择）命令，如图 7-4 中 B 所示，完成魔战士的模型冻结。

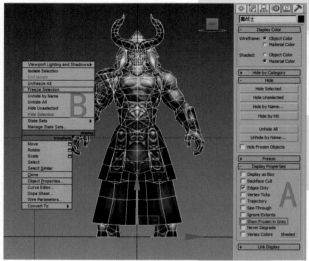

图 7-4　冻结模型

提示：在匹配魔战士的骨骼之前，要把魔战士的模型选中并且冻结，这样在后面创建魔战士骨骼的过程中，魔战士的模型不会因为被误选而出现移动、变形等问题。

7.1.2　Character Studio 骨骼

（1）单击 Create（创建）面板下 Systems（系统）中的 Biped 按钮，然后在透视图中拖出一个与模型等高的两足角色（Biped），如图 7-5 所示。

图 7-5　创建一个 Biped 两足角色

（2）选择两足角色（Biped）的任何一个部分，再进入 Motion（运动）面板，打开 Biped 卷展栏，然后单击 Figure Mode（体形模式）按钮，再选择两足的质心，并使用 Select and Move（选择并移动）工具调整质心下移，如图 7-6 中 A 所示。接着设置质心的 X、Y 轴坐标为 0，如图 7-6 中 B 所示，从而把质心的位置调整到模型中心。

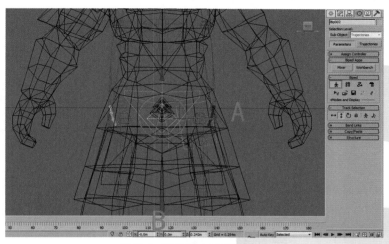

图 7-6 调整质心到模型中心

（3）Biped 骨骼属于标准的二足角色的结构，与魔战士模型的身体结构有一定差别，因此在匹配骨骼和模型之前，要根据魔战士模型调整 Biped 的结构数据，使 Biped 骨骼结构更加符合魔战士模型的结构。选择刚刚创建的 Biped 骨骼的任意骨骼，再打开 Motion（运动）面板下的 Structure（结构）卷展栏，然后修改 Spine Links 的结构参数为 2，Fingers 的结构参数为 2，Fingers Links 的结构参数为 3，Toe Links 的参数为 1，如图 7-7 所示。

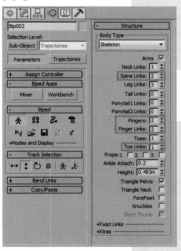

图 7-7 修改 Biped 结构参数

7.1.3 匹配骨骼和模型

（1）匹配盆骨骨骼到模型。方法：选中盆骨，再单击工具栏上 Select and Uniform Scale（选择并均匀缩放）按钮，并更改坐标系为 Local（局部），然后在前视图和左视图调整臀部骨骼的大小，与模型相匹配，如图 7-8 所示。

（2）匹配腿部骨骼到模型。方法：选中右腿骨骼，在前视图和左视图中使用 Select and Move（选择并移动）、Select and Rotate（选择并旋转）和 Select and Uniform Scale（选择并均匀缩放）工具把腿部骨骼和模型匹配对齐，如图 7-9 所示。

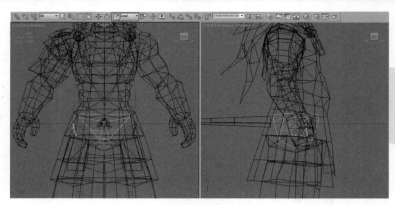

图 7-8 匹配盆骨到模型

图 7-9 匹配腿部骨骼到模型

（3）复制腿部骨骼姿态。在匹配魔战士骨骼和模型时，可以调节好一边腿部骨骼的姿态，再复制到另一边的腿部骨骼，这样可以提高制作效率。方法：双击绿色大腿骨骼，选择整根腿部的骨骼，如图 7-10 中 A 所示。再单击 Copy/Paste（复制 / 粘贴）卷展栏下的 Create Collection（创建集合）按钮，然后激活 Posture（姿态）按钮，再单击 Copy Posture（复制姿态）按钮，接着单击 Paste Posture Opposite（向对面粘贴姿态）按钮，如图 7-10 中 B 所示，这样就把腿部骨骼姿态复制到了另一边。

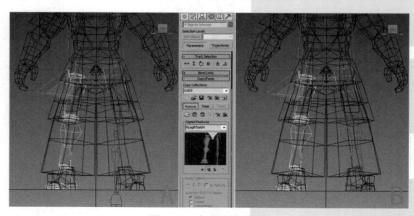

图 7-10 复制腿部骨骼

（4）匹配脊椎骨骼。方法：分别选中第二节和第一节脊椎骨骼，再使用 Select and Move（选择并移动）、Select and Rotate（选择并旋转）和 Select and Uniform Scale（选择并均匀缩放）工具在前视图和左视图中匹配脊椎骨骼和模型对齐，效果如图 7 - 11 所示。

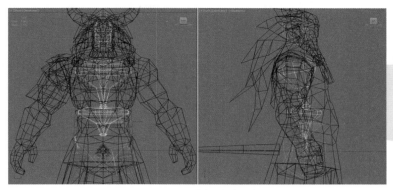

图 7-11　匹配脊椎骨骼到模型

（5）匹配手臂骨骼。方法：选中绿色肩膀骨骼，再使用 Select and Move（选择并移动）、Select and Rotate（选择并旋转）和 Select and Uniform Scale（选择并均匀缩放）工具在前视图和左视图调节肩膀骨骼与相对应的模型匹配完好，如图 7-12 所示。再按下 Page Down 键，选中绿色上臂骨骼，然后在前视图和左视图中匹配绿色上臂骨骼与模型对齐。同理，匹配绿色前臂和模型对齐，效果如图 7-13 所示。

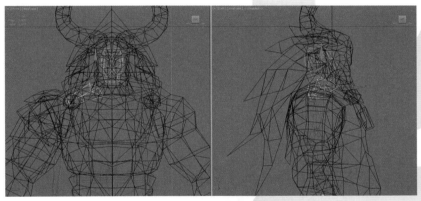

图 7-12　匹配绿色肩膀骨骼到模型

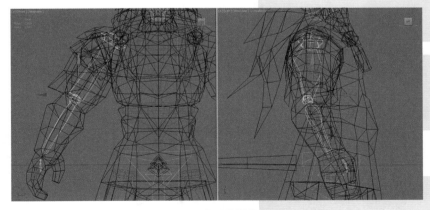

图 7-13　匹配手臂骨骼到模型

（6）匹配手掌和手指骨骼。方法：分别选中绿色手掌和手指骨骼，再使用 Select and Rotate（选择并旋转）和 Select and Uniform Scale（选择并均匀缩放）工具在前视图和透视图中匹配手掌和手指骨骼与模型对齐，如图 7-14 所示。

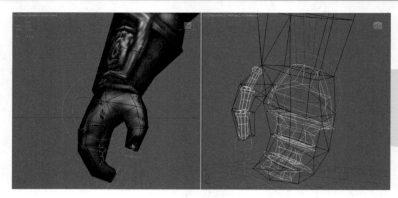

图 7-14　匹配绿色手掌和手指到模型

提示：在魔战士模型中只有二根手指，匹配比较容易。但在匹配手指的骨骼时，应注意指节点的匹配，要做到骨骼节点与模型的手指节点完全匹配对齐。

（7）魔战士手臂模型是左右对称的，因此可以把匹配好模型的绿色手臂骨骼的姿态复制给蓝色的手臂骨骼，从而提高制作效率和准确度。方法：双击绿色肩膀，选中整个手臂的骨骼，再单击 Copy Posture（复制姿态）按钮，然后单击 Paste Posture Opposite（向对面粘贴姿态）按钮，效果如图 7-15 所示。

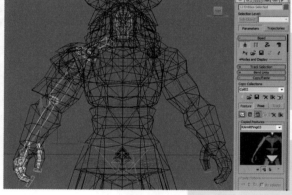

图 7-15　复制手臂骨骼的信息

（8）颈和头部的骨骼匹配。方法：选中颈部骨骼，再使用 Select and Move（选择并移动）、Select and Rotate（选择并旋转）和 Select and Uniform Scale（选择并均匀缩放）工具在前视图和左视图调整骨骼，把颈部骨骼与模型匹配对齐。然后选中头部骨骼，并在前视图和左视图中调整头部骨骼与模型匹配，效果如图 7-16 所示。

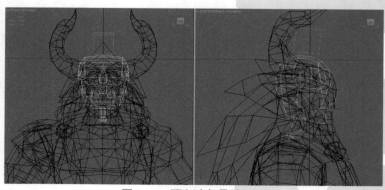

图 7-16　颈和头部骨骼匹配

7.2　头发、裙摆和尾巴骨骼创建

在创建魔战士附属物品骨骼时,使用 Bone 骨骼。魔战士附属物品的骨骼创建分为创建头发和胡子的骨骼、创建围裙和尾巴的骨骼、创建武器模型的骨骼、骨骼的链接四部分内容。

7.2.1　创建头发和胡子的骨骼

(1)创建背面头发骨骼。方法:进入左视图,单击 Create(创建)面板下 Systems(系统)中的 Bones 按钮,在背面头发位置创建四节骨骼,再单击鼠标右键结束创建,如图 7-17 所示。

图 7-17　创建魔战士背面头发的 Bone 骨骼

> 提示:在拉出四节骨骼后系统会自动生成一根末端骨骼,这时就有了五节骨骼。

(2)准确匹配骨骼到模型。方法:选中背面头发的第一、二节骨骼,如图 7-18 中 A 所示。再执行 Animation→Bone Tools 菜单命令,如图 7-18 中 B 所示,从而打开 Bone Tools(骨骼工具)面板,接着进入 Fin Adjustment Tools(鳍调整工具)卷展栏的 Bone Objects 组,调整 Bone 骨骼的宽度、高度和锥划参数,如图 7-18 中 C 所示。同理,调整好第三节和第四节骨骼的大小。

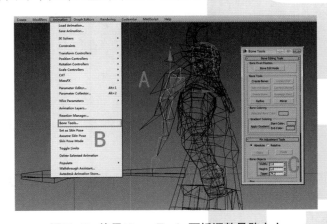

图 7-18　使用 Bone Tools 面板调整骨骼大小

提示：头发的模型结构是上粗下窄，因此我们把第二节头发骨骼缩放得粗大一些，以方便后面的动画调整。

（3）创建头部前面头发骨骼。方法：切换到左视图，并单击 Bones 按钮，在前面头发位置创建四节骨骼，再单击鼠标右键结束创建。此时创建的骨骼处于模型中间，然后调整 Bone 骨骼的宽度、高度和锥划的参数，如图 7-19 所示。

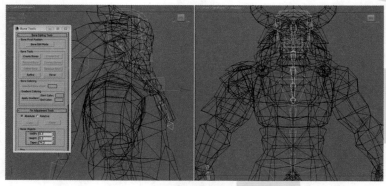

图 7-19　创建头部前面头发的骨骼

（4）匹配前面头发骨骼到模型。方法：选中根骨骼，再使用 Select and Move（选择并移动）工具调整骨骼的位置，使骨骼的位置和魔战士的右边头发模型能够基本匹配，然后单击 Bone Tools（骨骼工具）面板中的 Bone Edit Mode（骨骼编辑模式）按钮，如图 7-20 中 A 所示，再使用工具栏中的 Select and Move（选择并移动）工具调整骨骼的位置，使骨骼和模型对齐，如图 7-20 中 B 所示。

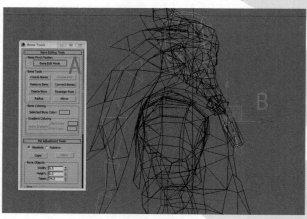

图 7-20　调整骨骼的位置

提示：在激活 Bone Edit Mode（骨骼编辑模式）按钮时，不能使用 Select and Rotate（选择并旋转）工具调整骨骼，不然会造成骨骼断链。同时，调整骨骼的大小时，也必须退出 Bone Edit Mode（骨骼编辑模式）。

（5）前面头发的骨骼复制。方法：双击刚刚创建的前面头发的根骨骼，选中整根骨骼，如图 7-21 中 A 所示，再单击 Bone Tools（骨骼工具）卷展栏下的 Mirror（镜像）按钮，然后在弹出的 Bone Mirror（骨骼镜像）对话框中的 Mirror Axis（镜像轴）组下选中 X，如图 7-21 中 B 所示。此时视图中已经复制出以 X 轴对称的骨骼，如图 7-21 中 C 所示，再单击 OK 按钮，完成前面头发的骨骼复制。

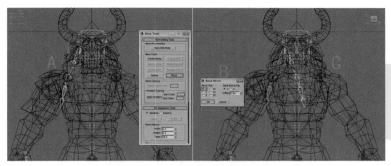

图7-21　复制右边头发骨骼

　　（6）调整复制的骨骼到模型。方法：在工具栏中的 View（视图）换成 Parent（屏幕），如图 7-22 中 A 所示，再使用 Select and Move（选择并移动）工具在前视图调整骨骼的位置，使复制的骨骼和左边头发模型对齐，如图 7-22 中 B 所示。

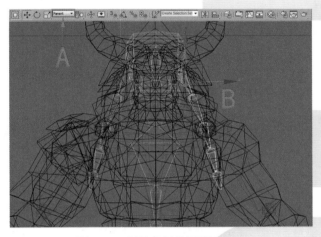

图7-22　调整复制的骨骼到模型

　　（7）创建右边胡子骨骼。方法：参考前面头发骨骼的创建过程，为魔战士胡子模型创建一节骨骼，再单击右键结束创建。然后调整 Bone 骨骼的宽度、高度和锥划的参数，效果如图 7-23 所示。再参考前面头发骨骼的镜像过程，为左边胡子模型匹配骨骼，如图 7-24 所示。

图7-23　创建右边胡子骨骼

图 7-24 把右边胡子骨骼镜像到左边

7.2.2 创建围裙和尾巴的骨骼

（1）创建围裙前面飘带骨骼。方法：切换到左视图，再单击 Bones 按钮，然后在围裙前面飘带位置创建二节骨骼，再单击鼠标右键结束创建。接着使用 Select and Move（选择并移动）和 Select and Rotate（选择并旋转）工具调整骨骼的位置和角度，使骨骼的位置和模型对齐，再设置 Bone Tools（骨骼工具）面板下的 Fin Adjustment Tools（鳍调整工具）卷展栏中的 Bone Objects（骨骼对象）组下 Bone（骨骼）的宽度、高度和锥划的参数，效果如图 7-25 所示。

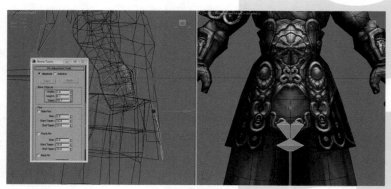

图 7-25 匹配裙摆前面飘带骨骼

（2）创建裙摆右边的短飘带骨骼。方法：切换到前视图，再参考围裙前面飘带骨骼的创建过程，为魔战士围裙右边的短飘带模型创建二节骨骼，再单击右键结束创建。然后调整 Bone（骨骼）的宽度、高度和锥划的参数，效果如图 7-26 所示。

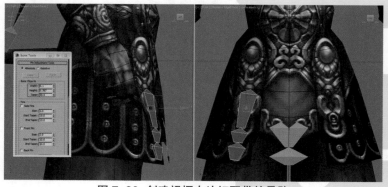

图 7-26 创建裙摆右边短飘带的骨骼

（3）围裙右边短飘带骨骼的复制。方法：双击围裙右边短飘带的根骨骼，选中整条骨骼，再单击 Bone Tools（骨骼工具）面板中的 Mirror（镜像）按钮，并在弹出的对话框中 Mirror Axis（镜像轴）组下选中 X，复制出以 X 轴为对称轴的一根骨骼，再单击 OK 按钮，完成右边短飘带骨骼的复制。接着使用 Select and Move（选择并移动）工具调整刚刚复制的骨骼的位置，使骨骼和模型对齐，如图 7-27 所示。

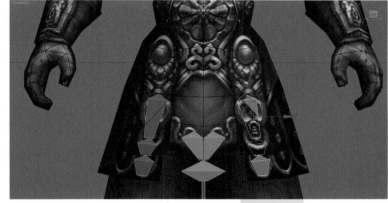

图 7-27　镜像裙摆右边的短飘带到左边模型

（4）创建围裙右边飘带骨骼。方法：切换到前视图，再参考围裙前面飘带骨骼的创建过程，为魔战士围裙右边飘带模型创建二节骨骼，再单击右键结束创建。然后调整 Bone（骨骼）的宽度、高度和锥划的参数，效果如图 7-28 所示。

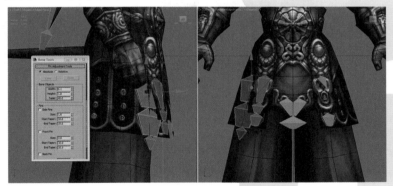

图 7-28　创建围裙右边飘带骨骼

（5）镜像围裙右边飘带骨骼到左边模型。方法：双击围裙右边飘带的根骨骼，再参考围裙右边短飘带骨骼的复制过程，使复制的飘带骨骼和左边飘带模型对齐，效果如图 7-29 所示。

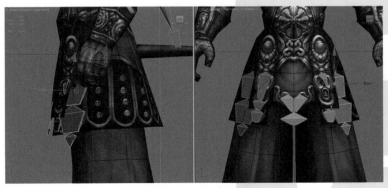

图 7-29　镜像围裙右边的骨骼到左边模型

（6）创建围裙背面骨骼。方法：选中围裙右边飘带的骨骼，再单击 Bone Tools（骨骼工具）面板中的 Mirror（镜像）按钮，并在弹出的对话框的 Mirror Axis（镜像轴）组中选中 Y，然后单击 OK 按钮，复制一条以 Y 轴为对称轴的骨骼，再使用 Select and Move（选择并移动）和 Select and Rotate（选择并旋转）工具调整骨骼的位置和角度，使骨骼的位置和围裙后面右边飘带模型对齐，效果如图 7-30 所示。接着参考围裙右边短飘带骨骼的镜像过程，将后面的右边飘带骨骼镜像到左边飘带模型，效果如图 7-31 所示。

图 7-30 镜像围裙右边骨骼到右背面模型

图 7-31 镜像右背面骨骼到左背面模型

（7）创建尾巴骨骼。方法：单击 Bones 按钮，再切换到左视图，然后在尾巴位置创建七节骨骼，再单击鼠标右键结束创建。再使用 Select and Rotate（选择并旋转）工具调整骨骼的角度，使骨骼的位置和模型对齐，再设置 Bone Tools（骨骼工具）面板下的 Fin Adjustment Tools（鳍调整工具）卷展栏中的 Bone Objects（骨骼对象）组下 Bone（骨骼）的宽度、高度和锥划的参数，如图 7-32 所示。

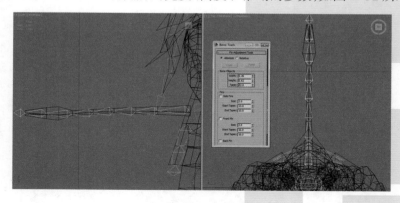

图 7-32 创建尾巴骨骼

（8）创建武器骨骼。方法：在视图中单击鼠标右键，从弹出的快捷菜单中选择 Unhide All（全部取消隐藏）命令，此时视图出现所有被隐藏的模型。再单击 Bones 按钮，并切换到前视图，然后在武器位置创建一节骨骼，再单击鼠标右键结束创建，接着调整 Bone（骨骼）的宽度、高度和锥划的参数效果，如图 7-33 所示。

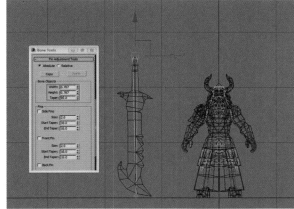

图 7-33　创建武器骨骼

7.2.3　骨骼的链接

（1）围裙骨骼链接。方法：按住 Ctrl 键的同时，依次选中围裙飘带的根骨骼，再单击工具栏中的 Select and Link（选择并链接）按钮，然后按住鼠标左键拖动至盆骨上，再松开鼠标左键完成链接，如图 7-34 所示。

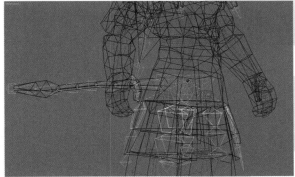

图 7-34　围裙骨骼链接到盆骨

（2）尾巴骨骼链接。方法：选中尾巴的根骨骼，再单击工具栏中的 Select and Link（选择并链接）按钮，然后按住鼠标左键拖动至盆骨上，再松开鼠标左键完成链接，如图 7-35 所示。

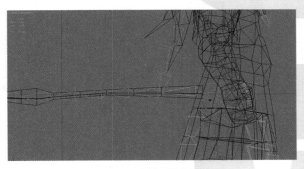

图 7-35　尾巴骨骼链接

（3）头发和胡子骨骼链接。方法：按住 Ctrl 键的同时，依次选中头发的根骨骼，再单击工具栏中的 Select and Link（选择并链接）按钮，然后按住鼠标左键拖动至头部骨骼上，再松开鼠标左键完成链接，如图 7-36 所示。

图 7-36　头发骨骼链接

7.3　魔战士的蒙皮设定

Skin（蒙皮）的优点是可以自由地选择骨骼来进行蒙皮，调节权重也十分方便。本节内容包括添加蒙皮修改器、调节整个骨骼封套、调节衣服蒙皮、调节头部头发飘带蒙皮、调节四肢蒙皮、调节头部蒙皮、调节脊椎蒙皮等七个部分。

7.3.1　添加蒙皮修改器

（1）隐藏末端骨骼。方法：选中所有末端 Bone 骨骼，再单击鼠标右键，并在弹出的快捷菜单选中 Hide Selection（隐藏选定对象）命令，如图 7-37 所示。然后在视图中单击鼠标右键，并在弹出的菜单中选择 Unfreeze All（全部解冻）命令，解除模型的冻结，如图 7-38 所示。

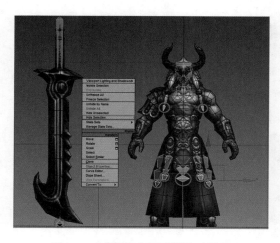

图 7-37　隐藏每条骨骼的末端骨骼

图 7-38　魔战士模型解冻

（2）冻结武器模型和骨骼。方法：选中武器的模型和骨骼，再单击鼠标右键，在弹出的快捷菜单中选择 Freeze Selection（冻结选定对象）命令，如图 7-39 所示，冻结武器的模型和骨骼。

324

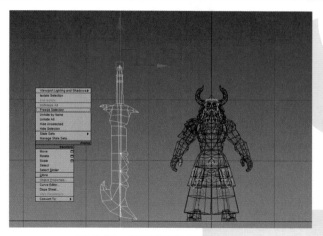

图 7-39　冻结武器的模型和骨骼

（3）为魔战士添加 Skin 修改器。方法：选中魔战士模型，再打开 Modify（修改）面板中的 Modifier List（修改器列表）下拉菜单，并选择 Skin（蒙皮）修改器，如图 7-40 所示。然后单击 Add（添加）按钮，如图 7-41 中 A 所示，并在弹出的 Select Bones（选择骨骼）对话框中选择全部骨骼，再单击 Select（选择）按钮，如图 7-41 中 B 所示，将骨骼添加到蒙皮。

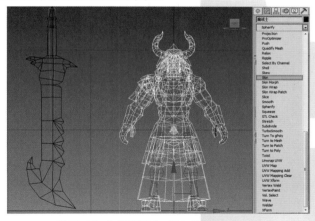

图 7-40　为模型添加 Skin（蒙皮）修改器

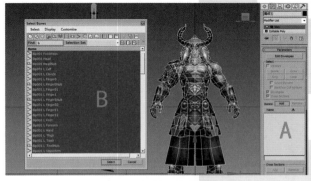

图 7-41　添加所有的骨骼

（4）添加完全部骨骼之后，要把对魔战士动作不产生作用的骨骼删除，以便减少系统对骨骼数目的运算。方法：在 Add（添加）列表中选择质心骨骼 Bip001，再单击 Remove（移除）按钮移除，如图 7-42 所示，这样可使蒙皮的骨骼对象更加简洁。

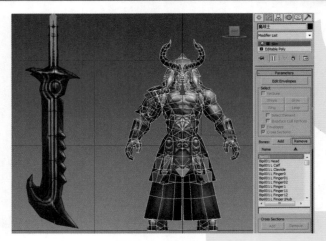

图 7-42 移除质心

（5）设置骨骼显示模式。方法：选中所有的骨骼，如图 7-43 中 A 所示，再单击鼠标的右键，从弹出的快捷菜单中选择 Object Properties（对象属性）命令，然后在弹出的 Object Properties（对象属性）对话框中选中 Display as Box（显示为外框）选项，如图 7-43 中 B 所示，接着单击 OK 按钮，可以看到视图中骨骼变为外框显示，如图 7-44 所示。

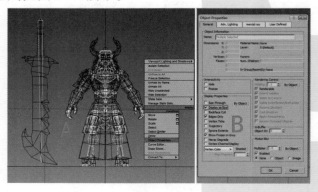

图 7-43 选择骨骼并改变显示模式

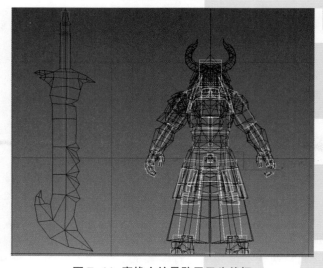

图 7-44 魔战士的骨骼显示为外框

7.3.2 调节封套

为骨骼指定 Skin(蒙皮)修改器后,我们还不能调节魔战士的动作。因为这时骨骼对模型顶点的影响范围往往是不合理的,在调节动作时会使模型产生变形和拉伸。因此在调节之前要先使用 Edit Envelopes(编辑封套)功能将骨骼对模型顶点的影响控制在合理范围内。

(1)调节头部骨骼的封套。方法:选中魔战士模型,再激活 Skin 修改器,然后选择头骨的封套链接,如图 7-45 中 A 所示,再分别选中封套的调整点,如图 7-45 中 B 所示。接着使用 Select and Move(选择并移动)工具向骨骼方向移动调节点,如图 7-45 中 C 所示,使封套半径范围与头部骨骼大小相匹配,效果如图 7-45 中 D 所示。

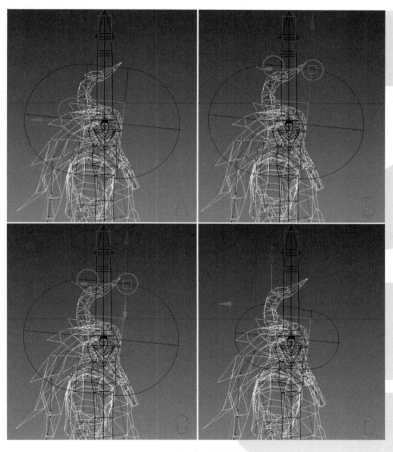

图 7-45 调节头骨的封套

> 提示:头部上的牛角没有包含在封套里,但它的权重值是 1,所以在后期调整牛角的顶点时,可以选中牛角上的所有点,再单击 Weight Tool(权重工具)面板中的权重值"1"按钮。

(2)调节头部前面头发骨骼的封套。方法:选中右边头发的根骨骼封套链接,如图 7-46 中 A 所示,再使用 Select and Move(选择并移动)工具调节封套半径,使封套影响范围达到最佳效果,如图 7-46 中 B 所示。

GAME ART DESIGN BIBLE | 游戏美术设计宝典

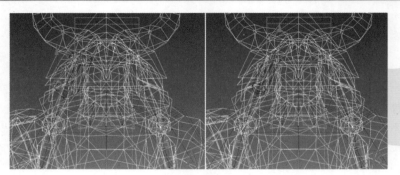

图 7-46　调节头部右边头发骨骼的封套

　　（3）复制并粘贴封套的属性。方法：选中右边头发的根骨骼封套链接，如图 7-47 中 A 所示，再打开 Modify 面板下的 Parameters（参数）卷展栏，然后单击 Copy（复制）按钮复制封套的影响范围，如图 7-47 中 B 所示，接着选择右边头发的第二节骨骼封套链接，如图 7-48 中 B 所示，再单击 Paste（粘贴）按钮，把复制的封套范围属性粘贴到第二节骨骼封套，如图 7-48 中 B 所示。同理，把封套范围属性粘贴到其他前面头发骨骼的封套上。

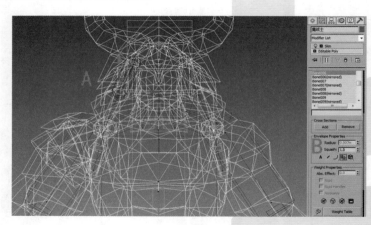

图 7-47　复制封套属性

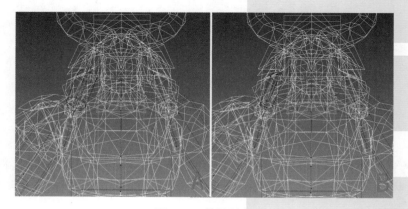

图 7-48　粘贴封套

　　（4）调节胡子骨骼的封套。方法：选中胡子右边骨骼的封套链接，如图 7-49 中 A 所示，再单击封套上的调节点，使用 Select and Move（选择并移动）工具向里拖动调节点把封套调到合适大小，如图 7-49 中 B 所示。同上，把调节好的右边胡子骨骼封套范围属性，复制并粘贴到左边胡子骨骼封套上。

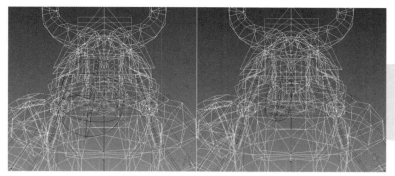

图7-49 调节胡子骨骼的封套

（5）调节肩膀骨骼的封套。方法：选中绿色肩膀骨骼的封套链接，如图7-50中A所示，再使用Select and Move（选择并移动）工具调整封套大小，效果如图7-50中B所示。然后选中绿色上臂骨骼的封套链接，如图7-51中A所示，再使用Select and Move（选择并移动）工具调整封套大小，如图7-51中B所示。接着参考前面头发骨骼的封套复制并粘贴的过程，把绿色肩膀的封套范围属性粘贴到蓝色肩膀骨骼的封套上。同理，完成绿色上臂复制和粘贴。

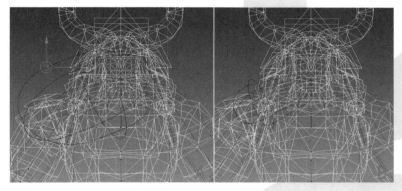

图7-50 调节肩膀骨骼的封套

图7-51 调节上臂骨骼的封套

（6）调节绿色手掌骨骼的封套。方法：选中绿色手掌骨骼的封套链接，如图7-52中A所示，再使用Select and Move（选择并移动）工具调整封套大小，效果如图7-52中B所示。然后参考前面头发骨骼的封套复制并粘贴的过程，把绿色手掌的封套范围属性粘贴到蓝色手掌骨骼的封套上。

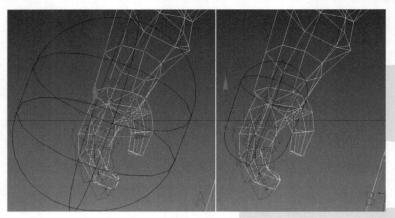

图 7-52　调节绿色手掌的骨骼封套

　　(7)调节右手手指骨骼的封套。方法：选中右手第二根手指的第一节骨骼的封套链接，如图 7-53 中 A 所示，再使用 Select and Move(选择并移动)工具调整封套大小，效果如图 7-53 中 B 所示。然后参考头发骨骼封套的复制并粘贴的过程，把第一节手指骨骼的封套范围属性复制并粘贴到第二、三节手指骨骼和左手手指骨骼的封套上。

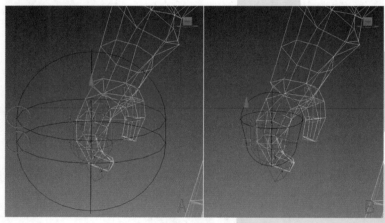

图 7-53　调节右手手指的骨骼封套

　　(8)调节胸脊骨封套。方法：选中胸脊骨的封套，如图 7-54 中 A 所示，再使用 Select and Move(选择并移动)工具调整封套大小，效果如图 7-54 中 B 所示。同理，调节好腰椎骨的封套，效果如图 7-55 所示。

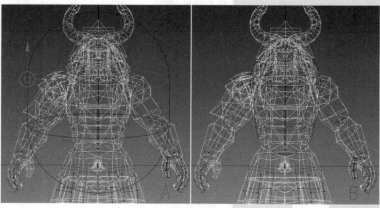

图 7-54　调节胸部骨的封套

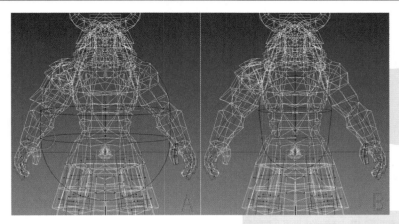

图 7-55　调节腰脊骨的封套

（9）调节盆骨的封套。方法：选中盆骨的封套链接，如图 7-56 中 A 所示，再使用 Select and Move（选择并移动）工具调整封套大小，效果如图 7-56 中 B 所示。

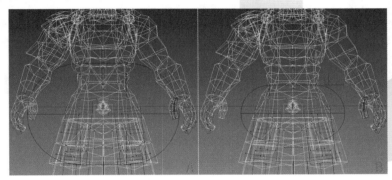

图 7-56　调节盆骨的封套

（10）调节绿色大腿的骨骼封套。方法：选中绿色大腿骨骼的封套，如图 7-57 中 A 所示，再使用 Select and Move（选择并移动）工具调整封套大小，如图 7-57 中 B 所示。然后单击 Copy（复制）按钮复制封套的影响范围，再选择蓝色大腿骨骼封套链接，接着单击 Paste（粘贴）按钮，把复制的封套范围属性粘贴到蓝色大腿骨骼封套上，效果如图 7-58 所示。

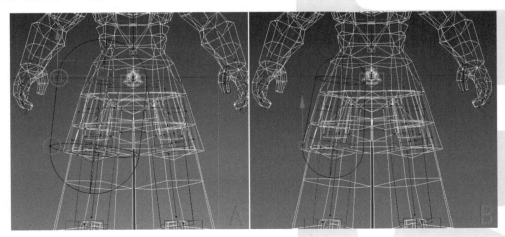

图 7-57　调节绿色大腿骨骼的封套

GAME ART DESIGN BIBLE｜游戏美术设计宝典

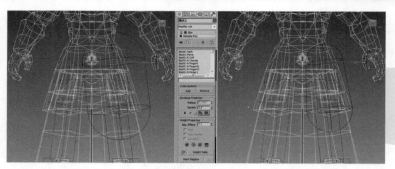

图 7-58　复制封套范围属性到蓝色大腿骨骼的封套上

（11）同上，调节好绿色小腿的骨骼的封套，如图 7-59 所示，并复制到蓝色小腿骨骼上。

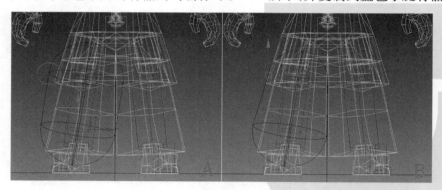

图 7-59　调节绿色小腿骨骼的封套

（12）调节绿色脚掌的骨骼封套。方法：选中绿色脚掌的封套链接，如图 7-60 中 A 所示，再使用 Select and Move（选择并移动）工具调整封套大小，效果如图 7-60 中 B 所示。然后参考绿色大腿的封套复制和粘贴的过程，复制绿色脚掌骨骼的封套属性，并粘贴到蓝色脚掌骨骼上。同理，调节好绿色脚趾骨骼的封套，如图 7-61 所示，再复制绿色脚趾骨骼的封套属性，并粘贴到蓝色脚趾骨骼上。

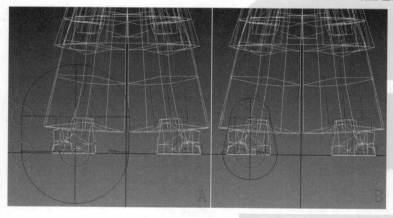

图 7-60　调节绿色脚掌骨骼的封套

（13）调节围裙上短飘带骨骼的封套。方法：选中右边短飘带的骨骼封套链接，如图 7-62 中 A 所示，再使用 Select and Move（选择并移动）工具调整封套大小，效果如图 7-62 中 B 所示。然后单击 Copy（复制）按钮复制封套的影响范围，再选择围裙左边短飘带的骨骼封套链接，接着单击 Paste（粘贴）按钮，把复制的封套范围属性粘贴到左边短飘带骨骼封套上，如图 7-63 所示。同理，调节好第二节短飘带的骨骼封套。

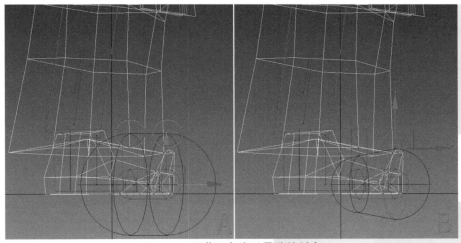

图 7-61 调节绿色脚趾骨骼的封套

图 7-62 调节围裙右边短飘带骨骼的封套范围

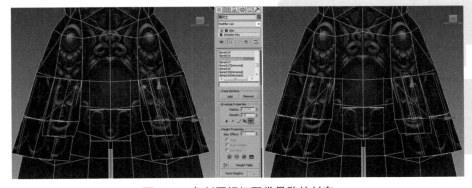

图 7-63 复制围裙短飘带骨骼的封套

提示:在调节骨骼的封套时,如果不小心移动了封套链接的位置,必须按 Ctrl+Z 键撤销对封套的移动。

(14)调节围裙的飘带骨骼的封套。方法:选中右边飘带根骨骼的封套链接,如图 7-64 中 A 所示,再使用 Select and Move(选择并移动)工具调整封套大小,效果如图 7-64 中 B 所示。然后参考围裙短飘带的复制过程,将其复制粘贴到其他围裙飘带骨骼的封套上。

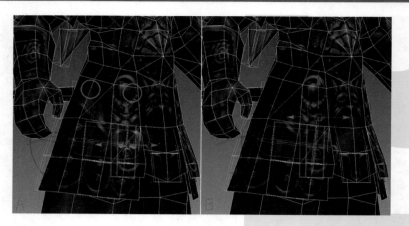

图 7-64 调整围裙飘带骨骼的封套

（15）调节头部背面头发的根骨骼封套。方法:选中背面头发的根骨骼封套链接,如图 7-65 中 A 所示,再使用 Select and Move(选择并移动)工具调整封套大小,如图 7-65 中 B 所示。同理,调节好背面头发骨骼封套。

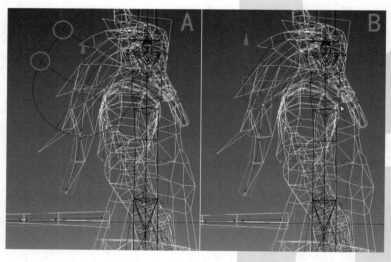

图 7-65　调节背面头发骨骼的封套

提示:在调节封套时,可以看到封套里的点产生颜色变化。不同颜色代表这个点受这节骨骼封套的权重值不同,红色的点受这节骨骼的影响的权重值最大为 1.0,蓝色点受这节骨骼的影响的权重值最小,白色的点代表不受这节骨骼的影响,权重值为 0.0。

7.3.3　调节魔战士蒙皮前的准备

（1）为 Biped 骨骼创建关键帧。方法:按下 N 键,打开记录关键帧 Auto Key(自动关键帧)按钮,如图 7-66 中 A 所示。再选中所有 Biped 骨骼,如图 7-66 中 B 所示。然后进入 Motion(运动)面板,再关闭 Figure Mode(体形模式)按钮,接着把时间滑块拨到第 0 帧,再单击 Key Info 卷展栏下的 Set Key(设置关键帧)按钮,为 Biped 骨骼创建关键帧,如图 7-66 中 C 所示。

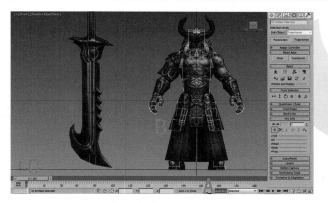

图 7-66 在第 0 帧为 Biped 骨骼创建关键帧

（2）为 Bone 骨骼创建关键帧。方法：选中所有的 Bone 骨骼，如图 7-67 中 A 所示，并在时间滑块上单击鼠标右键，如图 7-67 中 B 所示。然后在弹出的 Set Key（设置关键帧）对话框中单击 OK 按钮，如图 7-67 中 C 所示，为 Bone 骨骼在第 0 帧创建关键帧，如图 7-67 中 D 所示。

图 7-67 在第 0 帧设置 Bone 骨骼关键帧

（3）拖动时间滑块到第 10 帧，再使用 Select and Rotate（选择并旋转）工具调整围裙、尾巴和头发骨骼的角度，使头发和围裙抬起，尾巴向上翘起，如图 7-68 所示。此时可以观察到腿部、胸部和头部有明显的顶点拉伸，这是错误的蒙皮权重造成的。

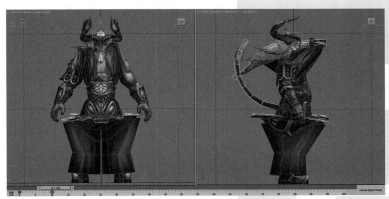

图 7-68 调整骨骼角度后模型出现拉伸

（4）调整 Bone 骨骼的权重影响范围值。方法：选中魔战士模型，再进入 Modify（修改）面板，并单击激活 Skin（蒙皮）修改器，然后选中 Vertices（顶点）选项，设定为顶点模式，如图 7-69 中 A 所示，此时可以看到视图中出现了封套，同时也能选中模型上的点，如图 7-69 中 B 所示。

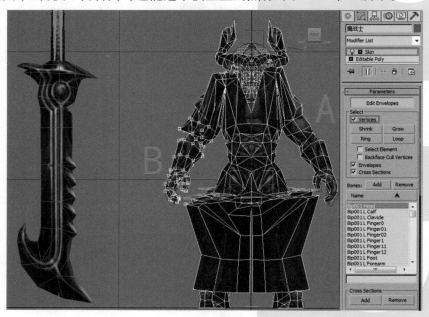

图 7-69　设定封套的顶点模式

（5）设置不显示封套。方法：选中任意 Biped 骨骼的封套链接，如图 7-70 中 A 所示。再打开 Modify（修改）面板下 Display（显示）卷展栏，然后选中 Show No Envelopes（不显示封套）选项，此时视图中就不出现封套了，效果如图 7-70 中 B 所示。

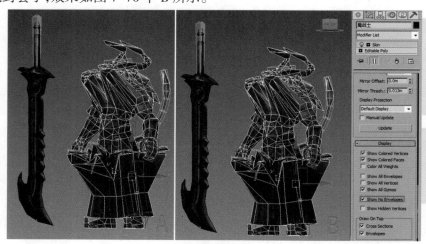

图 7-70　设置不显示封套

（6）设置模型显示模式。方法：选中魔战士的模型，再进入 Display（显示）面板，并打开 Display Color（显示颜色）卷展栏，然后选中 Shaded（明暗处理）模式中的 Object Color（对象颜色）选项，此时魔战士模型的材质变为对象颜色，如图 7-71 中 A 所示。再单击 Object Color（对象颜色）按钮，如图 7-71 中 B 所示，接着在弹出的 Object Color（对象颜色）对话框中选择灰色，如图 7-71 中 C 所示，再单击 OK 按钮，把对象颜色设置为灰色，最终效果如图 7-72 所示。

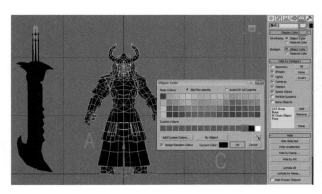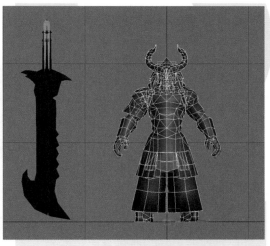

图 7-71　设置模型的对象颜色　　　　　　　　图 7-72　对象颜色的显示效果

　　提示：通过设置模型的对象颜色为灰色，有利于调整蒙皮时，排除材质颜色的影响，方便观察顶点的颜色来区分和判断权重值的大小。

7.3.4　调节衣服和头部飘带的蒙皮

　　（1）调整头部牛角的顶点权重。方法：激活 Edit Envelopes（编辑封套）模式，并拖动时间滑块到第 0 帧，再选中头部的封套，然后选中牛角的顶点，如图 7-73 中 A 所示。再设置 Abs.Effect 的值为 1.0，将选中的模型顶点受头部骨骼影响的权重值设为 1，如图 7-73 中 B 所示。

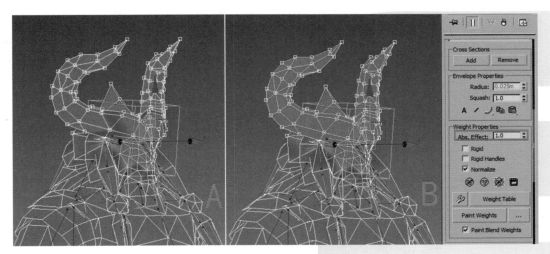

图 7-73　调节牛角的顶点权重

　　（2）纠正被拉伸的顶点。方法：拖动时间滑块到第 10 帧，并选中被拉伸的顶点，如图 7-74 中 A 所示，再选中胸部的封套链接，然后单击 Parameters（参数）卷展栏下的 Weight Tool（权重工具）按钮，打开 Weight Tool（权重工具）面板，如图 7-74 中 B 所示。再单击 Weight Tool（权重工具）面板下的"1"按钮，调整选中的被拉伸顶点受胸部骨骼的绝对影响，其位置发生改变，如图 7-74 中 C 所示。

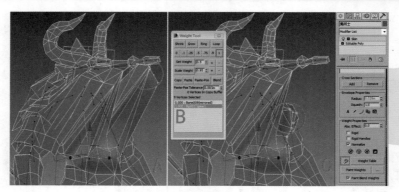

图 7-74 调整拉伸点的位置

（3）同上，调整胸部被拉伸的顶点受胸部骨骼的绝对影响，效果如图 7-75 中 A 所示。然后选中腿部被拉伸的顶点受大腿骨骼的绝对影响，如图 7-75 中 B 所示。

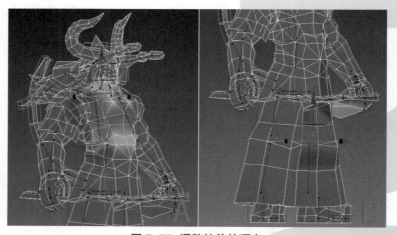

图 7-75 调整拉伸的顶点

（4）调整围裙前面飘带的第二节骨骼权重值。方法：选中围裙前面飘带的第二节骨骼的封套链接，再选中飘带末端的顶点，然后单击 Weight Tool（权重工具）面板中的权重值"1"按钮，将选中的模型顶点受围裙前面飘带的第二节骨骼影响的权重值设为 1，如图 7-76 所示。

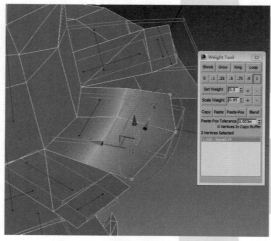

图 7-76 设置末端骨骼的权重值

（5）调整围裙前面飘带的第一节骨骼权重值。方法：选中第二、一节飘带骨骼连接处的顶点，再选中第一节骨骼的封套链接，并单击 Weight Tool（权重工具）面板下的".5"按钮，将选中的模型顶点受第二节飘带骨骼影响的权重值设为 0.5，如图 7-77 中 A 所示。然后选中臀部和第一节飘带骨骼连接处的顶点，再单击 Weight Tool（权重工具）面板下的".25"按钮，将此处的模型顶点的权重值设为 0.25，如图 7-77 中 B 所示。

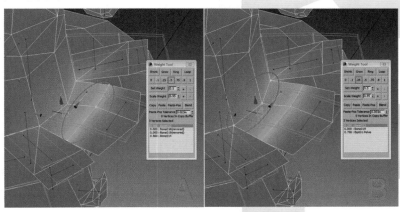

图 7-77 调整围裙前面飘带的根骨骼的顶点权重

（6）同上，调整好短飘带的顶点权重，如图 7-78 和图 7-79 所示。

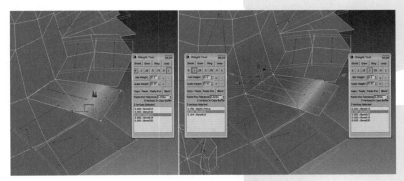

图 7-78 调整右边的短飘带的顶点权重

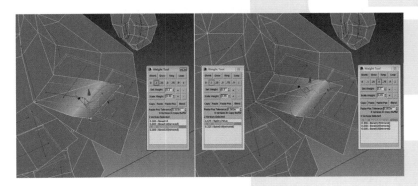

图 7-79 调整左边的短飘带的顶点权重

（7）调整围裙骨骼的权重值准备。方法：退出 Edit Envelopes（编辑封套）模式，再拖动时间滑块到第二帧，然后使用 Select and Rotate（选择并旋转）工具调整手臂骨骼抬起的姿态，如图 7-80 所示。

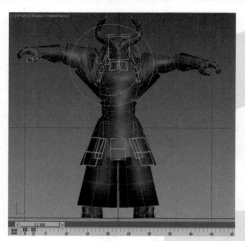

图 7-80　为手臂做抬起姿态

（8）调整围裙右边飘带的权重值。方法：选择围裙背面右侧第二节骨骼的封套链接，再选中背面飘带的第二节和前面飘带的第二节连接处的顶点，如图 7-81 中 A 所示，然后单击 Weight Tool（权重工具）面板下".25"按钮，再单击 Set Weight（设置权重）后面的按钮一次，将选中的模型顶点受背面骨骼影响的权重值设为 0.3，如图 7-81 中 B 所示。同理，调整连接处的其他顶点的权重值，效果如图 7-82 所示。

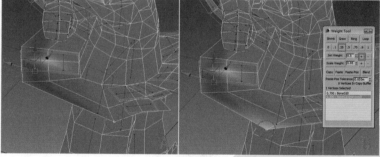

图 7-81　调整骨骼连接处的顶点权重值

图 7-82　调整骨骼连接处的顶点权重值

提示：单击 Set Weight（设置权重）后面的按钮一次，可以增加选择顶点权重值 0.05，单击按钮两次，可以增加选择顶点权重值 0.1。

（9）调整围裙右边骨骼的权重。方法：选中围裙背面第二节骨骼的封套链接，再选中前面第二节骨骼的顶点，如图 7-83 中 A 所示。然后单击 Weight Tool（权重工具）面板下的".1"按钮，将选中的顶点受骨骼影响的权重设为 0.1。同理，调整围裙右边骨骼上的顶点权重，如图 7-83 中 B 所示。

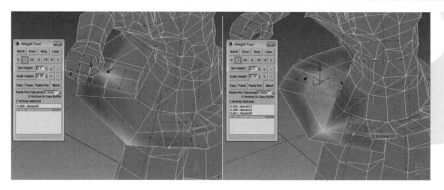

图 7-83　调整右侧骨骼上的顶点权重

（10）调整背面中间的顶点权重。方法：选中背面靠近右侧第二节骨骼的封套链接，再选中中间的顶点，如图 7-84 中 A 所示，然后单击 Weight Tool（权重工具）面板下的".5"按钮，将选中的顶点受背面右侧第二节骨骼影响的权重值设为 0.5。同理，调整中间其他顶点的权重值，如图 7-84 中 B 所示。

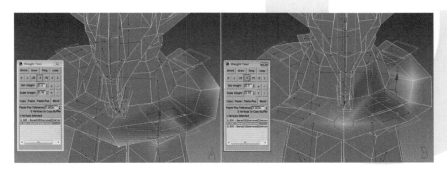

图 7-84　调整中间的顶点权重

（11）调整背面右侧骨骼的权重。方法：选中背面右侧第二节骨骼的封套链接，再选中第二节骨骼上的顶点，如图 7-85 中 A 所示，然后单击 Weight Tool（权重工具）面板下的"1"按钮，将选中的顶点受背面右侧第二节骨骼影响的权重值设为 1。再选中背面右侧第一节骨骼的封套链接，接着选中背面右侧第一、二节骨骼连接处的顶点，接着单击 Weight Tool（权重工具）面板下的".5"按钮，将选中的模型顶点受背面右侧第一节骨骼影响的权重值设为 0.5，如图 7-85 中 B 所示。

图 7-85　调整背面右侧骨骼的权重

（12）参考第 8~11 步调整左侧的围裙的顶点权重值，最终效果如图 7-86 所示。

GAME ART DESIGN BIBLE | 游戏美术设计宝典

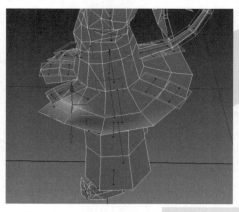

图7-86 调整围裙左侧的顶点权重值

（13）调整后面头发骨骼的权重。方法：选中后面头发的第四骨骼的封套链接，再选中头发发梢的顶点，如图7-87中A所示，然后单击Weight Tool（权重工具）面板下的"1"按钮，将顶点的权重值设为1。接着选中后面头发的第三、四节骨骼连接处的顶点，如图7-87中B所示，再单击Weight Tool（权重工具）面板下的".5"按钮，将顶点的权重值设为0.5。最后选中后面头发的第三节骨骼的封套链接，再调整好后面头发第二、三节骨骼连接处的顶点权重和后面头发第一、二节骨骼连接处的顶点权重，效果如图7-88中A、B所示。

图7-87 后面头发第四节骨骼的顶点权重

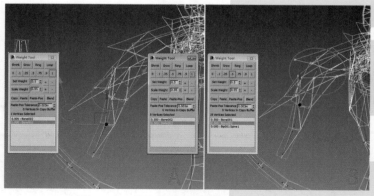

图7-88 后面头发第三节骨骼的顶点权重

（14）调整后面头发第一节骨骼的权重。方法：拖动时间滑块到第10帧，选中后面头发的第一节骨骼的封套链接，再选中后面头发和头骨连接处的顶点，然后单击Weight Tool（权重工具）面板下的".5"按钮，将选中的模型顶点受后面头发第一节骨骼影响的权重值设为0.5，如图7-89所示。

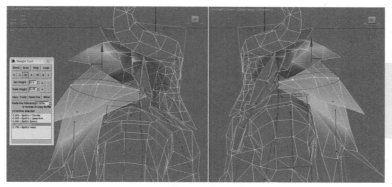

图7-89　后面头发第一节骨骼和头骨连接处的顶点权重值

（15）调整前面头发飘带骨骼的权重。方法：选中前面头发的第四节骨骼的封套连接，再选中头发尖端的顶点，然后单击Weight Tool（权重工具）面板下的"1"按钮，将选中的顶点权重值设为1，如图7-90中A所示。接着选中前面头发第四、三节骨骼连接处的顶点，再单击Weight Tool（权重工具）面板下的".5"按钮，将选中的模型顶点的权重值设为0.5，如图7-90中B所示。

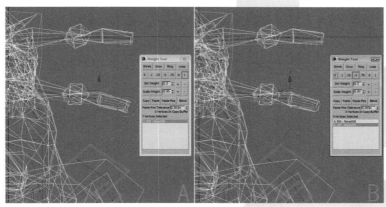

图7-90　调节前面头发飘带根骨骼的权重

（16）调整前面头发第三节骨骼的权重。方法：选中前面头发的第三节骨骼的封套链接，再选中节骨骼上的顶点，如图7-91中A所示，然后单击Weight Tool（权重工具）面板下的"1"按钮，将的模型顶点的权重值设为1。再选中前面头发第二、三节骨骼连接处的顶点，如图7-91中B所接着单击Weight Tool（权重工具）面板下的".5"按钮，将选中的模型顶点的权重值设为0.5。

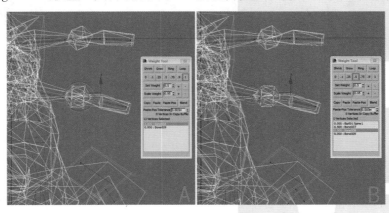

图7-91　调节头部前面的头发飘带第二、三节骨骼的权重

（17）调整前面头发根骨骼的权重。方法：选中前面头发的根骨骼的封套链接，再选中根骨骼和第二节骨骼连接处的顶点，如图 7-92 所示，然后单击 Weight Tool（权重工具）面板下的".5"按钮，将选中的模型顶点受根骨骼影响的权重值设为 0.5。再选中前面头发根骨骼和头骨连接处的顶点，接着单击 Weight Tool（权重工具）面板下的".25"按钮，将选中的模型顶点的权重值设为 0.25。

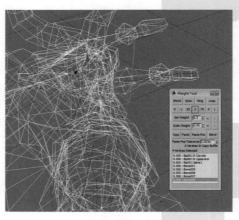

图 7-92　调节前面头发根骨骼的权重

7.3.5　调节腿部的蒙皮

（1）调整腿的权重值前的准备。方法：退出 Edit Envelopes（编辑封套）模式，再拖动时间滑块到第 3 帧，然后选中所有的 Bone 骨骼，并框选第 10 帧的关键帧拖动到第 3 帧。接着拖动时间滑块到第 20 帧，并使用 Select and Rotate（选择并旋转）工具调整魔战士脚掌骨骼的角度，使绿色脚掌向上踮起，蓝色脚掌向下绷直，制作出魔战士脚掌错开的姿态，这是一个比较夸张的姿态，方便后面进行脚腕位置权重值的检查，如图 7-93 中 A 所示。最后选中脚掌骨骼，按住 Shift 键的同时，框选第 0 帧的关键帧，拖动到第 22 帧，再还原脚掌初始姿态，如图 7-93 中 B 所示。同理，调整出第 30 帧的相反姿态，如图 7-93 中 C 所示。

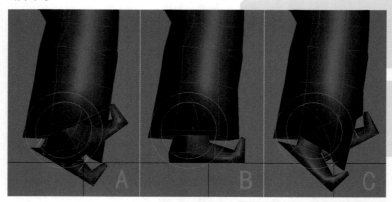

图 7-93　调整脚掌的姿态

（2）拖动时间滑块到第 40 帧，再使用 Select and Rotate（选择并旋转）工具调整魔战士小腿骨骼的角度，使绿色小腿向后抬起，蓝色小腿稍稍向后抬起，制作出魔战士小腿向后错开的姿态，这也是一个比较夸张的姿态，方便后面进行膝盖位置权重值的检查，如图 7-94 中 A 所示。然后分别选中小腿骨骼，在按住 Shift 键的同时，拖动第 0 帧的姿势到第 42 帧，使小腿还原到初始帧姿态，如图 7-94 中 B 所示。同理，调整大腿在第 50 帧张开的姿态，如图 7-94 中 C 所示。

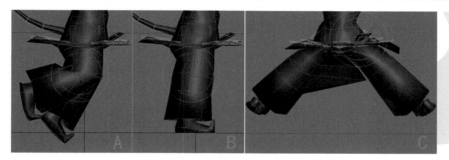

图 7-94 调整腿部的姿态

（3）调整绿色脚趾的权重值。方法：激活 Edit Envelopes（编辑封套）模式，拖动时间滑块到第 0帧，再选中脚趾的顶点，并单击 Parameters（参数）卷展栏下的 Weight Tool（权重工具）按钮，然后单击弹出的 Weight Tool（权重工具）面板下的"1"按钮，将选中的模型顶点受脚趾骨骼影响的权重值设为1，如图 7-95 所示。

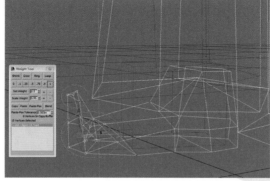

图 7-95 调整脚趾骨骼的权重

（4）调整脚趾和脚掌连接处的顶点权重。方法：选中脚掌底部的顶点，并选中绿色脚掌骨骼的封套链接，再单击 Weight Tool（权重工具）面板下的"1"按钮，将选中的模型顶点的权重值设为 1，如图 7-96 中 A 所示。然后选中脚背上的连接顶点，并单击 Weight Tool（权重工具）面板下的".25"按钮，将选中的模型顶点的权重值设为 0.25，如图 7-96 中 B 所示。

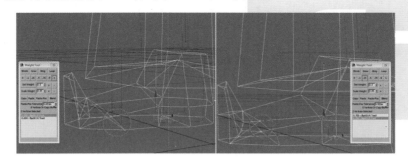

图 7-96 调整脚趾和脚掌连接处的顶点权重

（5）调整绿色脚掌骨骼的权重值。方法：选中脚掌的顶点，再单击 Weight Tool（权重工具）面板下的"1"按钮，将选中的模型顶点受脚掌骨骼影响的权重值设为 1，如图 7-97 中 A 所示。然后选中脚掌和小腿骨骼连接处的顶点，再选中绿色小腿的封套链接，再单击 Weight Tool（权重工具）面板下的".25"按钮，接着单击 Set Weight（设置权重）后面按钮一次，将选中的模型顶点受脚掌骨骼影响的权重值设为 0.3，如图 7-97 中 B 所示。同理，调整脚踝的顶点权重值，如图 7-98 所示。

GAME ART DESIGN BIBLE｜游戏美术设计宝典

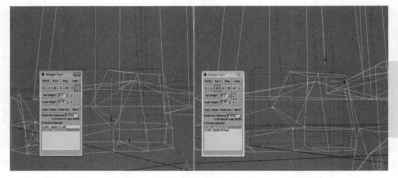

图 7-97 调整脚掌和小腿骨骼连接处的顶点权重

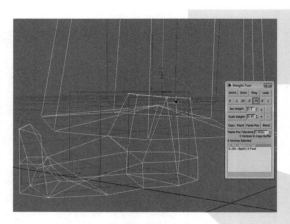

图 7-98 调整脚踝的顶点权重值

（6）调整绿色小腿骨骼的权重。方法：选中绿色小腿的顶点，再单击 Weight Tool（权重工具）面板下的"1"按钮，将选中的模型顶点受小腿骨骼影响的权重值设为 1，如图 7-99 所示。

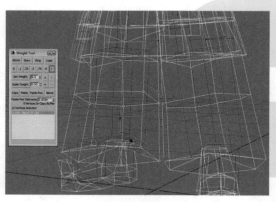

图 7-99 调整绿色小腿骨骼的权重

（7）调整膝盖的顶点权重值。方法：拖动时间滑块到第 40 帧，选中膝盖的顶点，并选中绿色大腿骨骼的封套链接，再单击 Weight Tool（权重工具）面板下的".5"按钮，将选中的模型顶点受绿色大腿骨骼影响的权重值设为 0.5，如图 7-100 中 A 所示。然后选中膝盖中间的顶点，再单击 Set Weight（设置权重）后面按钮两次，将选中的模型顶点受绿色大腿骨骼影响的权重值设为 0.6，如图 7-100 中 B 所示。同理，选中膝盖中间其他的点，单击 Set Weight（设置权重）后面按钮两次，将选中的模型顶点受绿色大腿骨骼影响的权重值设为 0.4，如图 7-100 中 C 所示。

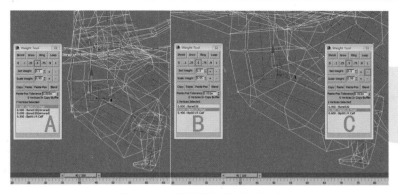

图7-100　调整膝盖的顶点权重

（8）调整绿色大腿骨骼的顶点权重。方法：拖动时间滑块到第50帧，并选中绿色大腿骨骼上的点，再选中绿色小腿骨骼的封套连接，然后单击Weight Tool（权重工具）面板下的".1"按钮，再单击Set Weight（设置权重）后面按钮一次，将选中的模型顶点的权重值设为0.05，如图7-101所示。

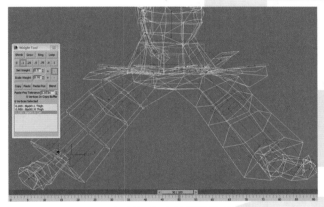

图7-101　调整绿色大腿骨骼的顶点权重

（9）镜像复制腿部权重值。方法：选中绿色腿部的顶点，如图7-102中A所示，再单击Modify（修改）面板下的Mirror Parameters（镜像参数）卷展栏下的Mirror Mode（镜像模式）按钮，并设置好参数，如图7-102中A所示。然后单击Mirror Paste（镜像粘贴）按钮，效果如图7-102中B所示，将魔战士绿色腿部的顶点权重值复制到蓝色腿部顶点上。

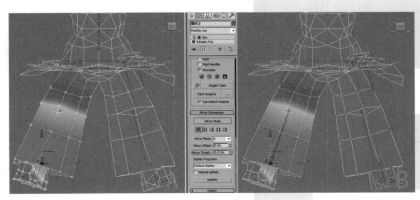

图7-102　镜像复制腿部权重值

（10）调整臀部和腿部连接处的顶点权重。方法：选择臀部和腿部连接处的顶点，再选中盆骨的封套链接，然后单击 Weight Tool（权重工具）面板中的权重值".75"按钮，将选中的模型顶点受盆骨骨骼影响的权重值设为 0.75，如图 7-103 所示。

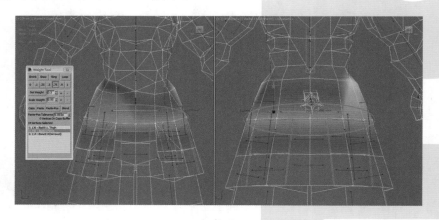

图 7-103　调整臀部和腿部连接处的顶点权重

7.3.6　调整上半身的蒙皮

（1）调整上半身蒙皮前的准备。方法：退出 Edit Envelopes（编辑封套）模式，并选中腿部骨骼，再选中除第 0 帧的关键帧，并按下 Delete 键删除关键帧，然后拖动时间滑块到第 11 帧，再使用 Select and Rotate（选择并旋转）工具调整魔战士脊椎骨骼的角度，制作出魔战士身体向右扭动的姿态，如图 7-104 中 A 所示，接着选中第一、二节脊椎骨骼，并框选第 0 帧的关键帧，按住 Shift 键的同时，拖动到第 12 帧，将第 0 帧的姿态复制到第 12 帧，如图 7-104 中 B 所示。同理，在第 30 帧调整魔战士身体向前倾的姿态和在第 50 帧魔战士身体向后弯的姿态，如图 7-104 中 C、D 所示。

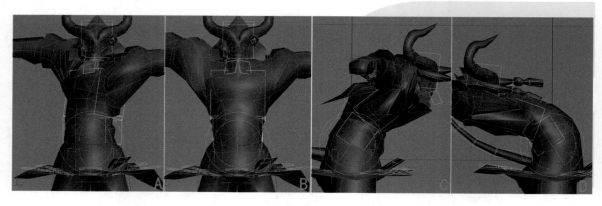

图 7-104　制作出魔战士身体的姿态

（2）调整臀部和腰部连接处的顶点权重。方法：激活 Edit Envelopes（编辑封套）模式，拖动时间滑块到第 20 帧，并选中第二节脊椎骨骼的封套链接，再选中一圈线上的两点，如图 7-105 中 A 所示，然后单击 Parameters（属性）卷展栏或 Weight Tool（权重工具）面板下的 Loop（循环）按钮，选中整圈线上的点，如图 7-105 中 B 所示。接着单击 Weight Tool（权重工具）面板下的".1"按钮，将选中的模型顶点受第二节脊椎骨骼影响的权重值设为 0.1，如图 7-105 中 C 所示。

（3）同上，调整腹部其他顶点的权重，效果如图 7-106 和图 7-107 所示。

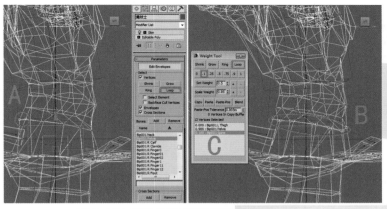

图 7-105　调整臀部和腰部连接处的顶点权重

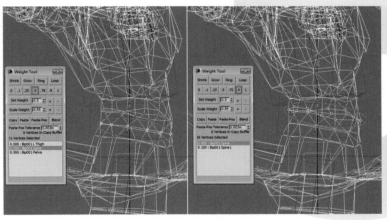

图 7-106　调整腹部的顶点权重

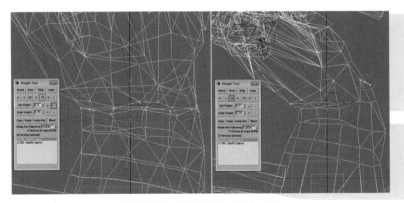

图 7-107　调整腹部的顶点权重

（4）调整胸部顶点权重。方法：选中第一节脊椎骨骼的封套链接，再选中胸部顶点，然后单击 Weight Tool（权重工具）面板下的"1"按钮，将选中的模型顶点的权重值设为 1，如图 7-108 所示。

（5）调整手臂蒙皮前的准备。方法：退出 Edit Envelopes（编辑封套）模式，并选中所有的 Biped 和 Bone 骨骼，然后框选除第 0 帧的关键帧，再按下 Delete 键删除。接着拖动时间滑块到第 10 帧，再使用 Select and Rotate（选择并旋转）工具调整手臂骨骼的角度，使上臂抬起，前臂弯曲，手掌下弯，如图 7-109 中 A 所示。最后拖动时间滑块到第 30 帧，再使用 Select and Rotate（选择并旋转）工具调整手掌骨骼的角度，制作手掌上弯的姿态，如图 7-109 中 B 所示。

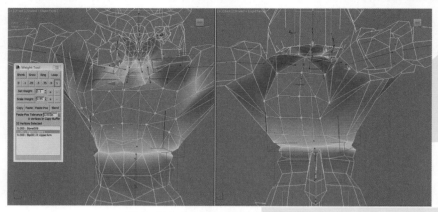

图 7-108 调整胸部骨骼的顶点权重

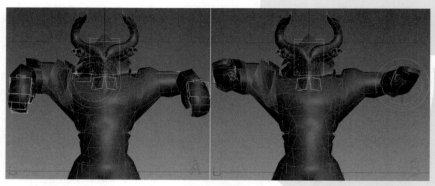

图 7-109 调整手臂的姿态

（6）调整食指的顶点权重。方法：选中魔战士的模型，激活 Edit Envelopes（编辑封套）模式，并拖动时间滑块到第 30 帧，再旋转视图到食指的位置，然后选中食指第三节骨骼的封套链接，再选中食指尖端的顶点，并单击 Weight Tool（权重工具）面板下的"1"按钮，将顶点的权重值设为 1，如图 7-110 中 A 所示。接着选中食指第二、三节骨骼连接处的顶点，再单击 Weight Tool（权重工具）面板下的".5"按钮，将顶点的权重值设为 0.5，如图 7-110 中 B 所示。同理，调整食指第一节骨骼的顶点权重，如图 7-111 所示。

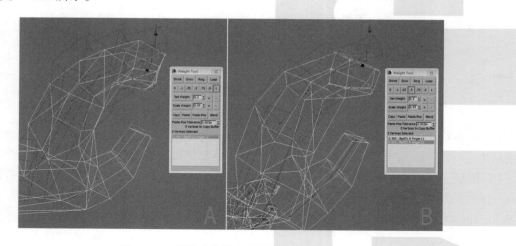

图 7-110 调整食指第三节骨骼的顶点权重

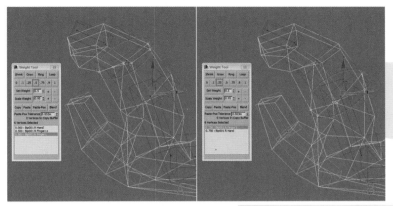

图7-111　调整食指第一节骨骼的顶点权重

（7）调整大拇指骨骼的权重。方法：选中大拇指的第三节骨骼的封套链接，再选中大拇指尖端的顶点，然后单击Weight Tool（权重工具）面板下的"1"按钮，将选中的模型顶点受大拇指第三节骨骼影响的权重值设为1，如图7-112中A所示。再选中大拇指第三、二节骨骼连接处的顶点，接着单击Weight Tool（权重工具）面板下的"0.5"按钮，将选中的模型顶点的权重值设为0.5，如图7-112中B所示。同理，调整大拇指第一节骨骼的顶点权重，分别如图7-113中A、B所示。

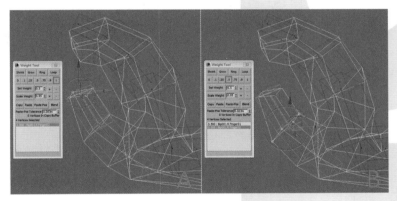

图7-112　调整大拇指第三节骨骼的权重

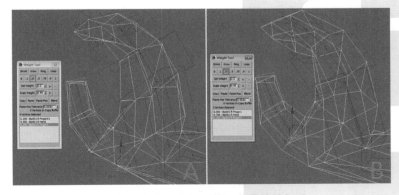

图7-113　调整大拇指第一节骨骼的权重

（8）调整绿色手掌骨骼的权重。方法：选中绿色手掌骨骼的封套链接，再选中手掌的顶点，然后单击Weight Tool（权重工具）面板下的"1"按钮，将选中的模型顶点受绿色手掌骨骼影响的权重值设为1，如图7-114所示。

GAME ART DESIGN BIBLE｜游戏美术设计宝典

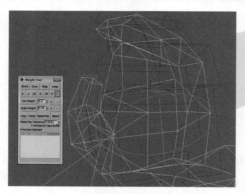

图 7–114　调整绿色手掌骨骼的权重

（9）调整手腕的顶点权重。方法：选中手腕的顶点，再单击 Weight Tool（权重工具）面板下的".25"按钮，然后单击 Set Weight（设置权重）后面按钮二次，将选中的模型顶点受绿色前臂骨骼影响的权重值设为 0.35，如图 7–115 所示。

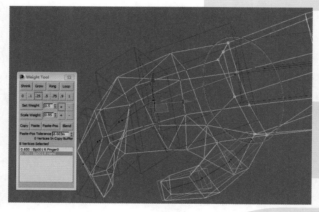

图 7–115　调整手腕的顶点权重

（10）调整绿色前臂的权重。方法：拖动时间滑块到第 0 帧，选中绿色前臂骨骼的封套链接，再选中绿色前臂的顶点，并单击 Weight Tool（权重工具）面板下的"1"按钮，将选中的模型顶点受绿色前臂骨骼影响的权重值设为 1，如图 7–116 中 A 所示，然后选中挨着手肘的顶点，再单击 Weight Tool（权重工具）面板下的".9"按钮，将选中的模型顶点受绿色前臂骨骼影响的权重值设为 0.9，如图 7–116 中 B 所示。

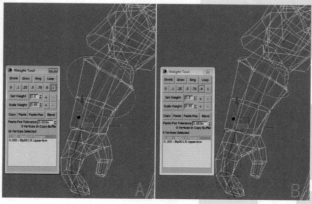

图 7–116　调整前臂骨骼的顶点权重

（11）调整手肘的顶点权重。方法：选中手肘的顶点，再选中绿色上臂骨骼的封套链接，然后单击 Weight Tool（权重工具）面板下的".5"按钮，将选中的模型顶点受绿色前臂骨骼影响的权重值设为 0.5，如图 7-117 所示。

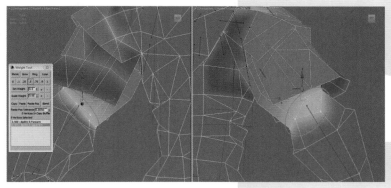

图 7-117 调整手肘的顶点权重

（12）调节绿色上臂的顶点权重。方法：拖动时间滑块到第 10 帧，选中上臂的点，再选中上臂骨骼的封套链接，然后单击 Weight Tool（权重工具）面板下的"1"按钮，如图 7-118 所示。

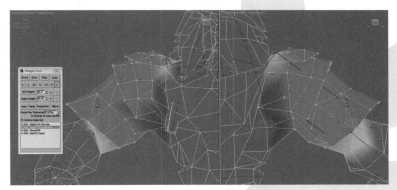

图 7-118 调节上臂的顶点权重

（13）调整绿色肩膀的顶点权重。方法：选中绿色肩膀和上臂骨骼连接处的顶点，再单击 Weight Tool（权重工具）面板下的".75"按钮，将模型顶点的权重值设为 0.75，如图 7-119 所示。然后选中绿色肩膀上的三个顶点，再选中肩膀骨骼的封套链接，接着单击 Weight Tool（权重工具）面板下的".9"按钮，再单击 Set Weight（设置权重）后面按钮一次，将模型顶点的权重值设为 0.95，如图 7-120 所示。

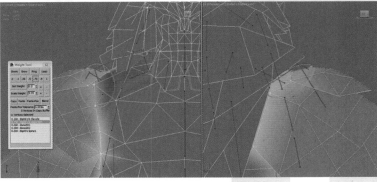

图 7-119 调整绿色肩膀和上臂连接处的顶点权重

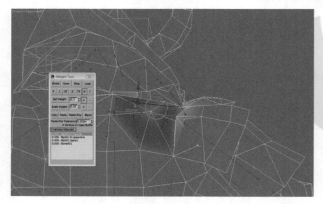

图 7-120　调整绿色肩膀的顶点权重

（14）调整绿色上臂和胸部连接的顶点权重。方法：选中腋下的顶点，并选中绿色上臂骨骼的封套链接，再单击 Weight Tool（权重工具）面板下的".75"按钮，将选中的模型顶点的权重值设为 0.75，如图 7-121 所示。然后选中绿色肩膀和胸部连接处的顶点，再单击 Weight Tool（权重工具）面板下的".1"按钮，再单击 Set Weight（设置权重）后面的按钮一次，将模型顶点的权重值设为 0.05，如图 7-122 所示。

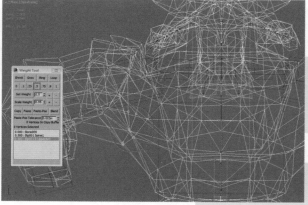

图 7-121　调整腋下的顶点权重

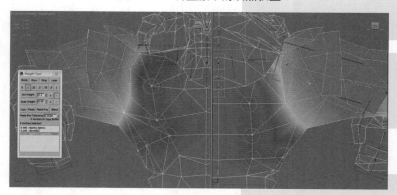

图 7-122　调整绿色上臂和胸部连接处的顶点权重

（15）镜像复制手臂的顶点权重。方法：选中整个手臂的顶点，如图 7-123 中 A 所示，再单击 Modify（修改）面板下的 Mirror Parameters（镜像参数）卷展栏下的 Mirror Mode（镜像模式）按钮，然后单击 Mirror Paste（镜像粘贴）按钮，如图 7-123 中 B 所示，把绿色上臂的顶点权重复制到蓝色上臂骨骼。

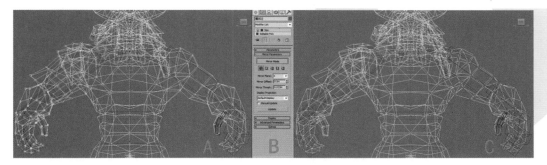

图 7-123 镜像复制手臂的顶点权重

（16）调整胡子的顶点权重。方法：选中右侧胡子骨骼的封套链接，再选中右侧胡子的顶点，并单击 Weight Tool（权重工具）面板下的"1"按钮，将顶点的权重值设为 1，如图 7-124 所示。然后选中胡子中间的顶点，再单击 Weight Tool（权重工具）面板下的".5"按钮，将顶点的权重值设为 0.5，如图 7-125 中 A 所示。接着选中胡子和头部骨骼连接处的顶点，再单击 Weight Tool（权重工具）面板下的".25"按钮，将顶点的权重值设为 0.25，如图 7-125 中 B 所示。

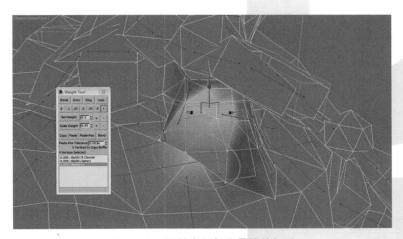

图 7-124 调整右侧胡子骨骼的权重

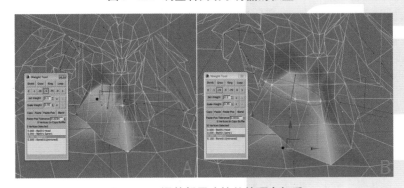

图 7-125 调整胡子连接处的顶点权重

（17）同上，调整左边胡子骨骼的权重，如图 7-126 所示。

（18）调整头部顶点的权重，选中头部的封套，如图 7-127 中 A 所示，单击 Weight Tool（权重工具）面板中的权重值"1"按钮，如图 7-127 中 B 所示。

图 7-126 调整左侧胡子的顶点权重

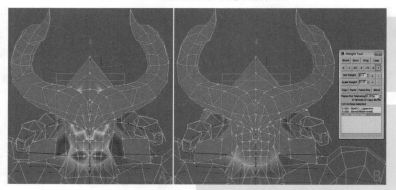

图 7-127 调整头部骨骼上的顶点权重

（19）调整整个模型的蒙皮后，退出 Edit Envelopes（编辑封套）模式，再选中所有的 Biped 骨骼，并选中除第 0 帧的关键帧，然后按下 Delete 键删除关键帧，再拖动时间滑块到任意帧，接着使用 Select and Move（选择并移动）和 Select and Rotate（选择并旋转）工具调整魔战士腿部、身体和手臂骨骼的角度和位置，观察顶点是否有拉伸。如有顶点拉伸，再单击 Weight Tool（权重工具）面板下的按钮，将其调整到合适位置。

7.3.7　调整魔战士的武器蒙皮

（1）取消对武器模型的隐藏。在视图中单击鼠标右键，再从弹出的快捷菜单中选择 Unhide All（全部取消隐藏）命令，取消被隐藏的模型和骨骼，如图 7-128 中 A 所示。然后框选魔战士模型和骨骼，再单击鼠标右键，从弹出的快捷菜单中选择 Hide Selection（隐藏选定对象）命令，如图 7-128 中 B 所示，将魔战士的模型和骨骼隐藏。

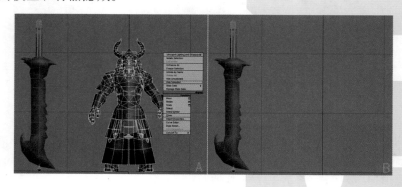

图 7-128　隐藏魔战士模型和骨骼

（2）为武器添加蒙皮修改器。方法：选中魔战士的武器模型，打开 Modify（修改）面板中的 Modifier List（修改器列表）下拉菜单，并选择 Skin（蒙皮）修改器，然后单击 Add（添加）按钮，如图 7-129 中 A 所示，在弹出的 Select Bones（选择骨骼）对话框中选择武器骨骼，如图 7-129 中 B 所示，接着单击 Select（选择）按钮，将骨骼添加到蒙皮。

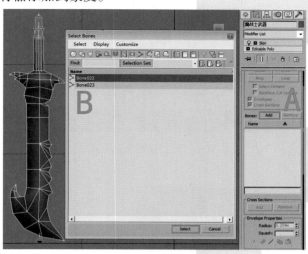

图 7-129　添加武器骨骼

（3）调整武器的权重值。方法：激活 Edit Envelopes（编辑封套）模式，选中 Vertices（顶点）选项，设定为顶点模式，此时可以选中模型的顶点，如图 7-130 中 A 所示。然后单击 Parameters（参数）卷展栏下的 Weight Tool（权重工具）按钮，再单击弹出的 Weight Tool（权重工具）面板下的"1"按钮，将选中的武器模型顶点受骨骼影响的权重值设为 1，如图 7-130 中 B 所示。

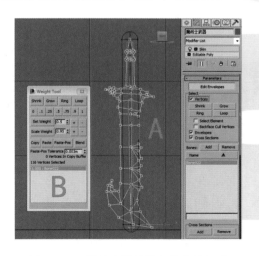

图 7-130　调整武器骨骼上的点的权重

（4）取消模型的冻结和恢复模型材质颜色。方法：单击鼠标右键，从弹出的快捷菜单中选择 Unhide All（全部取消隐藏）命令，取消被隐藏的模型和骨骼，然后进入 Display（显示）面板，打开 Display Color（显示颜色）卷展栏，接着选中 Shaded（明暗处理）模式中的 Material Color（材质颜色）选项，此时魔战士模型变回材质贴图。再选中 Bone 骨骼的末端骨骼，并单击鼠标右键，从弹出的快捷菜单中选择 Hide Selection（隐藏选定对象）命令，最终效果如图 7-131 所示。

图 7-131　恢复模型的材质颜色和隐藏末端骨骼

7.4　魔战士的动画制作

　　通过本节的学习，读者应掌握双手持武器角色的动画制作流程。本节内容包括魔战士的行走动画、魔战士的战斗姿势、魔战士的战斗奔跑动画、魔战士的连击动画和魔战士的技能攻击动画制作五个部分。

7.4.1　制作魔战士的行走动画

　　背负武器行走的姿势是需要着重表现的，其中人物的基本行走动作使用关键帧动画制作，头发和裙摆的运动使用飘带插件制作。首先来看一下魔战士行走动作图片序列和关联帧的安排，如图 7-132 所示。

图 7-132　魔战士行走序列图

1.制作行走的关键帧动画

　　（1）打开"魔战士 – 蒙皮.max"文件，单击 AutoKey（自动关键点）按钮，再单击动画控制区中的 Time Configuration（时间配置）按钮，然后在弹出的 Time Configuration（时间配置）对话框中设置 End Time（结束时间）为 40，再选中 Speed（速度）模式为 1x，接着单击 OK 按钮，如图 7-133 所示，将时间滑块长度设为 40 帧。

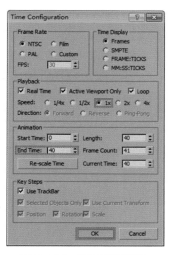

图7-133　设置时间配置

（2）调整背着武器的姿势。方法：拖动时间滑块到第0帧，并选中武器和魔战士的模型，再执行右键快捷菜单中的 Freeze Selection（冻结选定对象）命令，将武器和魔战士的模型冻结，然后使用 Select and Move（选择并移动）和 Select and Rotate（选择并旋转）工具调整武器骨骼的角度和位置，效果如图7-134所示，接着使用 Select and Link（选择并链接）工具，将武器骨骼链接至绿色肩膀骨骼。

（3）选中质心，再进入 Motion（运动）面板，然后依次单击 Track Selection（轨迹选择）卷展栏下的 Lock COM Keying（锁定 COM 关键帧）、Body Horizontal（躯干水平）、Body Vertical（躯干垂直）和 Body Rotation（躯干旋转）按钮锁定质心的3个轨迹方向，接着单击 Key Info（关键点信息）卷展栏下的 Trajectories（轨迹）按钮来显示骨骼运动轨迹，如图7-135所示。

（4）设置脚掌为滑动关键帧。方法：选中武器的骨骼，再单击鼠标右键，从弹出的快捷菜单中选择 Hide Selection（隐藏选定对象）命令，将武器骨骼隐藏。然后分别选中脚掌骨骼，再进入 Motion（运动）面板，并单击 Key Info（关键信息点）卷展栏下的 Set Sliding Key（设置滑动关键点）按钮为脚掌骨骼设置滑动关键帧，如图7-136中 A 所示。接着选中绿色脚掌骨骼，再单击 IK 组下的 Pivot Selection Dialog（轴选择对话框）按钮，在弹出的小界面中选中脚跟中间的滑动点，如图7-136中 B 所示。

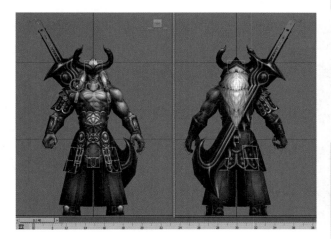

图7-134　调整背着武器的姿势

图7-135　锁定质心的轨迹选择

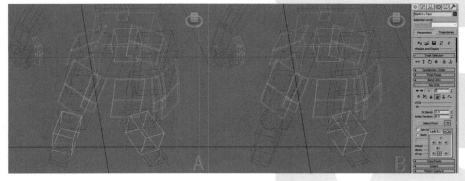

图7-136　设置脚掌为滑动关键帧

（5）调整魔战士行走的初始帧。方法：使用 Select and Move（选择并移动）和 Select and Rotate（选择并旋转）工具调整魔战士质心、脊椎、腿部、手臂和头部骨骼的位置和角度，使魔战士质心稍稍下移，两腿前后分开，绿色腿部前迈并脚跟踮起，蓝色脚趾踮起，身体挺起并向右扭动，头抬起并稍稍往左看，手臂前后分开，蓝色手臂位于前方抬起，手掌半握拳，制作出魔战士跨步的姿势，如图 7-137 所示。

图 7-137　魔战士行走初始姿势

（6）复制姿势。方法：选中所有的 Biped 骨骼，如图 7-138 中 A 所示，再打开 Motion（运动）面板的 Copy/Paste（复制 / 粘贴）卷展栏，然后单击 Copy Posture（复制姿势）按钮，再单击 Paste Options（粘贴选项）组下的 Paste Horizontal（粘贴水平）和 Paste Vertical（粘贴垂直）按钮，接着拖动时间滑块到第 20 帧，再单击 Paste Posture Opposite（向对面粘贴姿态）按钮，如图 7-138 中 B 所示，从而把第 0 帧的骨骼姿势复制到第 20 帧骨骼，如图 7-139 所示。最后拖动时间滑块到第 40 帧，单击 Paste Posture（向同边粘贴姿势）按钮，将第 0 帧骨骼姿势复制到第 40 帧，使动画能够流畅地衔接起来。

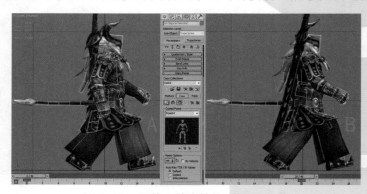

图 7-138　把第 0 帧姿势复制到第 20 帧

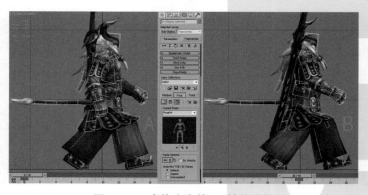

图 7-139　魔战士在第 20 帧的姿势

提示: 行走动作是一个循环的动作,因此只需调整好一半的姿势后,可以通过姿态或者姿势复制完成另外一半的姿势。

(7)调整质心在第 20 帧位置。方法:拖动时间滑块到第 0 帧,再单击 Create(创建)面板下 Geometry(几何体)中的 Box(长方体)按钮,在前视图创建一个长方体,然后使用 Select and Move(选择并移动)和 Select and Scale(选择并缩放)工具调整长方体的长度和位置,使长方体的一边和魔战士脚跟对齐,另一边和脚趾对齐,效果如图 7-140 所示。接着拖动时间滑块到第 20 帧,再使用 Select and Move(选择并移动)调整魔战士质心的位置,使质心左移,直到脚掌跟长方形边框对齐,效果如图 7-141 所示。最后分别选中脚掌骨骼,再单击 Set Sliding Key(设置滑动关键点)按钮为脚掌骨骼设置滑动关键帧。

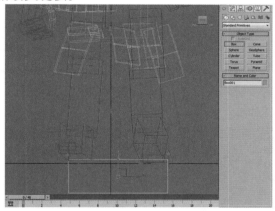 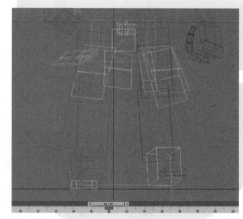

图 7-140　创建长方体参照物　　　　　　　　　图 7-141　调整质心在第 20 帧的位置

(8)调整魔战士在第 10 帧的姿势。方法:拖动时间滑块到第 10 帧,再使用 Select and Move(选择并移动)和 Select and Rotate(选择并旋转)工具调整魔战士腿部、脊椎、头部和手臂骨骼的位置和角度,使绿色腿部着地,蓝色腿部抬起,身体右倾,胸部微微向前弯曲,头注视前方,手臂处于身体旁边,制作出魔战士行走过程中的换腿姿势,如图 7-142 所示。接着,把第 10 帧的姿势复制到第 30 帧,如图 7-143 所示。

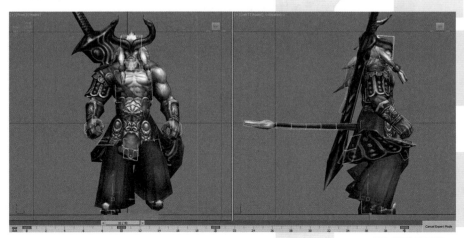

图 7-142　魔战士在第 10 帧姿势

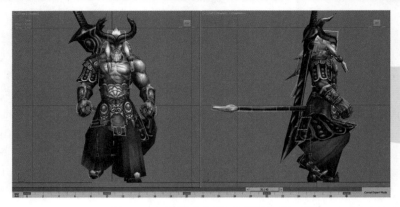

图 7-143 魔战士在第 30 帧的姿势

　　(9)调整绿色腿部的过渡帧姿势。方法:分别拖动时间滑块到第 2、15、25 和 35 帧,并进入左视图,再使用 Select and Move(选择并移动)和 Select and Rotate(选择并旋转)工具调整魔战士绿色腿骨的位置和角度,制作出绿色腿部在行走时的运动变化,如图 7-144 所示。然后分别拖动时间滑块到第 2 帧和第 15 帧,选中绿色脚掌骨骼,再单击 Key Info(关键点信息)卷展栏下的 Set Sliding Key(设置滑动关键点)按钮,为绿色脚掌骨骼设置滑动关键帧。

图 7-144 调整绿色腿部的运动变化

　　(10)复制绿色腿部的过渡帧到蓝色腿部。方法:拖动时间滑块到第 2 帧,选中整根绿色腿骨,再单击 Copy Posture(复制姿态)按钮,然后拖动时间滑块到第 22 帧,再单击 Paste Posture Opposite(向对面粘贴姿态)按钮,将绿色腿部在第 2 帧的姿态复制到第 22 帧。同理,把第 15 帧的姿态复制到第25 帧,把第 25 帧的姿态复制到第 5 帧,把第 35 帧的姿态复制到第 15 帧,如图 7-145 所示。接着分别拖动时间滑块到各个关键帧位置,再选中蓝色脚掌骨骼,并单击 Set Sliding Key(设置滑动关键点)按钮,为蓝色脚掌骨骼设置滑动关键帧,如图 7-146 所示。

图 7-145 蓝色腿部的运动变化

图 7-146 为蓝色脚掌设置滑动关键帧

（11）根据重心的偏移，调整质心在水平方向的位置。方法：调整质心的水平位置，拖动时间滑块到第 10 帧，再使用 Select and Move（选择并移动）工具调整质心右移，如图 7-147 中 A 所示。然后拖动时间滑块到第 30 帧，再使用 Select and Move（选择并移动）工具调整质心左移，如图 7-147 中 B 所示。

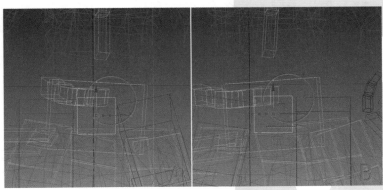

图 7-147 调整质心在水平方向的位置

（12）根据两高两低的节奏调整质心的垂直位置。方法：拖动时间滑块到第 5 帧，再使用 Select and Move（选择并移动）工具调整质心下移，制作魔战士行走到最低点位置的姿态，如图 7-148 中 A 所示。然后拖动时间滑块到第 15 帧，再用 Select and Move（选择并移动）工具调整质心上移，制作魔战士行走到最高点位置的姿态，如图 7-148 中 B 所示。同理，调整好质心在第 15 帧的低点位置，在第 25 帧的高点位置，如图 7-148 中 C、D 所示。

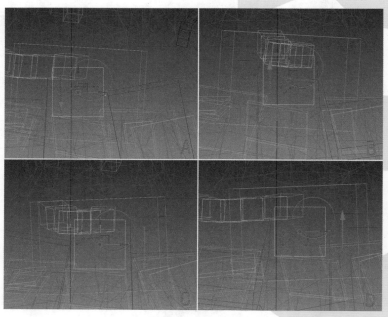

图 7-148　调整质心上垂直方向的位置

（13）调整手臂的过渡帧。方法：拖动时间滑块到第 5 帧，再使用 Select and Rotate（选择并旋转）工具调整魔战士绿色手臂骨骼前臂稍稍后移，制作出魔战士绿色前臂滞后于上臂的姿势，如图 7-149 中 A 所示。然后拖动时间滑块到第 25 帧，使用 Select and Rotate（选择并旋转）工具调整手臂前移，制作出魔战士绿色前臂滞后于上臂的姿势，如图 7-149 中 B 所示。同理，调整蓝色手臂骨骼的过渡帧，如图 7-150 所示。

图 7-149　调整绿色手臂的过渡帧

图 7-150 调整蓝色手臂的过渡帧

（14）调整头骨的过渡姿势。方法：进入前视图，再选中头骨，删除除第 0、20、40 帧的关键点，然后拖动时间滑块到第 5 帧，再使用 Select and Rotate（选择并旋转）工具调整头骨的角度，使头部微微抬起，如图 7-151 中 A 所示。然后拖动时间滑块到第 15 帧，再使用 Select and Rotate（选择并旋转）工具调整头骨角度，使头微微低下，如图 7-151 中 B 所示。同理，调整第 25 和 35 帧的姿势，如图 7-152 所示。

图 7-151 调整头骨的垂直方向姿势

图 7-152 调整头骨的垂直方向姿势

（15）调整头骨偏转的姿势。方法：拖动时间滑块到第 10 帧，再使用 Select and Rotate（选择并旋转）工具沿 X 轴逆时针旋转头骨，使头向右侧看去，如图 7-153 中 A 所示。再拖动时间滑块到第 30 帧，再使用 Select and Rotate（选择并旋转）工具沿 X 轴顺时针旋转头骨，使头向左侧看去，如图 7-153 中 B 所示。

图 7-153 调整头骨水平方向的姿势

（16）调整围裙根骨骼的位置。方法：拖动时间滑块到第 0 帧，再使用 Select and Rotate（选择并旋转）工具调整魔战士围裙骨骼的角度，制作出围裙跟随腿部运动的姿势，如图 7-154 所示。然后选中围裙的骨骼，在按住 Shift 键的同时，拖动第 0 帧关键帧到第 40 帧，使动画能够流畅地衔接起来。接着拖动时间滑块第 20 帧，再使用 Select and Rotate（选择并旋转）工具调整魔战士围裙骨骼的角度，制作出围裙偏向后方的姿势，如图 7-155 所示。

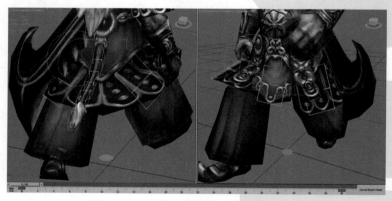

图 7-154 在第 0 帧调整围裙骨骼的姿势

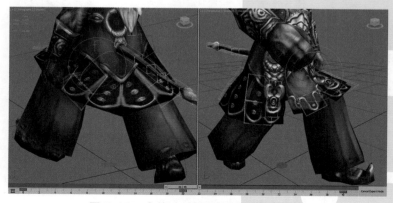

图 7-155 在第 20 帧调整围裙骨骼的姿势

（17）调整围裙在换腿时的姿势。方法：拖动时间滑块到第 10 帧，使用 Select and Rotate（选择并旋转）工具调整魔战士围裙骨骼的角度，制作出魔战士围裙跟随腿部下移、左偏的姿势，如图 7-156 所示。然后拖动时间滑块到第 30 帧，使用 Select and Rotate（选择并旋转）工具调整魔战士围裙骨骼的角度，制作出魔战士围裙跟随腿部下移、右偏的姿势，如图 7-157 所示。同理，调整好围裙在第 5、15、25 和 35 帧的姿势，确保围裙与腿部没有穿插。

图 7-156　调整围裙在第 10 帧的姿势

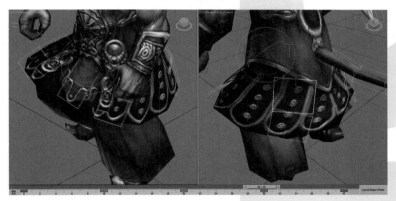

图 7-157　调整围裙在第 30 帧的姿势

（18）调整后面头发的姿势。方法：取消被隐藏的骨骼，再拖动时间滑块到第 0 帧，然后使用 Select and Rotate（选择并旋转）工具调整后面头发根骨骼向左偏，如图 7-158 中的 A 所示，在按住 Shift 键的同时，框选第 0 帧关键帧拖动到第 40 帧。同理，拖动时间滑块到第 20 帧，再调整后面头发的根骨骼向右偏，如图 7-158 中 B 所示。拖动时间滑块到第 10 帧，再调整后面头发根骨骼向左偏，如图 7-158 中 C 所示。拖动时间滑块到第 30 帧，再调整后面根骨骼向右偏，如图 7-158 中 D 所示。

图 7-158　调整后面头发根骨骼水平方向的姿势

（19）调整后面头发在垂直方向的姿势。方法：拖动时间滑块到第 5 帧，再使用 Select and Rotate（选择并旋转）工具沿 Z 轴逆时针方向调整后面头发根骨骼的角度，如图 7-159 中 A 所示。然后拖动时间滑块到第 15 帧，再使用 Select and Rotate（选择并旋转）工具沿 Z 轴顺时针方向调整后面头发根骨骼的角度，如图 7-159 中 B 所示。同理，依次调整好第 25 帧和第 35 帧的头发姿势。

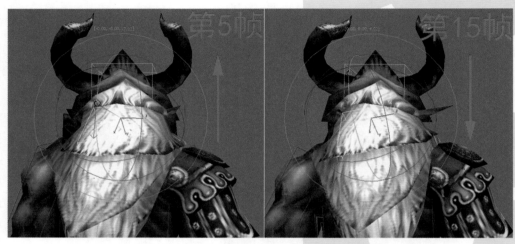

图 7-159　调整背面头发根骨骼垂直方向的姿势

2.使用飘带插件制作动画

接下来使用 Spring Magic 飘带插件制作围裙、头发和尾巴的动画。这是一款强大的插件，适用各个版本的 3ds Max，可以制作循环动作，也可以分节调整。

Spring Magic 飘带插件的安装方法如下。

方法 1：打开 3ds Max 2014，然后把"spring magic_ 飘带插件. mse"文件拖进 Max 的视图中。

方法 2：将插件放在 3ds Max插件文件夹 X:\Program Files\Autodesk\3ds Max 2014\Scripts\ 里，再进入 3ds Max，执行 MAX Script→Run Script 菜单命令，然后在打开的文件夹中找到"spring magic_ 飘带插件. mse"文件，双击运行。

Spring Magic 飘带插件面板，如图 7-160（a）所示。

（1）使用 spring magic_ 飘带插件为围裙调整姿势。方法：选中围裙骨骼中的第二、三节骨骼，如图 7-160（b）中 A 所示，再打开 spring magic_ 飘带插件所在的文件夹，找到"spring magic_ 飘带插件. mse"并把它拖到 3ds Max的视图上去，如图 7-160（b）中 B 所示，然后设置 Spring Magic...界面的参数，将 Spring 参数设置为 0.4，Loops 参数设置为 3，再单击 Bone 按钮，这时开始为选中的骨骼进行调节动作运算，spring magic_ 飘带插件可计算骨骼的运动轨迹，并循环四次，循环完之后的效果如图 7-160（b）中 C 所示。

（2）使用 spring magic_ 飘带插件为前面头发调整姿势。方法：选中前面头发所有骨骼，如图7-161 中 A 所示，再设置 Spring Magic...界面的参数，Spring 参数设置 0.3，Loops 参数设计为 3，如图 7-161 中 B 所示，再单击 Bone 按钮，开始为选中的骨骼进行调节动作运算，spring magic_ 飘带插件可计算骨骼的运动轨迹，并循环四次，循环完之后的效果如图 7-161 中 C 所示。同理，使用 spring magic_ 飘带插件为后面头发和胡子骨骼调整姿势，效果如图 7-162 所示。

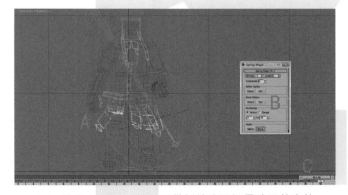

（a）飘带插件面板　　　　　　（b）使用 Spring Magic 飘带插件为围裙骨骼调整姿势

图 7-160　飘带插件

图 7-161　使用插件为头发的 Bone 骨骼调整姿态

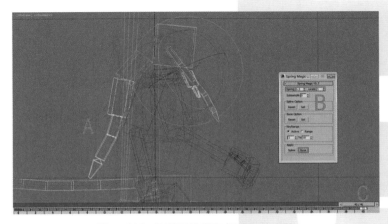

图 7-162　为后面头发和胡子调整姿势

（3）调整尾巴根骨骼的姿势。方法：拖动时间滑块到第 0 帧，再使用 Select and Rotate（选择并旋转）工具调整魔战士尾巴骨骼的角度，使尾巴向上翘起并右摆，如图 7-163 所示。然后选中第 0 帧的关键帧，按住 Shift 键的同时，拖动到第 40 帧。再拖动时间滑块到第 20 帧，并使用 Select and Rotate（选择并旋转）工具调整魔战士尾巴根骨骼的角度，制作尾巴的姿势跟第 0 帧的姿势相反，如图 7-164 中 A 所示。接着拖动时间滑块到第 10 帧，再使用 Select and Rotate（选择并旋转）工具调整魔战士尾巴根骨骼的角度，制作出尾巴跟随身体向右摆动的姿势，如图 7-164 中 B 所示。同理，拖动时间滑块到第 30 帧，制作尾巴根骨骼左摆的姿势，如图 7-164 中 C 所示。

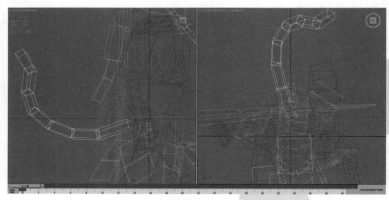

图 7-163　调整尾巴在第 0 帧的姿势

图 7-164　调整尾巴的根骨骼的姿势

（4）使用 spring magic_ 飘带插件为尾巴调整姿势。方法：双击尾巴第二节骨骼，选中除尾巴根骨骼的骨骼，如图 7-165 中 A 所示。再设置 Spring Magic...界面的参数，Spring 参数设置为 0.3，Loops 参数设置为 3，如图 7-165 中 B 所示，再单击 Bone 按钮，开始为选中的骨骼进行调整运算，并循环四次，效果如图 7-165 中 C 所示。

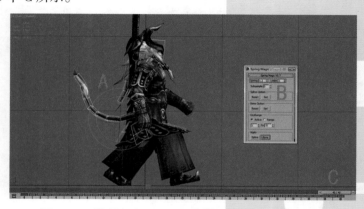

图 7-165　使用 Spring Magic 插件为尾巴骨骼调整姿势

（5）单击 Playback（播放动画）按钮播放动画，此时可以看到魔战士身体的行走动画。在播放动画的时候如发现幅度过大或不正确的地方，可以适当调整。最后将文件保存为配套光盘中的"多媒体视频文件 \max\ 魔战士文件 \ 魔战士 – 行走.max"。

7.4.2 制作魔战士的战斗姿势

战斗姿势一般是攻击、死亡和待机的初始姿势，必须了解和掌握。

（1）冻结武器和魔战士模型。方法：打开"魔战士 – 蒙皮.max"文件，再单击 AutoKey（自动关键点）按钮，然后分别选中武器和魔战士模型，再单击鼠标右键，在弹出的快捷菜单中选择 Freeze Selection（冻结选定对象）命令，如图 7-166 所示，完成武器和魔战士的模型冻结。

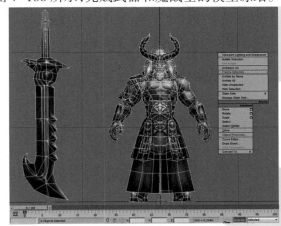

图 7-166　冻结武器和魔战士模型

（2）武器骨骼链接。方法：选中武器的骨骼，再使用 Select and Move（选择并移动）和 Select and Rotate（选择并旋转）工具调整武器骨骼的位置和角度，使武器和绿色手掌对齐。然后使用 Select and Rotate（选择并旋转）工具调整右手掌骨骼的角度，制作出手掌握拳的姿态，如图 7-167 中 A 所示。再选中武器的骨骼，接着单击工具栏上的 Select and Link（选择并链接）按钮，按住鼠标左键拖动至右手掌骨骼，并松开鼠标左键完成链接，如图 7-167 中 B 所示。

图 7-167　链接武器骨骼

（3）制作双手拿武器的姿态。方法：使用 Select and Move（选择并移动）和 Select and Rotate（选择并旋转）工具调整魔战士手掌骨骼的角度和权重，制作出魔战士双手拿武器的姿态，如图 7-168 所示。

图 7-168　制作双手拿武器的姿态

　　（4）附加蓝色手掌骨骼到武器骨骼。方法：选中蓝色手掌骨骼，再选中 Motion（运动）面板中 Key Info（关键点信息）卷展栏下的 Object（对象），然后单击 Select IK Object（选择 IK 对象）按钮，如图 7-169 中 A 所示，再单击武器的骨骼，弹出 Biped 对话框，如图 7-169 中 B 所示，接着单击"是"按钮，从而把蓝色手掌骨骼附加到武器。

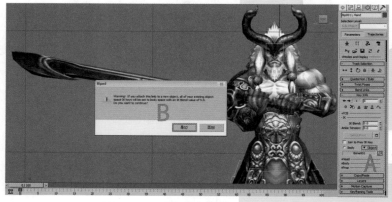

图 7-169　附加蓝色手掌到武器骨骼

　　（5）调整魔战士的初始姿势。方法：拖动时间滑块到第 0 帧，分别选中魔战士脚掌骨骼，再单击 Motion（运动）面板下的 Key Info（关键点信息）卷展栏下的 Set Sliding Key（设置滑动关键点）按钮，然后使用 Select and Move（选择并移动）和 Select and Rotate（选择并旋转）工具分别调整魔战士质心、脊椎、头、腿部、手臂、头发和尾巴骨骼的角度和位置，制作出魔战士的初始帧姿势，如图 7-170 所示。

图 7-170　调整魔战士初始姿势

7.4.3 制作魔战士的战斗奔跑动画

战斗奔跑是游戏角色的基本动作之一,必须了解和掌握。首先我们来看一下魔战士战斗奔跑动作图片序列和关联帧的安排,如图 7-171 所示。

图 7-171 魔战士战斗奔跑序列图

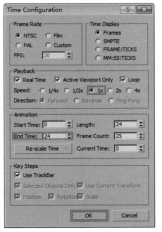

图 7-172 设置时间配置

（1）打开"魔战士 – 战斗姿势.max"文件,再打开 AutoKey（自动关键点）按钮,然后单击动画控制区中的 Time Configuration（时间配置）按钮,并在弹出的 Time Configuration（时间配置）对话框中设置 End Time（结束时间）为 24,再选中 Speed（速度）模式为 1x,接着单击 OK 按钮,如图 3-172 所示,从而将时间滑块长度设为 24 帧。

（2）调整魔战士的初始姿势。方法:拖动时间滑块到第 0 帧,再使用 Select and Move（选择并移动）和 Select and Rotate（选择并旋转）工具分别调整魔战士质心、腿部、身体、头和手臂骨骼的位置和角度,使魔战士质心左移,绿色腿抬起,身体前倾,头低下,双手拿刀向后下方摆动,制作出魔战士奔跑过程中身体处于最低位置的初始姿势,如图 7-173 所示。然后选中魔战士的绿色脚掌骨骼,再单击 Motion（运动）面板下 Key Info（关键点信息）卷展栏下的 Set Free Key（设置自由关键点）按钮,为脚掌设置滑动关键帧,如图 7-174 所示。

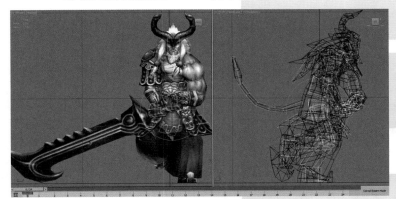

图 7-173 魔战士奔跑中初始姿势

（3）为质心创建关键点。方法:进入 Motion（运动）面板,再分别单击 Track Selection（轨迹选择）卷展栏下的 Lock COM Keying（锁定 COM 关键帧）、Body Horizontal（躯干水平）、Body Vertical（躯干垂直）和 Body Rotation（躯干旋转）按钮锁定质心的三个轨迹方向,然后单击 Set Key（设置关键点）按钮为质心创建关键帧,如图 7-175 所示。

GAME ART DESIGN BIBLE | 游戏美术设计宝典

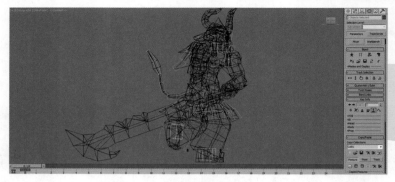

图 7-174 设置脚掌骨骼为自由关键帧

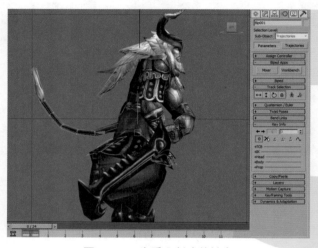

图 7-175 为质心创建关键点

（4）复制姿态。方法：选中除双手的 Biped 骨骼，如图 7-176 中 A 所示，然后拖动时间滑块到第 12 帧，再单击 Copy/Paste（复制 / 粘贴）卷展栏下的 Copy Posture（姿态复制）按钮，再单击 Paste Options（粘贴选项）组下的 Paste Horizontal（粘贴水平）和 Paste Vertical（粘贴垂直）按钮，最后单击 Paste Posture Opposite（向对面粘贴姿态）按钮，如图 7-176 中 B 所示，从而把第 0 帧的姿态复制到第 12 帧，如图 7-177 所示。再选择所有的骨骼，按住 Shift 键的同时，把第 0 帧的关键帧拖动到第 24 帧，将第 0 帧姿势复制到第 24 帧，使动画能够流畅地衔接起来。

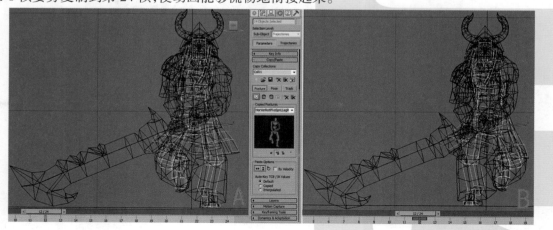

图 7-176 复制姿态

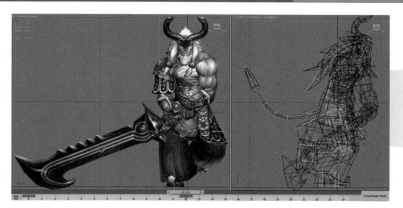

图 7-177 复制出的第 12 帧姿势

（5）调整第 12 帧姿势。方法：拖动时间滑块到第 0 帧，再单击 Create（创建）面板下 Geometry（几何体）中的 Box（长方体）按钮，然后进入前视图，在脚掌下方拖出一个长方体，再使用 Select and Move（选择并移动）和 Select and Scale（选择并缩放）工具调整长方体的长度，如图 7-178 中 A 所示。然后拖动时间滑块到第 12 帧，再使用 Select and Move（选择并移动）工具调整质心骨骼，使蓝色脚趾跟长方体的边对齐，效果如图 7-178 中 B 所示。接着单击 Key Info（关键点信息）卷展栏下的 Trajectories（轨迹）按钮来显示骨骼运动轨迹，再使用 Select and Move（选择并移动）和 Select and Rotate（选择并旋转）工具调整手臂骨骼的位置和角度，制作出手臂回收的姿势，如图 7-179 所示。

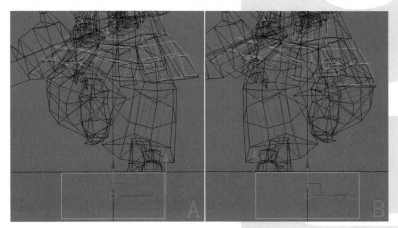

图 7-178 为脚掌创建一个参照物

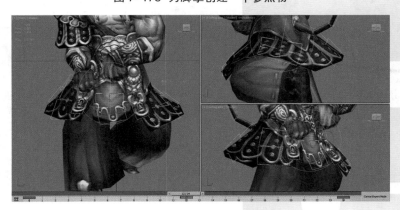

图 7-179 魔战士在第 12 帧姿势

GAME ART DESIGN BIBLE | 游戏美术设计宝典

提示 1：参照物的作用是方便质心位置的调整。当单脚着地时质心会偏移，在第 0 帧和第 24 帧时，质心向右偏移，在第 12 帧时，质心向左偏移。

提示 2：奔跑和行走一样，是一个循环的动作，只需调整好一半的动作后，即可通过姿态复制来完成另外一半的动作。

（6）调整魔战士在第 6 帧的姿势。方法：拖动时间滑块到第 6 帧，再使用 Select and Move（选择并移动）和 Select and Rotate（选择并旋转）工具分别调整魔战士质心、腿部、身体、头部和手臂骨骼的位置和角度，制作出魔战士奔跑过程中的腾空姿势，如图 7-180 所示。

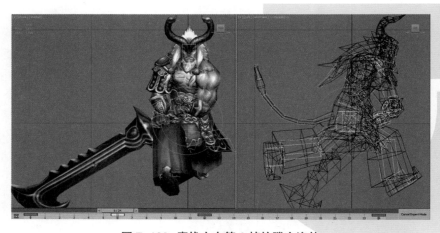

图 7-180　魔战士在第 6 帧的腾空姿势

（7）参考将第 0 帧的姿态复制到第 12 帧的过程，把第 6 帧的姿态复制到第 18 帧，然后使用 Select and Move（选择并移动）和 Select and Rotate（选择并旋转）工具调整魔战士手臂骨骼的位置和角度，制作出武器向下压的姿势，如图 7-181 所示。

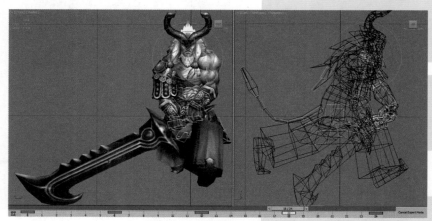

图 7-181　魔战士在第 18 帧的姿势

（8）调整绿色腿部的过渡帧。方法：进入左视图，分别拖动时间滑块到第 3、8、10、14、16 和 21 帧，再使用 Select and Move（选择并移动）和 Select and Rotate（选择并旋转）工具调整魔战士绿色腿部骨骼的位置和角度，制作出魔战士奔跑过程中绿色腿部的运动变化，如图 7-182 所示。

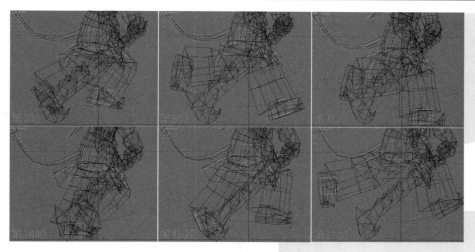

图 7-182　调整绿色腿部的运动变化

（9）为绿色脚掌设定滑动关键点。方法：拖动时间滑块到第 10 帧，再选中绿色脚掌骨骼，然后单击 Key Info（关键点信息）卷展栏下的 Set Sliding Key（设置滑动关键点）按钮，此时时间滑块上的帧点变成黄色，再单击 IK 组下的 Pivot Selection Dialog（轴选择对话框）按钮，在弹出的 Right...界面中选中脚跟中间的滑动点，如图 7-183 所示。同理为第 12、14 帧的脚掌骨骼设置滑动关键帧。接着拖动时间滑块到第 16 帧，在弹出的 Right...界面中选中脚掌的滑动点，如图 7-184 所示。

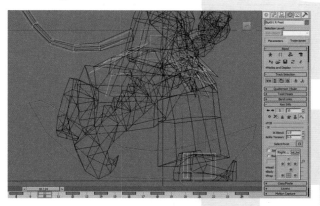

图 7-183　在第 10 帧为绿色脚掌设置滑动关键帧

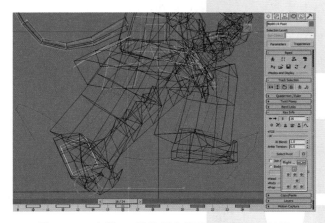

图 7-184　在第 16 帧为绿色脚掌设置滑动关键帧

（10）复制绿色腿部过渡帧到蓝色腿部。方法：参考将第 0 帧的姿态复制到第 12 帧的过程，双击绿色大腿骨骼，从而选中整条腿的骨骼，然后把第 3 帧绿色腿部骨骼姿态复制到第 15 帧蓝色腿部骨骼；把第 8 帧绿色腿部骨骼姿态复制到第 20 帧蓝色腿部骨骼；把第 10 帧绿色腿部骨骼姿态复制到第 22 帧蓝色腿部骨骼；把第 16 帧绿色腿部骨骼姿态复制到第 2 帧蓝色腿部骨骼；把第 21 帧绿色腿部骨骼姿态复制到第 9 帧蓝色腿部骨骼，如图 7-185 所示。

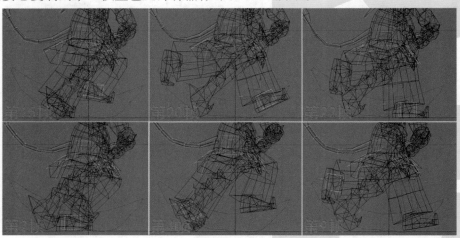

图 7-185 蓝色腿部的过渡帧

（11）为蓝色脚掌设定滑动关键点。方法：拖动时间滑块到第 0 帧，选中蓝色脚掌骨骼，再单击 Key Info（关键点信息）卷展栏下的 Set Sliding Key（设置滑动关键点）按钮，然后单击 IK 组下的 Pivot Selection Dialog（轴选择对话框）按钮，在弹出的 Right...界面中选中脚跟中间的滑动点，如图 7-186 所示。同理为第 2、22 和 24 帧的脚掌骨骼设置滑动关键帧。接着拖动时间滑块到第 4 帧，在 Right...界面中选中脚掌的滑动点，如图 7-187 所示。

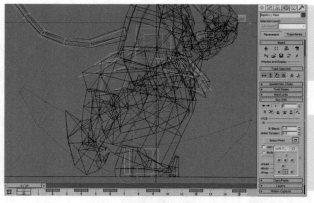

图 7-186 在第 0 帧为蓝色脚掌设置滑动关键帧

（12）由于围裙是跟随腿部运动的，调整围裙和腿部不穿插，调整围裙骨骼姿势。方法：拖动时间滑块到第 0 帧，再使用 Select and Rotate（选择并旋转）工具分别调整围裙骨骼的角度，使围裙和腿部没有穿插，并稍稍向右摆，制作出围裙配合腿部和身体的姿势，如图 7-188 所示。然后选中围裙的骨骼，再按住 Shift 键拖动到第 24 帧，将第 0 帧的姿势复制到第 24 帧。接着拖动时间滑块到第 12 帧，再使用 Select and Rotate（选择并旋转）工具分别调整围裙骨骼的角度，使围裙和腿部没有穿插，并稍稍向正摆，制作出围裙配合腿部和身体的姿势，如图 7-189 所示。同理，调整围裙在腾空位置的姿势，如图 7-190 所示。

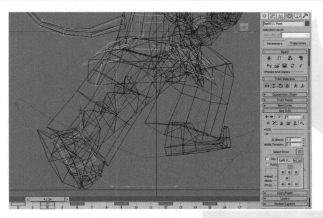

图 7-187　在第 4 帧为蓝色脚掌设置滑动关键帧

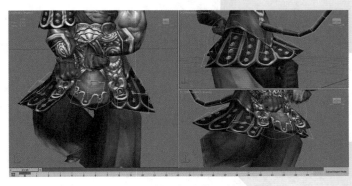

图 7-188　调整围裙在第 0 帧的姿势

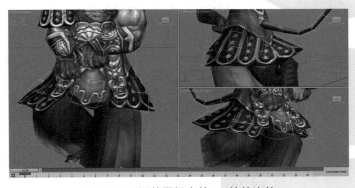

图 7-189　调整围裙在第 12 帧的姿势

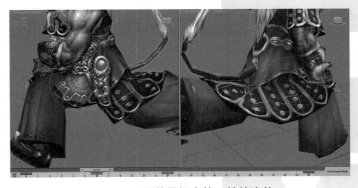

图 7-190　调整围裙在第 6 帧的姿势

（13）调整围裙第二节骨骼的飘动。方法：拖动时间滑块到第 3 帧，再使用 Select and Rotate（选择并旋转）工具调整围裙第二节骨骼的角度，使第二节骨骼沿 Z 轴顺时针方向旋转，制作出围裙下飘姿势，但第二节骨骼的下飘运动应滞后于第一节，表现出稍稍上飘的姿势，如图 7-191 所示。然后拖动时间滑块到第 9 帧，再使用 Select and Rotate（选择并旋转）工具调整围裙第二节骨骼的角度，使第二节骨骼沿 Z 轴逆时针方向旋转，制作出围裙上飘姿势，但第二节骨骼上飘运动应滞后于第一节骨骼，表现出稍稍下飘的姿势，如图 7-192 所示。同理，调整围裙第二节骨骼在第 12 和 21 帧的滞后姿势。

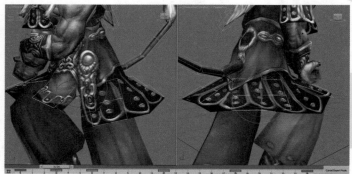

图 7-191　调整围裙第二节骨骼在第 3 帧的姿势

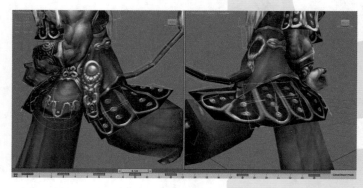

图 7-192　调整围裙第二节骨骼在第 9 帧的姿势

（14）调整前面头发骨骼的姿势。方法：拖动时间滑块到第 0 帧，再使用 Select and Rotate（选择并旋转）工具调整前面头发骨骼的角度，使前面头发上翘并向右摆动，如图 7-193 所示。然后选中前面头部的骨骼，再按住 Shift 键拖动到第 24 帧，将第 0 帧的姿势复制到第 24 帧。接着拖动时间滑块到第 12 帧，再调整前面头发骨骼的角度，使前面头发下移并向左摆动，如图 7-194 所示。

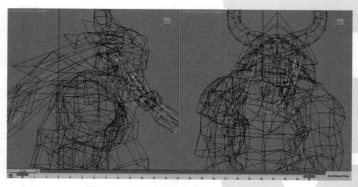

图 7-193　调整头发在第 0 帧的姿势

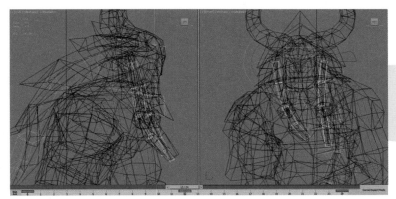

图 7-194 调整头发在第 12 帧的姿势

（15）调整前面头发的过渡姿势。方法：进入左视图，拖动时间滑块到第 6 帧，再使用 Select and Rotate（选择并旋转）工具分别调整前面头发的第二、三、四节骨骼的角度，制作前面头发向上翘起的姿势，如图 7-195 中 A 所示。然后拖动时间滑块到第 18 帧，再使用 Select and Rotate（选择并旋转）工具分别调整前面头发的第二、三、四节骨骼的角度，制作前面头发向下弯曲的姿势，如图 7-195 中 B 所示。同理，调整前面头发的第四节骨骼在第 9、15、18 帧的姿势，如图 7-196 所示。

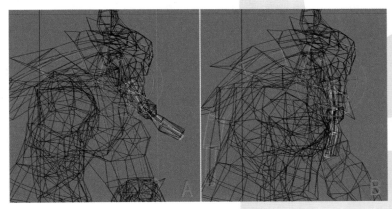

图 7-195 调整前面头发骨骼的过渡姿势

图 7-196 调整前面头发的第四节的姿势

（16）调整后面头发骨骼的姿势。方法：拖动时间滑块到第 0 帧，再使用 Select and Rotate（选择并旋转）工具在左视图和后视图调整后面头发骨骼的角度，使头发上移并向右摆动，如图 7-197 所示。然后选中头部的骨骼，再按住 Shift 键拖动到第 24 帧，将第 0 帧的姿势复制到第 24 帧。接着拖动时间滑块到第 12 帧，再使用 Select and Rotate（选择并旋转）工具在左视图和后视图调整后面头发骨骼的角度，使后面头发下移并向左摆动，如图 7-198 所示。

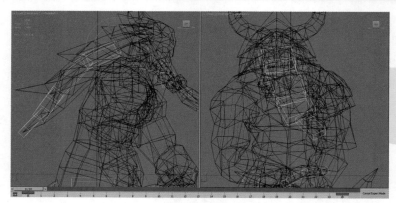

图 7-197　调整后面头发在第 0 帧的姿势

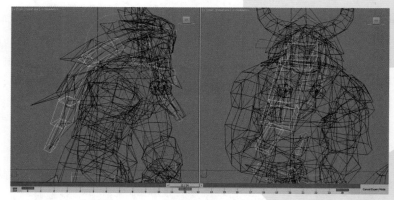

图 7-198　调整后面头发在第 12 帧的姿势

　　(17)调整后面头发骨骼的过渡姿势。方法:切换到左视图,拖动时间滑块到第 6 帧,再使用 Select and Rotate(选择并旋转)工具分别调整后面头发第二、三、四节骨骼的角度,制作后面头发上翘的姿势,如图 7-199 中 A 所示。然后拖动时间滑块到第 18 帧,再使用 Select and Rotate(选择并旋转)工具分别调整后面头发第二、三、四节骨骼的角度,制作后面头发向下弯曲的姿势,如图 7-199 中 B 所示。

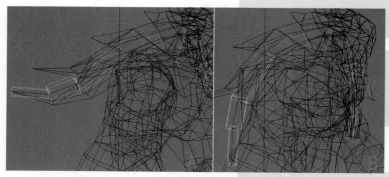

图 7-199　调整后面头发骨骼的过渡姿势

　　(18)调整尾巴根骨骼的姿势。方法:单击 Motion(运动)面板下的 Trajectories 按钮,显示 Bone 骨骼的运动轨迹。再拖动时间滑块到第 0 帧,并使用 Select and Rotate(选择并旋转)工具分别调整尾巴骨骼的角度,使尾巴向上弯曲,如图 7-200 所示。然后选中尾巴所有的骨骼,按 Shift 键的同时,拖动到第 24 帧。接着分别拖动时间滑块到第 12、6、18 帧,再调整魔战士尾巴根骨骼的角度,制作出魔战士奔跑过程中尾巴的运动变化,如图 7-201 所示。

图7-200 调整尾巴在第0帧的姿势

图7-201 调整尾巴根骨骼的运动变化

（19）使用spring magic_ 飘带插件为尾巴骨骼调整姿势。方法：双击尾巴第二节骨骼，从而选中尾巴除根骨骼的骨骼，如图7-202中A所示。再设置Spring Magic...界面的参数，将Spring中的参数设置为0.4，Loops参数设置为3，如图7-202中B所示。然后单击Bone按钮，开始为选中的骨骼进行调整运算，并循环四次，效果如图7-202中C所示。最后使用Select and Rotate（选择并旋转）工具调整尾巴末端骨骼的细微动作。

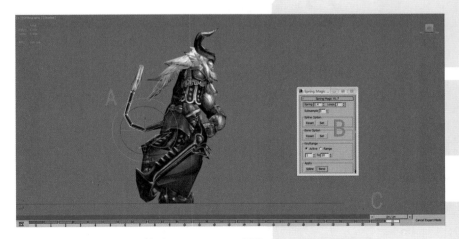

图7-202 使用Spring Magic插件为尾巴骨骼调整姿势

（20）单击Playback（播放动画）按钮播放动画，此时可以看到魔战士身体的奔跑动画。在播放动画的时候如发现幅度过大或不正确的地方，可以适当调整。最后将文件保存为配套光盘中的"多媒体视频文件\max\魔战士文件\魔战士-战斗奔跑.max"。

7.4.4 制作魔战士的连击动作

连击是战士最常见的战斗动作之一。在魔战士的连击动作中,有横扫攻击和下斩攻击。首先我们来看一下魔战士连击动作的主要序列图,如图 7-203 所示。

第0帧　第11帧　第16帧　第37帧　第43帧　第70帧

图 7-203　魔战士的连击攻击序列图

1.调整 Biped 关键帧动画

(1)打开"魔战士 – 战斗姿势.max"文件,再单击 AutoKey(自动关键点)按钮,选中所有的 Bone 骨骼,然后单击鼠标右键,再从弹出的快捷菜单中选择 Hide Selection(隐藏选定对象)命令,如图 7-204 所示,将 Bone 骨骼隐藏。

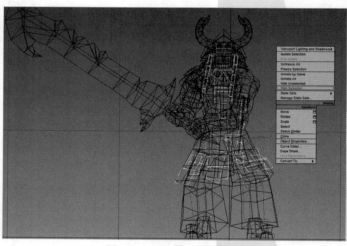

图 7-204　隐藏 Bone 骨骼

(2)设置显示参数。方法:在视图中单击鼠标右键,从弹出的快捷菜单中选择 Unfreeze All(全部解冻)命令,从而取消模型的冻结。然后按下 M 键,打开 "Material Editor–Standard_2 材质编辑器–standard_2"界面,单击材质球,再选中 Shader Basic Parameters(明暗器基本参数)卷展栏下的 Wire(线框)选项,此时模型线框显示,如图 7-205 所示。

(3)设置 Biped 骨骼以标准骨骼显示。方法:选中所有 Biped 骨骼,再单击鼠标的右键,从弹出的快捷菜单中选择 Object Properties(对象属性)命令,然后在弹出的 Object Properties(对象属性)对话框中取消选中 Display as Box(显示为外框)选项,再单击 OK 按钮,将 Biped 骨骼还原为骨骼形式,如图 7-206 中 A 所示。接着进入 Motion(运动)面板,打开 Biped 卷展栏,再单击 Figure Mode(体形模式)按钮,最后打开 Structure(结构)卷展栏,在 Body Type(躯干类型)中选中 Classic(标准)骨骼,将 Skeleton(骨骼)更改成 Classic(标准),效果如图 7-206 中 B 所示。再单击 Figure Mode(体形模式)按钮,退出体形模式。

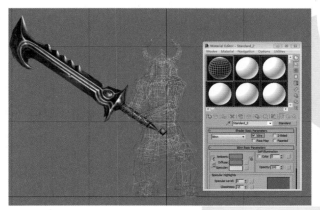

图 7-205　线框显示模型

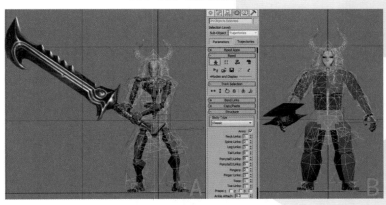

图 7-206　更改躯干类型

（4）拖动时间滑块到第 4 帧，再使用 Select and Move（选择并移动）和 Select and Rotate（选择并旋转）工具调整魔战士质心、脊椎、头、手臂和腿部骨骼的位置和角度，制作出魔战士后移蓄力的姿势，然后选中所有的骨骼，把第 4 帧拖动到第 6 帧，再使用 Select and Move（选择并移动）工具细微调整质心向下、后移的姿势，如图 7-207 所示。

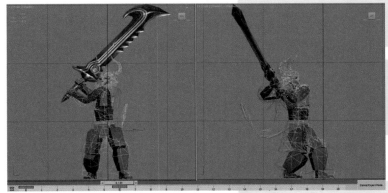

图 7-207　制作魔战士攻击的蓄力姿势

（5）拖动时间滑块到第 3 帧，再使用 Select and Move（选择并移动）和 Select and Rotate（选择并旋转）工具调整魔战士质心、脊椎和腿部骨骼的位置和角度，制作出魔战士绿色脚掌跷起的过渡帧。然后选中绿色脚掌骨骼，再单击 IK 组下的 Pivot Selection Dialog（轴选择对话框）按钮，在弹出的 Right... 界面中选中脚尖的滑动点，如图 7-208 所示。

GAME ART DESIGN BIBLE｜游戏美术设计宝典

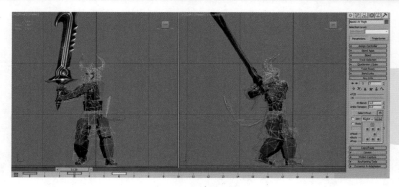

图 7-208　调整脚部的过渡帧

（6）设置时间配置。方法：单击动画控制区中的 Time Configuration（时间配置）按钮，再在弹出的 Time Configuration（时间配置）对话框中设置 End Time（结束时间）为 50，再单击 OK 按钮，从而将时间滑块长度设为 50 帧。然后选中所有的 Biped 骨骼，再选中第 6 帧的关键帧，拖动到第 10 帧。同理把第 3 帧拖动到第 4 帧，效果如图 7-209 所示。

图 7-209　移动关键帧

（7）调整第一击时的姿势。方法：拖动时间滑块到第 28 帧，再使用 Select and Move（选择并移动）和 Select and Rotate（选择并旋转）工具调整魔战士质心、腿部、脊椎、头和手臂骨骼的位置和角度，使质心前移，绿色腿前迈，臀部向左扭动，身体稍稍扭向右边，头注视前方，双手伸直向右挥动武器，制作出魔战士向前攻击时的姿势，如图 7-210 所示。

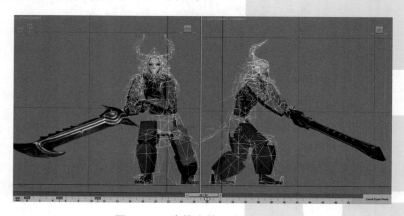

图 7-210　魔战士第一击时的姿势

（8）合理分配关键帧之间的时间，攻击帧第28帧跟蓄力帧第10帧之间时间过长，应该缩短二者之间的时间帧，以达到攻击迅速、攻击感强烈的效果。方法：选中所有的骨骼，再选中第28帧关键帧，拖动到第20帧。然后拖动时间滑块到第30帧，再使用Select and Move（选择并移动）和Select and Rotate（选择并旋转）工具调整魔战士质心、脊椎、头和手臂骨骼的位置和角度，制作出魔战士横扫攻击的姿势。接着选中所有的骨骼，按住Shift键，再选中第0帧关键帧拖动到第50帧，如图7-211所示。

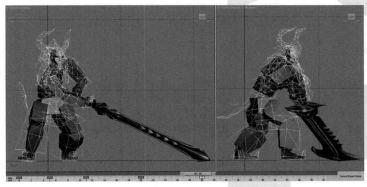

图7-211 调整魔战士横扫攻击后的姿势

（9）来回拖动时间滑块并观察关键帧与关键帧、关键帧与时间之间的协调，再使用Select and Move（选择并移动）和Select and Rotate（选择并旋转）工具调整魔战士骨骼到合适位置。再选中所有骨骼，把第20帧关键帧拖动到第15帧，把第30帧拖动到第21帧。然后选中第21帧，按住Shift键的同时，拖动到第26帧。接着拖动时间滑块到第26帧，再使用Select and Move（选择并移动）和Select and Rotate（选择并旋转）工具调整魔战士身体和手臂骨骼的位置和角度，使魔战士身体收缩，双手拿刀向左挥动，制作出魔战士攻击后缓冲的姿势，如图7-212所示。

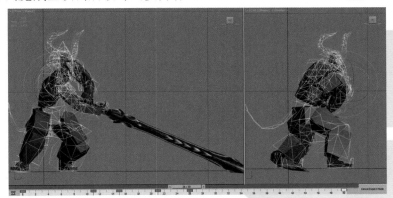

图7-212 调整第26帧的暂定帧

提示：此时的第26帧只是暂定帧，是为了方便检测前面关键帧之间连贯效果而设置的，在后面的调整中要再次具体调整。

（10）调整迈步过渡帧。方法：拖动时间滑块到第13帧，再使用Select and Move（选择并移动）工具调整魔战士质心和腿部骨骼的位置，使质心上移，绿色脚尖触地，制作出魔战士迈步的过渡姿势，如图7-213所示。然后选中绿色脚掌骨骼，再单击Key Info（关键点信息）卷展栏下的Set Sliding Key（设置滑动关键点）按钮，接着单击IK组下的Select Pivot（选择轴）按钮，并在视图中单击绿色脚尖上蓝色的点，将滑动关键点设置在脚尖，如图7-214所示。

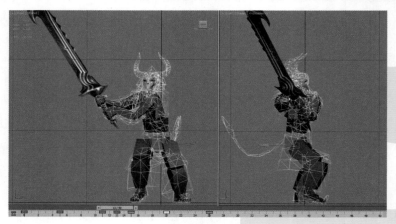

图 7-213 调整魔战士迈步的过渡帧

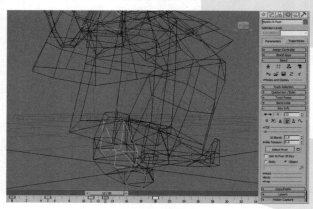

图 7-214 为脚掌设置合适的滑动关键帧

（11）合理缩短蓄力帧和攻击帧之间的时间差。方法：选中所有骨骼，再框选第 21 和 26 帧关键帧整体向后拖动 4 帧，然后框选第 10~22 帧关键帧整体向前拖动 3 帧，再拖动时间滑块到第 19 帧，使用 Select and Move（选择并移动）和 Select and Rotate（选择并旋转）工具调整魔战士质心、脊椎和手臂骨骼的位置和角度，制作出魔战士身体进行二连击前的转换姿势，如图 7-215 所示。

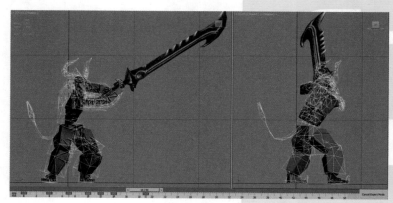

图 7-215 调整魔战士在第 19 帧的姿势

（12）拖动时间滑块到第 25 帧，再使用 Select and Move（选择并移动）和 Select and Rotate（选择并旋转）工具调整魔战士质心、脊椎、头和手臂骨骼的位置和角度，使质心上移，身体上移，头跟随身体摆动，手臂向左上方挥动武器到最高，制作出魔战士起身挥动武器的姿势，如图 7-216 所示。

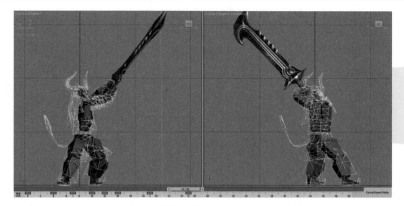

图 7-216　调整魔战士在第 25 帧的姿势

（13）选中所有的骨骼，再框选第 10~25 帧关键帧整体向前拖动 1 帧，然后按住 Alt 键，并框选第 9 帧取消对关键帧的选中，再把剩下的关键帧向前拖动 1 帧。同理，把第 21 帧拖动到第 20 帧，如图 7-217 所示。接着拖动时间滑块到第 24 帧，再使用 Select and Move（选择并移动）和 Select and Rotate（选择并旋转）工具调整魔战士质心、脊椎、头和手臂骨骼的位置和角度，使魔战士身体上移并后仰，双手高举武器，制作出魔战士第二击的蓄力姿势，效果如图 7-218 所示。

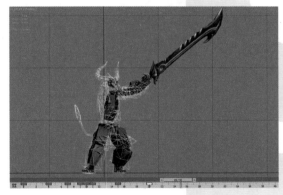

图 7-217　调整第一击关键帧的时间间距

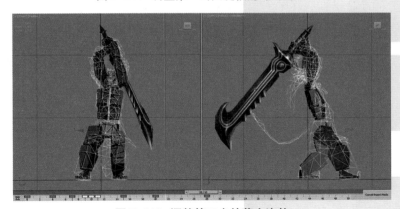

图 7-218　调整第二击的蓄力姿势

（14）调整第 35 帧的姿势。方法：选中所有的骨骼，把第 24 帧的姿势拖动到第 28 帧，再把时间长度设置为 60 帧，然后拖动时间滑块到第 35 帧，再使用 Select and Move（选择并移动）和 Select and Rotate（选择并旋转）工具调整魔战士质心、腿部、脊椎、头和手臂骨骼的位置和角度，制作出魔战士腰部发力的姿势，如图 7-219 所示。

GAME ART DESIGN BIBLE | 游戏美术设计宝典

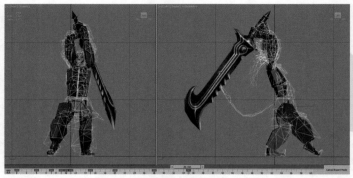

图 7-219　制作魔战士腰部发力的姿势

（15）拖动时间滑块到第 40 帧，再使用 Select and Move（选择并移动）和 Select and Rotate（选择并旋转）工具调整魔战士质心、腿部、脊椎、头和手臂骨骼的位置和角度，使魔战士质心前移，绿色腿前移并着地，身体前倾，手臂伸直下压，制作出魔战士向下攻击的姿势，如图 7-220 所示。

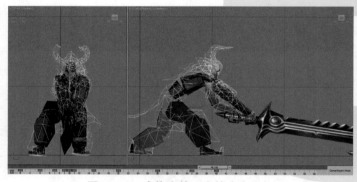

图 7-220　魔战士第二击的攻击姿势

（16）为绿色手掌设置踩踏关键帧，使绿色手掌攻击之后保持不动的姿势。方法：选中所有的骨骼，把第 35 帧拖动到第 33 帧，把第 40 帧拖动到第 37 帧，然后选中绿色手掌骨骼，再分别拖动时间滑块到第 37 帧和第 40 帧，并单击 Key Info（关键点信息）卷展栏下的 Set Plated Key（设置踩踏关键点）按钮，将绿色手掌骨骼设置成踩踏关键帧，如图 7-221 所示。

图 7-221　设置绿色手掌骨骼为踩踏关键帧

（17）拖动时间滑块到第 40 帧，再使用 Select and Move（选择并移动）工具调整质心下移，然后拖动时间滑块到第 43 帧，再使用 Select and Move（选择并移动）工具调整质心上移，如图 7-222 所示。然后选中绿色手掌骨骼，并拖动时间滑块到第 44 帧，再单击 Set Plated Key（设置踩踏关键点）按钮，将绿色手掌骨骼设置成踩踏关键帧，接着框选第 43 帧的关键帧，再按住 Shift 键拖动到第 47 帧，制作出身体弹起的效果。

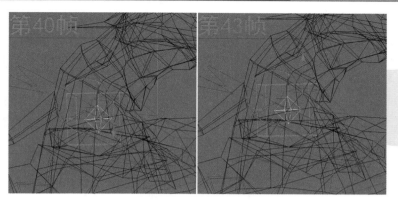

图 7-222 调整质心的弹起运动

（18）分别拖动时间滑块到第 40 和 43 帧，再使用 Select and Rotate（选择并旋转）工具调整魔战士脊椎和头骨的角度，制作出魔战士身体弹起的运动变化，如图 7-223 所示。然后拖动时间滑块到第 45 帧，再使用 Select and Move（选择并移动）工具稍稍向下调整质心的位置。接着选中第 43 帧的关键帧，按 Shift 键的同时拖动到第 47 帧，制作出魔战士攻击之后身体反弹的运动过程。

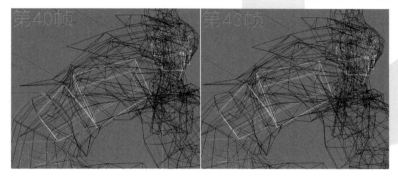

图 7-223 调整身体的运动变化

（19）魔战士第二攻击的弹起过于太快，需重新调整时间的间距。方法：选中所有骨骼，把第 43 帧拖动到第 44 帧，把第 45 帧拖动到第 47 帧，把第 47 帧拖动到第 51 帧。然后选中绿色手掌骨骼，分别在第 38、39 和 44 帧单击 Set Sliding Key（设置滑动关键点）按钮，为手掌创建滑动关键帧。再使用 Select and Rotate（选择并旋转）工具调整魔战士绿色手掌骨骼，使武器在第 38~44 帧保持在同一个位置，如图 7-224 所示。接着选中所有骨骼，并框选第 47 帧和第 51 帧关键帧整体向后拖动 2 帧，再选中第 53 帧拖动到第 54 帧，最后框选第 39~54 帧关键帧整体向后拖动 1 帧，再框选第 42~55 帧关键帧整体向后拖动 1 帧。

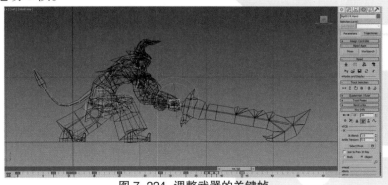

图 7-224 调整武器的关键帧

（20）拖动时间滑块到第 51 帧，再使用 Select and Rotate（选择并旋转）工具逆时针调整魔战士的身体骨骼角度，制作魔战士身体稍稍挺起的姿势。然后拖动时间滑块到第 56 帧，再顺时针调整魔战士脊椎骨骼的角度，制作魔战士身体被武器拉回的姿势，如图 7-225 所示。接着选中所有的骨骼，再框选第 40~56 帧关键帧整体向后拖动 1 帧。最后拖动时间滑块到第 24 帧，再使用 Select and Move（选择并移动）和 Select and Rotate（选择并旋转）工具调整魔战士的脊椎、头和手臂骨骼的位置和角度，制作出魔战士反转武器的姿势，如图 7-226 所示。

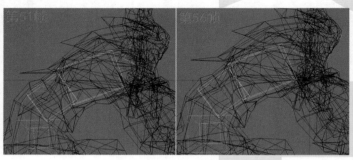

图 7-225 调整身体在第 51 帧和第 56 帧的姿势

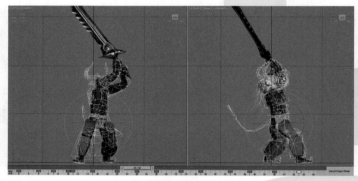

图 7-226 调整魔战士反转武器的姿势

（21）调整魔战士拿起武器起身的姿势。方法：设置时间滑块为 80，再选中所有骨骼，并选中第 0 帧的关键帧，按住 Shift 键拖动到第 80 帧，使动画能够流畅地衔接。然后框选第 57 帧的关键帧拖动到第 60 帧，再使用 Select and Move（选择并移动）和 Select and Rotate（选择并旋转）工具调整魔战士脊椎、头和手臂骨骼的位置和角度，制作出魔战士拿武器起身的姿势，如图 7-227 所示。接着选中绿色脚掌骨骼，并分别在第 37 帧和第 52 帧单击 Set Plated Key（设置踩踏关键点）按钮，制作出魔战士在缓冲过程中腿部的姿势。最后拖动时间滑块到第 60 帧，再单击 Set Sliding Key（设置滑动关键点）按钮，为绿色脚掌创建滑动关键帧，如图 7-228 所示。

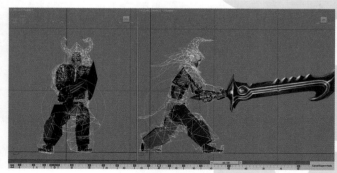

图 7-227 调整魔战士起身的姿势

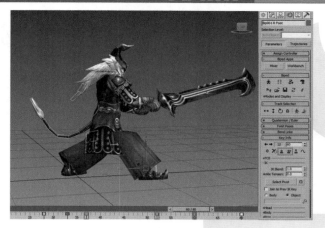

图 7-228　为绿色脚掌骨骼设置踩踏关键帧

（22）拖动时间滑块到第 70 帧，再使用 Select and Move（选择并移动）和 Select and Rotate（选择并旋转）工具调整魔战士脊椎、头、腿部和手臂骨骼的位置和角度，制作出魔战士后撤的姿势，如图 7-229 所示。然后单击鼠标右键，从弹出的快捷菜单中选择 Unhide All（全部取消隐藏）命令，将隐藏的骨骼显示出来，再按下 Ctrl+A 键选中所有的骨骼，接着框选第 0 帧关键帧，在按住 Shift 键的同时拖动到第 80 帧，将第 0 帧复制到第 80 帧，同时也能保证动画流畅地衔接。

图 7-229　调整魔战士后撤的姿势

（23）单击 Playback（播放动画）按钮播放动画，这时可以看到魔战士的连击攻击动画。观察动作是否流畅，并略做适当的修改，完成魔战士 Biped 骨骼的连击动作。

2.调整 Bone 骨骼的姿势

（1）拖动时间滑块到第 7 帧，再使用 Select and Rotate（选择并旋转）工具在前视图和左视图调整围裙和头发骨骼的角度，使围裙稍稍飘起，并和腿部没有穿插，头发尽量与身体少穿插，制作出魔战士围裙和头发配合身体的姿势，如图 7-230~ 图 7-232 所示。

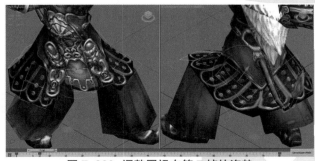

图 7-230　调整围裙在第 7 帧的姿势

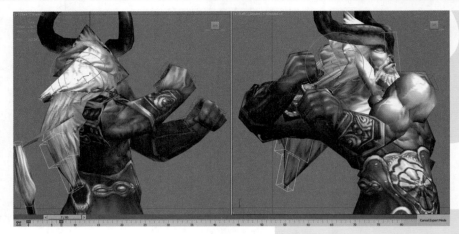

图 7-231 调整后面头发在第 7 帧的姿势

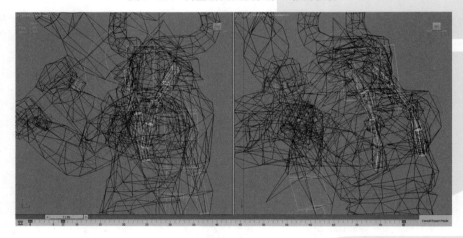

图 7-232 调整围裙在第 10 帧的姿势

（2）拖动时间滑块到第 15 帧，再使用 Select and Rotate（选择并旋转）工具在前视图和左视图调整围裙和头发骨骼的角度，使围裙向右飘动，后面头发沿 Z 轴逆方向飘动，前面头发向右飘动，制作出魔战士围裙和头发配合身体向左扭动的姿势，如图 7-233~ 图 7-235 所示。

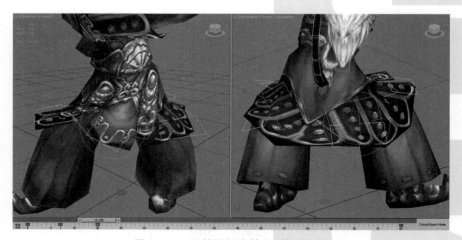

图 7-233 调整围裙在第 15 帧的姿势

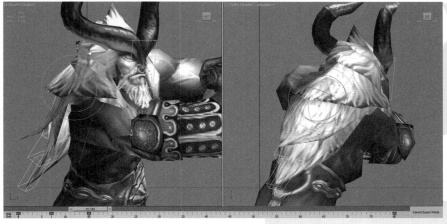

图 7-234 调整后面头发在第 15 帧的姿势

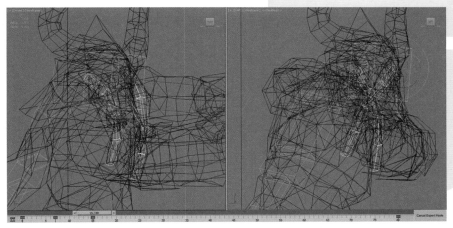

图 7-235 调整前面头发在第 15 帧的姿势

（3）拖动时间滑块到第 20 帧，再使用 Select and Rotate（选择并旋转）工具在前视图和左视图调整围裙和头发骨骼的角度，使围裙向下飘动，后面头发沿 Z 轴正方向旋转，前面头发仍然向下飘动，制作出魔战士围裙和头发配合身体向左扭动的姿势，如图 7-236~ 图 7-238 所示。同理，调整围裙和头发在第 24 和 28 帧的姿势，并拖动时间滑块到第 10 帧，再调整围裙骨骼的角度，使围裙与腿部没有穿插处。

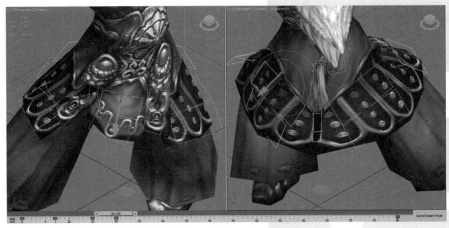

图 7-236 调整围裙在第 20 帧的姿势

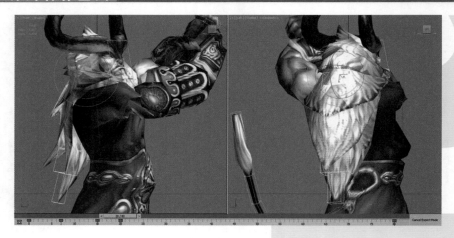

图 7-237　调整后面头发在第 20 帧的姿势

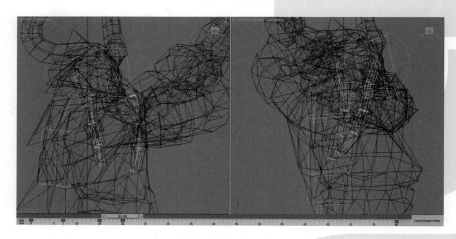

图 7-238　调整前面头发在第 20 帧的姿势

（4）拖动时间滑块到 33 帧，再使用 Select and Rotate（选择并旋转）工具在前视图和左视图调整围裙和头发骨骼的角度，使围裙向下飘动，后面头发向下弯并向左飘动，前面头发上飘，如图 7-239~ 图 7-241 所示。

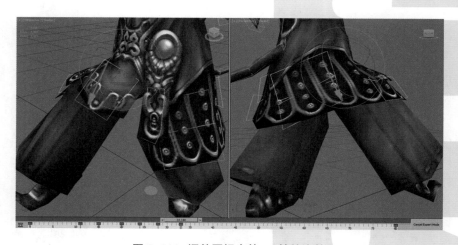

图 7-239　调整围裙在第 33 帧的姿势

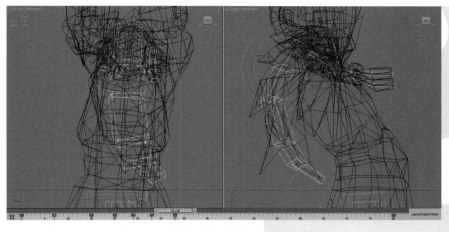

图 7-240　调整后面头发在第 33 帧的姿势

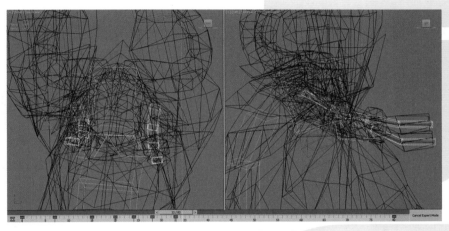

图 7-241　调整前面头发在第 33 帧的姿势

（5）拖动时间滑块到第 37 帧，再使用 Select and Rotate（选择并旋转）工具调整围裙和头发骨骼的角度，制作围裙、前后头发上飘的姿势。注意围裙不能与腿部模型穿插，如图 7-242~ 图 7-244 所示。

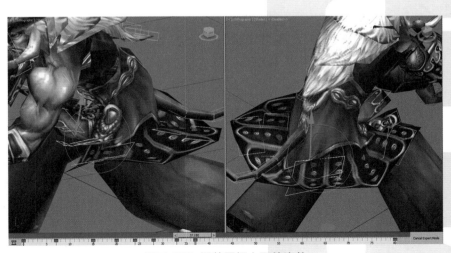

图 7-242　调整围裙上飘的姿势

GAME ART DESIGN BIBLE | 游戏美术设计宝典

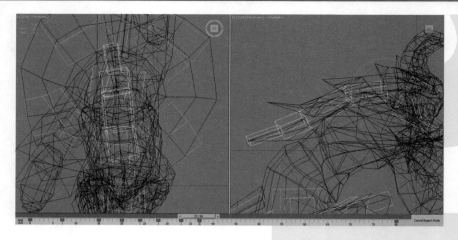

图 7-243 调整后面头发上飘的姿势

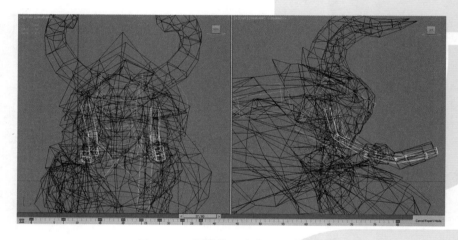

图 7-244 调整前面头发上飘的姿势

　　(6)拖动时间滑块到 43 帧,再使用 Select and Rotate(选择并旋转)工具调整围裙和头发骨骼的角度,使围裙下移,并与腿部没有穿插,后面头发下移,接触身体,前面头发下飘触碰身体的姿势,如图 7-245~ 图 7-247 所示。

图 7-245 调整围裙在第 43 帧的姿势

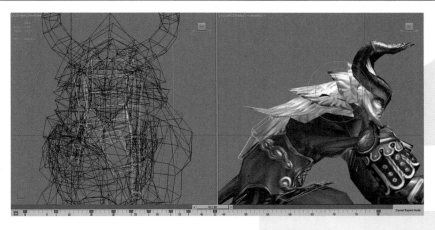

图 7-246 调整后面头发在第 43 帧的姿势

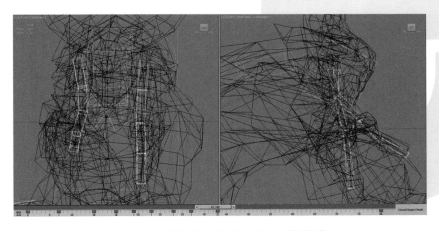

图 7-247 调整前面头发在第 43 帧的姿势

（7）拖动时间滑块到第 60 帧，再使用 Select and Rotate（选择并旋转）工具调整围裙和后面头发骨骼的角度，使围裙下飘，并与腿部没有穿插，后面头发下飘，如图 7-248 和图 7-249 所示。然后拖动时间滑块到第 52 帧，再使用 Select and Rotate（选择并旋转）工具调整围裙和后面头发骨骼的角度，使围裙、头发和身体没有穿插，并紧贴身体。

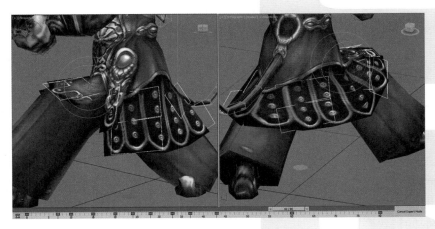

图 7-248 调整围裙在第 60 帧的姿势

GAME ART DESIGN BIBLE｜游戏美术设计宝典

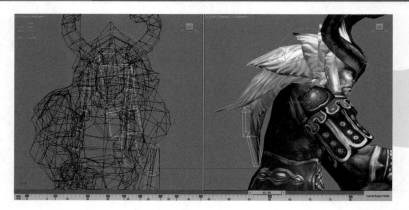

图 7-249 调整后面头发在第 60 帧的姿势

（8）拖动时间滑块到第 7 帧，再使用 Select and Rotate（选择并旋转）工具调整魔战士尾巴骨骼的角度，使尾巴的末端骨骼向前弯曲，制作出魔战士身体向后蓄力时尾巴向前移的姿势，如图 7-250 所示。然后拖动时间滑块到第 15 帧，再调整魔战士尾巴骨骼的角度，使尾巴弯曲并向右摆动，制作出魔战士第一击后尾巴跟随摆动的姿势，如图 7-251 所示。

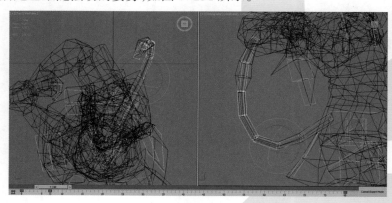

图 7-250 调整尾巴在第 7 帧的姿势

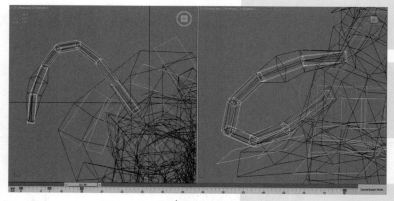

图 7-251 调整尾巴在第 15 帧的姿势

（9）拖动时间滑块到第 24 帧，再使用 Select and Rotate（选择并旋转）工具调整魔战士尾巴骨骼的角度，使尾巴弯曲并向左摆动，制作出魔战士尾巴配合身体进入第二击时的姿势，如图 7-252 所示。然后拖动时间滑块到第 37 帧，再调整魔战士尾巴骨骼的角度，使尾巴弯曲向后稍稍弯曲，制作出魔战士攻击时尾巴拉直的姿势，如图 7-253 所示。

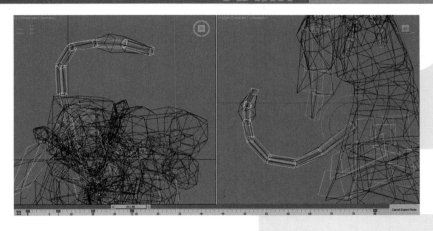

图 7-252 调整尾巴在第 24 帧的姿势

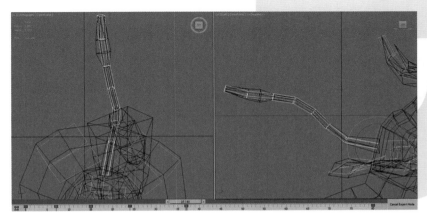

图 7-253 调整尾巴在第 37 帧的姿势

（10）拖动时间滑块到第 52 帧，再使用 Select and Rotate（选择并旋转）工具调整魔战士尾巴骨骼的角度，使魔战士尾巴向前弯曲，制作出魔战士尾巴配合攻击后缓冲的姿势，如图 7-254 所示。然后拖动时间滑块到第 60 帧，调整魔战士尾巴骨骼的角度，使魔战士尾巴稍稍向后移，制作出魔战士尾巴配合攻击后缓冲的姿势，如图 7-255 所示。

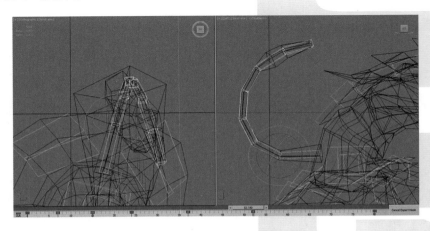

图 7-254 调整尾巴在第 52 帧的姿势

GAME ART DESIGN BIBLE｜游戏美术设计宝典

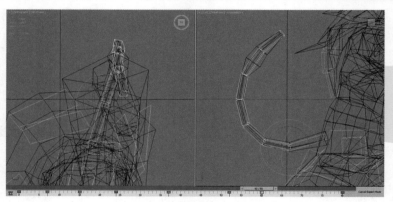

图 7-255　调整尾巴在第 60 帧的姿势

（11）拖动时间滑块到第 70 帧，再使用 Select and Rotate（选择并旋转）工具调整魔战士尾巴末端骨骼的角度，使尾巴稍稍弯曲并向左摆，如图 7-256 所示。

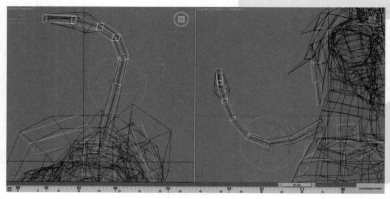

图 7-256　调整尾巴在第 70 帧的姿势

（12）单击 Playback（播放动画）按钮播放动画，这时可以看到魔战士二连击的动作中围裙、头发和尾巴的跟随运动，同时配合有身体伸展、缩放等细节动画。在播放动画的时候如发现幅度过大或不正确的地方，可以适当调整，从而完成魔战士二连击动画的制作。最后将文件保存为配套光盘中的"多媒体视频文件 \max\ 魔战士文件 \ 魔战士 – 连击.max"。

7.4.5　制作魔战士的技能攻击

技能攻击是游戏中战士最常见的战斗动作之一。在魔战士的技能攻击动作中，包括起跳蓄力和空中旋转发力攻击。首先我 们来看一下魔战士技能攻击动作的主要序列图，如图 7-257 所示。

图 7-257　魔战士的技能攻击序列图

（1）打开"魔战士 – 战斗姿势.max"文件，再选中所有的 Bone 骨骼，然后单击鼠标右键，从弹出的快捷菜单中选择 Hide Selection（隐藏选定对象）命令，将 Bone 骨骼隐藏，有利于选中 Biped 骨骼，从而保留第 0 帧的姿势作为魔战士技能攻击的初始关键帧，如图 7-258 所示。

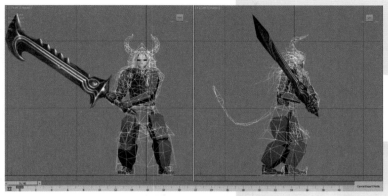

图 7-258　调整魔战士技能攻击的初始帧

（2）单击 AutoKey（自动关键点）按钮，再拖动时间滑块到第 6 帧，然后使用 Select and Move（选择并移动）和 Select and Rotate（选择并旋转）工具调整魔战士脊椎、腿部和手臂骨骼的位置和角度，制作出魔战士下蹲蓄力的姿势，如图 7-259 所示。接着进入 Motion（运动）面板下，并单击 Track Selection（轨迹选择）卷展栏下的 Body Horizontal（躯干水平）按钮，再单击 Key Info（关键信息点）卷展栏下的 Set Key（设置关键点）按钮，为质心的水平轨迹创建关键帧。同理，单击 Body Vertical（躯干垂直）和 Body Rotation（躯干旋转）轨迹创建关键帧，如图 7-260 所示。

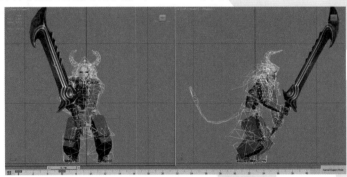

图 7-259　魔战士在第 6 帧的下蹲姿势

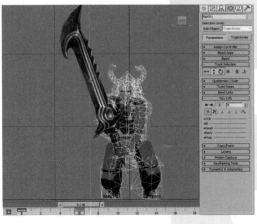

图 7-260　为质心的三个轨迹创建关键帧

GAME ART DESIGN BIBLE｜游戏美术设计宝典

> **提示:**在后面调整关键帧时,要不断为质心的三个轨迹创建关键帧,防止细微调整魔战士空中旋转时出现方向偏移。

(3)拖动时间滑块到第 11 帧,再使用 Select and Move(选择并移动)和 Select and Rotate(选择并旋转)工具调整魔战士脊椎、腿部、头和手臂骨骼的位置和角度,使魔战士身体上移,并向右旋转、后仰,蓝色脚尖触地,绿色腿抬起,头抬起,双手拿刀高举,制作出魔战士举刀跳起并进入旋转的姿势,如图 7-261 所示。然后选中蓝色脚掌骨骼,再单击 Key Info(关键点信息)卷展栏下的 Set Free Key(设置自由关键点)按钮取消滑动关键帧,选中绿色脚掌骨骼,再单击 Set Sliding Key(设置滑动关键点)按钮,接着单击 IK 组下的 Select Pivot(选择轴)按钮,并在视图中选中绿色脚尖上的蓝色点将滑动关键点设置在脚尖,如图 7-262 所示。

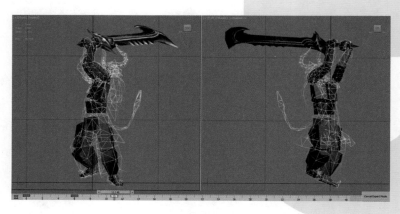

图 7-261 制作魔战士空中旋转的姿势

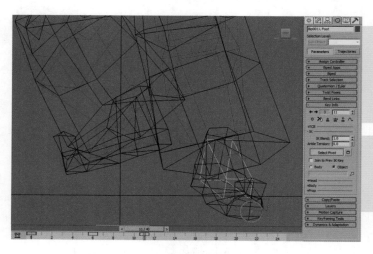

图 7-262 为绿色脚掌设置滑动关键帧

(4)拖动时间滑块到第 14 帧,再使用 Select and Move(选择并移动)和 Select and Rotate(选择并旋转)工具调整魔战士脊椎、腿部和手臂骨骼的位置和角度,使魔战士身体上移,并继续向右旋转、后仰,蓝色腿抬起、绿色脚掌脚跟抬起,脚趾触地,头抬起,双臂配合身体的姿势做出合理的摆动,制作出魔战士旋转到侧面的姿势,如图 7-263 所示。然后选中蓝色脚掌骨骼,再单击 Set Free Key(设置自由关键点)按钮取消滑动关键帧。

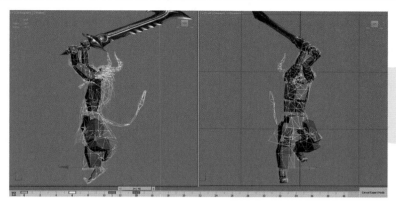

图 7-263 制作魔战士旋转到侧面的姿势

（5）同上，分别拖动时间滑块到第 16 和 19 帧，再使用 Select and Move（选择并移动）和 Select and Rotate（选择并旋转）工具调整魔战士质心、脊椎、腿部、头和手臂骨骼的位置和角度，使魔战士质心上移并向右旋转，身体后仰，头抬起，双手高举武器配合身体的姿势做出合理的摆动，制作出魔战士向上、向右旋转的姿势，如图 7-264 和图 7-265 所示。

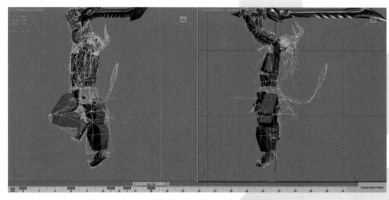

图 7-264 魔战士在第 16 帧时旋转的姿势

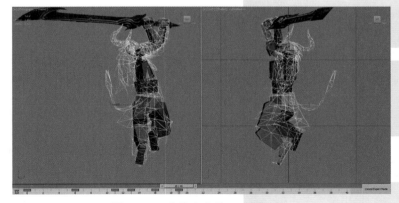

图 7-265 魔战士在第 19 帧的姿势

（6）拖动时间滑块到第 22 帧，再使用 Select and Move（选择并移动）和 Select and Rotate（选择并旋转）工具调整魔战士质心、脊椎、腿部、头和手臂骨骼的位置和角度，使魔战士质心下移并向右边旋转，身体稍向左偏，双腿弯曲，头部稍向左偏，双手举起武器，如图 7-266 所示。然后按下 Ctrl+A 键选中所有的骨骼，再框选第 0 帧的关键帧，并在按住 Shift 键的同时，拖动到第 40 帧。

GAME ART DESIGN BIBLE | 游戏美术设计宝典

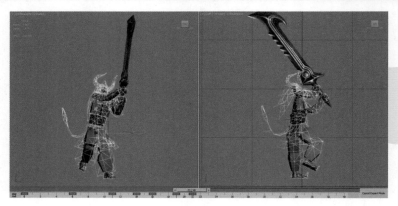

图 7-266　魔战士在第 22 帧的姿势

（7）拖动时间滑块到第 28 帧，再使用 Select and Move（选择并移动）和 Select and Rotate（选择并旋转）工具调整魔战士质心、脊椎、腿部、头和手臂骨骼的位置和角度，制作出双腿着地后向右挥动武器攻击的姿势，如图 7-267 所示。然后选中脚掌骨骼，再单击 Set Sliding Key（设置滑动关键点）按钮，为着地脚掌设置滑动关键帧，接着按下 Ctrl+A 键选中所有的骨骼，把第 28 帧的关键帧拖动到第 25 帧，使攻击力度更大。

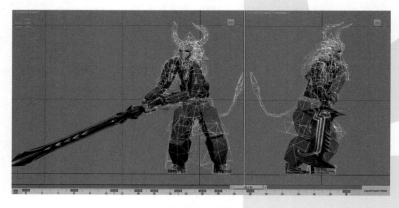

图 7-267　制作魔战士落地攻击的姿势

（8）拖动时间滑块到第 30 帧，再使用 Select and Rotate（选择并旋转）工具调整魔战士质心、脊椎和手臂骨骼的角度，使魔战士质心稍稍下移，身体由于惯性继续向右偏，同时手臂继续向右摆动，制作出魔战士攻击后缓冲的姿势，如图 7-268 所示。

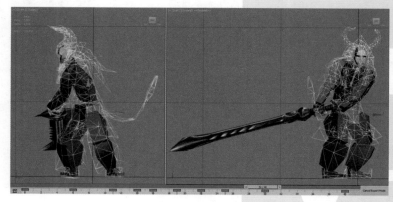

图 7-268　制作攻击后的缓冲姿势

（9）播放动画，观察动作的节奏，发现 40 个关键帧不能完整表现技能攻击的动作，需要增加时间范围。方法：单击动画控制区中的 Time Configuration（时间配置）按钮，把时间范围调整为 50 帧，然后按下 Ctrl+A 快捷键选中所有的骨骼，再框选第 40 帧的关键帧拖动到第 50 帧，把第 30 帧拖动到第 31 帧，接着拖动时间滑块到第 40 帧，再使用 Select and Rotate（选择并旋转）工具调整魔战士质心、脊椎和手臂骨骼的角度，制作出魔战士恢复初始姿势的过渡帧，如图 7-269 所示。

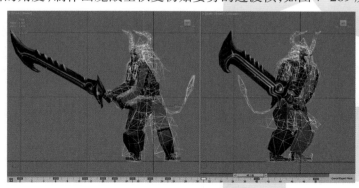

图 7-269　调整魔战士在第 40 帧的姿势

（10）选中蓝色手掌骨骼，再分别拖动时间滑块到第 0、50、6、22、25 和 31 帧，然后单击 Motion（运动）面板下 Key Info（关键点信息）卷展栏下的 Set Planted Key（设置踩踏关键点）按钮，为手掌设置踩踏关键帧，如图 7-270 所示。

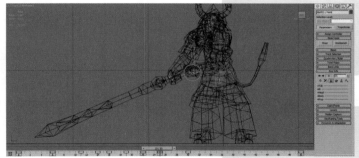

图 7-270　为蓝色手掌设置踩踏关键帧

（11）播放动画，观察动作的节奏，选中所有的 Biped 骨骼，再把第 31 帧拖动到第 32 帧，把第 40 帧拖动到第 43 帧，然后拖动时间滑块到第 36 帧，再使用 Select and Move（选择并移动）和 Select and Rotate（选择并旋转）工具调整魔战士质心、脊椎和手臂骨骼的位置和角度，制作出魔战士恢复初始帧的过渡姿势，如图 7-271 所示。

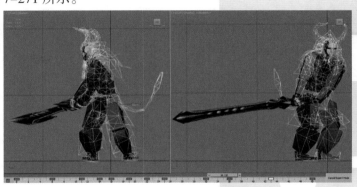

图 7-271　调整魔战士攻击后慢慢恢复初始帧的姿势

（12）调整攻击后头部的运动变化。方法：双击脖子骨骼，从而选中脖子、手臂和头部骨骼，再拖动时间滑块到第 36 帧，并按下 Delete 键删除关键帧。然后选中头部骨骼，再分别拖动时间滑块到第 36 帧，并使用 Select and Rotate（选择并旋转）工具调整魔战士头部骨骼向右偏的姿势，如图 7-272 所示。接着选中第 25 帧关键帧，再按下 Delete 键删除关键帧。最后拖动时间滑块到第 26 帧，再使用 Select and Rotate（选择并旋转）工具沿 X 轴顺时针调整头部骨骼的角度，如图 7-273 所示。

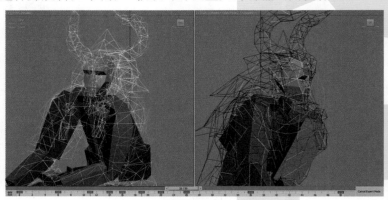
图 7-272 调整头在第 36 帧的姿势

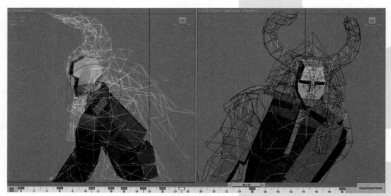
图 7-273 调整头在第 26 帧的姿势

（13）调整姿势间的衔接，以保证姿势更加合理和流畅。方法：拖动时间滑块到第 24 帧，再使用 Select and Move（选择并移动）和 Select and Rotate（选择并旋转）工具调整魔战士脊椎、手臂和腿部骨骼的角度，使魔战士身体恢复正面，武器位于中间并朝上，绿色脚掌脚尖踮起，制作出魔战士落地过渡帧的姿势，如图 7-274 所示。

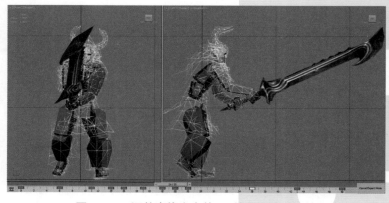
图 7-274 调整魔战士在第 24 帧落地的过渡帧

（14）拖动时间滑块到第 3 帧，选中绿色脚掌骨骼，再单击 Motion（运动）面板下的 Key Info（关键点信息）卷展栏下的 Set Sliding Key（设置滑动关键点）按钮，然后单击 IK 组下的 Select Pivot（选择轴）按钮，再选中脚尖上的一个蓝色点，接着关闭 Select Pivot（选择轴）按钮，再使用 Select and Move（选择并移动）和 Select and Rotate（选择并旋转）工具调整魔战士绿色脚掌骨骼和质心的位置和角度，使绿色脚尖踮起，质心上移并左移，制作出魔战士蓄力时的过渡姿势，如图 7-275 所示。最后选中绿色脚掌骨骼，再单击 Set Free Key（设置自由关键点）按钮取消滑动关键帧。

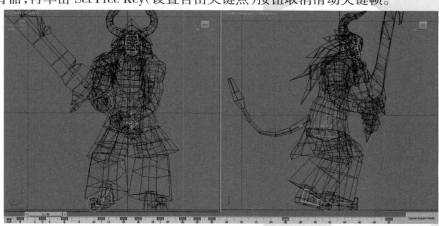

图 7-275　魔战士绿色脚掌在第 3 帧的姿势

（15）播放动画，观察动作的节奏，发现 50 个关键帧稍少，不能完整表现技能攻击动作，需要增加时间范围。单击动画控制区中的 Time Configuration（时间配置）按钮，把时间范围调整为 60 帧。然后选中所有的骨骼，并选中除第 0 帧的关键帧，往后移 2 个关键帧，再选中除第 0 和 5 帧的关键帧，往后移 3 个关键帧，效果如图 7-276 所示。

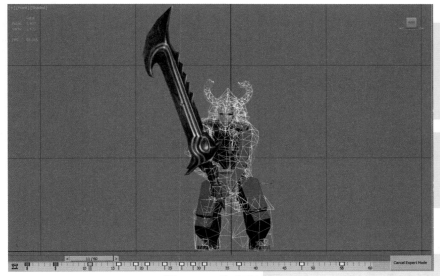

图 7-276　移动关键帧

（16）魔战士的技能攻击动作过程中，手臂是不断挥动的。因此手臂要配合身体的运动变化，不断调整在前后和上下方向的角度大小。分别拖动时间滑块到第 42、45、47 和 50 帧，并使用 Select and Rotate（选择并旋转）工具调整魔战士绿色手掌骨骼的角度，制作出魔战士拿刀慢慢恢复初始帧的细微运动变化，如图 7-277 所示。

GAME ART DESIGN BIBLE｜游戏美术设计宝典

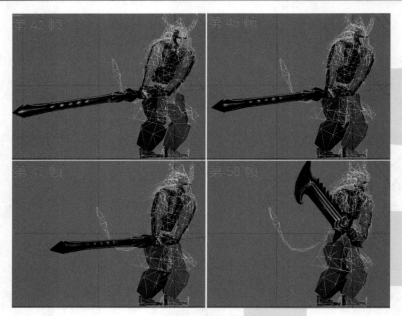

图 7-277 调整绿色手臂的细微动画

（17）按下 Ctrl+A 快捷键选中所有的骨骼，再把第 50 帧拖动到第 51 帧，把第 55 帧拖动到第 58 帧，然后框选第 24~58 帧关键帧整体向前面拖动 1 帧，框选第 23~57 帧关键帧整体向前面拖动 1 帧，框选第 19~56 帧关键帧整体向前面拖动 1 帧，框选第 34~55 帧关键帧整体向前面拖动 1 帧，框选第 11~54 帧关键帧整体向前面拖动 2 帧，最后框选第 12~51 帧关键帧整体向后拖动 4 帧，效果如图 7-278 所示。

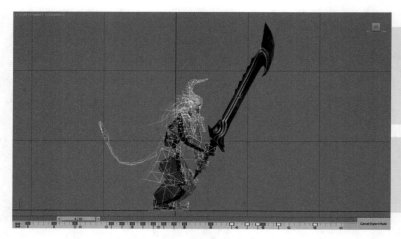

图 7-278 调整关键帧之间的时间差距

（18）在第 13 帧添加过渡帧。方法：按住 Shift 键的同时，拖动到第 13 帧，再拖动时间滑块到第 13 帧，并使用 Select and Move（选择并移动）和 Select and Rotate（选择并旋转）工具调整魔战士的质心、脊椎、手臂和头部骨骼的位置和角度，制作出魔战士稍稍向前倾的姿势，如图 7-279 所示。

（19）单击 Playback（播放动画）按钮播放动画，不断观察动画的运动节奏，如果出现节奏不合理的地方，可以通过调整关键帧的位置来进行适当的调节，如图 7-280 所示。

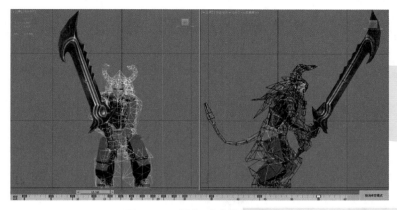

图 7-279　添加过渡帧的姿势

图 7-280　调整时间范围和关键帧的位置

调整围裙、头发和尾巴的姿势

（1）单击鼠标右键，在弹出的快捷菜单中选择 Unhide All（全部取消隐藏）命令，取消对 Bone 骨骼的隐藏。然后选中武器的骨骼，单击鼠标右键，在弹出的快捷菜单中选择 Hide Selection（隐藏选定对象）命令，如图 7-281 所示。

图 7-281　显示 Bone 骨骼

（2）拖动时间滑块到第 9 帧,再使用 Select and Rotate(选择并旋转)工具调整魔战士围裙、头发和胡子骨骼的角度,使魔战士围裙稍稍上飘并与腿部没有穿插,前面头发和胡子稍稍上飘,背面头发向下弯曲,制作出围裙、头发配合魔战士身体下蹲蓄力的姿势,如图 7-282~ 图 7-284 所示。同理,调整围裙、头发和胡子在第 5 帧的姿势。

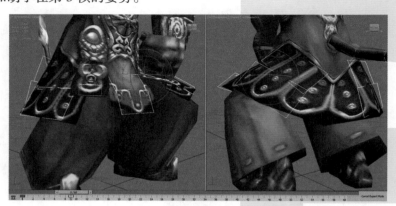

图 7-282　调整围裙在第 9 帧的姿势

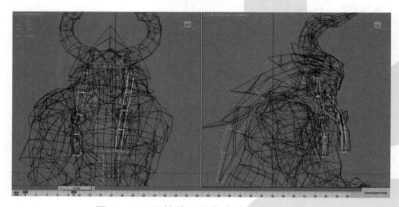

图 7-283　调整前面头发在第 9 帧的姿势

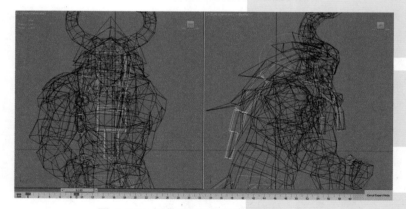

图 7-284　调整后面头发在第 9 帧的姿势

（3）拖动时间滑块到第 13 帧,再使用 Select and Rotate(选择并旋转)工具调整魔战士围裙、头发和胡子骨骼的角度,制作出围裙、头发配合魔战士身体准备起跳时的姿势,如图 7-285~ 图 7-287 所示。然后选中所有的 Bone 骨骼,如图 7-288 中 A 所示,再单击 Set Keys(设置关键点)按钮,为所有的 Bone 骨骼创建关键帧,如图 7-288 中 B 所示。

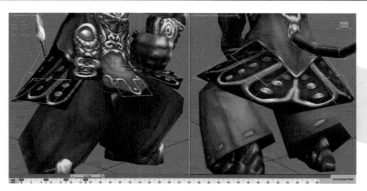

图 7-285　调整围裙在第 13 帧的姿势

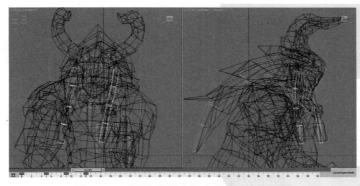

图 7-286　调整前面头发在第 13 帧的姿势

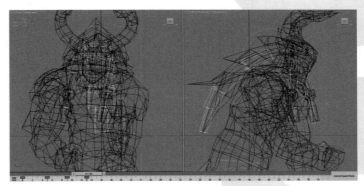

图 7-287　调整后面头发在第 13 帧的姿势

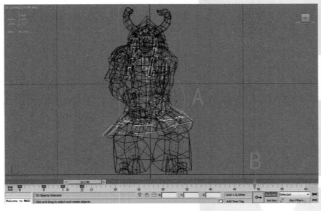

图 7-288　为 Bone 骨骼创建关键帧

（4）拖动时间滑块到第 18 帧,再使用 Select and Rotate(选择并旋转)工具调整魔战士围裙、头发和胡子骨骼的角度,使魔战士围裙下移并向左飘动,前面头发下飘触碰身体,后面头发翘起并向左飘,制作出围裙、头发配合魔战士身体旋转的姿势,如图 7-289~ 图 7-291 所示。同理,调整围裙、头发在第 24 帧的姿势。

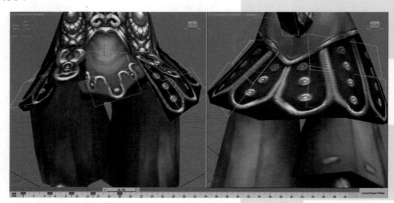

图 7-289 调整围裙在第 18 帧的姿势

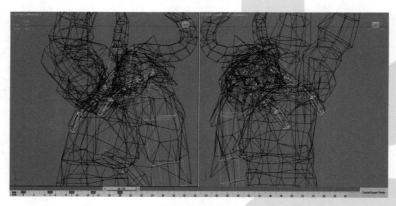

图 7-290 调整前面头发在第 18 帧的姿势

图 7-291 调整后面头发在第 18 帧的姿势

提示: 在旋转过程中,质心和身体向右旋转,相反的力对围裙和头发产生作用,使围裙和头发向左飘动。魔战士在旋转上升过程中,围裙和头发下移;下落过程中,围裙和头发上移。

（5）拖动时间滑块到第 28 帧，再使用 Select and Rotate（选择并旋转）工具调整魔战士围裙、头发和胡子骨骼的角度，使魔战士围裙上移并向左飘动，前面头发上移并向左飘动，后面头发翘起并向左飘动，制作出魔战士身体下落时围裙、头发飘起的姿势，如图 7-292~图 7-294 所示。

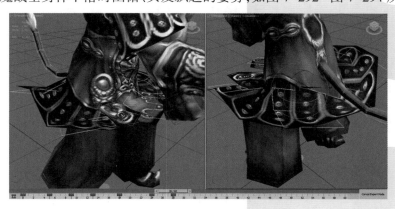

图 7-292　调整围裙在第 28 帧的姿势

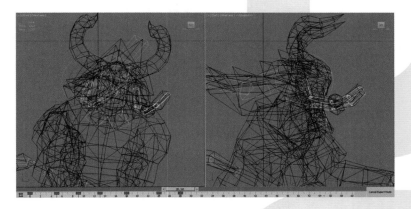

图 7-293　调整前面头发在第 28 帧的姿势

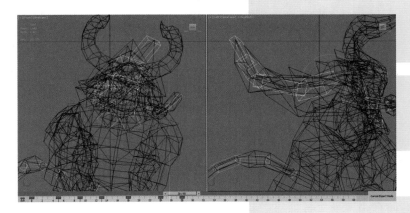

图 7-294　调整后面头发在第 28 帧的姿势

（6）拖动时间滑块到第 35 帧，再使用 Select and Rotate（选择并旋转）工具调整魔战士围裙、头发和胡子骨骼的角度，使魔战士围裙下移并稍稍向左飘动，前面头发下移并向右飘动，后面头发翘起并向左飘动，制作出魔战士身体攻击后围裙、头发下移的姿势，如图 7-295~图 7-297 所示。

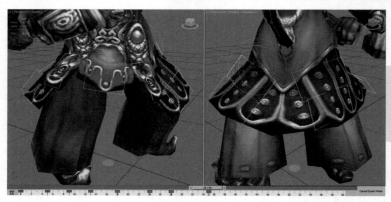

图 7-295　调整围裙在第 35 帧的姿势

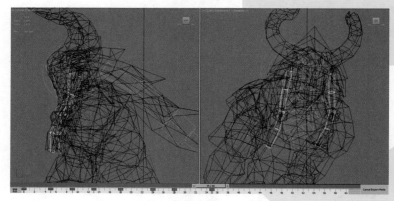

图 7-296　调整前面头发在第 35 帧的姿势

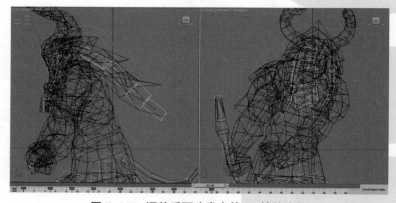

图 7-297　调整后面头发在第 35 帧的姿势

　　(7)拖动时间滑块到第 44 帧,再使用 Select and Rotate(选择并旋转)工具调整魔战士围裙、头发和胡子骨骼的角度,使魔战士围裙下移并向右飘动,前面头发稍稍下移并向右飘动,后面头发下移并稍稍向左飘动,制作出魔战士身体攻击后围裙、头发下移的姿势,如图 7-298~ 图 7-300 所示。

　　(8)选中所有的骨骼,并选中第 0 帧的姿势,再按住 Shift 键的同时,拖动到第 55 帧,然后单击 Time Configuration(时间配置)按钮,把时间范围调整为 55 帧,再拖动时间滑块到第 32 帧,使用 Select and Rotate(选择并旋转)工具调整魔战士头发骨骼的角度,使魔战士前面头发上移并向左飘动,背面头发翘起并向左飘动,如图 7-301 和图 7-302 所示。

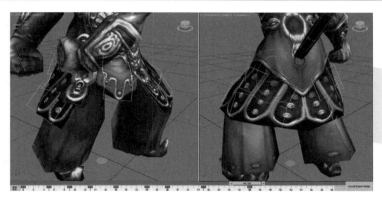

图 7-298 调整围裙在第 44 帧的姿势

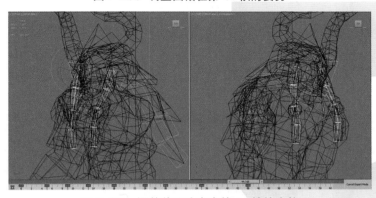

图 7-299 调整前面头发在第 44 帧的姿势

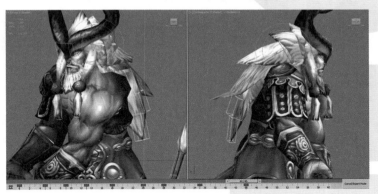

图 7-300 调整后面头发在第 44 帧的姿势

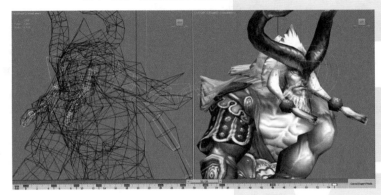

图 7-301 调整前面头发在第 32 帧的姿势

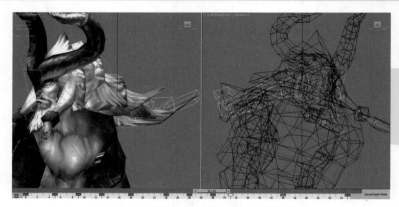

图 7-302 调整后面头发在第 32 帧的姿势

（9）双击后面头发根骨骼，从而选中后面头发的整条骨骼，再选中第 35 帧关键帧，按下 Delete 键删除关键帧，然后选中第 44 帧的姿势，拖动到第 38 帧。然后拖动时间滑块到第 44 帧，再使用 Select and Rotate（选择并旋转）工具调整魔战士头发骨骼的角度，使后面头发翘起并向左边飘动，如图 7-303 所示。

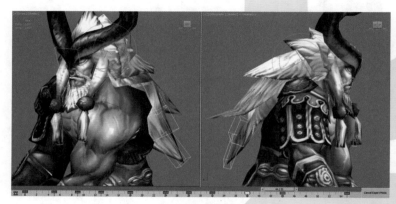

图 7-303 调整后面头发在第 44 帧的姿势

（10）调整魔战士蓄力过程中尾巴骨骼的姿势。方法：分别拖动时间滑块到第 5、9 和 13 帧，再使用 Select and Rotate（选择并旋转）工具调整魔战士尾巴骨骼的角度，制作出魔战士尾巴配合身体蓄力过程中的运动变化，如图 7-304~ 图 7-306 所示。然后选中尾巴的 Bone 骨骼，再单击 Set Keys（设置关键点）按钮，为尾巴的 Bone 骨骼创建关键帧。

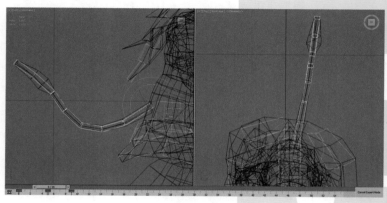

图 7-304 调整尾巴在第 5 帧的姿势

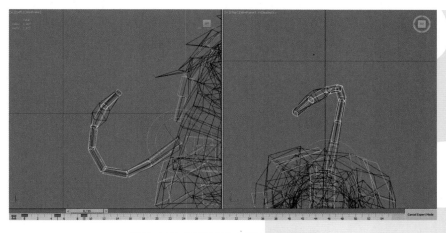

图 7-305　调整尾巴在第 9 帧的姿势

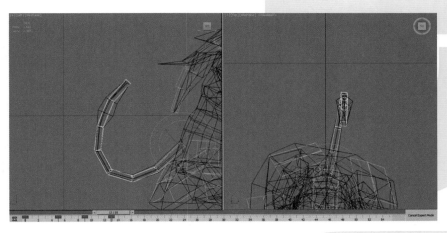

图 7-306　调整尾巴在第 13 帧的姿势

（11）调整旋转过程中围裙的过渡帧。方法：拖动时间滑块到第 20 和 22 帧，再使用 Select and Rotate（选择并旋转）工具调整魔战士围裙骨骼的角度，使腿部不要穿过围裙，如图 7-307 和图 7-308 所示。

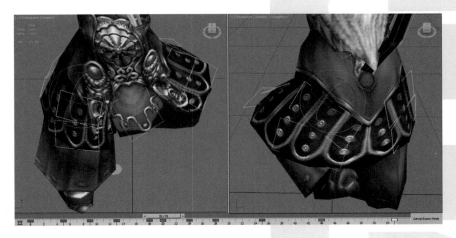

图 7-307　调整围裙在第 20 帧的姿势

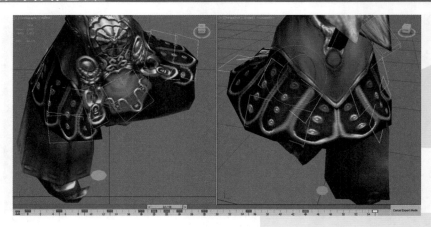

图 7-308 调整围裙在第 22 帧的姿势

　　(12)调整魔战士旋转过程中尾巴的姿势。方法:分别拖动时间滑块到第 18、24 和 28 帧,再使用 Select and Rotate(选择并旋转)工具调整魔战士尾巴骨骼的角度,制作出魔战士尾巴配合身体旋转过程中的运动变化,如图 7-309~ 图 7-311 所示。然后选中尾巴的所有 Bone 骨骼,再选中第 0 帧的关键帧,在按住 Shift 键的同时,拖动到第 55 帧。

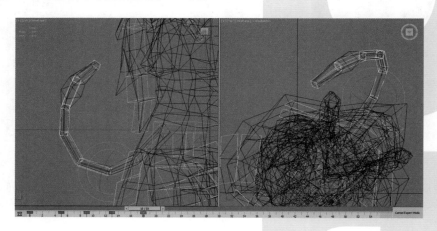

图 7-309 调整尾巴在第 18 帧的姿势

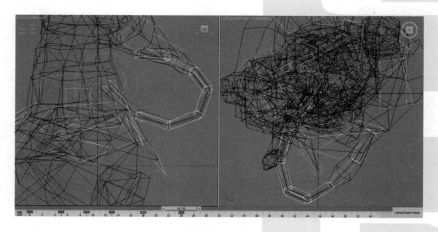

图 7-310 调整尾巴在第 24 帧的姿势

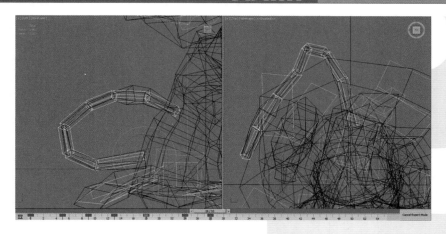

图 7-311　调整尾巴在第 28 帧的姿势

（13）调整魔战士攻击和恢复初始状态过程中尾巴的运动变化。方法：拖动时间滑块到第 35、40 和 47 帧，使用 Select and Rotate（选择并旋转）工具调整魔战士尾巴骨骼的角度，制作出尾巴配合魔战士身体攻击和恢复过程中的运动变化，如图 7-312~ 图 7-314 所示。

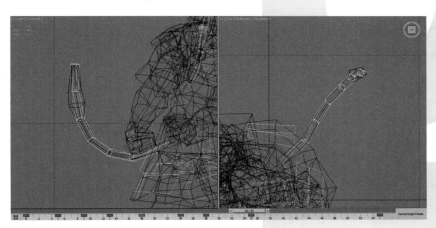

图 7-312　调整尾巴在第 35 帧的姿势

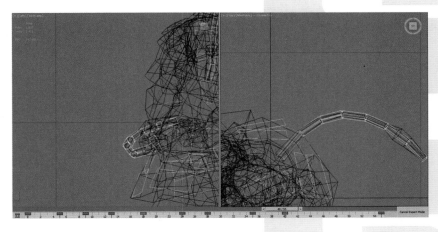

图 7-313　调整尾巴在第 40 帧的姿势

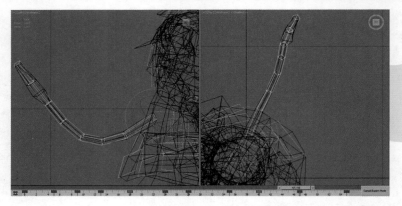

图 7-314　调整尾巴在第 47 帧的姿势

（14）单击 Playback（播放动画）按钮播放动画，这时可以看到魔战士技能攻击的动作中围裙、头发和尾巴的跟随运动，同时配合有身体伸展、缩放等细节动画。在播放动画的时候如发现幅度过大或不正确的地方，可以适当调整，从而完成技能攻击动画的制作。最后将文件保存为配套光盘中的"多媒体视频文件 \max\ 魔战士文件 \ 魔战士 – 技能攻击.max"。

7.5　自我训练

一、填空题

　　1.冻结模型时，取消选中 Show Frozen in Gray 选项，目的是（　　　　　　　　）。

　　2.在激活 Bone Edit Mode（骨骼编辑模式）按钮时，不能使用（　　　　　　）工具调整骨骼，否则会造成骨骼断链。而调整骨骼的大小时，则必须退出（　　　　　　）。

　　3.在调节封套时，不同的顶点颜色代表受到骨骼封套影响的不同权重，（　　　　　　）代表顶点的权重值最大，（　　　　　　）代表顶点的权重值最小，（　　　　　　）代表顶点的权重值为 0.0。

二、简答题

　　1.简述使用 Bone Tools（骨骼工具）卷展栏命令镜像骨骼的方法。

　　2.简述飘带插件的基本使用方法。

三、操作题

　　利用本章讲解知识，为一个双手持武器的角色模型创建骨骼并蒙皮，并制作攻击动画。

第8章
四足人形怪
动画制作

本节通过游戏高级怪物——四足BOSS的动
画设计，演示四足人形怪物的动画创作方法和
思路。

◆学习目标
·掌握四足人形角色的骨骼创建方法
·掌握四足人形角色的蒙皮设定
·了解四足人形角色的运动规律
·掌握四足人形角色的动画制作方法
·掌握飘带插件制作尾巴动画的方法

◆学习重点
·掌握四足人形角色的骨骼创建方法
·掌握四足人形角色的蒙皮设定
·掌握四足人形角色的动画制作方法
·掌握飘带插件制作尾巴动画的方法

本章将讲解四足人形怪物——BOSS 的行走、奔跑、普通攻击、三连击和死亡动画的制作方法。动画效果如图 8-1(a)~(e)所示。通过本例的学习,读者应掌握创建 Bone 骨骼、Skin(蒙皮)以及战士动画的基本制作方法。

(a) 行走动画

(b) 跑步动画

(c) 普通攻击动画

(d) 特殊攻击动画

图 8-1 BOSS

(e)　死亡动画

图 8-1　BOSS(续)

8.1　BOSS 的骨骼创建

在创建 BOSS 骨骼时,我们使用传统的 Biped 骨骼和 Bone 骨骼相结合。BOSS 身体骨骼创建分为创建 Biped 骨骼、匹配骨骼到模型、创建 Bone 骨骼三部分内容。

8.1.1　创建 Biped 骨骼

(1)模型归零。方法:选中 BOSS 的模型,如图 8-2 中 A 所示,再把场景中 BOSS 模型的坐标调整到原点(X:0,Y:0,Z:0),如图 8-2 中 B 所示。

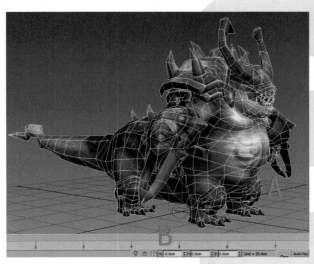

图 8-2　模型坐标归零

(2)进入前视图,单击 Create(创建)面板下 Systems(系统)中的 Biped 按钮,在视图中坐标中心拖出一个两足角色(Biped),如图 8-3 所示。

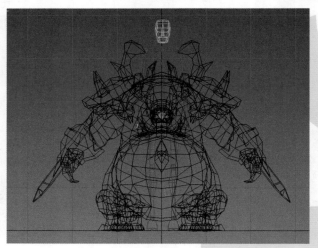

图 8-3　在前视图中拖出一个 Biped 两足角色

　　(3)设置骨骼以方框显示。方法：双击质心，从而选中全部骨骼，如图 8-4 中 A 所示。再单击鼠标右键，并从弹出的快捷菜单中选择 Object Properties(对象属性)命令，如图 8-4 中 B 所示。然后在弹出的Object Properties(对象属性)对话框中选中 Display as Box(显示为外框)选项，如图 8-4 中 C 所示，再单击 OK 按钮，从而把选中的骨骼设置成方框显示，效果如图 8-5 所示。

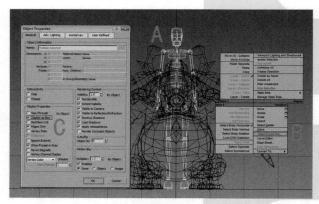

图 8-4　选择骨骼并改变显示模式

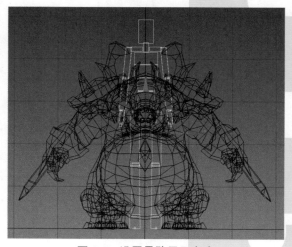

图 8-5　设置骨骼显示方式

（4）因为 BOSS 是四足身体结构，所以需要调整 Biped 的结构数据，使之更加符合 BOSS 模型的结构。方法：选择质心，再进入 Motion（运动）面板，打开 Biped 卷展栏，然后单击 Figure Mode（体形模式）按钮，如图中 8-6 中 A 所示。再打开 Structure（结构）卷展栏，修改 Finger Links 的结构参数为 1，如图 8-6 中 B 所示。

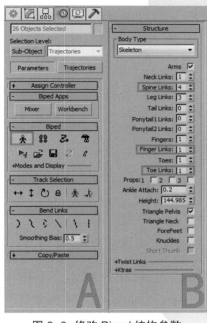

图 8-6 修改 Biped 结构参数

（5）选择两足的质心，再设置 X 轴的坐标为 0，如图 8-6 中 A 所示，从而把骨骼和模型居中对齐，如图 8-7 中 B 所示。

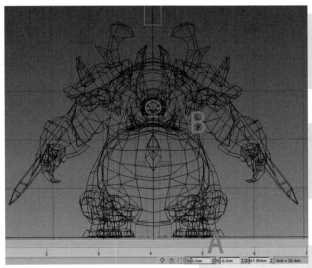

图 8-7 调整质心到模型中心

（6）进入左视图，再使用 Select and Move（选择并移动）工具移动质心到模型的臀部位置，如图 8-8 中 A 所示，然后使用 Select and Rotate（选择并旋转）工具旋转质心，使 Biped 骨骼的整体角度与 BOSS 的身体结构大致匹配，如图 8-8 中 B 所示。

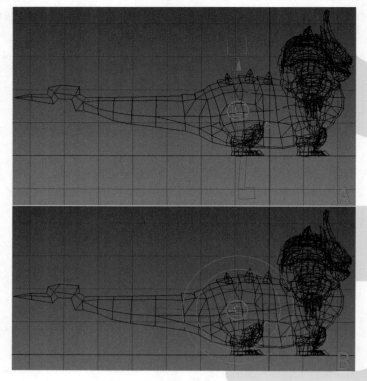

图 8-8　初步调整质心的位置

（7）匹配盆骨到模型。方法：选中盆骨，再在工具栏上单击 Select and Scale（选择并缩放）工具，并选择 Local（局部）坐标系，如图 8-9 中 A 所示。然后在左视图和顶视图中调整好盆骨骨骼的大小，如图 8-9 中 B 和 C 所示。

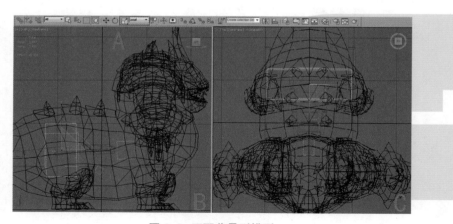

图 8-9　匹配盆骨到模型

8.1.2　匹配骨骼到模型

（1）匹配腿部骨骼到模型。方法：选中绿色后腿骨骼，并在左视图和前视图下使用 Select and Move（选择并移动）、Select and Rotate（选择并旋转）和 Select and Uniform Scale（选择并均匀缩放）工具调整骨骼的位置、角度和大小，使之与 BOSS 的后腿模型匹配，效果如图 8-10 所示。

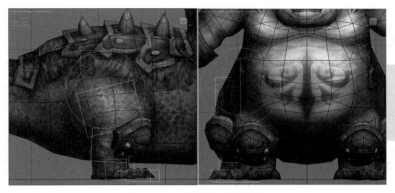

图 8-10 匹配绿色后腿骨骼

（2）复制后腿骨骼的姿态。方法：双击绿色后腿的大腿骨骼，从而选择整条绿色后腿骨骼，如图 8-11 中 A 所示。然后单击 Create Collection（创建集合）按钮，再激活 Posture（姿态）按钮，接着单击 Copy Posture（复制姿态）按钮，再单击 Paste Posture Opposite（向对面粘贴姿态）按钮，这样就把绿色后腿的姿势复制到蓝色后腿骨骼，如图 8-11 中 B 所示。

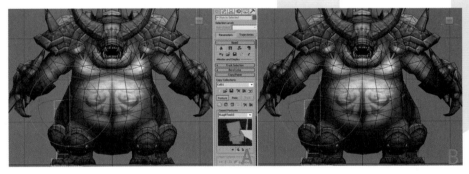

图 8-11 复制后腿骨骼姿态

（3）匹配第四节和第三节脊椎骨骼到模型。方法：分别选中第四节和第三节脊椎骨骼，并在左视图和顶视图中使用 Select and Uniform Scale（选择并均匀缩放）工具调整脊椎骨骼的大小，使第四节和第三节脊椎骨骼与 BOSS 模型的身体匹配，如图 8-12 所示。

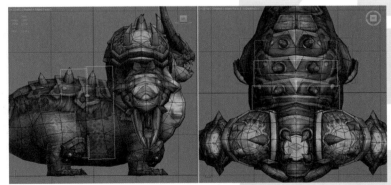

图 8-12 匹配第四节和第三节脊椎骨骼到模型

（4）匹配第二节和第一节脊椎骨骼到模型。方法：分别选中第二节和第一节脊椎骨骼，并在左视图和前视图中使用 Select and Rotate（选择并旋转）和 Select and Uniform Scale（选择并均匀缩放）工具调整脊椎骨骼的角度和大小，使第二节和第一节脊椎骨骼跟 BOSS 模型进行匹配，如图 8-13 所示。

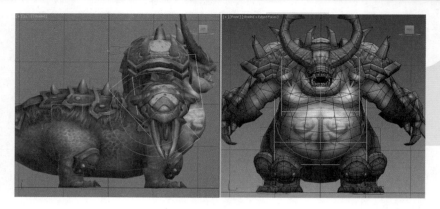

图8-13 匹配第二节和第一节脊椎骨骼

（5）头、颈骨骼匹配。方法：选中颈部骨骼，再使用Select and Move（选择并移动）工具在左视图中向下调整骨骼的位置，使颈部骨骼跟模型完好匹配，如图8-14所示。然后选中头部骨骼，再使用Select and Rotate（选择并旋转）和Select and Uniform Scale（选择并均匀缩放）工具在左视图和前视图中调整头部骨骼的角度和大小，使骨骼与模型完好匹配，如图8-15所示。

图8-14 颈部骨骼的匹配

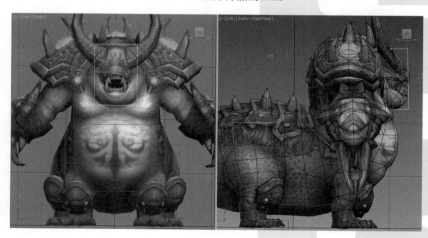

图8-15 头部骨骼的匹配

（6）匹配绿色前腿的骨骼。方法：选中绿色前腿的大腿骨骼，再使用 Select and Move（选择并移动）工具在前视图调整骨骼的位置，使之与模型相匹配，如图 8-16 所示。然后使用 Select and Rotate（选择并旋转）和 Select and Uniform Scale（选择并均匀缩放）工具调整绿色前腿骨骼的角度和大小，使之完好匹配到 BOSS 的前腿模型，如图 8-17 所示。

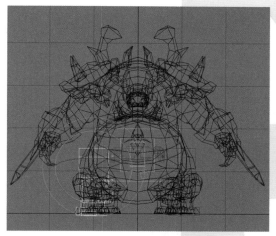

图 8-16　匹配绿色前腿骨骼到模型

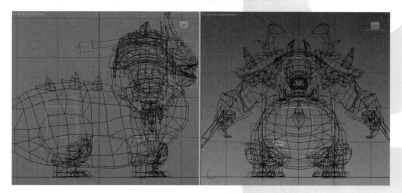

图 8-17　匹配绿色前腿骨骼到模型

（7）复制前腿骨骼的姿态。方法：双击绿色前腿的大腿骨骼，快速选中整个绿色前腿骨骼，然后单击 Copy Posture（复制姿态）按钮，再单击 Paste Posture Opposite（向对面粘贴姿态）按钮，从而将绿色前腿骨骼的姿势复制到蓝色前腿骨骼，效果如图 8-18 所示。

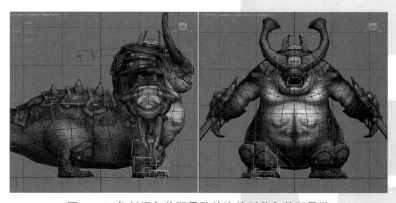

图 8-18　复制绿色前腿骨骼的姿势到蓝色前腿骨骼

8.1.3 创建 Bone 骨骼

（1）分离和隐藏肩甲的模型。方法：选择 BOSS 的模型，再进入 Modify（修改）面板的 Element（元素）层级，然后选中肩甲模型，如图 8-19 中 A 所示。再单击 Detach（分离）按钮，如图 8-19 中 B 所示。接着在弹出的 Detach（分离）对话框中单击 OK 按钮，如图 8-19 中 C 所示，从而把肩甲从模型中整体分离出来。最后退出 Element（元素）层级，并选中肩甲的模型，再执行右键菜单中的 Hide Selection（隐藏选定对象）命令，隐藏肩甲模型，如图 8-20 所示。

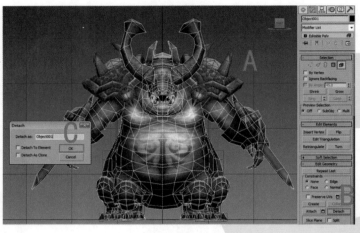

图 8-19　分离肩甲的模型

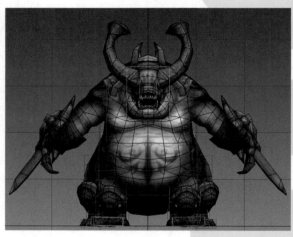

图 8-20　隐藏肩甲的模型

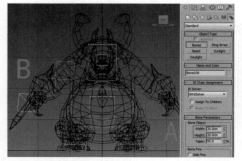

图 8-21　创建右臂骨骼

（2）创建和匹配右臂的骨骼。方法：单击 Create（创建）面板下 Systems（系统）中的 Bones 按钮，再设置 Bone Parameter（骨骼参数）卷展栏下 Bone Object（骨骼对象）组的 Width（宽度）和 Height（高度）的值，如图 8-21 中 A 所示。然后在前视图中参照 BOSS 右臂的结构布线，创建出两节骨骼，再单击鼠标右键结束创建，如图 8-21 中 B 所示。

（3）选中末端骨骼，再按下 Delete 键删除，然后双击根骨骼选中整条 Bone 骨骼，并单击鼠标右键，从弹出的菜单中选择 Object Properties（对象属性）命令，接着在弹出的 Object Properties（对象属性）对话框中选中 Display as Box（显示为外框）选项，使 Bone 骨骼以方框形式来显示。最后使用 Select and Move（选择并移动）工具在左视图中调整骨骼的位置，使骨骼与 BOSS 的右臂进行匹配，效果如图 8-22 所示。

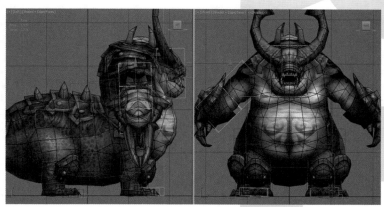

图 8-22　准确调整 Bone 骨骼

（4）创建和匹配手掌的骨骼。方法：单击 Create（创建）面板下 Systems（系统）中的 Bones 按钮，再设置 Width（宽度）和 Height（高度）的值，然后在前视图中参照 BOSS 手掌结构，单击四次鼠标创建四节骨骼，再单击鼠标右键结束创建，接着按下 Delete 键删除系统自动生成的末端骨骼，再把骨骼设置为方框显示，最后使用 Select and Move（选择并移动）工具在左视图中调整手掌骨骼的位置，使骨骼与 BOSS 模型完好匹配，效果如图 8-23 所示。同理，创建和匹配大拇指的骨骼，效果如图 8-24 所示。

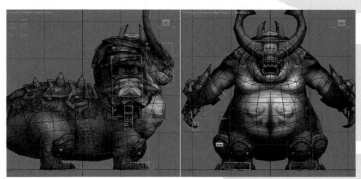

图 8-23　创建和匹配手掌骨骼

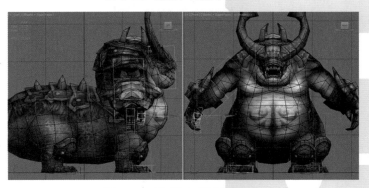

图 8-24　创建和匹配拇指骨骼

（5）同上，在前视图中参照 BOSS 右肩结构，创建出一节肩膀骨骼，然后使用 Select and Move（选择并移动）工具在左视图中调整骨骼的位置，使骨骼与 BOSS 模型的肩膀完好匹配，效果如图 8-25 所示。

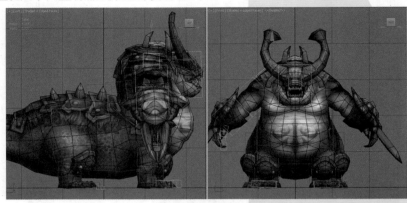

图 8-25　创建和匹配右肩骨骼

（6）右侧手臂的骨骼链接。方法：选中右侧上臂骨骼，再单击工具栏中的 Select and Link（选择并链接）按钮，然后按住鼠标左键拖动至肩膀骨骼上并松开鼠标左键，从而将手臂链接到肩膀，如图 8-26 所示。同理，链接手掌和拇指的根骨骼到前臂骨骼，如图 8-27 所示。接着使用 Select and Rotate（选择并旋转）工具调整手臂骨骼的角度，验证链接是否成功，验证成功之后，再按 Ctrl+Z 键撤销骨骼的调整。

图 8-26　链接手臂骨骼到肩膀骨骼

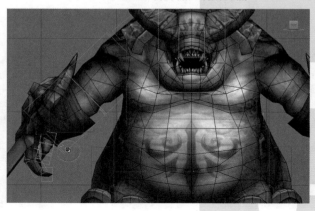

图 8-27　链接手掌骨骼到前臂骨骼

（7）复制并镜像右手的骨骼到左手模型上。方法：选中右手的所有骨骼，按住 Shift 键的同时进行拖动，然后在弹出的 Clone Options（克隆选项）对话框中设置好参数，如图 8-28 中 A 所示，再单击 OK 按钮，完成复制骨骼，效果如图 8-28 中 B 所示。接着单击工具栏下的 Mirror（镜像）按钮，并在弹出的对话框中设置好参数，如图 8-29 中 A 所示，再单击 OK 按钮，完成骨骼的镜像，效果如图 8-29 中 B 所示。最后使用 Select and Move（选择并移动）工具调整骨骼的位置，匹配到左侧手臂模型，最终效果如图 8-30 所示。

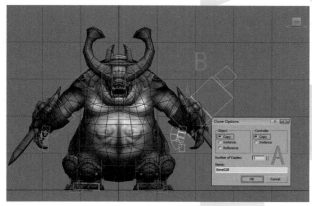

图 8-28　复制右手骨骼

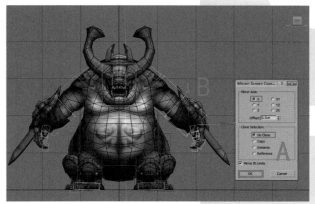

图 8-29　镜像骨骼

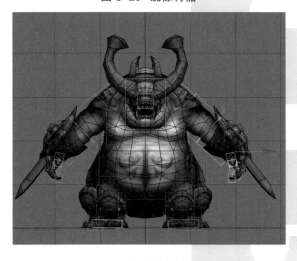

图 8-30　匹配骨骼到左侧手臂的模型

（8）创建尾巴的骨骼。方法：单击 Create（创建）面板下 Systems（系统）中的 Bones（骨骼）按钮，并设置好骨骼尺寸，如图 8-31 中 A 所示。然后在左视图中参照尾巴结构创建出八节骨骼，再单击鼠标右键结束创建，接着按下 Delete 键删除系统自动生成的末端骨骼，再把尾巴骨骼设置为以方框显示，如图 8-31 中 B 所示。

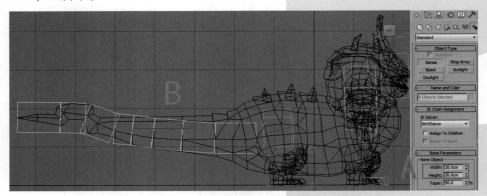

图 8-31　创建和匹配尾巴骨骼

（9）尾巴骨骼的链接。方法：选中尾巴的根骨骼，再单击工具栏中的 Select and Link（选择并链接）按钮，然后按住鼠标左键拖动至质心上并松开鼠标左键完成链接，如图 8-32 所示。

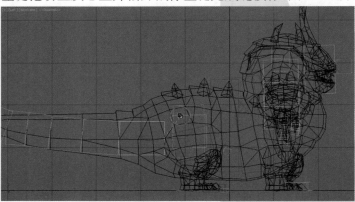

图 8-32　链接尾巴骨骼到质心

（10）同上，把右肩骨骼链接到第二节脊椎骨骼，如图 8-33 所示，然后使用 Select and Rotate（选择并旋转）工具调整第二节脊椎骨骼，检查链接是否成功，接着按下 Ctrl+Z 键撤销骨骼的调整。同理，把左肩骨骼链接到第二节脊椎骨骼。

图 8-33　链接肩膀骨骼到第二节脊椎骨骼

8.2 BOSS 的蒙皮设定

　　Skin(蒙皮)的优点是可以自由选择骨骼来进行蒙皮,而且可方便、快捷地调节权重。本节内容分为给 BOSS 模型添加 Skin(蒙皮)修改器、调节封套权重两个部分。

8.2.1 添加蒙皮修改器

　　(1)为 BOSS 模型添加蒙皮修改器。方法:选中 BOSS 模型,再进入 Modify(修改)面板,然后在 Modifier List(修改器列表)下拉列表中选择 Skin(蒙皮)修改器,如图 8-34 所示。接着单击 Add(添加)按钮,如图 8-35 中 A 所示,并在弹出的 Select Bones(选择骨骼)对话框中选择全部的 Biped 和 Bone 骨骼,再单击 Select(选择)按钮,如图 8-35 中 B 所示,从而把骨骼添加到蒙皮。

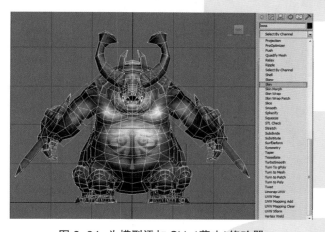

图 8-34　为模型添加 Skin(蒙皮)修改器

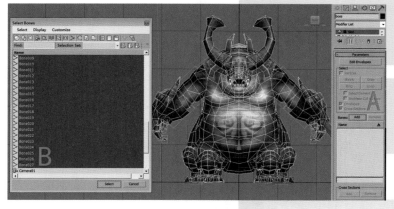

图 8-35　添加骨骼到蒙皮

　　(2)设置蒙皮时模型的显示。方法:选中模型,再单击 Edit Envelopes(编辑封套)按钮,然后执行右键菜单中的 Object Properties(对象属性)命令,并在弹出的 Object Properties(对象属性)对话框中选中 Vertex Channel Display(顶点通道显示)选项,如图 8-36 所示,再单击 OK 按钮,此时模型以灰色显示,效果如图 8-37 所示。

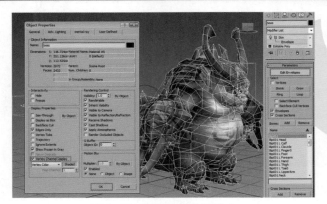

图 8-36　设置模型显示模式

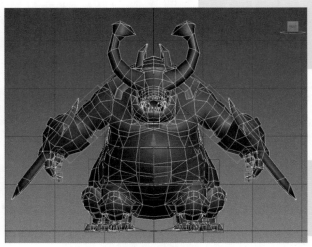

图 8-37　模型以灰色显示的效果

8.2.2　调节尾巴和四足骨骼的封套权重

（1）激活 Edit Envelopes（编辑封套）模式，再选中 Vertices（顶点）选项，如图 8-38 中 A 所示。此时可以看到视图中出现了封套，同时也可以框选模型上的顶点，如图 8-38 中 B 所示。

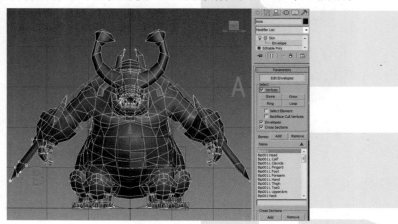

图 8-38　设置顶点编辑模式

（2）检测尾巴末端骨骼的封套。方法：选中尾巴末端骨骼的封套链接，发现封套范围比较合理，不需要进行调整，如图8-39所示。然后选中质心的封套链接，再执行右键快捷菜单中的Object Properties（对象属性）命令，并在弹出的Object Properties（对象属性）对话框中取消选中Backface Cull（后面消隐）选项，接着单击OK按钮，此时，可以在透视图中看到后面的线条，效果如图8-40中A和B所示。

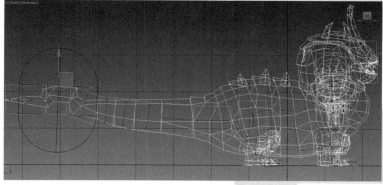

图8-39 观察末端尾巴骨骼的封套范围

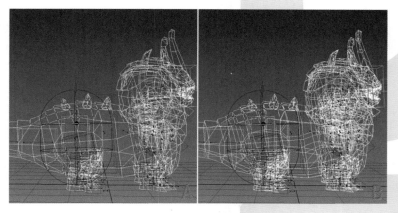

图8-40 显示后面的模型线框

（3）调整尾巴的根骨骼权重。方法：选中尾巴根骨骼上的顶点，如图8-41中A所示，再分别选中盆骨、质心、大腿骨骼的封套链接，并设置Weight Properties（权重属性）组中Abs.Effect值为0.0，从而使选中顶点不受盆骨、质心、大腿骨骼的影响，如图8-41中B所示。

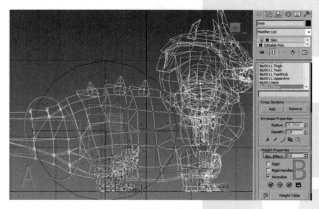

图8-41 调整尾巴根骨骼的权重

GAME ART DESIGN BIBLE | 游戏美术设计宝典

（4）调整绿色后腿脚趾的权重值。方法：选中绿色后腿脚趾骨骼的封套链接，再框选腿部、腹部和尾巴的一些顶点，并设置 Abs.Effect 的值为 0.0，排除脚趾骨骼对选中模型顶点的影响，如图 8-42 中 A 所示。然后选中三个脚趾的顶点，并设置 Abs.Effect 的值设为 1.0，从而将选中的模型顶点受脚趾骨骼影响的权重值设为 1.0，如图 8-42 中 B 所示。

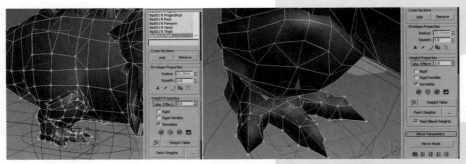

图 8-42 调整绿色后腿脚趾骨骼的权重

（5）调整绿色后腿脚掌的权重值。方法：选中绿色后腿脚掌骨骼的封套链接，并选中脚趾和脚掌骨骼连接处的顶点，再设置 Abs.Effect 的值为 0.5，从而将选中的模型顶点受脚掌骨骼影响的权重值设为 0.5，如图 8-43 所示。然后进入左视图，并选中绿色后腿的顶点，再设置 Abs.Effect 的值为 0.0，使选中的模型顶点不受脚掌骨骼影响，如图 8-44 所示。

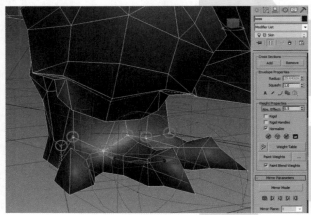

图 8-43 调整脚趾和脚掌连接处的顶点权重

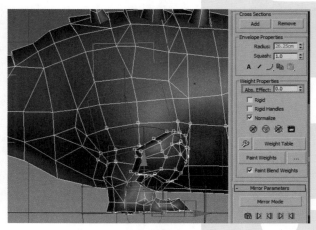

图 8-44 排除脚掌骨骼对腿部顶点的影响

（6）调整绿色后侧小腿的权重值。方法：选中绿色后侧小腿骨骼的封套链接，再选中绿色后腿脚掌的顶点，然后设置 Abs.Effect 的值为 0.0，使脚掌模型的顶点不受绿色小腿骨骼的影响，如图 8-45 所中 A 示。接着选中绿色后侧大腿的模型顶点，再设置 Abs.Effect 的值为 0.0，使选中的顶点不受小腿骨骼的影响，如图 8-45 中 B 所示。

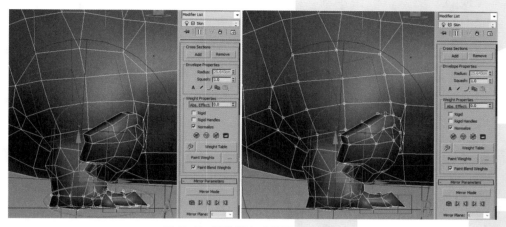

图 8-45　调整绿色小腿顶点的权重

（7）调整绿色后侧大腿的权重值。方法：选中绿色后侧大腿骨骼的封套链接，再选中臀部和腹部的一些顶点，然后设置 Abs.Effect 的值为 0.0，使选中的模型顶点受绿色后侧大腿骨骼影响的权重值为 0，如图 8-46 中 A 所示。接着选中绿色后侧小腿和脚掌的顶点，再设置 Abs.Effect 的值为 0.0，使选中的模型顶点不受绿色大腿骨骼的影响，如图 8-46 中 B 所示。

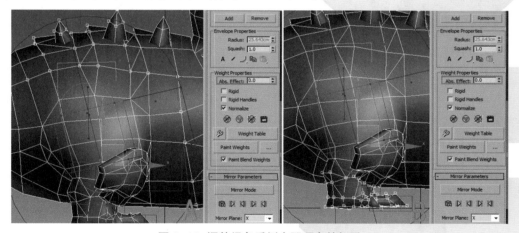

图 8-46　调整绿色后侧大腿顶点的权重

（8）调整绿色前腿脚趾的权重值。方法：选中绿色前腿脚趾骨骼的封套链接，再选中腹部和腿部的顶点，然后设置 Abs.Effect 的值为 0.0，使选中的模型顶点不受绿色前腿脚趾骨骼影响，如图 8-47 中 A 示。然后选中绿色前腿的脚趾顶点，再设置 Abs.Effect 的值为 1.0，使脚趾模型的顶点完全受绿色前腿脚趾骨骼的影响，如图 8-47 中 B 所示。

（9）调整绿色前腿脚掌的权重值。方法：选中绿色前腿脚掌骨骼的封套链接，再选中脚趾和脚掌骨骼连接处的顶点，然后设置 Abs.Effect 的值为 0.5，把选中的模型顶点受脚掌骨骼影响的权重值设为 0.5，如图 8-48 所示。接着进入左视图，选中绿色前侧的小腿和手臂的顶点，并设置 Abs.Effect 的值为 0.0，使选中的模型顶点不受脚掌骨骼的影响，如图 8-49 所示。

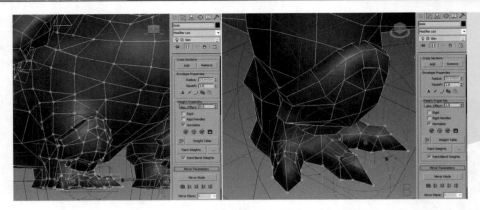

图 8-47　调整绿色前腿脚趾的顶点权重

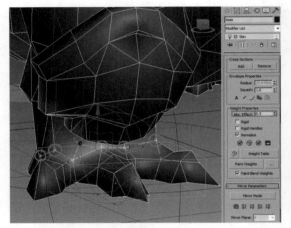

图 8-48　调整脚趾和脚掌连接处的顶点权重

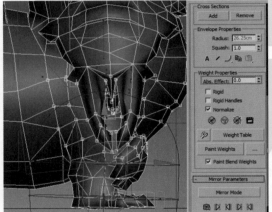

图 8-49　排除脚掌骨骼对顶点的影响

（10）调整绿色前侧小腿的权重值。方法：选中绿色前侧小腿骨骼的封套链接，再选中绿色前腿脚掌的顶点，然后设置 Abs.Effect 的值为 0.0，使选中的脚掌模型顶点不受绿色前侧小腿骨骼的影响，如图 8-50 中 A 所示。接着选中绿色前侧大腿的一些顶点，再设置 Abs.Effect 的值为 0.0，使大腿的模型顶点不受脚掌骨骼的影响，如图 8-50 中 B 所示。

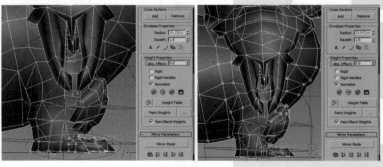

图 8-50　排除绿色小腿骨骼对脚掌、大腿顶点的影响

（11）调整绿色前侧大腿的权重值，方法：选中绿色前侧大腿骨骼的封套链接，再选中绿色前腿脚掌的顶点，然后设置 Abs.Effect 的值为 0.0，使选中的模型顶点不受绿色前侧大腿骨骼的影响，如图 8-51 中 A 所示。接着选中腹部的一些顶点，再设置 Abs.Effect 的值为 0.0，使选中的模型顶点不受绿色前侧大腿骨骼的影响，如图 8-51 中 B 所示。

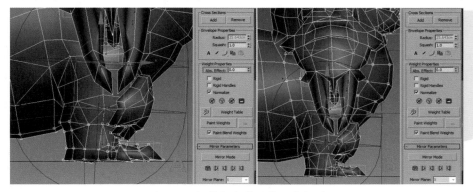

图 8-51 调整绿色前腿的顶点权重

（12）镜像复制权重值。方法：选中绿色前侧大腿骨骼的封套链接，再单击 Modify（修改）面板下的 Mirror Parameters（镜像参数）卷展栏下的 Mirror Mode（镜像模式）按钮，单击 Mirror Paste（镜像粘贴）按钮，再单击 Paste Green to Blue Bones（将绿色粘贴到蓝色骨骼）按钮，如图 8-52 中 A 所示。接着单击 Paste Green to Blue Verts（将绿色粘贴到蓝色顶点）按钮，如图 8-52 中 B 所示，从而完成将绿色骨骼的权重值镜像复制到蓝色骨骼。最后选中蓝色前腿和后腿骨骼的封套链接，观察封套影响的范围，如发现不合理的顶点权重，再修改 Abs.Effect 的值，最终完成选中顶点权重的合理分配。

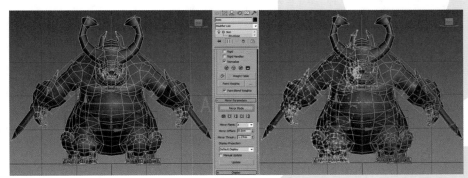

图 8-52 镜像复制权重

8.2.3 调节脊椎和手臂骨骼的封套权重

（1）调整第四节脊椎权重值。单击 Edit Envelopes（编辑封套）按钮，选中第四节脊椎的封套链接，再选中头部、手臂、前腿的顶点，然后设置 Abs.Effect 的值为 0.0，如图 8-53 中 A 所示，使选中的模型顶点不受第四节脊椎的影响。接着选中尾巴和后腿的顶点，再设置 Abs.Effect 的值为 0.0，如图 8-53 中 B 所示，使选中的模型顶点不受第四节脊椎的影响。

（2）调整第三节脊椎权重值，方法：选中第三节脊椎的封套链接，再选中臀部和后腿的顶点，然后设置 Abs.Effect 的值为 0.0，如图 8-54 中 A 所示，使选中的模型顶点不受第三节脊椎的影响。接着选中头部、手臂和前腿的顶点，再设置 Abs.Effect 的值为 0.0，如图 8-54 中 B 所示，使选中的模型顶点不受第三节脊椎的影响。

（3）调整第二节脊椎的权重值。方法：选中第二节脊椎的封套链接，再选中后腿部、臀部和腹部的顶点，然后设置 Abs.Effect 的值为 0.0，如图 8-55 中 A 所示，使选中的模型顶点不受第二节脊椎的影响。接着选中头部、手臂和前腿的顶点，再设置 Abs.Effect 的值为 0.0，如图 8-55 中 B 所示，使选中的模型顶点不受第二节脊椎的影响。

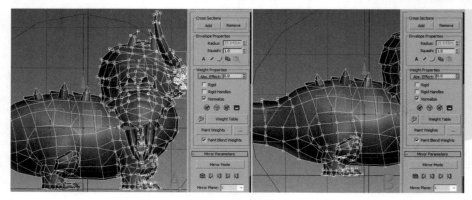

图 8-53 调整第四节脊椎骨的顶点权重

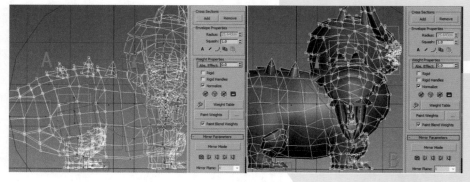

图 8-54 调整第三节脊椎的顶点权重

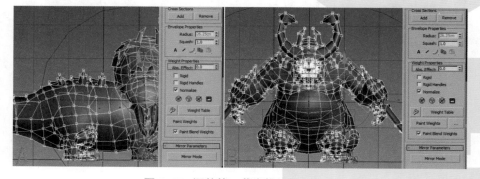

图 8-55 调整第二节脊椎的顶点权重

图 8-56 调整双角的顶点权重

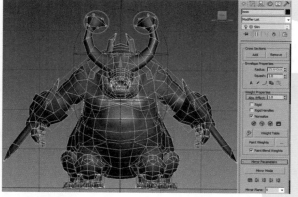

（4）此时，在视图中可以看到头部双角的顶点也受第二节脊椎的影响，显示为红色，如图 8-56 中标红处所示，需要重新为这些点调整权重。方法：选中双角的顶点，再选中头骨的封套链接，然后设置 Abs.Effect 的值为 1.0，使双角的顶点完全受头骨的影响，如图 8-56 所示。

（5）调整第一节脊椎的权重值。方法：选中第一节脊椎的封套链接，再选中腰腹和腿部的部分顶点，然后设置 Abs.Effect 的值为 0.0，如图 8-57 中 A 所示，使选中的模型顶点不受第一节脊椎的影响。然后选中头和手臂的顶点，再设置 Abs.Effect 的值为 0.0，如图 8-57 中 B 所示，使选中的模型顶点不受第一节脊椎的影响。

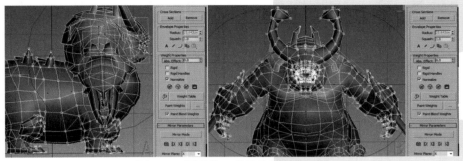

图 8-57 调整第一节脊椎的顶点权重

（6）观察模型，发现肩甲下面隐藏着残留面片，如图 8-58 中标红处所示，需要将面片从身体模型分离并隐藏。方法：选中模型，再单击 Editable Poly（可编辑多边形）修改器，如图 8-58 中 A 所示，并在弹出的 Warning（警告）对话框中单击 Yes 按钮，如图 8-58 中 B 所示。然后进入 Element（元素）层级，选中残留面片，如图 8-59 中 A 所示，再单击 Modify（修改）面板中 Edit Geometry（编辑几何体）卷展栏下的 Detach（分离）按钮，并在弹出的 Detach（分离）界面中单击 OK 按钮分离面片，如图 8-59 中 B 所示。最后选中面片的模型，再执行右键快捷菜单中的 Hide Selection（隐藏选定对象）命令隐藏肩甲残留面片，效果如图 8-60 所示。

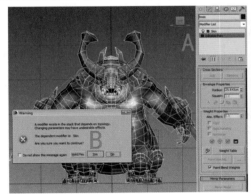

图 8-58 警告对话框

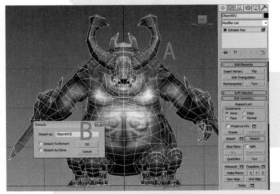

图 8-59 分离模型

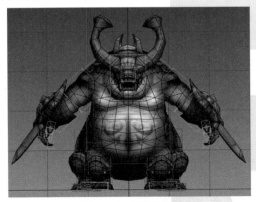

图 8-60 隐藏模型

（7）调整头骨的顶点权重。方法：选中头骨的封套链接，再选中身体和手臂的顶点，并设置 Abs. Effect 的值为 0.0，使选中的模型顶点不受头骨的影响，如图 8-61 中 A 所示。然后选中头骨上的顶点，并设置 Abs.Effect 的值为 1.0，从而使选中的模型顶点完全受头骨的影响，如图 8-61 中 B 所示。

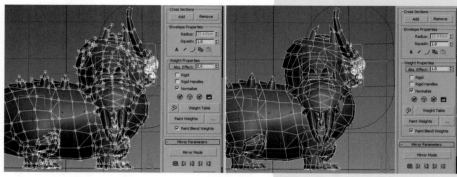

图 8-61　调整头骨的顶点权重

（8）观察模型，发现 BOSS 的脖子粗大，而且结构并不明显，可以确定脖子的运动并不明显，因此，脖子的顶点权重应该受头和身体的双重影响。调整权重的方法：选中第一节脊椎的封套链接，再选中脖子的顶点，然后设置 Abs.Effect 的值为 0.5，使选中的模型顶点同时受第一节脊椎的影响，如图 8-62 所示。

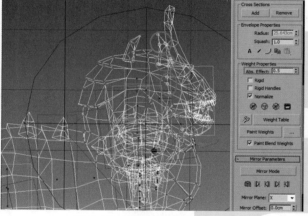

图 8-62　调整脖子的顶点权重

（9）调整右侧上臂的顶点权重。方法：选中右侧上臂骨骼的封套链接，再选中脊椎、头部和右侧前臂的顶点，然后设置 Abs.Effect 的值为 0.0，使选中的模型顶点不受右侧上臂骨骼的影响，如图 8-63 中 A 所示。接着选中右侧上臂的顶点，再设置 Abs.Effect 的值为 1.0，使选中的模型顶点完全受右侧上臂骨骼的影响，如图 8-63 中 B 所示。

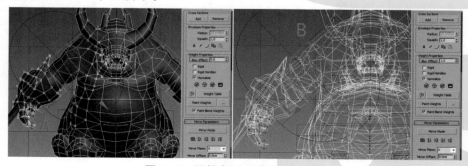

图 8-63　调整右侧上臂的顶点权重

（10）调整右侧前臂的顶点权重。方法：选中右侧前臂骨骼的封套链接，再选中前臂和手指的顶点，然后设置 Abs.Effect 的值为 1.0，使选中的模型顶点完全受前臂骨骼的影响，如图 8-64 所示。

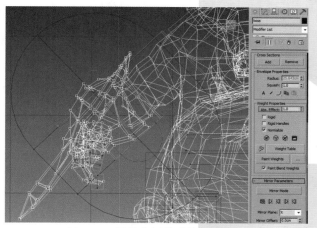

图 8-64　调整右侧前臂的顶点权重

（11）调整右手拇指的顶点权重。方法：选中右手拇指第三节骨骼的封套链接，再选中第三节拇指的顶点，然后设置 Abs.Effect 的值为 1.0，使选中的模型顶点完全受拇指第三节骨骼的影响，如图 8-65 中 A 所示，接着按下 Alt 键的同时，减选指尖的顶点，再选中第二节骨骼的封套链接，并设置 Abs.Effect 的值为 0.5，使选中的模型顶点受拇指第二节骨骼影响的权重值为 0.5，如图 8-65 中 B 所示。同理，调整拇指第一关节处的顶点的权重值为 0.5，如图 8-66 所示。

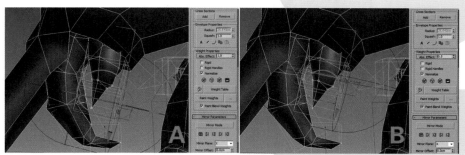

图 8-65　调整大拇指第三节骨骼的权重

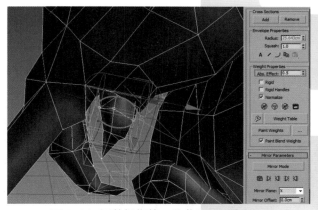

图 8-66　调整拇指第一关节处的顶点权重

（12）同上，调整手掌骨骼的顶点权重，如图 8-67~ 图 8-69 所示。

GAME ART DESIGN BIBLE | 游戏美术设计宝典

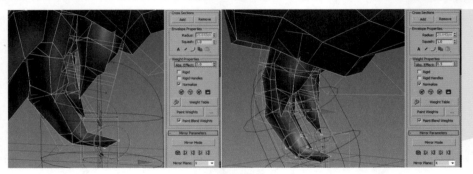

图 8-67　调整手掌骨骼的顶点权重

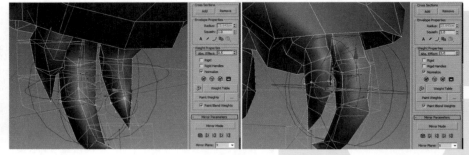

图 8-68　调整手掌骨骼的顶点权重

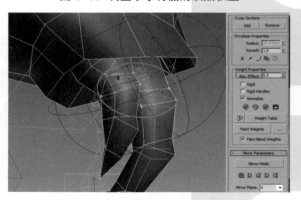

图 8-69　调整手掌骨骼的顶点权重

（13）镜像绿色手臂权重值到蓝色手臂。方法：选中绿色肩膀骨骼的封套链接，再单击 Modify（修改）面板下的 Mirror Parameters（镜像参数）卷展栏下的 Mirror Mode（镜像模式）按钮，然后单击 Paste Green to Blue Bones（将绿色粘贴到蓝色骨骼）按钮，再单击 Paste Green to Blue Verts（将绿色粘贴到蓝色顶点）按钮，使绿色手臂的权重值镜像复制到蓝色手臂的骨骼，如图 8-70 所示。

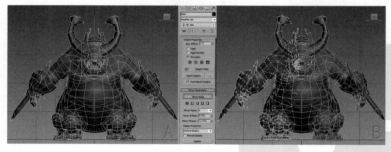

图 8-70　镜像绿色手臂的权重到蓝色手臂

提示：调整权重完毕之后，需要调整骨骼对象的位置和角度，来检测顶点权重的分配是否合理。如果模型的顶点拉伸明显，则说明权重分配不合理，需要局部调整。

8.2.4 肩甲的处理

（1）合并残留面片到肩甲模型。在视图中单击鼠标右键，并在弹出的菜单中选择 Unhide All（全部取消隐藏）命令，显示之前隐藏的面片和肩甲。然后选中残留面片的模型，如图 8-71 中 A 所示，再单击 Modify（修改）面板中 Edit Geometry 卷展栏下的 Attach（附加）按钮，接着单击肩甲模型，弹出 Attach Options（附加选项）对话框，再单击 OK 按钮，如图 8-71 中 B 所示，从而把残留面片附加到肩甲模型，效果如图 8-72 所示。

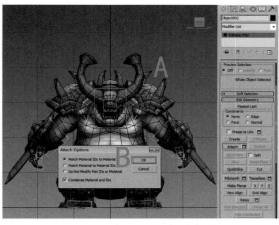

图 8-71 附加残留面片到肩甲模型

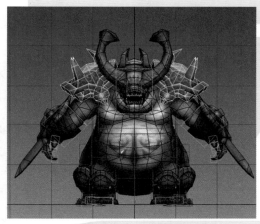

图 8-72 附加后的效果

（2）为右侧肩甲创建 Bone 骨骼。方法：使模型以线框模式显示，再进入前视图，然后单击 Create（创建）面板下 Systems（系统）中的 Bones 按钮，并在 Bone Parameter（骨骼参数）卷展栏下设置 Bone Object（骨骼对象）的 Width（宽度）和 Height（高度）的值，如图 8-73 中 A 所示。接着在 BOSS 肩甲位置创建一节骨骼，再单击右键结束创建，如图 8-73 中 B 所示。

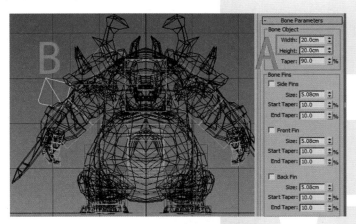

图 8-73 创建右侧肩甲的骨骼

（3）匹配肩甲骨骼。方法：按下 Delete 键删除末端骨骼，再选中右侧肩甲的骨骼，然后设置骨骼以方框形式显示，再使用 Select and Move（选择并移动）工具调整骨骼的位置，使骨骼与右侧肩甲模型完好匹配，效果如图 8-74 所示。

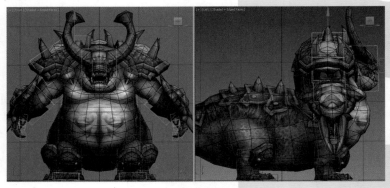

图 8-74　匹配肩甲骨骼和模型

（4）参考手臂的镜像方法，镜像复制左侧手臂的骨骼，再使用 Select and Move（选择并移动）工具调整到左肩甲模型上，效果如图 8-75 所示。

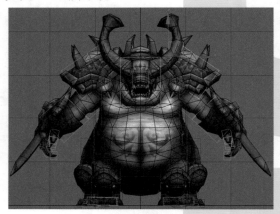

图 8-75　镜像复制左肩骨骼

（5）为肩甲模型添加 Skin 修改器。方法：选中肩甲的模型，再打开 Modify（修改）面板下的 Modifier List（修改器列表）下拉菜单，并选择 Skin（蒙皮）修改器，如图 8-76 所示。然后单击 Add（添加）按钮，如图 8-77 中 A 所示，并在弹出的 Select Bones（选择骨骼）对话框中选择肩甲骨骼的名称（Bone028 和 Bone029），接着单击 Select（选择）按钮，如图 8-77 中 B 所示，从而将肩甲骨骼添加到蒙皮修改器。

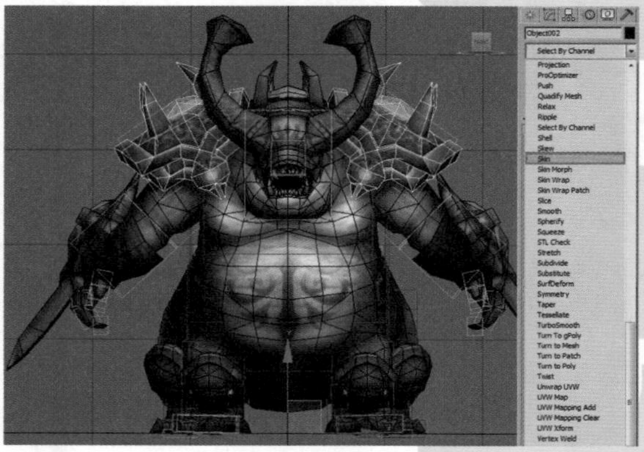

图 8-76　添加 Skin（蒙皮）修改器

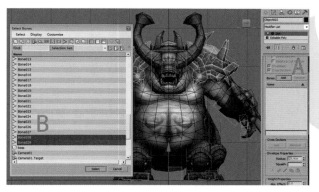

图 8-77　添加肩甲骨骼到蒙皮修改器

（6）检测肩甲的蒙皮。方法：选中肩甲的骨骼，再使用 Select and Rotate（选择并旋转）工具调整骨骼的角度，如图 8-78 所示，此时，观察到模型没有出现异常的拉伸，说明顶点的权重值是合理的。检测后，再按下 Ctrl+Z 键撤销之前对骨骼的调整。

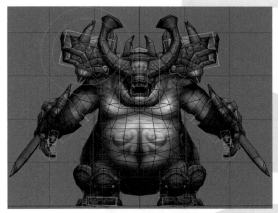

图 8-78　检测肩甲的蒙皮

（7）创建下颚骨骼。方法：以线框模式显示模型，再进入左视图，然后单击 Bones 按钮，并设置骨骼的 Width（宽度）和 Height（高度）值，接着在下颚位置创建一节骨骼，再设置下颚骨骼以方框显示，效果如图 8-79 所示。

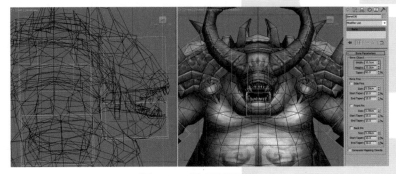

图 8-79　创建下颚骨骼

（8）添加下颚骨骼到模型里。方法：选中 BOSS 模型，再单击 Modify（修改）面板下的 Add（添加）按钮，然后在弹出的 Select Bones（选择骨骼）对话框中选择下颚骨骼（Bone030），如图 8-80 所示。再单击 Select（选择）按钮，将下颚骨骼添加蒙皮修改器。

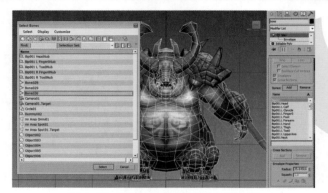

图 8-80　添加下颚骨骼到蒙皮修改器

（9）调整下颚权重值。方法：进入 Edit Envelopes（编辑封套）模式，选中下颚的顶点，再选中下颚骨骼的封套链接，然后设置 Abs.Effect 的值为 1.0，如图 8-81 所示，使下颚的模型顶点完全受下颚骨骼的影响。接着选择上、下颚关节处的顶点，再设置 Abs.Effect 的值为 0.5，如图 8-82 所示，使选中的模型顶点受头骨和下颚骨骼的双重影响。

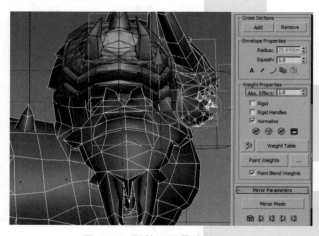

图 8-81　调整下颚骨骼的权重

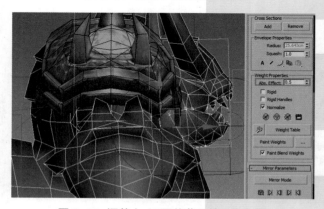

图 8-82　调整上、下颚关节处的顶点权重

（10）检测手臂链接是否成功。选中右侧上臂的骨骼，再使用 Select and Rotate（选择并旋转）工具调整角度，观察手臂其他骨骼是否跟随上臂移动，如果没有跟随，则使用工具栏中的 Select and Link（选择并链接）按钮重新链接，如图 8-83 所示。同理，检测左手臂链接是否成功。

452

图 8-83 重新连接前臂到上臂

（11）肩甲骨骼链接。方法：分别选中左右肩甲骨骼，再单击工具栏中的 Select and Link（选择并链接）按钮，然后按住鼠标左键拖动至第一节脊椎上，再松开鼠标左键完成链接，如图 8-84 所示。接着选中第一节脊椎，再使用 Select and Rotate（选择并旋转）工具调整骨骼的角度，并观察肩甲是否跟随运动，如跟随，表示链接成功。同理，将下颚骨骼链接到头骨，如图 8-85 所示。

图 8-84 链接肩甲到第一节脊椎骨骼

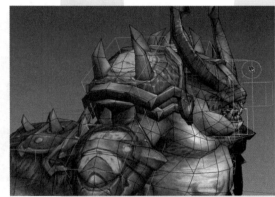

图 8-85 链接下颚骨骼到头骨

（12）分离膝盖护甲的模型。方法：选中膝盖护甲的模型，再单击 Editable Poly（可编辑多边形）修改器，然后进入 Selection（选择）卷展栏下 Element（元素）层级，再选中膝盖护甲模型，如图 8-86 中 A 所示。接着单击 Detach（分离）按钮，并在弹出的 Detach（分离）对话框中单击 OK 按钮，图 8-86 中 B 所示，从而将膝盖护甲从模型中分离出来，如图 8-86 中 C 所示。同理，把另外三个膝盖护甲也从模型中分离出来，效果如图 8-87 所示。

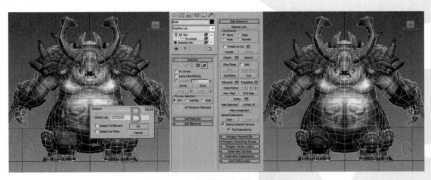

图 8-86 分离腿部护甲模型

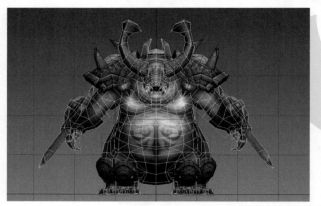

图 8-87 分离所有的膝盖护甲模型

（13）膝盖护甲的链接。方法：选中绿色前腿的膝盖护甲模型，再单击工具栏中的 Select and Link（选择并链接）按钮，然后拖动至绿色前侧的大腿骨骼上，再松开鼠标左键完成链接，如图 8-88 所示。同理，将另外三个膝盖护甲模型也链接到对应的大腿骨骼上。

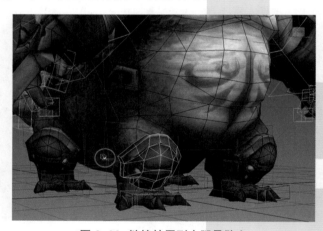

图 8-88 链接护甲到大腿骨骼上

提示：由于 BOSS 的腿部粗大，在调节姿势时，护甲会穿插到腿里，所以分离护甲并隐藏之后，可以比较方便地观察和调整动作。

8.3 BOSS 的动画制作

通过本节学习，读者应掌握四足高级怪物的动画制作流程。本节学习内容包括 BOSS 的行走动画、BOSS 的奔跑动画、BOSS 的普通攻击动画、BOSS 的特殊攻击动画和 BOSS 的死亡动画制作五个部分。

8.3.1 制作 BOSS 的行走动画

普通行走动作是游戏角色的基本动作之一，必须了解和掌握。首先我们来看一下 BOSS 行走动作图片序列和关联帧的安排，如图 8-89 所示。

图 8-89 BOSS 行走序列图

（1）在 3ds Max 中打开"BOSS 蒙皮.max"文件，按下 H 键打开 Select From Scene(从场景中选择)对话框，再选择所有 Biped 骨骼，如图 8-90 所示，然后单击 OK 按钮选中所有 Biped 骨骼。接着打开 Motion(运动)面板下的 Biped 卷展栏，再关闭 Figure Mode(体形模式)按钮，最后单击 Key Info(关键点信息)卷展栏下的 Set Key(设置关键点)按钮，如图 8-91 中 A 所示，为 Biped 骨骼在第 0 帧创建关键帧，如图 8-91 中 B 所示。再选中所有 Bone 骨骼，并按下 K 键为 Bone 骨骼在第 0 帧创建关键帧，如图 8-92 所示。

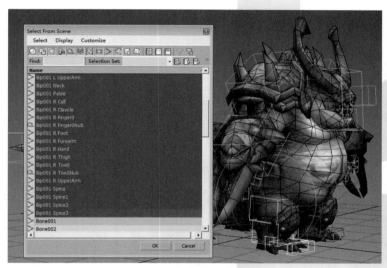

图 8-90 从场景中选择骨骼

图 8-91 为 Biped 骨骼创建关键帧

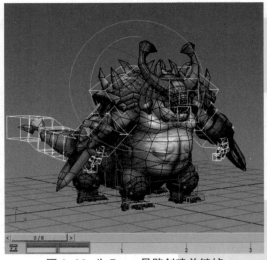

图 8-92 为 Bone 骨骼创建关键帧

（2）打开 AutoKey（自动关键点）按钮，再单击 Time Configuration（时间配置）按钮打开 Time Configuration（时间配置）对话框，然后设置 End Time（结束时间）为 8，Speed（速度）模式为 1/4x，再单击 OK 按钮，如图 8-93 所示，从而将时间滑块长度设为 8 帧。

（3）拖动时间滑块到第 0 帧，分别选中四肢的脚掌骨骼，再单击 Set Sliding Key（设置滑动关键点）按钮为脚掌骨骼设置滑动关键帧，如图 8-94 所示。然后使用 Select and Move（选择并移动）和 Select and Rotate（选择并旋转）工具分别调整 BOSS 的质心和腿部骨骼，使身体微微下蹲，蓝色前腿前迈踮起，绿色前腿后移，蓝色后腿上抬，制作出 BOSS 行走的初始姿势，如图 8-95 所示。

图 8-93 设置时间配置

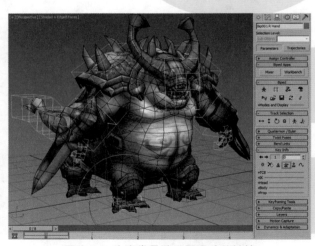

图 8-94 为脚掌骨骼设置滑动关键帧

（4）姿态的复制。方法：选中绿色前腿的骨骼，再单击 Motion（运动）面板中 Copy/Paste（复制／粘贴）卷展栏下的 Posture（姿态）按钮，然后单击 Copy Posture（复制姿态）按钮，再拖动时间滑块到第 4 帧，并单击 Paste Posture Opposite（向对面粘贴姿态）按钮，如图 8-96 中 A 所示，从而把第 0 帧绿色前腿骨骼的姿态复制到第 4 帧的蓝色前腿骨骼，如图 8-96 中 B 所示。同理，把第 0 帧蓝色前腿骨骼的姿态复制到第 4 帧绿色前腿骨骼，把第 0 帧绿色后腿骨骼的姿态复制到第 4 帧蓝色后腿骨骼、把第 0 帧蓝色后腿骨骼的姿态复制到第 4 帧的绿色后腿骨骼，效果如图 8-97 所示。

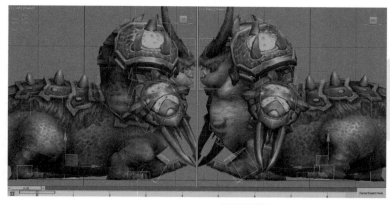

图 8-95 制作 BOSS 行走的初始帧姿势

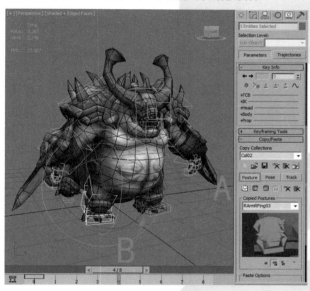

图 8-96 复制绿色前腿的姿态到蓝色前腿骨骼

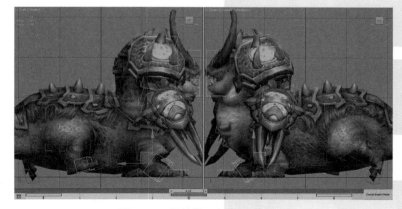

图 8-97 调整第 4 帧的腿部姿势

（5）调整第 2 帧的姿势。方法：拖动时间滑块到第 2 帧，再使用 Select and Move（选择并移动）和 Select and Rotate（选择并旋转）工具分别调整 BOSS 的质心和腿部骨骼的角度和位置，使身体下蹲，绿色前腿上抬，蓝色后腿上抬，绿色后腿前迈，制作出 BOSS 行走的中间帧的姿势，如图 8-98 所示。

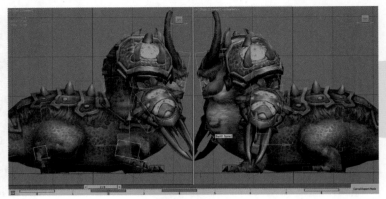

图8-98 调整第2帧的姿势

(6)隐藏腿部护甲模型。方法:分别选中四条腿的护甲模型,再单击鼠标右键,然后在弹出的快捷菜单中选择Hide Selection(隐藏选定对象)命令,如图8-99所示,从而隐藏腿部护甲模型。

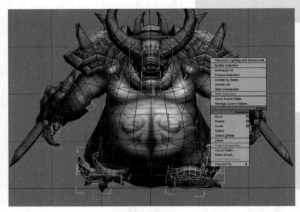

图8-99 隐藏腿部护甲模型

(7)参考之前的姿态复制方法,单击Paste Posture Opposite(向对面粘贴姿态)按钮把第2帧的腿部姿态复制到第6帧,效果如图8-100所示。然后选中所有骨骼,按住Shift键的同时,选择第0帧关键帧拖动到第8帧,使动画流畅地衔接起来。

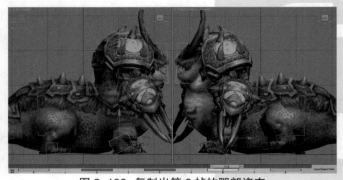

图8-100 复制出第6帧的腿部姿态

(8)锁定质心的三个轨迹。方法:进入Motion(运动)面板,再依次单击Track Selection(轨迹选择)卷展栏下的Lock COM Keying(锁定COM关键帧)、Body Horizontal(躯干水平)、Body Vertical(躯干垂直)和Body Rotation(躯干旋转)按钮锁定质心的三个轨迹方向。然后单击Key Info(关键信息点)卷展栏下的Set Key(设置关键点)按钮,为质心创建关键帧,如图8-101所示。

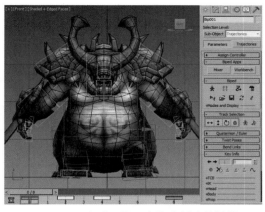

图8-101 为质心的三个轨迹创建关键帧

（9）调整质心的位置。方法：选中质心，并拖动时间滑块到第0帧，再使用Select and Move（选择并移动）工具在前视图中调整质心右移，制作出BOSS的重心向右侧偏移的姿势。然后选中第2帧的关键帧，按住Shift键的同时，拖动到第6帧。接着拖动时间滑块到第4帧，再使用Select and Move（选择并移动）工具调整质心左移，制作出BOSS的重心向左侧偏移的姿势。最后选中第0帧的质心关键帧，按住Shift键的同时，拖动到第8帧，效果如图8-102所示的质心轨迹。

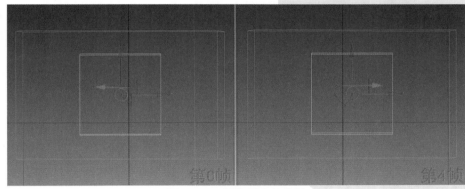

图8-102 调整质心的位置

（10）调整绿色后腿的过渡姿势。方法：选中绿色后腿的脚掌骨骼，再分别拖动时间滑块到第1、2、3和4帧，然后使用Select and Move（选择并移动）和Select and Rotate（选择并旋转）工具调整绿色后腿骨骼的角度和位置，制作出BOSS在行走过程中绿色后腿的运动变化，如图8-103所示。同理，调整蓝色后腿的过渡姿势，如图8-104所示。

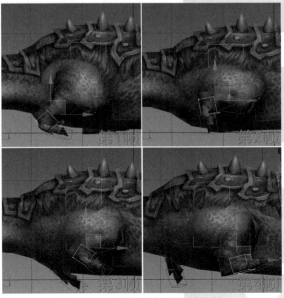

图8-103 调整绿色后腿的姿势

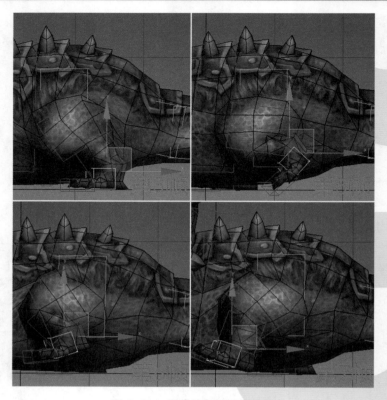

图 8-104　调整蓝色后腿的姿势

　　(11)调整绿色前腿的过渡姿势。方法：选中绿色前腿的脚掌骨骼，再分别拖动时间滑块到第 1 和 3 帧，然后使用 Select and Move(选择并移动)和 Select and Rotate(选择并旋转)工具调整绿色前腿骨骼的角度和位置，制作出 BOSS 在行走过程中绿色前腿的运动变化，如图 8-105 所示。同理，调整蓝色前腿的过渡姿势，如图 8-106 所示。

图 8-105　调整绿色前腿的过渡姿势

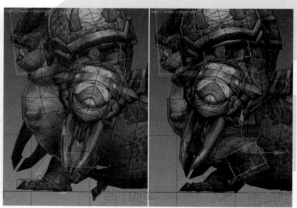

图 8-106　调整蓝色前腿的过渡姿势

　　(12)调整第一、二节脊椎的姿势。方法：分别拖动时间滑块到第 0 帧和第 4 帧，再使用 Select and Rotate(选择并旋转)工具调整第一、二节脊椎的角度，制作 BOSS 在行走过程中脊椎的运动变化，如图 8-107 所示。然后在按住 Shift 键的同时，选择第 0 帧关键帧拖动到第 8 帧，使动画能够流畅地衔接起来。

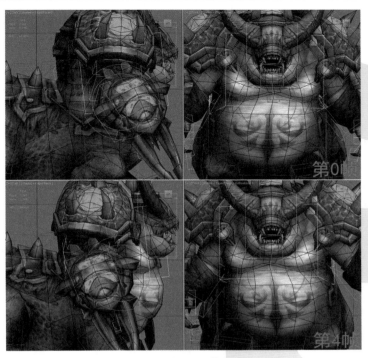

图 8-107 调整第一、二节脊椎的姿势

（13）调整质心的角度。方法：选中质心，再分别拖动时间滑块到第 0 和 4 帧，然后右键单击 Select and Rotate（选择并旋转）按钮，并在弹出的 Rotate Transform Type-If（旋转变换输入）界面中调整 Offset:World（偏移：世界）组下 Y 轴坐标值为 2.1，使质心向前做适当旋转，如图 8-108 所示。接着按下 Shift 键的同时，选择第 0 帧关键帧，将其拖动至第 8 帧，使动画能够流畅地衔接起来。

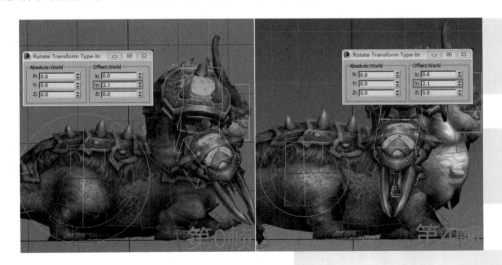

图 8-108 调整质心的角度

（14）调整手臂的姿势。方法：分别拖动时间滑块到第 0 帧和第 4 帧，再使用 Select and Rotate（选择并旋转）工具调整 BOSS 手臂骨骼的角度，使 BOSS 的手配合身体做前后摆动的运动变换，如图 8-109 所示。然后按住 Shift 键的同时，选择第 0 帧关键帧，将其复制到第 8 帧，以便使动画能够流畅地衔接起来。

GAME ART DESIGN BIBLE｜游戏美术设计宝典

图 8-109 调整手臂的姿势

（15）调整尾巴的姿势。方法：分别拖动时间滑块到第 0 和 4 帧，再使用 Select and Rotate（选择并旋转）工具调整 BOSS 尾巴根骨骼的角度，制作出 BOSS 行走过程中尾巴摆动的运动变化，如图 8-110 所示。然后按住 Shift 键的同时，选择第 0 帧关键帧将其复制到第 8 帧，以便使动画能够流畅地衔接起来。

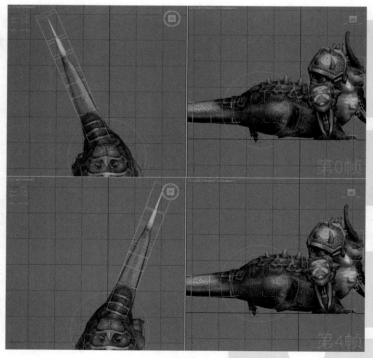

图 8-110 调整尾巴的根骨骼的运动变化

（16）选中除根骨骼之外的尾巴骨骼,再打开 spring magic_ 飘带插件的文件夹,找到"spring mag-ic_ 飘带插件. mse"并把它拖到 3ds Max 的视图中, 如图 8-111 中 A 所示。然后设置 Spring 参数为 0.4,Loops 参数为 2,再单击 Bone 按钮,如图 8-111 中 B 所示。此时,飘带插件开始为选中的骨骼进行动作运算,并循环三次,运算之后的关键帧效果如图 8-111 中 C 所示。

（17）调整第四节脊椎骨骼的过渡姿势。方法:拖动时间滑块到第 2 帧,再使用 Select and Rotate（选择并旋转）工具沿 Z 轴逆时针方向调整 BOSS 第四节脊椎的角度,使 BOSS 身体稍稍向上挺起,如图 8-112 所示。然后按住 Shift 键的同时,选择第 2 帧关键帧拖动到第 6 帧。

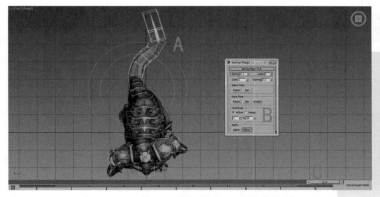

图 8-111　使用飘带插件为尾巴调节姿势

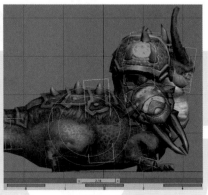

图 8-112　脊椎在第 2 帧的姿态

（18）调整头部骨骼的姿势。方法:拖动时间滑块到第 2 帧,再使用 Select and Rotate（选择并旋转）工具沿 Z 轴顺时针方向调整 BOSS 头骨的角度,使 BOSS 做出低头的姿势,如图 8-113 所示。然后按住 Shift 键的同时,拖动第 2 帧关键帧到第 6 帧。接着选中下颚骨骼,拖动时间滑块到第 4 帧,再使用 Select and Rotate（选择并旋转）工具沿 Z 轴逆时针方向调整下颚骨骼的角度,使 BOSS 的嘴巴闭合,如图 8-114 所示。

图 8-113　制作第 2 帧的低头姿势

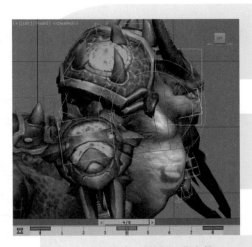

图 8-114　制作第 4 帧的闭嘴姿势

（19）调整手臂的过渡帧。方法:拖动时间滑块到第 2 帧,再使用 Select and Rotate（选择并旋转）工具调整前臂骨骼的角度,使右前臂沿 Y 轴逆时针方向旋转,左前臂沿 Y 轴顺时针方向旋转,制作出 BOSS 行走过程中前臂摆动的过渡姿势,如图 8-115 所示。同理,调整前臂在第 6 帧的过渡姿势,如图 8-116 所示。

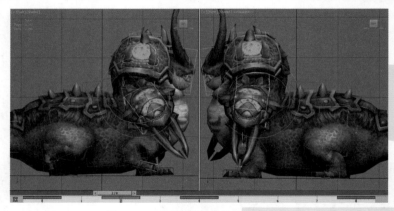

图 8-115 调整前臂在第 2 帧的姿势

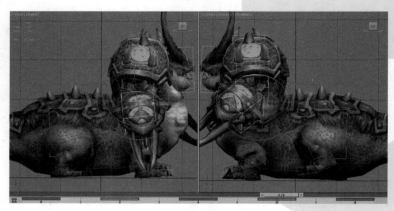

图 8-116 调整前臂在第 6 帧的姿势

（20）单击鼠标右键，并在弹出的快捷菜单中选择 Unhide All（全部取消隐藏）命令，取消所有隐藏的物体，再单击 Playback（播放动画）按钮播放动画，此时可以看到 BOSS 身体行走的动作。在播放动画的时候如发现幅度过大或不正确的地方，可以适当调整。最后将文件保存为配套光盘中的"多媒体 \max\ 四足 BOSS 文件 \ 四足 BOSS- 行走.max"。

8.3.2 制作 BOSS 奔跑动画

普通奔跑动作是游戏角色的基本动作之一，必须了解和掌握。首先我们来看一下 BOSS 奔跑动作图片序列和关联帧的安排，如图 8-117 所示。

图 8-117 BOSS 奔跑序列图

（1）打开"BOSS 行走.MAX"文件,选择除质心、手臂、脊椎和尾巴根骨骼之外的骨骼,再把除第 0 帧之外的所有关键帧删除,然后打开 AutoKey(自动关键点)按钮,再拖动时间滑块到第 0 帧,接着分别选中蓝色后腿、绿色后腿和蓝色前腿的脚掌骨骼,再单击 Motion(运动)面板中 Key Info(关键点信息)卷展栏下的 Set Free Key(设置自由关键点)按钮取消脚掌骨骼的滑动关键帧,最后使用 Select and Move(选择并移动)和 Select and Rotate(选择并旋转)工具调整 BOSS 腿部骨骼、质心的位置和角度,使身体微微下蹲,绿色后腿前迈,蓝色后腿抬起后移,蓝色前腿前迈,绿色前腿稍稍后移,制作出 BOSS 奔跑的初始姿势,如图 8-118 所示。

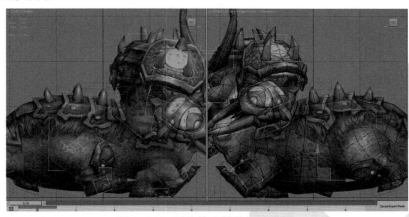

图 8-118　制作第 0 帧的初始姿势

（2）隐藏腿部的护甲。方法:分别选中四块膝部护甲模型,并单击鼠标右键,然后在弹出的菜单中选择 Hide Selection(隐藏选定对象)命令,从而完成护甲的隐藏,效果如图 8-119 所示。

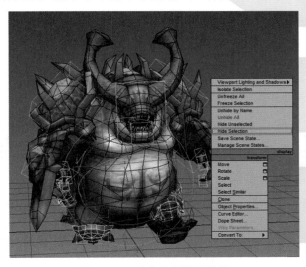

图 8-119　隐藏膝部护甲模型

（3）复制姿态到第 4 帧。方法:选中绿色前腿的骨骼,再单击 Motion(运动)面板中 Copy/Paste(复制 / 粘贴)卷展栏下的 Posture(姿态)按钮,然后单击 Copy Posture(复制姿态)按钮,再拖动时间滑块到第 4 帧,并单击 Paste Posture Opposite(向对面粘贴姿态)按钮,如图 8-120 中 A 所示,从而把绿色前腿骨骼的第 0 帧姿态复制到第 4 帧的蓝色前腿骨骼,如图 8-120 中 B 所示。接着把蓝色前腿骨骼的第 0 帧姿态复制到第 4 帧的绿色前腿骨骼,把绿色后腿骨骼的第 0 帧姿态复制到第 4 帧的蓝色后腿骨骼,把蓝色后腿骨骼的第 0 帧姿态复制到第 4 帧的绿色后腿骨骼,效果如图 8-121 所示。

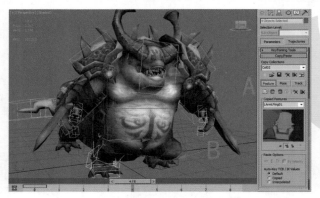

图 8-120 复制绿色腿部的姿态

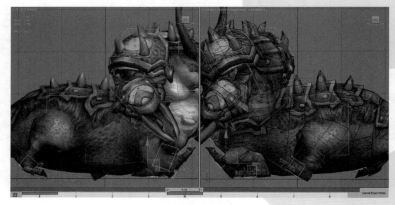

图 8-121 复制出第 4 帧的腿部姿势

（4）调整第 2 帧的姿势。方法：拖动时间滑块到第 2 帧，选中绿色前腿的脚掌骨骼，再单击 Set Free Key（设置自由关键点）按钮取消滑动关键帧，然后分别选中蓝色前腿和绿色后腿的脚掌骨骼，再单击 Set Sliding Key（设置滑动关键点）按钮设置滑动关键帧，接着使用 Select and Move（选择并移动）和 Select and Rotate（选择并旋转）工具分别调整 BOSS 的质心、腿部骨骼的角度和位置，使身体下移，绿色前腿上抬，绿色后腿上抬，制作出 BOSS 行走的姿势，如图 8-122 所示。

图 8-122 调整第 2 帧的姿势

（5）参考之前的姿态复制方法，使用 Paste Posture Opposite（向对面粘贴姿态）按钮把第 2 帧的腿部姿态复制到第 6 帧，效果如图 8-123 所示。接着选中所有的骨骼，按住 Shift 键的同时，选择第 0 帧关键帧拖动到第 8 帧，以便使动画能够流畅地衔接起来。

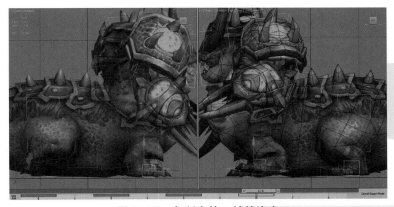

图 8-123 复制出第 6 帧的姿态

（6）调整腿部的过渡帧。方法：先后拖动时间滑块到第 5、7 和 1 帧，再使用 Select and Move（选择并移动）和 Select and Rotate（选择并旋转）工具调整 BOSS 绿色后腿骨骼的角度与位置，制作出 BOSS 绿色后腿在奔跑过程中的过渡帧的运动变化，如图 8-124 所示。然后分别拖动时间滑块到第 1 和 5 帧，再使用 Select and Move（选择并移动）和 Select and Rotate（选择并旋转）工具调整 BOSS 绿色前腿骨骼的角度和位置，制作出 BOSS 绿色前腿在奔跑过程中过渡帧的运动变化，如图 8-125 所示。

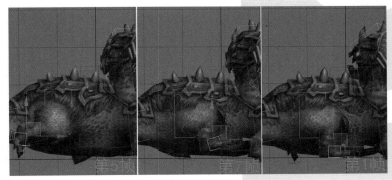

图 8-124 调整绿色后腿的过渡帧姿势

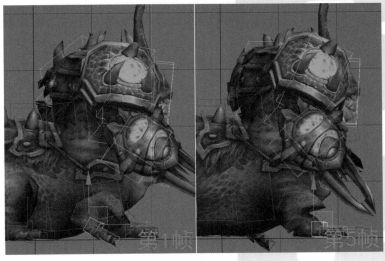

图 8-125 调整绿色前腿的过渡帧姿势

（7）同上，调整蓝色后腿和蓝色前腿的过渡帧的姿势，如图 8-126 和图 8-127 所示。

图 8-126 调整蓝色后腿的过渡帧姿势

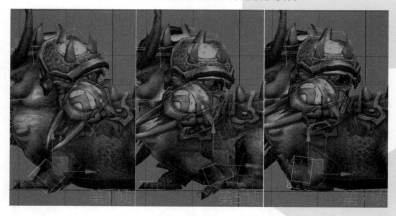

图 8-127 调整蓝色前腿的过渡帧姿势

（8）选中除根骨骼之外的尾巴骨骼，如图 8-128 中 A 所示，再打开 spring magic_ 飘带插件的文件夹，找到 spring magic_0.8 文件，并把它拖到 3ds Max 的视图中，如图 8-128 中 B 所示。然后设置 Spring 参数为 0.4，Loops 参数为 2，再单击 Bone 按钮，此时，飘带插件开始为选中的骨骼进行动作运算，并循环三次，运算之后的关键帧效果如图 8-128 中 C 所示。

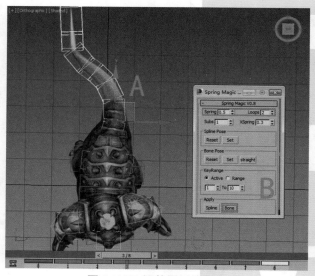

图 8-128 调整尾巴的姿势

（9）调整重心的位置。方法：选中质心，分别拖动到第0和4帧，再使用Select and Rotate（选择并旋转）工具在前视图调整质心的角度，分别制作出BOSS的重心向左右倾斜的姿势，如图8-129所示。然后选中第0帧的质心关键点，并在按住Shift键的同时，拖动到第8帧，以便使动画能够流畅地衔接起来。

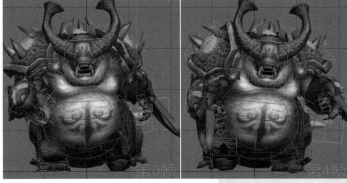

图8-129 调整质心的位置

（10）调整第一、二节脊椎骨骼的姿势。方法：分别拖动时间滑块到第0和4帧，再使用Select and Rotate（选择并旋转）工具调整BOSS脊椎骨骼的角度，制作出BOSS在行走过程中身体摇摆的运动变化，如图8-130所示。然后按住Shift键的同时，拖动时间滑块到第8帧，将其复制到第8帧，以便使动画能够流畅地衔接起来。

图8-130 调整第一节和第二节脊椎骨骼的姿势

（11）调整手臂的姿势。方法：分别拖动时间滑块到第0帧和第4帧，然后使用Select and Rotate（选择并旋转）工具调整BOSS手臂骨骼的角度，使手臂配合身体做前后摆动的变化，如图8-131和图8-132所示。接着按住Shift键的同时，选择第0帧关键帧，再将其拖动到第8帧，以便使动画能够流畅地衔接起来。

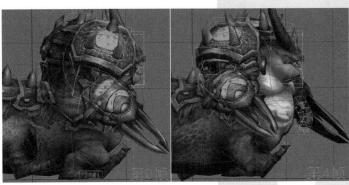

图8-131 调整右臂的运动变化

图 8-132 调整左臂的运动变化

（12）调整前臂的过渡姿势。方法：分别拖动时间滑块到第 2 和 6 帧，然后使用 Select and Rotate（选择并旋转）工具调整前臂骨骼的角度，制作出 BOSS 前臂的摆动姿势，如图 8-133 和图 8-134 所示。

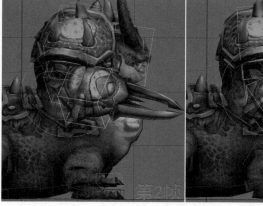

图 8-133 制作右侧前臂的摆动姿势

图 8-134 制作左侧前臂的摆动姿势

（13）在视图中单击鼠标右键，在弹出的快捷菜单中选择 Unhide All（全部取消隐藏）命令，取消所有的隐藏物体。然后单击 Playback（播放动画）按钮播放动画，观察 BOSS 奔跑的动作，如发现幅度过大或者不协调的地方，可以适当调整。最后将文件保存为配套光盘中的"多媒体视频文件 \max\ 四足 BOSS 文件 \ 四足 BOSS– 奔跑.max"。

8.3.3 制作 BOSS 普通攻击动作

普通攻击动作是游戏角色的基本动作之一,必须了解和掌握。首先我们来看一下 BOSS 普通攻击动作图片序列和关联帧的安排,如图 8-135 所示。

第0帧　　　　　　第2帧　　　　　　第4帧　　　　　　第6帧

图 8-135　BOSS 普通攻击的序列图

(1)打开"BOSS 蒙皮.max"文件,再单击 AutoKey(自动关键点)按钮,然后单击 Time Configuration(时间配置)按钮打开 Time Configuration(时间配置)对话框,再设置 End Time(结束时间)为 8,Speed(速度)模式为 1/4x,再单击 OK 按钮,如图 8-136 所示,从而将时间滑块长度设为 8 帧。

(2)分别为 Biped 骨骼和 Bone 骨骼设置关键帧。方法:拖动时间滑块到第 0 帧,再选中所有的 Biped 骨骼,然后单击 Motion(运动)面板中 Key Info(关键点信息)卷展栏下的 Set Key(设置关键点)按钮,为 Biped 骨骼创建关键帧,如图 8-137 所示。接着选中所有的 Bone 骨骼,再按下 K 键为 Bone 骨骼创建关键帧,如图 8-138 所示,从而完成 BOSS 在第 0 帧的初始动作。

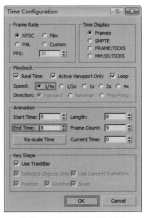

图 8-136　设置时间

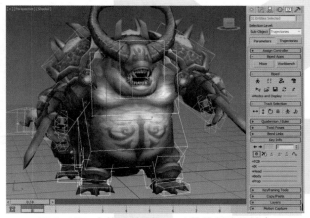

图 8-137　在第 0 帧为 Biped 骨骼创建关键点

图 8-138　在第 0 帧为 Bone 骨骼创建关键点

（3）拖动时间滑块到第 2 帧，再使用 Select and Move（选择并移动）和 Select and Rotate（选择并旋转）工具分别调整 BOSS 骨骼的位置和角度，使重心稍稍上移，身体向右侧倾斜，蓝色前腿前抬，蓝色后腿稍稍离地上抬，右手向后挥动，左手向前摆动，头部微微扬起并跟随身体的摆动发生偏移，从而制作出 BOSS 蓄力的姿势，如图 8-139 所示。

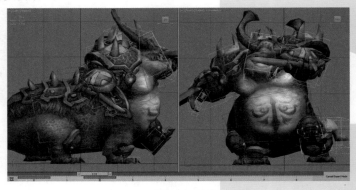

图 8-139 调整第 2 帧的蓄力姿势

（4）拖动时间滑块到第 4 帧，再使用 Select and Rotate（选择并旋转）和 Select and Move（选择并移动）工具调整 BOSS 骨骼的位置和角度，使身体重心下移，并向左侧倾斜，蓝色前腿回到初始位置，右手武器向前刺出，左手向后摆动，头部跟随身体运动偏向左侧，制作出 BOSS 攻击的姿势，如图 8-140 所示。

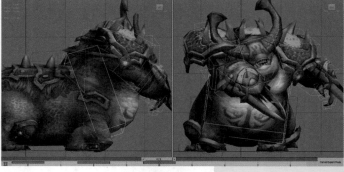

图 8-140 调整第 4 帧的攻击姿势

（5）拖动时间滑块到第 3 帧，再使用 Select and Rotate（选择并旋转）工具调整绿色手臂骨骼的角度，使绿色手臂向上、向后移动，制作出 BOSS 在攻击之前手臂摆动到最大幅度的姿势，如图 8-141 所示。然后选中所有的骨骼，按住 Shift 键的同时，选择第 0 帧关键帧拖动到第 8 帧，以便使动画能够流畅地衔接起来。

图 8-141 调整绿色手臂的过渡姿势

（6）拖动时间滑块到第 6 帧,再使用 Select and Move(选择并移动)和 Select and Rotate(选择并旋转)工具调整 BOSS 身体、手臂和头部骨骼的位置和角度,使 BOSS 身体下压并稍稍向右前倾,绿色手臂弯曲,蓝色手臂后摆,头部跟随身体做出相应摆动,制作出 BOSS 发力攻击之后产生的惯性姿势,如图 8-142 所示。

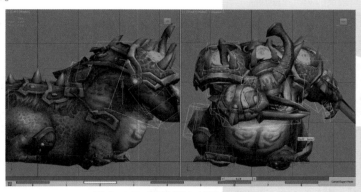

图 8-142 调整第 6 帧的惯性姿势

（7）调整绿色前腿的姿势。方法:分别拖动时间滑块到第 2 和 4 帧,再使用 Select and Move(选择并移动)和 Select and Rotate(选择并旋转)工具调整绿色前腿骨骼的位置和角度,使腿部在第 2 帧原地不动,在第 4 帧配合身体做出抬腿姿势,如图 8-143 所示。

图 8-143 调整绿色前腿的姿势

（8）调整质心的过渡姿势。方法:分别拖动时间滑块到第 3 和 1 帧,再使用 Select and Move(选择并移动)和 Select and Rotate(选择并旋转)工具调整质心的位置和角度,使身体重心在第 3 帧稍稍上移,在第 1 帧身体重心稍稍后移,制作出 BOSS 在攻击之前身体重心从下蹲到跃起的姿势变化,如图 8-144 所示。

图 8-144 调整质心在第 1 和 3 帧的姿势变化

（9）播放动画,观察身体和手臂之间的协调性,再使用 Select and Move(选择并移动)和 Select and Rotate(选择并旋转)工具调整 BOSS 骨骼的位置和角度,使攻击动作更加协调流畅。然后分别拖动时间滑块到第 1、4 和 7 帧,再使用 Select and Rotate(选择并旋转)工具调整下颚骨骼的角度,制作出 BOSS 嘴巴张合的运动变化,如图 8-145 所示。

图 8-145 制作 BOSS 嘴巴张合的运动变化

（10）调整尾巴的姿势。分别拖动时间滑块到第 0、2 和 6 帧,再使用 Select and Rotate(选择并旋转)工具调整尾巴根骨骼的角度,制作出 BOSS 尾巴摆动的运动变化,如图 8-146 所示。然后按住 Shift 键的同时,选择第 0 帧关键帧拖动到第 8 帧,以使动画能够流畅地衔接起来。

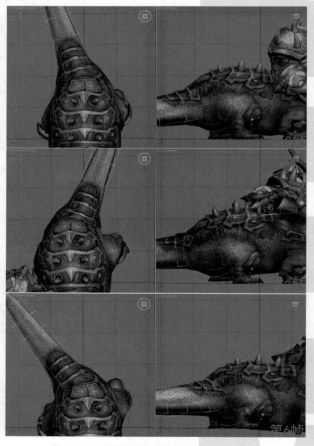

图 8-146 调整尾巴的根骨骼的运动变化

（11）选中除根骨骼之外的尾巴骨骼，再打开 spring magic_ 飘带插件的文件夹，找到 spring magic_0.8 文件，并把它拖到 3ds Max 的视图中，如图 8-147 中 A 所示。然后设置 Spring 参数为 0.5，Loops 参数为 2，Subs 参数为 1，再单击 Bone 按钮，如图 8-147 中 B 所示，此时，飘带插件开始为选中的骨骼进行动作运算，并循环三次，运算之后的关键帧效果如图 8-147 中 C 所示。

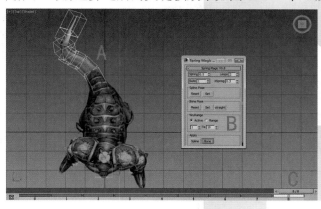

图 8-147　使用飘带插件制作尾巴姿势

（12）单击 Playback（播放动画）按钮播放动画，这时可以看到 BOSS 攻击的动作。在播放动画的时候如发现幅度过大或不正确的地方，可以适当调整。最后将文件保存为配套光盘中的"多媒体视频文件 \max\ 四足 BOSS 文件 \ 四足 BOSS- 普通攻击.max"。

8.3.4　制作 BOSS 特殊攻击动画

特殊攻击也是游戏角色的基本动作之一，必须了解和掌握。首先我们来看一下 BOSS 的特殊攻击动作图片序列，如图 8-148 所示。

图 8-148　BOSS 特殊攻击的序列图

（1）打开"BOSS- 普通攻击.max"文件，再选择所有骨骼，删除第 0 帧之外的所有关键帧。然后再单击 AutoKey（自动关键点）按钮，再单击 Time Configuration（时间配置）按钮打开 Time Configuration（时间配置）对话框，接着设置 End Time（结束时间）为 14，Speed（速度）模式为 1/4x，再单击 OK 按钮，如图 8-149 所示，从而将时间滑块长度设为 14 帧。

（2）拖动时间滑块到第 2 帧，再使用 Select and Move（选择并移动）和 Select and Rotate（选择并旋转）工具在左视图中调整质心的位置和角度，使重心向前、下方移动，同时身体前倾，制作出 BOSS 攻击前的蓄力姿势，如图 8-150 所示。然后拖动时间滑块到第 1 帧，再分别使用 Select and Move（选择并移动）和 Select and Rotate（选择并旋转）工具调整 BOSS 腿部、

图 8-149　设置时间配置

身体和头部骨骼的角度和位置,使蓝色后腿踮起,BOSS 昂头挺身,制作出 BOSS 攻击前的姿势,如图 8-151 所示。

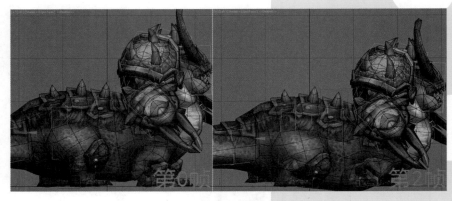

图 8-150 制作 BOSS 质心在第 2 帧的姿势

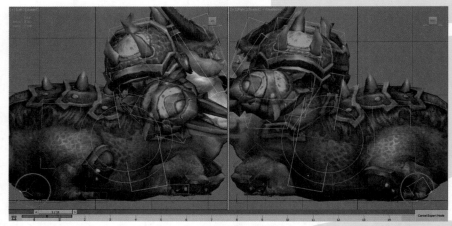

图 8-151 制作 BOSS 在第 1 帧的姿势

(3)拖动时间滑块到第 3 帧,再使用 Select and Move(选择并移动)和 Select and Rotate(选择并旋转)工具调整 BOSS 质心和身体的位置和角度,使重心在第 2 帧的基础上继续向后、下方移动,身体前倾,制作出 BOSS 起跳之前的姿势,如图 8-152 所示。然后选中两条前腿的脚掌骨骼,再进入 Motion(运动)面板,并单击 Key Info(关键信息点)卷展栏下的 Set Sliding Key(设置滑动关键点)按钮为脚掌骨骼设置滑动关键帧,效果如图 8-153 所示。

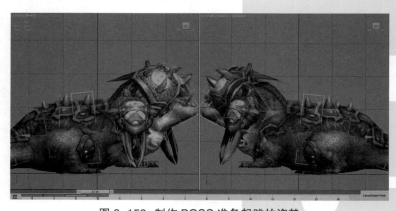

图 8-152 制作 BOSS 准备起跳的姿势

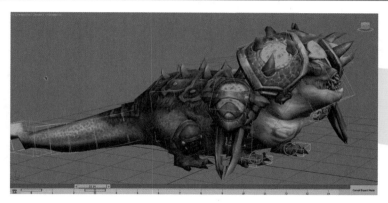

图 8-153　为脚掌设置滑动关键点

（4）拖动时间滑块到第 5 帧，再使用 Select and Move（选择并移动）和 Select and Rotate（选择并旋转）工具调整 BOSS 质心、身体、头和腿部骨骼的位置和角度，使重心大幅上移，并向后倾斜，身体后仰，头部直视正前方，前腿绷直，蓝色腿部在前，绿色腿部在后，制作出 BOSS 弹跳起来的姿势，如图 8-154 所示。然后选中两条前腿的脚掌骨骼，再单击 Key Info（关键信息点）卷展栏下的 Set Free Key（设置自由关键点）按钮为脚掌骨骼取消滑动关键帧。

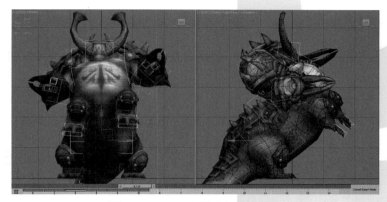

图 8-154　BOSS 弹跳起来的姿势

（5）制作 BOSS 在空中蹬腿的姿势，使动画节奏感更强。方法：选中蓝色和绿色前腿的脚掌骨骼，再选中第 5 帧的关键帧拖动到第 4 帧，效果如图 8-155 所示。然后拖动时间滑块到第 6 帧，再使用 Select and Move（选择并移动）和 Select and Rotate（选择并旋转）工具调整 BOSS 腿部骨骼的位置和角度，制作 BOSS 弹跳至高处时前腿的姿势，如图 8-156 所示。

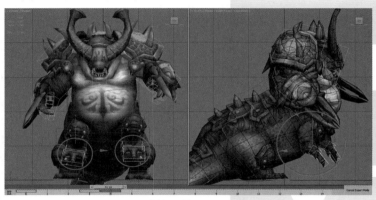

图 8-155　移动第 5 帧的前腿姿势到第 4 帧

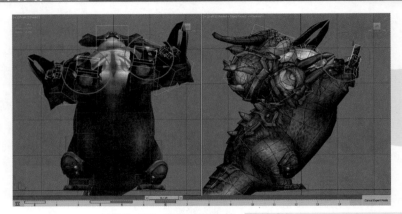

图 8-156 调整前腿在第 6 帧的姿势

（6）拖动时间滑块到第 7 帧，再使用 Select and Move（选择并移动）和 Select and Rotate（选择并旋转）工具调整 BOSS 质心、身体、头和腿部骨骼的位置和角度，使重心向前、下方移动，BOSS 仰头挺身，制作出 BOSS 身体下落、腿部重踩的过渡姿势，如图 8-157 所示。然后选中所有的骨骼，在按住 Shift 键的同时，把第 0 帧的关键帧拖动到第 14 帧，从而将第 0 帧的姿势复制到第 14 帧，这样保证攻击动画能够流畅地衔接起来。

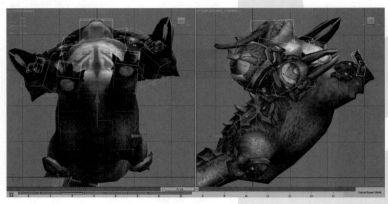

图 8-157 调整 BOSS 下踩的过渡姿势

（7）拖动时间滑块到第 8 帧，再使用 Select and Rotate（选择并旋转）和 Select and Move（选择并移动）工具分别调整 BOSS 质心、身体、头和腿部骨骼的角度和位置，使 BOSS 身体下落，下半身触地，上半身稍向前倾，头部恢复直视，前腿回到初始位置，制作出 BOSS 攻击时跃起踩地的腿部姿势，如图 8-158 所示。

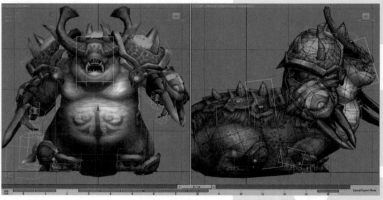

图 8-158 调整 BOSS 攻击时的腿部姿势

（8）拖动时间滑块到第 10 帧，再使用 Select and Move（选择并移动）和 Select and Rotate（选择并旋转）工具分别调整 BOSS 质心、身体和头骨的位置和角度，使身体稍稍向上、后方移动，同时上半身稍稍后仰，头部微微低下，制作出 BOSS 攻击结束身体落地后向上反弹的缓冲姿势，如图 8-159 所示。

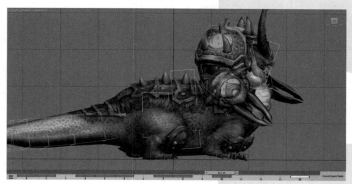

图 8-159 调整 BOSS 攻击后向上反弹的缓冲姿势

（9）拖动时间滑块到第 12 帧，再使用 Select and Move（选择并移动）和 Select and Rotate（选择并旋转）工具分别调整 BOSS 质心、身体和头部骨骼的位置和角度，使身体向下、后方移动，同时下半身压地，上半身后仰，头部稍稍抬起，制作出 BOSS 攻击后向下的缓冲姿势，如图 8-160 所示。

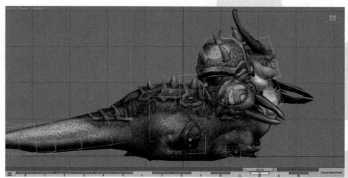

图 8-160 调整 BOSS 攻击后向下的缓冲姿势

（10）调整手臂的姿势。方法：拖动时间滑块到第 2 帧，再使用 Select and Rotate（选择并旋转）工具调整 BOSS 手臂骨骼的角度，使手臂张开并向后摆动，制作出 BOSS 手臂配合身体蓄力的姿势，如图 8-161 所示。然后拖动时间滑块到第 4 帧，再使用 Select and Rotate（选择并旋转）工具调整 BOSS 手臂骨骼的角度，使手臂向前摆动，制作出 BOSS 手臂配合身体向上跳起的姿势，如图 8-162 所示。

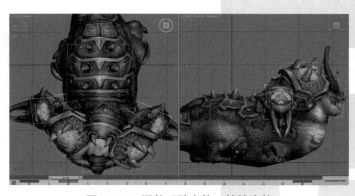

图 8-161 调整手臂在第 2 帧的姿势

GAME ART DESIGN BIBLE | 游戏美术设计宝典

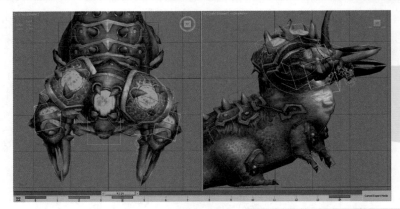

图 8-162 调整手臂在第 4 帧的姿势

（11）拖动时间滑块到第 7 帧，再使用 Select and Rotate（选择并旋转）工具调整 BOSS 手臂骨骼的角度，使手臂完全张开并向后摆动，制作出 BOSS 落地之前手臂配合身体滞空的姿势，如图 8-163 所示。然后拖动时间滑块到第 9 帧，再使用 Select and Rotate（选择并旋转）工具调整 BOSS 手臂骨骼的角度，制作出身体落地时手臂向前摆动攻击的姿势，如图 8-164 所示。

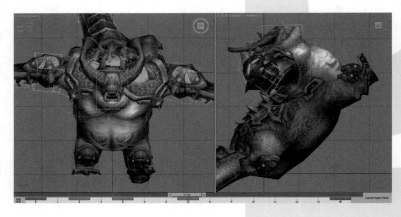

图 8-163 调整手臂在第 7 帧的姿势

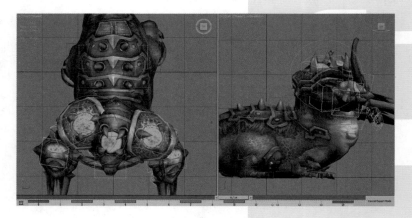

图 8-164 调整手臂在第 9 帧的攻击姿势

（12）拖动时间滑块到第 12 帧，再使用 Select and Rotate（选择并旋转）工具调整蓝色手臂骨骼的角度，使手臂稍稍后摆，制作出 BOSS 手臂配合身体的缓冲姿势，如图 8-165 所示。

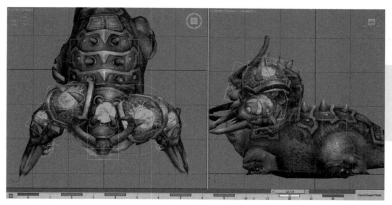

图 8-165　调整手臂在第 12 帧的姿势

（13）分别把时间滑块拖动到第 2、5 和 9 帧，再使用 Select and Rotate（选择并旋转）工具调整尾巴根骨骼的角度，制作出 BOSS 尾巴在攻击过程中的运动变化，如图 8-166 和图 8-167 所示。然后在按住 Shift 键的同时，选择第 0 帧关键帧拖动到第 14 帧，以使动画能够流畅地衔接起来。

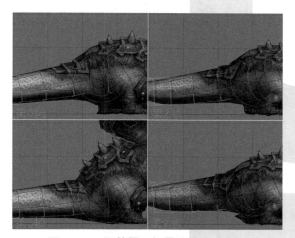

图 8-166　调整尾巴根骨骼的运动变化

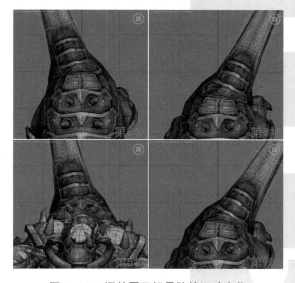

图 8-167　调整尾巴根骨骼的运动变化

GAME ART DESIGN BIBLE | 游戏美术设计宝典

（14）选中除根骨骼的尾巴骨骼，如图 8-168 中 A 所示，再打开 spring magic_ 飘带插件的文件夹，找到 spring magic_0.8 文件，并把它拖到 3ds Max 的视图中，如图 8-168 中 A 所示。然后设置 Spring 参数为 0.5，Loops 参数为 1，Subs 参数为 1，再单击 Bone 按钮，如图 8-168 中 B 所示，此时，飘带插件开始为选中的骨骼进行动作运算，并循环三次，运算之后的关键帧效果如图 8-168 中 C 所示。

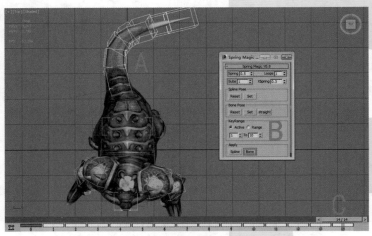

图 8-168 使用飘带插件为尾巴骨骼调整姿势

（15）单击 Playback（播放动画）按钮播放动画，观察 BOSS 特殊攻击动作。如发现幅度过大或不正确的地方，可以适当调整。最后将文件保存为配套光盘中的"多媒体视频文件 \max\ 四足 BOSS 文件 \ 四足 BOSS– 特殊攻击.max"。

8.3.5 制作 BOSS 的死亡动画

死亡动作是游戏角色的基本动作之一，必须了解和掌握。首先我们来看一下 BOSS 死亡动作图片序列和关联帧的安排，如图 8-169 所示。

图 8-169 BOSS 死亡动作序列图

（1）打开"BOSS 特殊攻击.max"文件，再选择所有骨骼，删除第 0 帧之外的所有关键帧，然后再单击 AutoKey（自动关键点）按钮，再拖动时间滑块到第 3 帧，并使用 Select and Move（选择并移动）和 Select and Rotate（选择并旋转）工具调整 BOSS 质心的位置和角度，使重心向下、后方移动，同时身体稍稍上仰，如图 8-170 所示。接着选中第 3 帧的关键帧，拖动到第 2 帧。

图 8-170 调整 BOSS 质心在第 3 帧的姿势

（2）拖动时间滑块到第 1 帧,再使用 Select and Move(选择并移动)工具调整腿部骨骼的位置,使绿色前腿脚掌向后平移,蓝色后腿原地不动,如图 8-171 所示。然后拖动时间滑块到第 2 帧,再使用 Select and Move(选择并移动)工具调整腿部骨骼的位置,使绿色后腿脚掌向后平移,绿色后腿和蓝色前腿原地不动,如图 8-172 所示。接着拖动时间滑块到第 4 帧,再使用 Select and Move(选择并移动)工具调整腿部骨骼的位置,使绿色后腿脚掌和蓝色前腿脚掌向后平移,如图 8-173 所示。

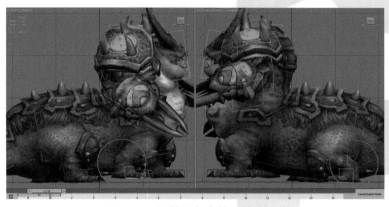

图 8-171　调整腿部在第 1 帧的姿势

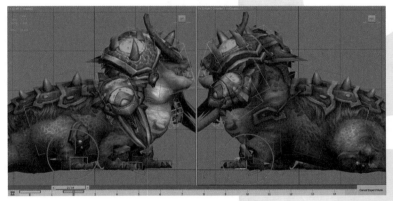

图 8-172　调整腿部在第 2 帧的姿势

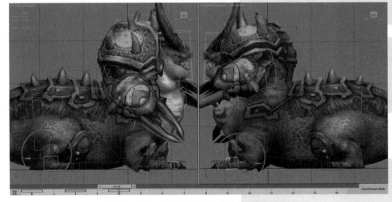

图 8-173　调整腿部在第 4 帧的姿势

（3）拖动时间滑块到第 4 帧,再使用 Select and Move(选择并移动)和 Select and Rotate(选择并旋转)工具调整 BOSS 质心的位置和角度,使身体继续后移并稍稍上移,制作出 BOSS 因受到攻击导致身体后退并下蹲的姿势,如图 8-174 所示。

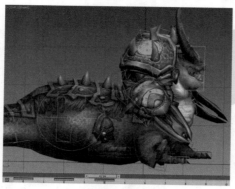

图 8-174 调整 BOSS 质心在第 4 帧的姿势

（4）拖动时间滑块到第 2 帧，再使用 Select and Move(选择并移动)和 Select and Rotate(选择并旋转)工具分别调整 BOSS 质心和身体骨骼的位置和角度，使质心在原基础上继续后仰，身体趴伏在地，并使身体重心稍向前倾，制作出 BOSS 被重击伏地的姿势，如图 8-175 所示。然后拖动时间滑块到第 4 帧，再分别调整 BOSS 质心和身体骨骼的位置和角度，使 BOSS 重心向下、前方移动，下半身再次趴伏在地，制作出 BOSS 受击后身体再次趴伏的姿势，如图 8-176 所示。

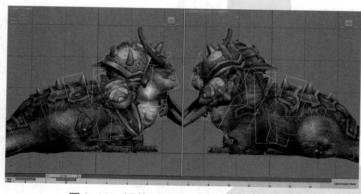

图 8-175 调整 BOSS 身体在第 2 帧的姿势

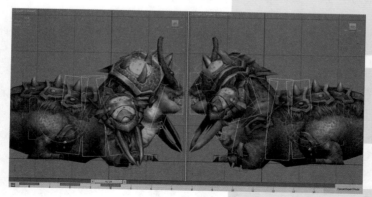

图 8-176 调整 BOSS 身体在第 4 帧的姿势

（5）拖动时间滑块到第 2 帧，再选中头部骨骼，并单击 Motion(运动)面板下 Key Info(关键点信息)卷展栏下的 Set Key(设置关键点)按钮，为头部骨骼在第 2 帧创建关键帧。然后拖动时间滑块到第 4 帧，使用 Select and Rotate(选择并旋转)工具调整头骨的角度，制作出头部骨骼配合身体低下的姿势，如图 8-177 所示。

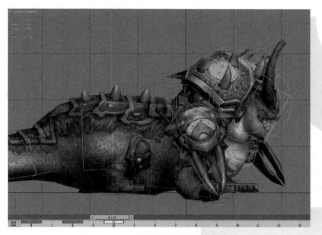

图 8-177 调整头部骨骼的姿势

（6）调整攻击之后手臂的姿势。方法：拖动时间滑块到第 2 帧，再使用 Select and Rotate（选择并旋转）工具调整手臂骨骼的角度，使右手臂自然后摆，左手臂前摆，制作出手臂配合身体后退时的姿势，如图 8-178 所示。然后拖动时间滑块到第 4 帧，再使用 Select and Rotate（选择并旋转）工具调整手臂骨骼的角度，制作出 BOSS 被攻击时手臂稍稍弯曲下垂的姿势，如图 8-179 所示。

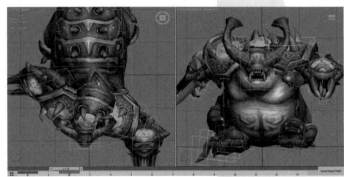

图 8-178 调整手臂在第 2 帧的姿势

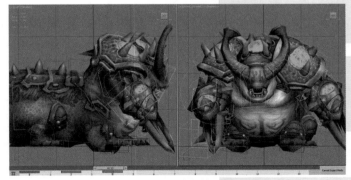

图 8-179 调整手臂在第 4 帧的姿势

（7）播放动画，并观察动作的节奏，再选中质心，把第 2 帧的关键帧拖动到第 1 帧，把第 4 帧的关键帧拖动到第 3 帧。然后拖动时间滑块到第 5 帧，使用 Select and Move（选择并移动）和 Select and Rotate（选择并旋转）工具分别调整 BOSS 质心的位置和角度，使质心上移并仰起，如图 8-180 所示。接着拖动时间滑块到第 6 帧，再分别调整 BOSS 身体和头部骨骼的角度，使身体稍稍下压，头稍稍抬起，如图 8-181 所示。

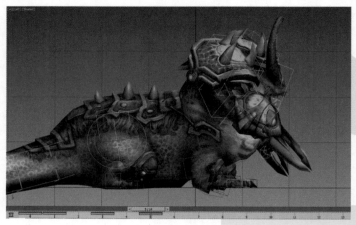

图 8-180 调整 BOSS 质心在第 5 帧的姿势

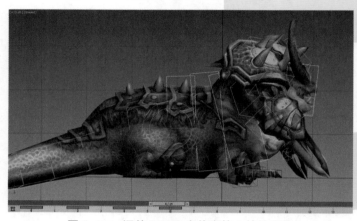

图 8-181 调整 BOSS 身体在第 6 帧的姿势

（8）拖动时间滑块到第 5 帧，选中绿色后腿、前腿脚掌和蓝色后腿骨骼，再单击 Key Info(关键点信息)卷展栏下的 Set Sliding Key(设置滑动关键点)按钮，为脚掌骨骼设置滑动关键帧。然后选中蓝色前腿脚掌骨骼，把第 4 帧关键帧拖动到第 5 帧。再拖动时间滑块到第 7 帧，分别选中四只脚掌骨骼，并单击 Set Free Key(设置自由关键点)按钮，将脚掌骨骼设置为自由关键帧，接着使用 Select and Rotate(选择并旋转)工具调整 BOSS 质心的角度，制作出 BOSS 向左侧翻转的姿势。再选中脊椎骨骼，把第 6 帧关键帧拖动到第 7 帧，效果如图 8-182 所示。

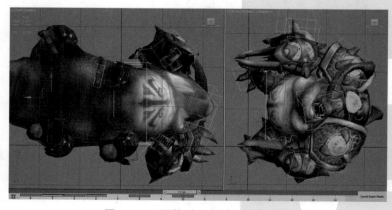

图 8-182 调整质心在第 7 帧的姿势

（9）调整倒下的过渡帧。方法：选中质心，把第 7 帧的关键帧拖动到第 8 帧，再拖动时间滑块到第 6 帧，然后分别选中脚掌骨骼，再单击 Set Sliding Key（设置滑动关键点）按钮设置滑动关键帧，并框选第 7 帧的关键帧，按下 Delete 键进行删除。接着使用 Select and Move（选择并移动）和 Select and Rotate（选择并旋转）工具调整 BOSS 质心、腿部、身体和头部骨骼的位置和角度，制作出 BOSS 倒下的姿势。再分别选中蓝色腿部脚掌骨骼，在按住 Shift 键的同时，把第 5 帧的关键帧拖动到第 6 帧，使蓝色腿部作为身体翻转的支撑点，如图 8-183 所示。

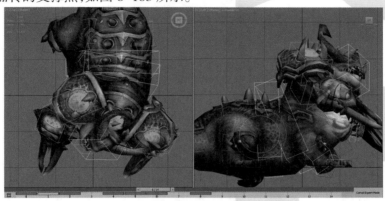

图 8-183 调整 BOSS 在第 6 帧的姿势

（10）拖动时间滑块到第 8 帧，再分别选中四只脚掌骨骼，并单击 Key Info（关键点信息）卷展栏下的 Set Free Key（设置自由关键点）按钮，为脚掌骨骼取消滑动或踩踏关键点，然后使用 Select and Move（选择并移动）和 Select and Rotate（选择并旋转）工具分别调整 BOSS 腿部、质心、身体和头部骨骼的位置和角度，使身体翻转后面碰地，头部面向天空，制作出 BOSS 侧翻的姿势，如图 8-184 所示。

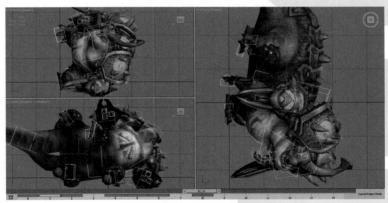

图 8-184 调整 BOSS 翻转的姿势

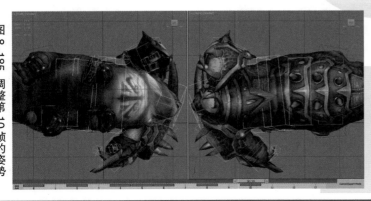

图 8-185 调整第 10 帧的姿势

（11）拖动时间滑块到第 10 帧，再使用 Select and Move（选择并移动）和 Select and Rotate（选择并旋转）工具调整 BOSS 质心、身体、头和腿部骨骼的位置和角度，使身体完全触地，头下移，蓝色后腿收缩触地，蓝色前腿触地并伸直，制作 BOSS 身体完全触地的姿势，如图 8-185 和图 8-186 所示。

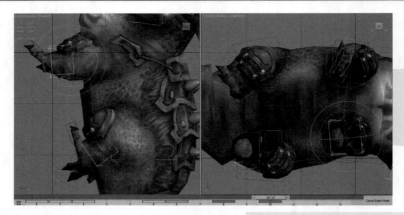

图 8-186 调整 BOSS 腿部在第 10 帧的姿势

（12）拖动时间滑块到第 11 帧，再使用 Select and Move(选择并移动)工具向上调整质心的位置，制作 BOSS 身体弹起的姿势。然后拖动时间滑块到第 13 帧，再使用 Select and Move(选择并移动)工具向下调整质心的位置，制作出 BOSS 死亡时身体落地起伏的姿势，效果如图 8-187 所示。

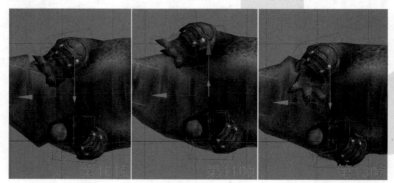

图 8-187 调整 BOSS 死亡时的质心运动变化

（13）调整左手臂在翻转倒地过程中的姿势。方法：拖动时间滑块到第 7 帧，再使用 Select and Rotate(选择并旋转)工具调整 BOSS 左手臂骨骼的角度，使左手臂弯曲并向身前合拢，制作出 BOSS 翻转时手臂的姿势，如图 8-188 中 A 所示。然后拖动时间滑块到第 10 帧，再使用 Select and Rotate(选择并旋转)工具调整 BOSS 左侧手臂骨骼的角度，使左前臂自然弯曲朝上，制作出 BOSS 翻转倒地时的手臂姿势。接着选中左手臂骨骼，再框选第 10 帧的关键帧，拖动到第 9 帧，如图 8-188 中 B 所示，最后拖动时间滑块到第 11 帧，再调整 BOSS 左手前臂骨骼的角度，使左前臂触地，制作出 BOSS 翻转倒地死亡时的手臂姿势，如图 8-188 中 C 所示。

图 8-188 调整左手臂的姿势

（14）为了使 BOSS 倒地、弹起到死亡过程中身体和头的连贯性好，节奏性强，需不断播放动画，不断调整 BOSS 身体和头部骨骼的角度。方法：拖动时间滑块到第 11 帧，再使用 Select and Rotate（选择并旋转）工具调整 BOSS 第四节脊椎骨骼的角度，使身体向上移，然后分别选中脊椎和头部骨骼，把第 10 帧的关键帧拖动到第 9 帧，再把第 11 帧关键帧拖动到第 9 帧，从而用第 11 帧的姿势覆盖第 9 帧的关键帧。接着拖动时间滑块到第 10 帧，再调整 BOSS 身体和头骨的角度，使第四节脊椎上移，第一、二节脊椎和头部下移，制作出 BOSS 弹起的姿势，如图 8-189 和图 8-190 所示。

图 8-189　调整 BOSS 倒地时身体和头的运动变化

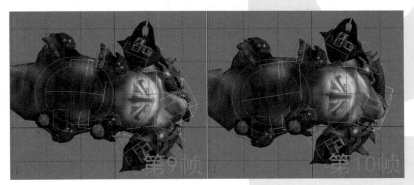

图 8-190　调整 BOSS 倒地时身体和头的运动变化

（15）同上，拖动时间滑块到第 11 和 13 帧，再使用 Select and Rotate（选择并旋转）工具调整 BOSS 身体和头部骨骼的角度，制作出 BOSS 倒地时身体和头部的起伏运动，如图 8-191 和图 8-192 所示。

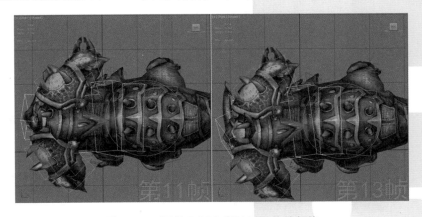

图 8-191　调整 BOSS 倒地时身体的起伏

GAME ART DESIGN BIBLE｜游戏美术设计宝典

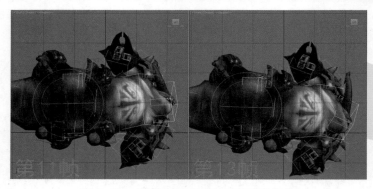

图 8-192 调整 BOSS 倒地时头部的起伏

(16)调整左手臂跟随身体摆动的姿势。方法:选中左前臂骨骼,再框选第 11 帧拖动到第 10 帧,然后使用 Select and Rotate(选择并旋转)工具调整骨骼的角度,使左前臂向上弯曲。再拖动时间滑块到第 13 帧,并调整骨骼的角度,使左前臂完全触地,如图 8-193 所示。接着播放动画,观察手臂配合身体摆动的效果,再选中第 9 帧关键帧拖动第 8 帧。最后单击 Time Configuration(时间配置)按钮打开 Time Configuration(时间配置)对话框,取消选中 Loop(循环)选项,再单击 OK 按钮,从而将播放循环为 1 次。

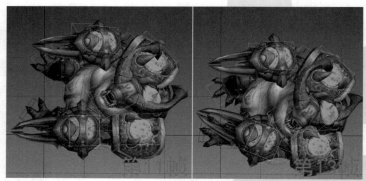

图 8-193 调整手臂弹起的运动变化

(17)拖动时间滑块到第 10 帧,再使用 Select and Move(选择并移动)和 Select and Rotate(选择并旋转)工具调整 BOSS 腿部骨骼的位置和角度,使绿色后腿向后绷直并下垂,绿色前腿脚掌绷直,制作出 BOSS 死亡之前使劲挣扎的腿部姿势,如图 8-194 所示。然后分别拖动时间滑块到第 8、9 和 13 帧,再调整 BOSS 右手臂骨骼的角度,制作出右手臂跟随身体的运动变化,如图 8-195 所示。

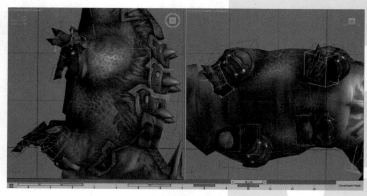

图 8-194 调整腿部在第 10 帧的姿势

图 8-195 调整右手臂的运动变化

（18）拖动时间滑块到第 11 帧，再使用 Select and Move(选择并移动)和 Select and Rotate(选择并旋转)工具调整 BOSS 腿部骨骼的位置和角度，使绿色后腿和前腿稍稍后移，蓝色后腿和蓝色前腿稍稍前移，制作出 BOSS 腿部配合身体挣扎的姿势，如图 8-196 所示。然后拖动时间滑块到第 13 帧，再使用 Select and Move(选择并移动)和 Select and Rotate(选择并旋转)工具调整 BOSS 腿部骨骼的位置和角度，制作出 BOSS 死亡时腿部完全放松的姿势，如图 8-197 所示。

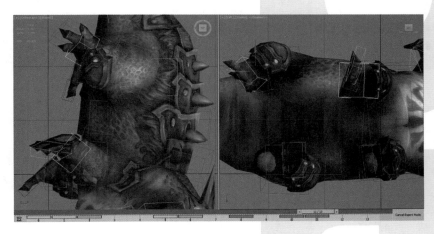

图 8-196 调整腿部在第 11 帧的姿势

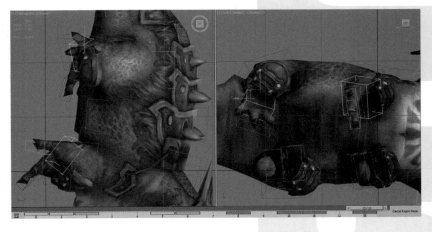

图 8-197 调整腿部在第 13 帧的姿势

GAME ART DESIGN BIBLE | 游戏美术设计宝典

（19）观察 BOSS 身体、头、手臂和腿部的协调性，做出细微调整。然后拖动时间滑块到第 0、5、7和 13 帧，使用 Select and Rotate(选择并旋转)工具调整尾巴根骨骼的角度，制作出 BOSS 在死亡过程中尾巴的运动变化，如图 8-198 和图 8-199 所示。接着选中除根骨骼之外的尾巴骨骼，如图 8-200中 A 所示，再打开 spring magic_ 飘带插件的文件夹，找到 spring magic_8.0.mse 文件，并把它拖到3ds Max 的视图中，如图 8-200 中 B 所示，并设置 Spring 参数为 0.45，Loops 参数为 1，Subs 参数为 1，最后单击 Bone 按钮，这时开始为选中的骨骼进行动作运算，循环 2 次之后的效果如图 8-200 中 C所示。

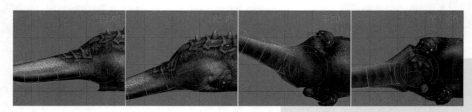

图 8-198 调整 BOSS 尾巴根骨骼的运动变化

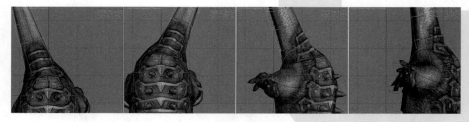

图 8-199 调整 BOSS 尾巴根骨骼的运动变化

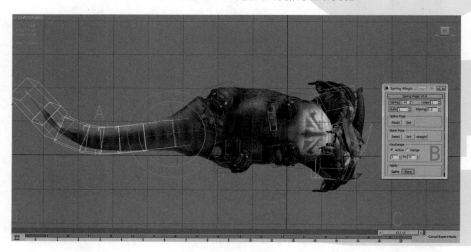

图 8-200 使用飘带插件调整尾巴的运动姿势

（20）调整尾巴落地过程的姿势。方法：按下 Ctrl+Alt 键的同时，使用鼠标右键在时间范围区域单击并左侧拖动，使时间范围长度变为 17 帧。然后选择除根骨骼之外的尾巴骨骼，再框选时间轴上的第 14、15 和 16 帧关键帧，并按下 Delete 键进行删除。接着拖动时间滑块到第 17 帧，再调整尾巴骨骼的角度，制作出 BOSS 尾巴完全触地的姿势，如图 8-201 所示。最后拖动时间滑块到第 15 帧，并使用 Select and Rotate(选择并旋转)工具调整尾巴的第七、八节骨骼的角度，制作出尾巴末端上翘的姿势，如图 8-202 所示。再拖动时间滑块到第 14 帧，并调整尾巴末端骨骼的角度，制作出尾梢的姿势，如图 8-203 所示。

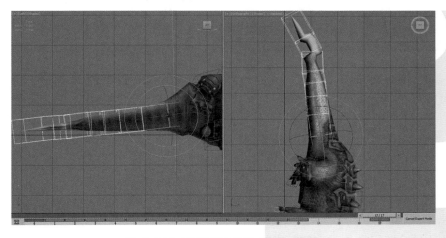

图 8-201 调整尾巴在第 17 帧的姿势

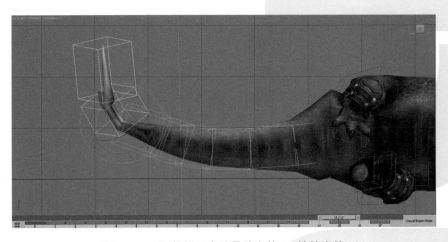

图 8-202 调整尾巴末端骨骼在第 15 帧的姿势

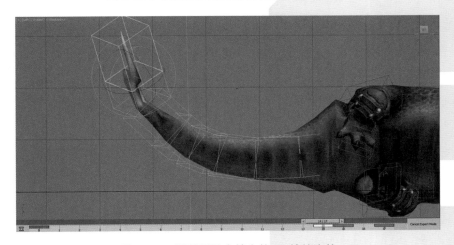

图 8-203 调整尾巴末梢在第 14 帧的姿势

（21）单击 Playback (播放动画) 按钮播放动画, 这时可以看到 BOSS 死亡的动作, 同时配合有身体下压、弹起等细节动画。在播放动画的时候如发现幅度过大或不正确的地方, 可以适当调整。最后将文件保存为配套光盘中的"多媒体视频文件 \max\ 四足 BOSS 文件 \ 四足 BOSS- 死亡.max"。

8.4 自我训练

一、填空题

1.调整权重完毕之后,需要调整骨骼对象的位置和角度来检测顶点权重的分配是否合理,如果(　　　　　　　),则说明权重分配不合理。

2.在进行游戏动作编辑时,隐藏模型的主要目的在于(　　　　　　)。

3.在游戏动作制作过程中,经常要为脚掌骨骼设置踩踏关键帧和滑动关键帧。设置之后关键帧的颜色也有所不同,踩踏关键帧为(　　　　　　),滑动关键帧为(　　　　　　)。

二、简答题

1.简述验证骨骼链接是否成功的基本方法。

2.简述以灰色显示模型的操作方法。

三、操作题

利用本章讲解知识,为一个四足人形角色创建骨骼并蒙皮,并制作死亡动画。